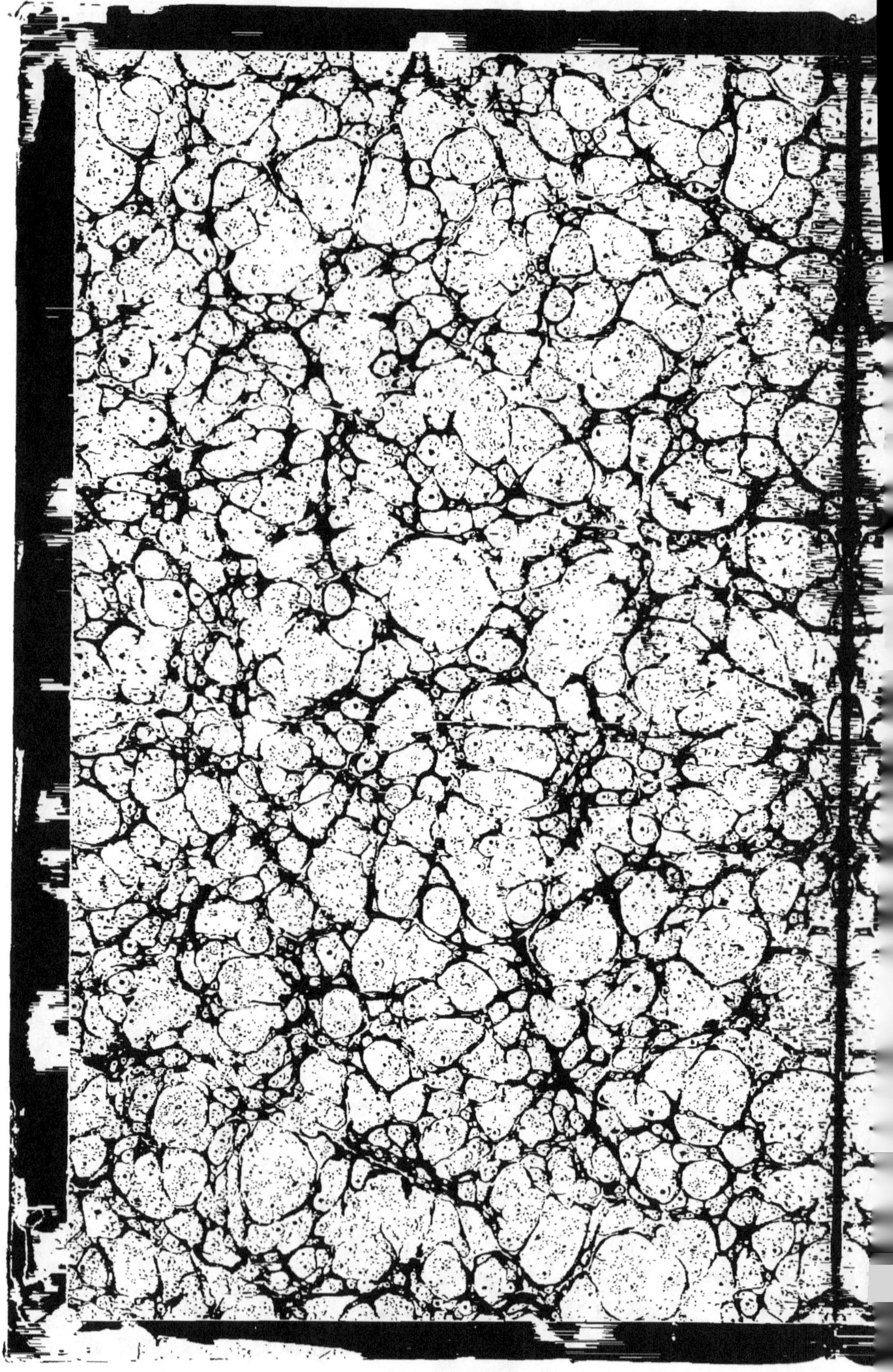

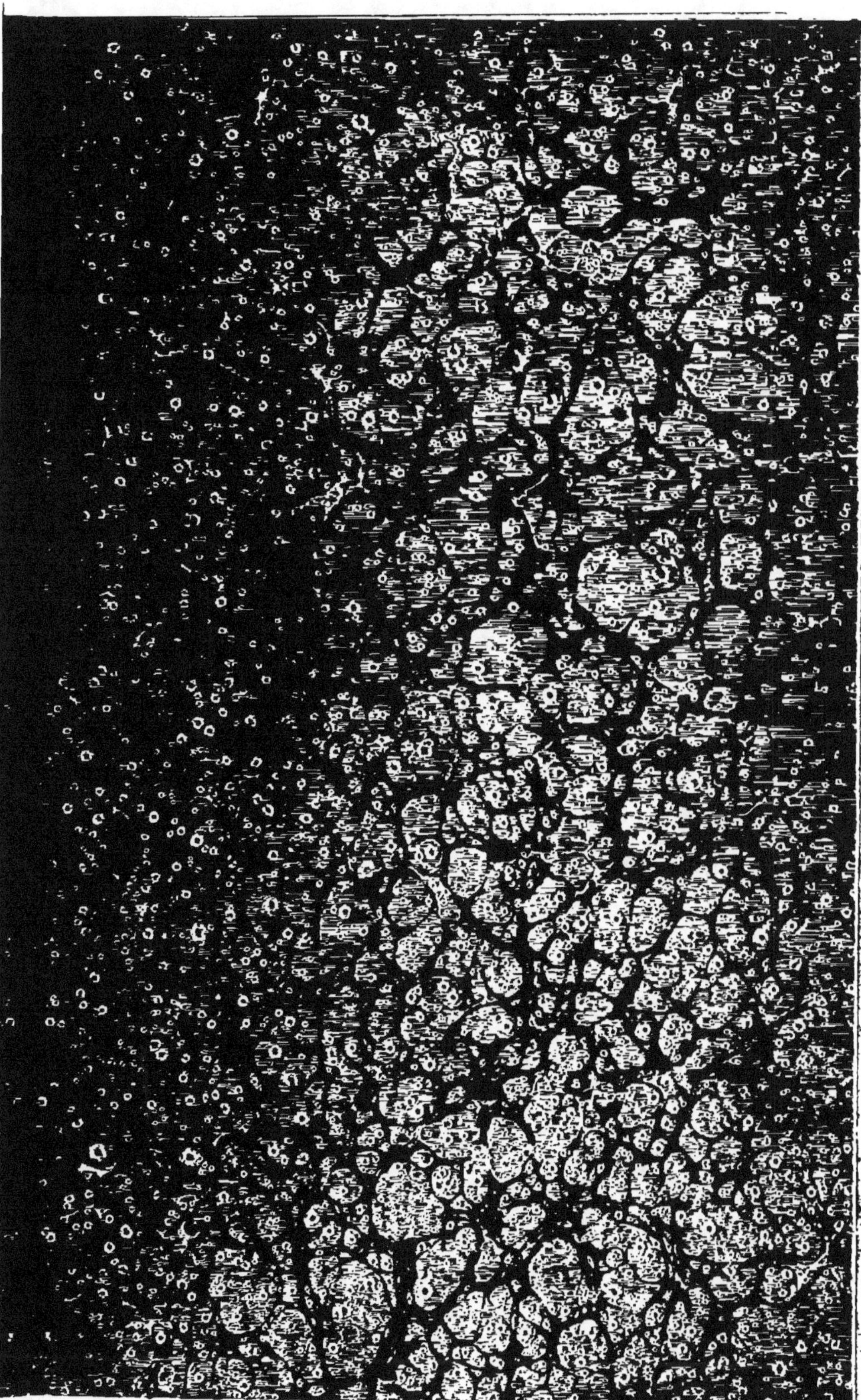

L'INDE

CONTEMPORAINE

TYPOGRAPHIE DE CH. LAHURE

Imprimeur du Sénat et de la Cour de Cassation

rue de Vaugirard, 9

L'INDE

CONTEMPORAINE

PAR

F. DE LANOYE

PARIS

LIBRAIRIE DE L. HACHETTE ET Cie

RUE PIERRE-SARRAZIN, N° 14

1855

Droit de traduction réservé

AU SAVANT INTERPRÈTE ITALIEN

DE VALMIKI.

Mon cher Gorresio,

Au moment de soumettre au public cette esquisse bien incomplète du grand tableau de l'Inde, j'éprouve le besoin de placer mon humble travail sous la protection des maîtres qui m'ont appris à connaître et à aimer cette terre antique, premier berceau et dernier asile de tant de races et de tant de croyances. Permettez-moi donc d'inscrire ici votre nom auprès de ceux d'Eugène Burnouf et de Victor Jacquemont, et veuillez agréer cette dédicace, non comme un hommage digne d'eux et de vous, mais comme un pieux souvenir envers leur mémoire, comme une faible expression de ma gratitude pour vos bienveillantes leçons.

Ferdinand de Lanoye.

Paris, ce 20 août 1855.

—————

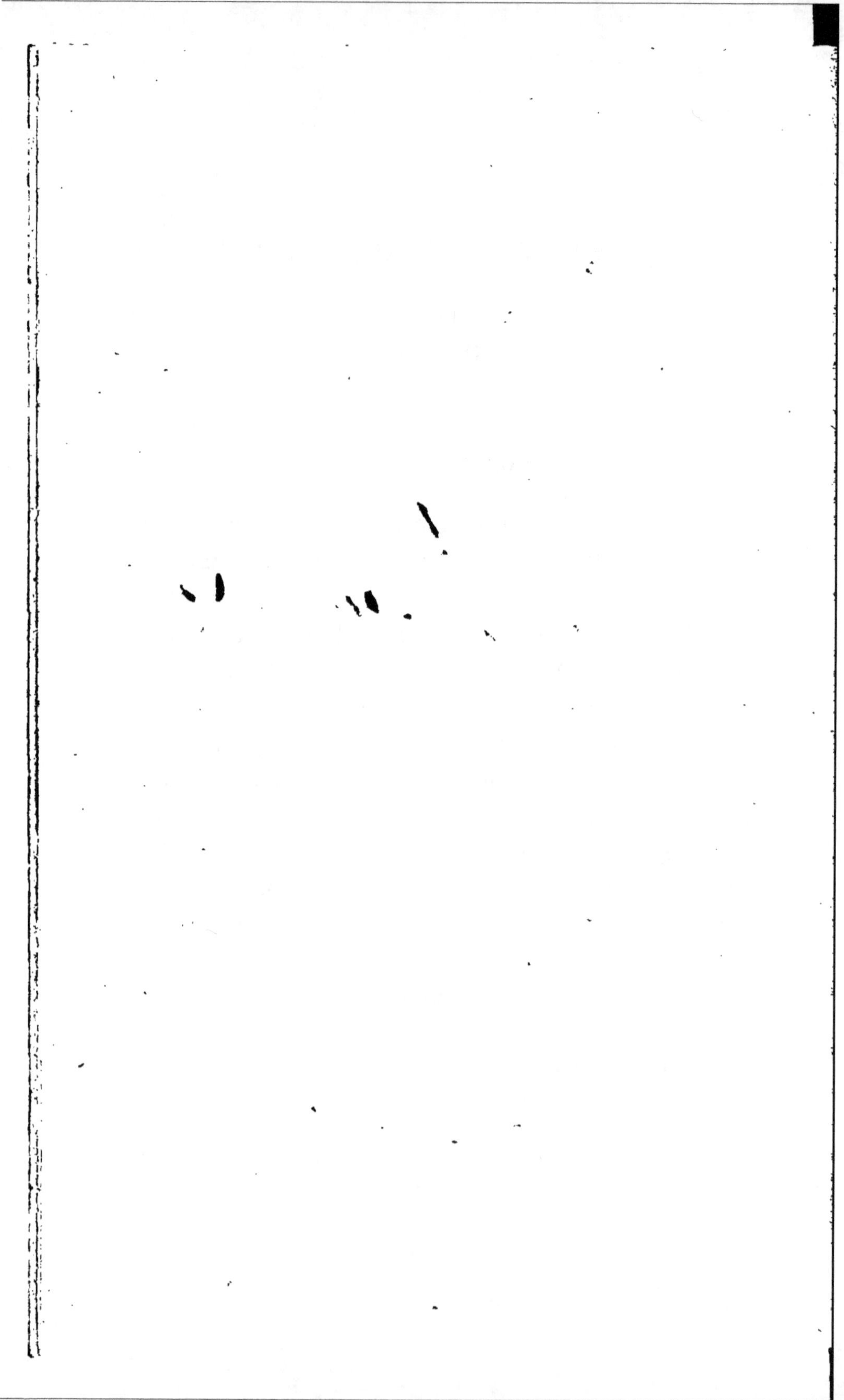

INTRODUCTION.

Avant de faire pénétrer avec moi le lecteur dans la situation actuelle de l'Inde, de lui dévoiler la grandeur et les misères de cette contrée, il n'est peut-être pas inutile de lui rappeler en quelques mots ce qu'elle est dans l'espace, ce qu'elle fut dans le temps, et les causes fatales qui, de chute en chute, l'ont amenée à n'être plus que *la ferme*, *la chose* d'une association de marchands.

L'Inde, dont l'Océan entoure et baigne la moitié méridionale, a pour limites : vers le nord les monts Himalayas qui la séparent du Thibet; à l'orient, la ligne de faîte qui court entre le Brahmapoutra et l'Irrawaddy, et enfin au couchant la chaîne des Soleymans. Ainsi circonscrite, elle présente une surface égale à celle qu'offrirait l'Europe diminuée de l'empire russe.

Le bassin du Sind, celui du Gange et le plateau triangulaire qui s'étend des monts Vindhias au cap Comorin partagent ce vaste espace en trois grandes divisions naturelles; et à chacune de ces divisions se rattache une grande phase du passé de la race aryane ou hindo-sanscrite, qui forme encore plus des deux tiers de la population actuelle de l'Inde.

Dans la première, bien avant l'aube des temps historiques, cette race se trouva en relation de voisinage, en communion de langage et de traditions, en contact de paix et de guerre, avec les ancêtres de la plupart des peuples qui depuis ont grandi dans l'Occident.

Dans la seconde, elle se recueillit, se constitua une existence sociale, à part du reste du monde, formula ses lois et sa littérature, et assit le centre d'une civilisation puissante qui a fleuri plus de quinze cents ans avant notre ère, et plusieurs siècles encore depuis.

Dans la troisième, que nous connaissons aujourd'hui sous le nom de Dekkan, les Hindo-Sanscrits pénétrèrent en conquérants, il y a certainement plus de trente-deux siècles; ils détruisirent, dispersèrent ou s'assujettirent les populations qui les y avaient précédés. De concert avec la portion des vaincus qu'ils parvinrent à s'assimiler, ils fondèrent des cités et des monuments, dont la renommée pénétra parmi les sujets des Ptolémées et des Césars, et dont les ruines frappent encore aujourd'hui l'Européen d'étonnement et d'admiration.

Le temps qui s'est écoulé depuis le premier épanouissement du génie hindo-sanscrit jusqu'à l'heure présente est le plus long qu'il ait été donné à une même forme religieuse, sociale et ethnologique de remplir ici-bas. Comment la branche du tronc humain qui en a été exceptionnellement favorisée, l'a-t-elle employé au profit de l'humanité?... Cette seule question pourrait donner lieu à de nombreux volumes; nous n'avons que quelques lignes à lui consacrer. A défaut de faits historiques, les œuvres de la pensée hindo-sanscrite font foi de la prodigieuse activité intellectuelle de cette race aux jours de sa jeunesse. Elle a créé un alphabet régulier alors que les peuples les plus avancés en civilisation ne se servaient encore que de hiéroglyphes et de signes symboliques; elle a eu des prophètes, des chantres sacrés, pendant d'innombrables générations, dont la plus récente a précédé les temps d'Orphée et de Linus; ses plus beaux chants épiques sont antérieurs de quatre siècles au moins à ceux d'Homère; sa législation, dite de Manou, florissait depuis longtemps sur les bords du Gange, lorsque quelques fragments en parvinrent en Phrygie et dans l'île de Crète sous la sanction des noms de *Manès* et de *Minos;* enfin, longtemps avant Pythagore, Zénon et Démocrite, les doctrines qui firent la renommée de ces philosophes se partageaient ses écoles philosophiques.

A cette longue et puissante période de fécondité semble avoir succédé rapidement un état d'épuisement et de prostration, et lorsque l'épée d'Alexandre le Grand vint soulever pour l'Europe un coin du voile de l'antique Orient, l'Inde apparut déjà vieille aux jeunes sociétés de l'Occident.

Dès lors aussi le brahmanisme semble avoir épuisé son évolution logique; la vie était encore en lui, mais non plus le souffle créateur. L'exagération de son principe n'avait laissé à la société qu'il avait créée qu'une activité rétrograde. En vain aussi, à dater de cette époque, le commerce, les pèlerinages ou la guerre ont mis cette société en contact avec le reste du monde; en vain des lumières lointaines de l'Égypte ou de la Grèce ont pu rejaillir jusqu'à elle. Elle a repoussé tout ce qui ne venait pas de son passé. Entièrement absorbée dans l'adoration de celui-ci, elle a eu des artistes pour lui ériger des monuments nombreux, pour lui tailler des chaînes entières de rochers en temples merveilleux; elle a eu des rhéteurs, des grammairiens, des philosophes pour le commenter, l'analyser; des sophistes pour lui rendre témoignage devant les chefs de l'Occident, en montant sur un bûcher, librement, souriant et couronnés de fleurs. Elle a eu des poëtes nombreux et richement doués pour refaire et paraphraser en développements fleuris le mâle et nerveux langage de leurs antiques devanciers. Elle a vu alors, dans les cours polies de ses monarques lettrés, mettre en action sur la scène dramatique, et découper pour le théâtre, en maximes sentencieuses, en concetti harmonieux, ses grandes et naïves légendes. Elle a possédé, dans ce temps, tout ce qui fit à la même époque l'illustration des lettres gréco-romaines, tout, hormis ce qui a protégé et garanti pour la postérité la grandeur de la Grèce et de Rome, et leur a assuré une glorieuse résurrection par delà les ruines de leur décadence: — des annales réelles.

En dépit de quelques essais impuissants tentés tardivement pour Kachemyr et Ceylan, l'Inde n'a pas produit d'historiens. Sacrifiant toujours le visible à l'invisible, les faits vivants aux théories spéculatives; plaçant son origine et son but hors des limites du temps et de l'espace; n'ayant jamais permis à un seul de ses enfants de s'élever au-dessus du niveau vulgaire, dans le bien comme dans le mal, sans le faire disparaître aussitôt dans les abîmes de ses Panthéons; ayant enseveli dans ses mythes tous les souvenirs de sa belliqueuse et forte jeunesse, l'Inde n'a pu donner à ce passé, si féconds qu'en aient été les débuts pour la civilisation du monde, ce sacre de l'histoire, sans lequel il n'y a pas de nationalité dans l'acception moderne de ce mot. Aussi lorsque, dans le cours de la période suivante, toutes ses frontières s'ouvrirent devant les invasions, elle avait des myriades de dieux à invoquer, mais pas un exemple d'héroïsme humain pour appeler au dévouement ses populations agenouillées; elle possédait dans les ténèbres creuses de la métaphysique le plus vaste domaine, mais n'avait pas un bras pour venger ses injures.

L'avortement d'une réforme religieuse, après une lutte de mille ans entre le brahmanisme et le boudhisme avait mis dans l'Inde le comble au désordre moral, à la nuit des intelligences, au chaos social résultant du mélange et des oppositions d'une civilisation raffinée jusque dans ses épuisements et d'une barbarie sans nom, quand les disciples de Mohammed se jetèrent en conquérants sur cette proie facile.

Leur première apparition aux bords de l'Indus date de la fin du VIIe siècle, mais ils ne franchirent ce fleuve pour la première fois qu'en 1004. Vingt ans plus tard le chef turcoman qui les conduisait, Mahmoud, sultan de Ghusni, était maître de Kachemyr, du Pundjab, du Sinde, du Goudjerat, de Kanodje et de Muttrah. En annonçant, aux notables de Ghusni, cette dernière conquête, il leur écrivit qu'il avait trouvé dans cette antique cité « mille palais de marbre, des temples innombrables s'élevant jusqu'au ciel, et que cent mille pièces d'or dépensées annuellement pendant deux siècles ne suffiraient pas pour édifier une ville pareille. » Le butin qu'il en rapporta fut étalé, pendant trois jours, sous les yeux avides de son peuple, naguère encore nomade, et il présida à cette *exposition*, assis avec toute sa cour sur des trônes massifs d'or et d'argent.

Depuis lors n'a pas cessé le pillage de l'Inde, qui se continue encore de nos jours par les impôts, par les lois douanières et les monopoles commerciaux de la Compagnie anglaise.

Ce que les siècles avaient entassé de richesses dans l'Inde avant l'ère des invasions, est incalculable. On serait tenté de traiter de fables les énumérations fournies à cet égard par les historiens musulmans, si des faits récents et surtout le butin enlevé de Delhi par Nadir ne leur donnaient une sorte de confirmation. Bien que venant de contrées riches aussi, telles que les bassins de l'Euphrate et de l'Oxus, les conquérants de l'Inde étaient étonnés de l'opulence merveilleuse de la proie que leur livrait la destinée, et cet étonnement augmenta encore, lorsque de l'Hindoustan proprement dit ils pénétrèrent dans le Dekkan ; les descriptions qu'ils ont laissées des incroyables quantités d'or, monnayé ou ouvragé sous mille formes, qu'ils trouvèrent dans les temples, dans les trésors des princes ou même dans ceux de simples particuliers de cette contrée, rappellent les récits que les compagnons de Cortez et de Pizarre ont faits des richesses métalliques du Mexique et du Pérou. On peut en juger par le butin qu'un simple chef de bande, Mélik-Kafour, ramena en 1344 d'une expédition dans le Canara, et qui consistait, outre 320 éléphants et 20000 chevaux, en 10 millions de pièces d'or et en d'innombrables boîtes précieuses remplies de pierres fines et de perles d'une inestimable valeur [1].

Un passage des mémoires de Babeur, ce conquérant turcoman qui fonda dans Delhi l'empire des Timourides, peint mieux que ne le ferait le plus long commentaire le degré d'abjection où les siècles, les révolutions et les fausses spéculations de l'esprit humain avaient, dès cette époque, précipité les Hindous. Il fournit en même temps l'explication la plus nette, la plus décisive de la domination qu'une poignée d'Européens sont parvenus à implanter de nos jours sur 160 millions de créatures humaines.

« Dans ces contrées, dit le descendant de Timour, rien n'est plus rare que la transmission du pouvoir par voie héréditaire ; il y a un trône destiné au roi, il y a également un siége ou place assigné à chacun des *amirs, vizirs et mansabhars*. C'est ce trône, ce sont ces siéges d'honneur qui sont l'unique objet du respect des peuples. A chacune de ces dignités est attaché un certain nombre d'officiers inférieurs, de serviteurs à divers degrés, qui tous sont comme parties intégrantes du mobilier de la fonction, choses adhérentes à l'emploi et non à celui qui le remplit. Cette règle s'observe même en ce qui touche au trône du souverain. Quiconque tue le roi et parvient à s'asseoir sur son trône est immédiatement reconnu comme roi. Tous les amirs, vizirs, soldats, artisans et laboureurs se soumettent

---

1. Férishta, *Histoire des Musulmans de l'Inde*, t. I, p. 199 et 200.

aussitôt, et voient un souverain aussi légitime dans le nouvel occupant que dans celui qui siégeait avant lui[1]. »

Quelque étrange que puisse paraître cette coutume, il est avéré qu'elle s'est perpétuée sur plusieurs points de l'Inde jusqu'aux jours de la conquête européenne. Dans le royaume de Calicut, entre autres, il y avait un jubilé tous les douze ans, pendant lequel quiconque réussissait à assassiner le *zamorin* régnant lui succédait de droit. La tradition locale a gardé le souvenir de deux tentatives de ce genre, l'une en 1695, l'autre il y a à peine soixante ans! Pendant combien de siècles la possession du trône, du sceau royal ou la sanction donnée à l'usurpation par le *Domine, salvum fac* musulman[2] ou hindou, ont-elles suffi pour commander la soumission, le respect, le dévouement peut-être des populations de l'Inde? Nul ne peut le dire[3].

Sur ce sol mouvant, moins de deux siècles suffirent pour l'élévation et la chute de l'empire mogol, et ce fut justice. En dépit du passage successif sur le trône de Delhi d'hommes aussi incontestablement remarquables qu'Akbar, Shah-Djehan et Aurungzeb, ce n'était pas la domination musulmane qui pouvait donner aux éléments atomistiques de la société hindoue le ciment qui leur manque depuis deux mille ans ; ce n'était pas le fatalisme étroit du Coran qui pouvait relever cette société de son péché originel, — le fatalisme panthéistique, — faire pénétrer dans ces âmes esclaves de la nature brute la foi vivifiante du libre arbitre et de l'activité humaine, et les élever du sentiment étroit de la caste à la notion de la patrie.

La succession de l'Inde ouverte.—Dupleix veut l'assurer à la France.
—Auxiliaires et obstacles de ce grand homme.

Au milieu des conflits d'impuissance et des convulsions intestines qui suivirent la décadence de la monarchie mogole, un homme jugea que la succession de l'Inde était ouverte, et qu'en vertu des lois qui régissent le monde elle devait échoir aux

1. *Mémoires de Baber*, traduction anglaise d'Erskine.
2. Le khoutbat.
3. Jancigny, *Revue des Deux-Mondes*, 1er juillet 1854.

sociétés actives de l'Occident. Il se promit de donner l'Inde à la France.

Cet homme était Dupleix, une des intelligences les plus hautes, les plus patriotiques de l'ancienne monarchie, et qui portait dans les comptoirs de la Compagnie française des Indes le souffle aventureux de Law et le génie d'un Richelieu [1].

Il est bon de noter quelle était alors la situation de la Compagnie anglaise, dans laquelle il voyait l'adversaire naturel de ses desseins.

Vers le milieu du xviie siècle un aventurier anglais du nom de Boughton, médecin de son état, ayant accompagné à Agra une humble mission envoyée par la factorerie britannique établie à Surate auprès de l'empereur Shah-Djéhan, eut le bonheur de guérir d'une grave maladie une fille bien-aimée de ce monarque. Il reçut en retour de Shah-Djéhan reconnaissant le droit de trafiquer dans toute l'étendue de l'empire mogol. Boughton vendit ce droit à la Compagnie qui se hâta d'en profiter en fondant un nouveau comptoir sur les rives de l'Hougly, à l'endroit où s'élève aujourd'hui Calcutta. La première factorerie des Anglais avait été établie à Surate en 1611, la seconde à Madras en 1624, la troisième à Bombay en 1664. Après l'établissement du comptoir du Bengale, ils étendirent peu à peu leurs relations commerciales au centre de l'Inde, mais sans songer encore à une influence politique que les grands souvenirs du siècle précédent conservaient aux Portugais de Goa, si dégénérés qu'ils fussent de leurs ancêtres; influence que les Hollandais, solidement établis à Ceylan, cherchaient à accaparer et qui, en réalité, appartenait surtout aux Français de Pondichéry.

Dupleix appelé en 1730 à la direction du comptoir de Chandernagor, misérable bourgade qui ne possédait pas une barque pontée, en fit en peu de temps une ville florissante, d'où, jusqu'à soixante-douze navires, frétés par lui, par ses parents et ses amis, allaient se répandre dans toutes les mers de l'Asie, depuis la mer Rouge jusqu'aux Philippines. L'établissement des Anglais à Calcutta était loin d'atteindre alors à un tel dévelop-

1. Henri Martin, *Histoire de France*, t. XVII, p. 529.

pement, et leur commerce périssait étouffé sous cette formidable concurrence. Nommé, onze ans plus tard , gouverneur général de Pondichéry et des possessions françaises dans l'Inde, Dupleix commença dès lors à donner l'essor aux pensées qu'il couvait dans son sein : ses créations commerciales n'avaient été que le prélude de plus grandes choses. La guerre qui éclata en 1744 entre la France et l'Angleterre lui fournit la carrière dont ses plans avaient besoin pour se réaliser.

Il eût épouvanté la Compagnie s'il lui eût dévoilé toute leur étendue. Il ne s'en ouvrit qu'à deux confidents capables de le comprendre et de se dévouer à ses vues : l'un, soldat chevaleresque et politique intelligent, était le marquis de Bussy ; l'autre était la femme même de Dupleix, Jeanne de Castro, brillante créole , qui gardait dans ses veines le sang généreux des compagnons de Gama et d'Albuquerque, et qui, familière avec les mille dialectes de l'Inde, servit à son mari de secrétaire diplomatique, correspondit pour lui avec toutes les cours indigènes qui pouvaient servir ses projets, et se rendit célèbre dans toute la péninsule et jusque sur le Gange, sous le nom , encore aujourd'hui respecté, de Johanna Begum (la princesse Jeanne).

Dupleix a trouvé de nos jours des historiens dignes de lui [1] ; le cadre étroit de cette Introduction nous défend de les suivre dans toutes les phases , toutes les péripéties émouvantes de la carrière de ce grand homme. Nous ne pouvons qu'enregistrer sommairement ici les résultats généraux de ses luttes incessantes, dans l'Inde contre les intrigues et les armes de l'Angleterre, à Versailles contre la lâcheté et l'ineptie des directeurs de la Compagnie des Indes et du ministère français. Après dix ans de gestion , il dominait dans toute la péninsule au sud du Godavary ; le souba du Nizam, souverain de par lui, cédait à la Compagnie , pour assurer la solde des troupes françaises, toute la côte d'Orissa jusqu'à la fameuse pagode de Djaggernaut , jusqu'aux abords du Bengale. De l'assentiment du Grand-Mogol lui-même , les Français régnaient directement ou indirectement sur un grand tiers de l'Inde ; encore un effort

---

1. Saint-Priest , *La perte de l'Inde sous Louis XV*. — H. Martin, *Histoire de France* , t. XVII, XVIII et XIX.

et cette belle contrée tout entière tombait sous notre dépendance.

Mais, pour faire cet effort, il eût fallu, avec Dupleix et Bussy dans l'Inde, avoir Louis XIV et Colbert à Versailles. Mais à Versailles, courtisans, ministres et monarque ne puisaient qu'inquiétude dans les succès de Dupleix qui éblouissaient la France, et à la place de renforts ils ne lui envoyaient qu'exhortations à la paix.

Ils ne se bornèrent pas à ces obsessions décourageantes et à des refus de secours : au commencement de 1754, comme Dupleix soutenait dans le Karnatic une lutte acharnée contre les Anglais de Madras, et que Bussy, son lieutenant, parcourait en vainqueur les provinces du haut Godavary et de la Nerbudda, le gouverneur général de l'Inde française fut brutalement révoqué. Les ministres anglais avaient exigé son rappel : les ministres de Louis XV avaient obéi [1].

Deux jours après le départ de Dupleix, son successeur se hâta de signer avec le gouverneur anglais Saunders un traité dont les bases avaient été arrêtées à Londres. Elles stipulaient :

L'interdiction pour les deux Compagnies d'intervenir dans la politique intérieure de l'Inde ;

La renonciation formelle de leurs agents à toutes dignités, charges et honneurs conférés par les princes du pays ;

La restitution au Grand-Mogol, de toutes les places et territoires occupés par les deux nations, excepté quelques points du Karnatic, pris par les Anglais avant la guerre ;

Enfin, *l'égalité parfaite de territoire, d'étendue et de revenu entre les possessions des deux compagnies !*

Les Anglais cédaient quelques bourgades, la France cédait un empire. « Jamais, a dit un historien anglais, on ne fit de tels sacrifices à l'amour de la paix ! »

« Il n'y a point d'exemple, dans l'histoire moderne, d'une nation trahie à ce point par son gouvernement : c'est l'idéal de l'ignominie ; il faut, pour trouver quelque chose de semblable, remonter jusqu'à ces lâches rois d'Orient qui se précipitaient à bas de leurs trônes sur un geste des proconsuls romains [2]. »

1. Saint-Priest, *La perte de l'Inde.*
2. H. Martin, *Histoire de France*, t. XVIII, p. 47.

A dater de ce jour, l'histoire sérieuse n'a plus à s'occuper des destinées·de la Compagnie française des Indes. Tous les événements qui l'agitèrent, les fautes et les malheurs de Lally, les luttes opiniâtres de Bussy, ne sont plus que les convulsions d'un corps privé du souffle initiateur.

Celui qui avait tenté de grandir, par cette société de traitants, les destinées de la France, revit son pays, non en vainqueur que les couronnes attendent, mais en accusé. Ruiné, méconnu, il réclama en vain les sommes immenses qu'il avait avancées au service de la Compagnie (treize ou quatorze millions!). Celle-ci lui fit banqueroute avec l'aveu et l'appui du gouvernement. Réduit à obtenir des arrêts de surséance contre ses propres créanciers, il survécut neuf ans à son héroïque compagne, Jeanne de Castro, pour laquelle il n'y avait pas eu de place dans ce Versailles où régnait Jeanne Poisson, et mourut pauvre et oublié en 1763, après avoir vu consommer la perte de nos colonies et l'abaissement de cette France qu'il avait rêvée si glorieuse.

En attendant le monument que la France nouvelle doit à cette illustre victime de la vieille monarchie, voici celui que lui ont élevé les Anglais eux-mêmes : *Bien supérieur à nos agents en talent politique, s'il avait trouvé les mêmes ressources, le même appui qu'eux dans la mère patrie, il est plus que probable que l'empire de l'Inde appartiendrait aujourd'hui à ses compatriotes* [1].

Les Anglais, à notre défaut, maîtres de la scène. — Prévisions d'un rajah. — Complots et cynisme de lord Clive.

Il ne nous reste plus qu'à rechercher comment, à notre défaut, les Anglais se sont rendus maîtres de cet empire. Au mois d'avril 1756, Ali-Verdi-Khan, nawab du Bengale, qui depuis longtemps suivait avec une anxiété croissante les luttes des Européens et la marche tortueuse des Anglais, adressait, de son lit de mort, à son successeur, les exhortations suivantes :

« Mon fils, la puissance des Anglais est grande; commencez par les réduire; vous aurez bon marché des autres Européens.

1. Campbell, *Modern India*, p. 113.

Ne souffrez point qu'ils aient chez vous des comptoirs ou des soldats; si vous le tolériez, le pays cesserait bientôt d'être à vous. Si je lis bien dans les projets des Anglais, ils vous menacent d'un prochain danger. Ils se sont approprié les provinces et les trésors de vos voisins; ils veulent en faire autant de vos États. Les Européens ne viennent ici que pour s'enrichir; sous prétexte d'intervenir dans les querelles de nos rois, ils ne cherchent que des occasions d'usurpations et de pillages. Les cœurs de ces chrétiens sont livrés à l'amour de l'or et du pouvoir; et leurs actions ont prouvé à l'Orient tout entier combien ils font peu de cas des préceptes qu'ils ont reçus de leur Dieu. Leur politique, leur puissance sont en opposition avec leur foi. Je vous le répète, ô mon fils, écrasez les Anglais; si vous souffrez qu'ils aient chez vous des comptoirs et des soldats, la terre sur laquelle vous régnez deviendra bientôt la leur. »

Les appréhensions d'Ali-Verdi-Khan n'étaient que trop fondées. Il mourut en avril 1756, et, dès le mois d'octobre suivant, lord Clive tramait un tissu d'intrigues destinées à renverser Surajah-Dowla, successeur légitime du vieux et trop clairvoyant nawab et à le remplacer par Meer-Jaffier, créature complaisante de la Compagnie. Les détails de cette ténébreuse affaire, exposés froidement par lord Clive lui-même devant un comité de la chambre des communes, ont mis, dans un relief cynique, dès 1772, le système de fraude et de violence combiné que la Compagnie a donné pour base à ses conquêtes territoriales.

« Nous avions, dit Robert Clive, traité avec Meer-Jaffier; l'armée qu'il commandait au nom de Surajah-Dowla, devait à un moment donné se tourner contre celui-ci, le détrôner et proclamer Meer-Jaffier à sa place. Il n'y avait plus qu'à fixer le jour et l'heure de cette révolution, lorsque M. Watts, notre agent à la cour du nawab, nous informa qu'un Hindou, d'un rang élevé, nommé Omichund, ayant eu connaissance du complot, menaçait de le révéler à Surajah-Dowla et de faire mettre à mort M. Watts, à moins que nous n'achetassions son silence par un écrit qui lui garantirait trois pour cent sur tous les trésors de son maître, et une somme de trente lacs de roupies en argent. Vu l'urgence de la situation, le comité des directeurs pensa qu'il était permis d'opposer la ruse aux prétentions d'un pareil scélérat, et approuva un projet d'*écrit fictif* que je lui présentai, et que nous fîmes revêtir de la signature d'un de nos employés subalternes. Je pense que la chose était parfaitement justifiable, car il fallait, avant tout, faire avorter les pernicieux desseins d'un traître rapace et cupide. »

Étranges notions de moralité ! Lord Clive et ses complices n'éprouvaient pas le moindre scrupule de fomenter la trahison autour d'un allié, de conspirer la perte du nawab du Bengale et de s'approprier la totalité de ses trésors ; mais leur conscience se révoltait contre les prétentions d'un tiers réclamant une part de leur immense proie !

Voici, du reste, les suites qu'eut le complot dont nous venons de parler : certain de la défection de Meer-Jaffier, Clive marcha contre le nawab en se faisant précéder d'un manifeste énumérant tous les griefs dont on ne manque jamais en pareille occasion. Les armées se rencontrèrent dans les plaines de l'Hougly ; celle des Bengalais comptait cinquante mille hommes et cent canons. Les Anglais n'étaient guère plus de trois mille, dont le tiers d'Européens, mais ils eurent bon marché d'adversaires dont une moitié se rangea de leur côté au moment du combat, et dont le reste, travaillé par l'esprit de rébellion, décampa presque sans coup férir, comme le prouve la perte de l'armée victorieuse : quarante-cinq morts ou blessés !

Telle fut la fameuse bataille de Plassaye dont Clive prit plus tard le nom avec le titre de baron.

Meer-Jaffier entra quelques jours après dans la capitale de son ancien maître, non en conquérant, mais à la suite de Clive. Le malheureux Souraja-Dowlah, environné d'embûches, fut arrêté dans sa fuite par un des conspirateurs. Le lendemain, il avait cessé de vivre. Clive proclama son compétiteur, et, feignant de lui rendre l'hommage qui lui était dû, consacra néanmoins, par cette usurpation, le droit désormais acquis à la Compagnie de disposer de la suzeraineté de cette riche province. Il ne s'agissait plus que de faire sanctionner cet acte par le Grand-Mogol, et, d'après ce qui se passait à Delhi, la chose n'était pas difficile.

Inutile de dire que la promesse faite à Omichund ne fut pas exécutée. On argua de faux contre la signature. Les serments solennels prodigués à Meer-Jaffier eurent le même sort. On le laissa déposer à son tour par une conspiration nouvelle, et on tira de son successeur des sommes énormes. Ce dernier ne tarda pas à être renversé lui-même, et Meer-Jaffier, rétabli sur le trône, paya encore largement aux Anglais sa restauration.

Extorsions, concussions et monopoles de la Compagnie anglaise ;
famïne organisée. — Les Verrès de l'Inde.

Poursuivant le système d'astuce et de violence qui leur réussissait si bien, Clive et le conseil de Calcutta surent bientôt arracher à la faiblesse des princes indigènes des avantages commerciaux, des lois de douanes, qui les immiscèrent dans l'administration intérieure du pays et leur donnèrent prise sur le recouvrement des impôts, jusqu'au moment où, épuisés d'extorsions, à bout de ressources et de tout ressort moral, ces mêmes princes vendirent un à un leurs territoires et leurs sujets à la Compagnie, en échange de pensions annuelles. Ainsi, en 1765, le nawab du Bengale, *ne percevant plus une seule roupie que pour la voir passer aux mains des Anglais*, renonça pour jamais en leur faveur à la souveraineté et aux revenus de ses États, moyennant une rente de douze millions, qui, dès 1772, fut réduite à quatre. Ainsi, pour une rente de sept millions, qui devait être aussi réduite plus tard, *l'Empereur lui-même consentit à ce que la souveraineté des trois provinces du Bengale, du Bahar et d'Orissa fût cédée en toute propriété* à la Compagnie.

C'est ainsi que celle-ci changea sa situation de simple association mercantile en celle de puissance territoriale, comptant dès lors quarante millions de sujets et un revenu de soixante-dix millions de francs.

« Quand les Anglais eurent enraciné leur pouvoir dans le pays, ils s'attribuèrent le monopole de toutes les denrées de première nécessité. C'était encore une source de profit. Les productions ne purent plus se vendre qu'à la Compagnie ; les indigènes eux-mêmes ne purent plus rien acheter que des vendeurs désignés à cet effet par elle. Un système de terreur fut organisé pour défendre cette tyrannie contre une légitime contrebande ; des exemples redoutables furent faits dans ce but. A mesure que les agents de la Compagnie, gorgés de butin, quittaient le théâtre de leurs rapines, d'autres accouraient d'Angleterre pour les remplacer. Le découragement s'infiltra dans tous les rangs de la population hindoue ; toute émulation y cessa, toute industrie y languit. Cette oppression calculée, jointe à la guerre qui continuait avec des phases variées contre les Français et les princes du Dekkan, amena la disette, et ce fut pour le monopole une nouvelle et abominable source de bénéfices. Une famine horrible en fut la suite, et ravagea le Bengale, cette terre féconde entre toutes. Pendant de longs mois, chaque soir amenait aux abords des magasins anglais, où étaient entassées toutes les subsistances accaparées, une foule d'hommes, de femmes et d'enfants affamés qui venaient implorer des aliments. Le lendemain, la terre était jonchée de cadavres. Les vivants ne prenaient même plus la peine d'enterrer les morts [1]. »

Le râle d'agonie des peuples du Bengale retentit jusque dans le parlement anglais. Alors eut lieu l'enquête dont nous avons parlé. Mais, grâce à la corruption électorale et à la fortune des coupables, beaucoup d'entre eux siégeaient sur les bancs de la législature. Ils étaient les premiers à élever la voix contre la conduite de leurs agents dans l'Inde ; ils faisaient grand bruit de ces accusations, parlaient vertu, humanité, philanthropie ; mais ils avaient soin en même temps de donner des ordres pressants pour le versement immédiat, au trésor de la Compagnie, des revenus de l'Inde acquis par tant de moyens criminels ; et, tandis qu'ostensiblement ils semblaient poursuivre les monopoleurs et les concussionnaires, ils prélevaient en silence leur part du fruit de la famine et du pillage organisés. Cette enquête n'aboutit qu'à un blâme officiel déversé sur *le très-honorable Robert Clive, baron de Plassaye, convaincu d'avoir, dans l'exercice des pouvoirs qui lui avaient été confiés dans l'Inde, acquis illégalement, au déshonneur et au détriment de l'État, une somme de six millions de francs* [2].

A défaut d'un châtiment plus sévère, la postérité a recueilli et conservé les foudroyantes paroles que l'indignation arracha en cette occasion à l'un des plus irréprochables orateurs qui

1. Parker, *East India Company*.
2. Rapport du général Burgoyne, séance du 19 avril 1772.

ait honoré la tribune anglaise. Donnant le signal aux anathèmes dont Erskine, Burke et Shéridan, accablèrent plus tard les Verrès de l'Inde, Williams Mérédith porta la parole en ces termes :

« L'histoire ne nous présente rien qui ressemble à ce que nous voyons dans l'Inde, où le gouvernement actuel, réalisant l'union *du souverain et du marchand*, n'a qu'un principe, l'avarice mercantile, et qu'un moyen, la force. On ne peut comparer le tyrannie des Anglais au Bengale à aucune autre. Jusqu'à ce jour, c'était sur les grands, sur les têtes superbes que la verge de la tyrannie s'était appesantie : ceux-là seuls provoquaient les soupçons ou excitaient la cupidité du tyran. La masse du peuple était laissée en paix : l'humble artisan, le pauvre laboureur étaient trop bas placés pour éprouver les coups de l'oppression. Mais au Bengale l'oppression pèse également sur le riche et sur le pauvre. Les possesseurs de terres ou de capitaux sont également dépouillés. Si l'artisan a un métier, on le lui brise; s'il a du grain, on le lui enlève; si on le soupçonne d'avoir quelque part un trésor caché, on le soumet à la torture pour le lui faire révéler. Les paroles manquent pour peindre convenablement l'espèce de tyrannie exercée au Bengale.... L'enquête à laquelle nous nous sommes livrés n'a point dissipé toutes les ténèbres. Selon l'expression de Milton, c'est une lumière pâle qui n'a fait que rendre les ténèbres visibles et découvrir à l'œil épouvanté un abîme de douleur. »

Et l'orateur frémissant découvrait au fond de cet abîme, d'un côté les scandaleuses richesses des agents de la Compagnie, de l'autre les cadavres de *trois millions* d'Hindous morts de faim !

Nouvelle charte et nouvelle organisation de la Compagnie des Indes.

Cette enquête, où la gloire militaire et les services politiques de Clive couvrirent les taches de ses concussions et de ses cruautés, en amena une seconde ayant pour but de reviser les règlements de la Compagnie, dont le privilége expirait. Il en résulta, au commencement de 1773, une nouvelle charte, dont la plupart des dispositifs sont encore en vigueur aujourd'hui. Elle établit à Calcutta un gouverneur général de toutes les possessions de la Compagnie dans l'Inde, avec un conseil supérieur de quatre membres, chargé de la direction suprême des affaires.

Madras et Bombay, érigées en présidence, eurent chacune un gouverneur particulier, mais subordonné au gouvernement de Calcutta pour toutes les questions de paix et de guerre. En cas de division, la prépondérance fut assurée à la voix du gouverneur général, qui devint le véritable souverain de l'Inde, investi de pouvoirs plus étendus à certains égards que ceux dont jouissent la plupart des souverains de l'Europe. Non-seulement il est chef suprême de l'État, il commande les forces de terre et de mer, déclare la guerre, fait les traités de paix, d'alliance et de commerce, nomme aux emplois; mais il peut faire des lois ou règlements nouveaux, abolir ou modifier les règlements antérieurs, et ses décisions législatives, quoique soumises au contrôle du gouvernement suprême en Angleterre, sont exécutoires dans l'Inde jusqu'à ce que la cour des directeurs (nommée par ceux des actionnaires qui possèdent pour 1000 livres sterling d'actions) ait fait connaître ses intentions[1].

Warren Hastings, premier gouverneur général. — Quarante-cinq chefs d'accusation monstrueux lui valent un siége dans la chambre des lords.

Le premier agent revêtu de ce pouvoir exorbitant fut Warren Hastings, déjà titulaire depuis un an du gouvernement particulier du Bengale. On ne pouvait choisir pour continuer l'œuvre de Clive un esprit plus machiavélique, une conscience plus libre du joug de tout principe, une foi plus punique, un cœur plus dénué de pitié.

Son début révéla l'homme tout entier. Il vendit, de Calcutta, au nawab d'Aoude, pour la somme de vingt-trois millions de francs, les provinces du Rohilcund, d'Allahabad et de Corah, sur lesquelles il n'avait nul droit et que les traités précédents avaient assurés à l'empereur ! — Le Rohilcund, où nul Anglais encore n'avait mis le pied, devait son nom aux Rohillas, tribu d'Afghans qui l'avait reçu des derniers empereurs en récompense de leurs

1. Jancigny, *Revue des Deux-Mondes*, 1840.

services. Ils y vivaient paisiblement, cantonnés dans leurs djaghirs, ou fiefs. Hastings prêta des troupes *à son acquéreur* pour les en déposséder. Les belles campagnes du Rohilcund, les mieux administrées, les plus florissantes de toute l'Inde d'alors, furent mises à feu et à sang à la suite de cet inique marché; car le nawab d'Aoude ne connaissait pas de plus sûrs moyens d'expropriation, que d'ensevelir sous les ruines de leurs foyers les légitimes propriétaires de sa nouvelle acquisition. Le contingent anglais assista et prêta main-forte à cette horrible exécution ! — Le nawab ne profita pas longtemps du fruit de ses barbaries. Il mourut l'année suivante (1775). Hastings se prévalut de sa mort pour mettre des conditions à l'installation de son fils Açaf Uddowlà, et pour lui revendre à nouveau les territoires qu'avait déjà payés son père.

Encouragé par le succès de ces transactions, Hastings, toujours aux expédients pour équilibrer le budget de la Compagnie, ne trouva rien de mieux que d'appliquer son système d'extorsions à Bénarès, la ville sainte des Hindous, où la plupart des rajahs et des riches brahmanes de l'Inde avaient coutume de mettre en dépôt, comme dans un lieu respecté de tous les partis, une portion de leur fortune.

Le rajah régnant de Bénarès s'était toujours montré dévoué à la Compagnie, mais cette fois, révolté des exigences sordides d'Hastings, il résista; le gouverneur général, s'inspirant de l'exemple de Cortez, osa, à la tête de quelques centaines de Cipahis, arrêter le rajah au milieu de sa capitale, peuplée de cinq cent mille âmes. A cet attentat contre un souverain dont le gouvernement paternel avait mérité l'affection de son peuple, tout Bénarès court aux armes; le sang coule, deux compagnies de l'escorte d'Hastings sont massacrées; le rajah s'échappe et se réfugie dans un fort de l'autre côté du Gange. Hastings, en voulant le forcer dans cet asile, perd la moitié de sa troupe et se voit forcé de se réfugier sur son propre territoire.

A l'exaspération qui se répandit alors dans les campagnes et dans les villes relevant de Bénarès, à l'appel plein de dignité que le rajah fit à tous les souverains, comme à tous les souvenirs de l'Inde, on eût pu croire que les Hindous savaient ce que signifient les mots de *patrie* et *d'indépendance*. Hélas ! ces velléités d'honneur national passèrent comme un éclair. Le rajah, battu en rase campagne, poursuivi de retraite en retraite par Hastings, qui, de son chef, lui nomma un successeur, s'enfuit enfin dans les inaccessibles solitudes du Bundelcund, laissant dans le fort de Bidgagur quelques membres de sa famille, parmi lesquels la veuve et la sœur de son père.

Après le départ du malheureux rajah, le commandant de Bidgagur songea bien moins à prolonger sa défense qu'à obtenir une capitulation avantageuse aux princesses confiées à sa garde. Hastings, implacable, les traita avec la barbarie d'un *chef de chauffeurs* [1], et poussa le mépris des mœurs hindoues et de sa propre dignité, jusqu'à faire fouiller ces malheureuses pour leur enlever leur argent et leurs bijoux.

Il ne s'en tint pas là : il y avait aussi dans le royaume d'Aoude de riches douairières à dépouiller. La mère et la sœur du prince régnant, préfet docile de la Compagnie, avaient conservé des fiefs et amassé un trésor que la renommée enflait selon l'usage de tous les pays. Convoitant cette proie facile, Hastings ordonne au nawab de dépouiller sa mère, et le force à assumer ainsi l'odieux de cet acte abominable. Sous un spécieux prétexte; la nécessité absolue d'assurer la solde d'une armée exigeante, on arrache 40 millions aux deux princesses. Mais, loin d'être satisfait, le résident anglais fait emprisonner et mettre à la torture deux malheureux eunuques, intendants ou hommes de confiance des Begums. Pendant plus de six mois, la faim, les fers, les supplices corporels, furent employés contre ces pauvres vieillards, et même contre des femmes de la Zénanah [2], pour leur arracher non-seulement le secret des prétendus trésors de leurs maîtresses, mais encore leur fortune personnelle. Quand on leur eut extorqué leur dernière roupie et leur dernier bijou, on leur rendit la liberté. Les cruautés avaient été exercées au nom du nawab, *la grâce* fut accordée au nom du gouverneur général !... Lorsque, quelques années plus tard, ces faits, joints à *quarante-cinq autres* de même nature, motivèrent la comparution d'Hastings comme accusé à la barre du parlement, la loi suprême du salut commun fut alléguée pour justifier ces infamies; la majorité

1. Henri Martin, t. XIX.
2. Zénanah-Harem.

parlementaire, en dépit de la coalition de Pitt, de Fox, de Burke, de tous les grands orateurs de la chambre indignés, fit à Hastings *un bouclier de ses services* [1]. Il fut absous, et un peu plus tard récompensé par un manteau de pair. Si dans cette occasion l'empire de l'Inde assuré à l'Angleterre, au moment même où elle perdait l'Amérique, parla plus haut que la morale et la justice, la postérité doit flétrir l'homme et l'administration qui purent recourir à de tels moyens, à peine tolérables s'il se fût agi de sauver Londres d'un siége et de préserver l'Angleterre d'une invasion [2].

La Compagnie aux prises avec les Mahrattes et Haïder-Aly. — Luttes et fin de Tippoo-Saheb.

Lorsque la guerre de l'indépendance des États-Unis avait remis aux prises la France et l'Angleterre, celle-ci, grâce à Clive et à Hastings, n'avait plus dans l'Inde que deux adversaires sérieux : dans l'ouest, la confédération mahratte, renaissance de l'Inde antique au milieu des débris de l'empire mogol, féodalité guerrière dirigée par un conseil de brahmanes ; et, dans le sud, la monarchie de Maïsour, improvisée par le musulman Haïder-Ali, un des plus fiers et des plus profonds génie qu'ait enfanté l'Orient [3].

1. Expression de Pitt.

2. Nous n'aurions pas appuyé sur ces détails, aussi affligeants pour l'histoire que déshonorants pour la civilation de l'Occident, si la plupart des historiens de l'Inde moderne, fascinés par le génie politique d'Hastings, n'avaient montré une inexplicable indulgence pour son caractère ; si même quelques-uns n'avaient pas été jusqu'à le comparer à Dupleix ! L'accusation de concussion tomba, disent-ils, devant la médiocrité de sa fortune. Mais si elle échappait aux regards en Angleterre, cette fortune, fruit de l'iniquité, n'en existait pas moins ; et les banques d'Allemagne avaient reçu en dépôt, pendant le procès même d'Hastings, plusieurs *millions de florins*, placés sous le nom de sa femme, *Wurtembergeoise, qu'un premier mari avait vendue dans l'Inde au gouverneur général, pour une somme de* 250 000 *francs.* Hastings, on le voit, n'avait pas plus de scrupules dans sa vie privée que dans ses actes publics *.

3. Henri Martin.

* Voir, entre autres témoignages contemporains, les *Voyages dans l'Inde* du Hollandais Haafner et les notes de son traducteur allemand.

En 1785, lorsque Hastings revint en Europe, il laissait ces deux puissances bien affaiblies. Des dissensions intestines habilement ménagées et entretenues menaçaient d'une prochaine dissolution l'édifice mahratte, et le royaume de Maïsour avait perdu son fondateur. Haïder-Ali, le plus sérieux obstacle, après Dupleix, qu'ait rencontré la puissance anglaise dans l'Inde, était mort au moment où Bussy, son vieux frère d'armes, où les flottes victorieuses de Suffren, lui amenaient un corps d'auxiliaires français, et allaient le mettre à même de réaliser, dans ses vieux jours, le rêve de cinquante ans de luttes et de combats, l'expulsion des Anglais de la péninsule.

Peu après, le traité de Versailles, qui consacra l'indépendance des États-Unis (20 janvier 1783), avait confirmé l'abdication définitive de la France de toute action et de toute influence dans l'Inde.

Les successeurs d'Hastings, porteurs d'instructions pacifiques et réparatrices, n'eurent donc qu'à organiser définitivement l'administration des territoires désormais acquis à la Compagnie et qui comprenaient dès lors les provinces du Bengale, du Bahar, de Bénarès, de Madras, des Circars du nord et l'île de Bombay; c'est-à-dire une aréa de plus de 250 000 milles carrés, peuplée de 60 millions d'habitants. Mais, au bout de cinq ou six ans de paix, ils s'aperçurent que le fils d'Haïder-Ali, Tippoo-Saheb, héritier d'une partie des talents de son père, de sa puissance et surtout de sa haine pour l'Angleterre, commençait à devenir un voisin trop dangereux. Ils nouèrent contre lui une ligue avec les Mahrattes et le soubahdar du Dekkan, et se jetèrent sur ses États avant que son armée, qu'il formait à la tactique européenne, eût reçu sa dernière organisation. Tippoo, acculé sous les murs de Seringapatnam, sa capitale, fut vaincu, forcé de négocier, et dut abandonner la moitié de son royaume et 60 millions de contributions de guerre aux confédérés, qui prirent en outre deux de ses fils en otage.

Un pareil traité préparait la chute suprême de Tippoo; un politique moins profond que lui l'aurait pressenti : aussi, depuis lors, ne cessa-t-il de s'agiter, cherchant à tous les points de l'horizon une assistance qui pût conjurer la ruine dont il était menacé. Son ambassade au roi Louis XVI, en 1787, et, plus tard, ses négociations avec le gouverneur général de l'Ile de

France, ainsi que l'hospitalité qu'il accordait aux débris de nos troupes réfugiées dans le Maïsour, tout devait éveiller les ombrageuses susceptibilités des Anglais. Sa perte fut dès lors résolue. Il vint une heure où un rayon d'espérance put luire dans l'âme éperdue de Tippoo. Une armée française envahit l'Égypte. Son chef jeta un moment les yeux du côté de l'Orient. Les rêves d'Alexandre traversèrent son cerveau. Mais rappelé en Europe par les cris de la patrie en danger, Napoléon ajourna, sans les oublier jamais, ses projets sur l'Orient. Tippoo, livré à lui-même, devait succomber. 1798 le vit disputer pied à pied ses États envahis. Il périt, comme le dernier des Constantins, sur les murs de sa capitale, et son empire dissous fut partagé entre les Anglais, le Nizam et un fantôme de souverain que la Compagnie installa sur les débris du trône de Maïsour, où bientôt il ne fut plus que son pensionnaire.

Durant cette dernière période, le nom français ne jette plus dans l'Inde qu'un éclat individuel. Raymond fut le dernier de ces aventureux partisans qui soutinrent jusqu'au bout l'honneur de nos armes. Investi par la République du titre de général, il se cantonna dans le Dekkan et tenta de renouveler la brillante fortune et l'influence politique de Bussy. Nommé par le Souba *moulouk*, c'est-à-dire prince du sang, il pouvait exercer encore une puissante action sur les affaires de la péninsule, lorsqu'il mourut empoisonné en 1798. Son nom est demeuré dans la mémoire des Hindous comme le type des vertus chevaleresques et guerrières. Sa tombe, constamment éclairée de lampes funéraires, est encore aujourd'hui l'objet de la vénération publique.

Progrès de l'empire hindo-britannique de 1800 à 1838. — Les deux Wellesley. — Invention du régime subsidiaire.

L'empire de Tippoo détruit, le Nizam, le Karnatic, la vice-royauté d'Aoude, devenus des préfectures anglaises, il ne restait plus debout dans l'Hindoustan que la confédération mahratte, qui ne pouvait longtemps résister à la Compagnie, disposant alors d'une armée de plus de 100 000 hommes et dirigée par des hommes de la trempe des deux Wellesley, dont le plus jeune jeta sur les champs de bataille de l'Inde les fondements de sa haute renommée.

L'aîné des deux frères , gouverneur général de 1798 à 1805, prépara l'asservissement de tout ce qui restait encore dans l'Inde d'États indépendants, en inventant à leur usage le système *subsidiaire* , sorte de capitulation par laquelle, sous prétexte de protection , un prince indigène reçoit sur son territoire une garnison anglaise, dont l'entretien et la solde sont garantis par une hypothèque prise sur le revenu, et sur le fonds, à défaut du revenu, de certains districts délimités et choisis par la Compagnie.

Le premier rajah qui consentit à laisser enserrer sa dignité et sa couronne dans ce nœud coulant fut le chef mahratte du Guicowar ; le peichwah de Poonah, suzerain de toute la confédération, fut le second. Sa lâcheté brisa l'édifice fondé par son grand ancêtre Séwaji. Ses principaux vassaux, les princes de Gwalior, d'Indour et de Nagpour, se soulevèrent et la guerre recommença des bords de la Tapty à ceux du Gange. Arthur Wellesley au sud, le général Lake du côté du nord, l'éteignirent dans des flots de sang. Les provinces de Delhi, d'Agra, du Doab, une partie du Bundelcund, les districts de Kuttack et de Balasore furent les fruits de leurs victoires. Le descendant aveugle de Timour, Schah Allaum, délivré de sa prison, fut replacé pour la forme sur le trône de ses ancêtres , et de captif des Mahrattes devint pensionnaire de la Compagnie. Nul des rajahs insurgés n'obtint la paix qu'au prix d'une cession de ses meilleurs territoires et de l'engagement formel de *n'accueillir aucun Européen à son service sans la permission du gouvernement anglais....* A dater de ce jour, *les chaînes de l'Inde furent rivées*[1] !

De 1806 à 1814, ce malheureux pays jouit enfin d'une sorte de repos dont lord Minto et lord Cornwallis, qui se succédèrent sur le trône de Calcutta, profitèrent pour organiser les conquêtes de leurs devanciers.

La guerre que lord Hastings entreprit de 1814 à 1816 contre une tribu guerrière du Népaul, les Gourkhas, qui, ayant franchi leurs montagnes natales, s'étaient répandus en conquérants entre le haut Gange et le Satledje, eut pour résultat de faire flotter définitivement le drapeau britannique sur les sources mystérieuses de la Jumna et du fleuve sacré ; mais, localisée

1. De Baroncourt, supplément au *Tableau de l'Inde,* de Biornsterna.

dans un repli de l'Himalaya, cette guerre n'agita pas le reste de l'Inde.

Il n'en fut pas de même de l'insurrection des Pindarries; pendant trois ans elle couvrit l'ouest de l'Inde de ruines et de sang. Du reste, les grandes armées que le gouvernement britannique crut devoir opposer à ces nouveaux *routiers*, ne servirent pas seulement contre leurs hordes, mais aussi contre les princes mahrattes qui, coupables tout au moins *de préparatifs suspects*, durent payer les frais de la guerre par des cessions de territoire. Le peichwah même fut déposé et devint un simple pensionnaire de la Compagnie, qui acquit, dans ces remaniements de terres et d'âmes, dix mille lieues carrées et six millions de sujets.

En 1824, des hostilités avec les Birmans amenèrent hors de l'Inde les armes victorieuses de l'Angleterre. Malgré le renom belliqueux que leur avait valu, dans le siècle dernier, la conquête du Pégu et d'une partie de Siam, les Birmans ne purent empêcher une petite armée de huit mille Anglo-Hindous de remonter l'Irrawady pendant cent cinquante lieues, et de venir leur dicter une paix onéreuse sous les murs mêmes d'Ava, leur capitale. Les Anglais gagnèrent à ce traité deux cents lieues de côtes à l'est de la mer du Bengale, et 50 000 000 de francs que le roi d'Ava dut en outre leur payer comme indemnité!

En 1826, une révolution de palais appela à Bhurtpour l'intervention armée de la Compagnie. Cette redoutable forteresse fut assiégée et prise. Le rajah de fait, meurtrier de son prédécesseur, fut déposé et remplacé par l'héritier légitime de sa victime.

A partir de cette époque, l'empire hindo-britannique tout entier jouit pendant six ou sept ans d'un calme et d'une prospérité sans antécédents sous le gouvernement de lord William Bentinck. Cet homme d'État philanthrope fut le premier gouverneur général qui ne s'engagea pas dans quelque guerre considérable et qui voua tous ses efforts, toute son attention aux améliorations administratives.

Il eut pour successeur, en 1836, lord Aukland que la force des choses, plus que sa volonté, poussa dans une autre voie.

La Compagnie et les Russes en présence dans l'Asie centrale. —
Guerre impolitique et immorale contre les Afghans.

En 1838, les intrigues et les progrès de la Russie dans l'Asie
centrale, l'attitude de la Perse qui manifestait des vues sur
l'Afghanistan, la présence d'officiers russes sous les murs d'Hé-
rat, assiégés par une armée persane ; les dispositions peu ami-
cales que témoignait à la Compagnie le gouvernement du Caboul,
contrée qui est le rempart de l'Inde sur le plus vulnérable de
ses flancs ; tout ce concours enfin de causes d'anxiété et d'irri-
tation entraîna les maîtres de Calcutta à une résolution fatale,
celle de renverser le souverain régnant de Caboul, Dost-Mohammed, au profit de Shah-Soujah, ancien roi de cette contrée,
d'où son indignité l'avait fait expulser trente ans auparavant,
et de baser sur cette restauration la sécurité des frontières
occidentales de l'Inde.

Dans ce but, une triple alliance fut conclue entre la Grande-
Bretagne, Soujah et Runjeet-Singh, souverain du Pundjab,
et une armée considérable d'Anglo-Hindous se réunit sur le
Satledge.

Cependant Runjeet-Singh s'opposant au passage direct de ses
alliés à travers ses États et n'ouvrant les défilés de Kyber, qui
conduisent du Pundjab à l'Afghanistan, qu'à la famille de Shah-
Soujah, les troupes britanniques durent exécuter un détour de
plus de trois cents lieues pour aller chercher les passes de Bo-
lan, au sud de cette formidable contrée. Elles se mirent en
marche, entraînant avec elles un immense attirail de chariots,
de bêtes de somme, de bagages inutiles, et l'incroyable multitude de femmes et de non combattants qui, de tout temps, a
surchargé, au grand détriment de la discipline et de la célérité,
les armées de l'Orient. En avançant dans l'ouest, les Anglais
purent reconnaître que le pays était d'un accès plus difficile
qu'ils ne l'avaient supposé, et qu'aucun envahisseur n'y trouverait de routes ouvertes.

Le khan de Khélat, dont le territoire fut ravagé pour avoir
refusé de prêter secours aux Anglais, leur prédit le sort de l'expédition dans les mêmes termes qu'employa un peu plus tard
le duc de Wellington : « Vous prendrez le pays, dit-il, mais

vous ne le garderez pas! Vous pouvez vous avancer jusqu'à Caboul ; mais quand les neiges de l'hiver auront fermé les défilés derrière vous, comment communiquerez-vous avec l'Inde? » Où sera votre retraite en cas de revers?...

Conquête rapide de Candahar, suivie d'un abandon plus rapide encore et de désastres impolitiquement vengés.

Les événements semblèrent d'abord donner un éclatant démenti à ces fâcheux pronostics : Quettah et Candahar se rendirent sans coup férir, Ghusni fut emporté par un coup de main, Caboul ouvrit ses portes aux vainqueurs ; Dost-Mohammed, prince, intrépide, généreux, *vrai philosophe couronné*[1], tenta en vain de tenir la campagne ; abandonné de ses grands vassaux qu'*il devançait d'un siècle par son génie*, il tomba enfin aux mains des Anglais qui réinstallèrent sur le trône purifié par ses vertus, son immonde rival, leur créature Shah-Soujah, monstre souillé de toutes les iniquités de Sodome et de Gomorrhe, que les peuples dans leur dégoût avaient chassé trois fois et qui, pendant trente ans d'exil, n'avait rien appris et rien oublié[2].

Ce résultat obtenu, une partie de l'armée rentra dans l'Inde, l'autre resta pour soutenir son œuvre, tenant garnison dans les places fortes de Shah-Soujah. Les tribus de l'Afghanistan étaient agitées, le pays improductif, et dès lors on put voir que l'expédition, sans avoir été autrement désastreuse, était inutile et stérilement onéreuse. Ce ne fut pas tout.

Si dans la première campagne, le feu de l'artillerie anglaise et les baïonnettes européennes avaient eu bon marché de la bravoure indisciplinée des défenseurs de l'Afghanistan ; si pendant tout un hiver les clans des montagnes demeurèrent dans la stupéfaction, dès le printemps suivant l'esprit d'indépendance, propre à tous leurs pareils, se réveilla parmi eux ; une série de mesures impolitiques acheva de les exaspérer ; dès novembre 1841 une formidable insurrection éclata dans le Caboul

1. Expressions de l'agent anglais, Al. Burnes.
2. Ed. de Warren, *l'Inde anglaise*, t. III.

et se répandit de vallée en vallée jusqu'aux extrémités du pays.

Un emploi intelligent des forces du corps d'occupation, de ses approvisionnements, de son matériel de guerre, eût peut-être étouffé ce soulèvement à son début, ou tout au moins l'eût réduit à des proportions sans péril pour vingt-cinq mille hommes rompus à la tactique européenne et pour l'honneur de leur drapeau ; mais de circonstances militaires résulta une catastrophe militaire. Un officier général, qui devait son grade à son âge et aux règlements anglais sur l'avancement, avait été revêtu d'un commandement dans l'Inde. Ces fonctions aggravées par l'ardeur du climat étaient au-dessus de ses forces. Le gouvernement de Calcutta eut la malheureuse idée que le climat salubre du Caboul pourrait rétablir la santé délabrée de ce vétéran, et par une inspiration plus malheureuse encore lui confia le commandement de la division cantonnée au delà du Sind. Sa santé ne s'y rétablit pas ; impotent et incapable de toute initiative, il mourut au moment où le salut des personnes et des intérêts qui lui étaient remis réclamaient les mesures les plus actives, les plus énergiques. Le commandant en second, brave soldat du reste, était d'un caractère difficile, mal avec ses supérieurs et encore plus mal avec tous ceux qui subissaient ses ordres. Si bons militaires que fussent les autres chefs, nul n'étant commandé, nul ensemble ne présida à leurs opérations. Les troupes restèrent dans des cantonnements ouverts et exposés à des attaques journalières. Dans ces fâcheuses circonstances, et sous un chef haï, l'indiscipline se glissa, s'étendit dans tous les rangs des Européens. Les approvisionnements furent laissés dans des places isolées où ils devinrent successivement la capture de l'ennemi. Les mauvais sentiments se combinèrent avec la mauvaise fortune et semèrent partout le relâchement et la confusion. L'envoyé politique près la cour de Caboul, qui seul au milieu de la démoralisation générale avait déployé quelque énergie, périt assassiné dans un guet-apens ; la garnison de Ghusni capitula ; celle de Caboul, coupée de ses communications, troublée par les angoisses des femmes, des enfants, des valets d'armée qui l'encombraient, se laissa amener à traiter avec les chefs des assiégeants de l'abandon d'une ville qu'elle eût dû défendre à tout prix, et, munie d'un sauf-conduit qui ne pouvait être respecté, elle commença sa fatale retraite, dont l'ensemble rappelle les scènes les plus terribles de la campagne de Russie.

En sortant de Caboul, les Anglo-Hindous comptaient encore cinq mille baïonnettes et un nombre triple de non-combattants. Dès le troisième jour, le froid d'un hiver inconnu à l'Hindoustan, fait tomber les armes des mains glacées des Cipahis. A peine entrée dans les défilés encombrés de neige, cette malheureuse troupe, surchargée de bouches et de bras inutiles, se voit en butte au feu continu des longs fusils montagnards.

« L'artillerie et une poignée d'Européens supportent seuls les terribles combats qui se renouvellent à chaque détour, à chaque pli du terrain ; les Cipahis ne suivent plus que comme un troupeau inerte, s'arrêtant çà et là pour se rendre à merci ou mourir le long de la route. Enfin, les derniers braves qui combattent encore avec l'énergie et l'opiniâtreté de la race anglo-saxonne sont enveloppés et taillés en pièces dans le défilé de Tezeen [1], » où blanchissent encore les ossements de dix mille cadavres. Altérés de meurtre et de vengeance, les Afghans n'épargnèrent que les femmes et les prisonniers de marque dont ils espéraient une rançon.

De toute cette multitude dévouée à la mort ou à la captivité, un seul homme, un officier anglais, soutenu par le courage du désespoir, et favorisé par un bonheur incroyable, parvint à s'échapper et à porter la nouvelle de cette grande catastrophe à Jellalabad, où, unique débris de l'armée d'occupation, se maintenait encore à force d'héroïsme et se maintint une brigade anglaise, jusqu'au jour où une nouvelle armée, réunie dans le Pundjab, vint la délivrer et tirer vengeance des revers de la campagne précédente.

Cette vengeance s'exerça sur le sol qui fut ravagé, sur des villes qui furent livrées au pillage et à l'incendie. La responsabilité de ces représailles impolitiques doit peser sur le nouveau gouverneur général, lord Ellinborough. « Sans égard pour les sentiments de douze millions de musulmans vivant sous les lois anglaises, il ordonna la profanation de la sépulture de Mahmoud le Gasnévide, héros que ses coreligionnaires vénèrent comme

---

1. Édouard de Warren, *l'Inde anglaise*, t. III.

un saint, l'enlèvement des portes sacrées qui la fermaient de-
-puis huit cents ans et le rapt de la massue du conquérant suspendue à son sarcophage; il prescrivit la destruction de Ghisnie,
la ville sainte des Afghans, et celle du grand bazar de Caboul,
leur plus beau monument[1]. »

Après ces exploits stériles, les troupes de la Compagnie se hâtèrent d'évacuer l'Afghanistan avant que les neiges d'un nouvel
hiver eussent fermé, encore une fois, les redoutables passes
des monts Soleymans. Une belle proclamation de lord Ellenborough et des ovations multipliées accueillirent leur retour dans
les plaines du Satledje. Mais, dit à ce sujet un historien anglais, « les réjouissances de Férozepore, en décembre 1842,
coûtèrent autant que la construction d'un chemin de fer de
cent milles, et Dost-Mohammed, depuis deux ans notre prisonnier, recouvra sa liberté et un trône, dont on n'aurait jamais
dû songer à l'expulser. Le seul résultat de ces déplorables expé-
ditions fut pour la Compagnie une perte sèche de vingt mille
hommes et de quatre cents millions de francs. »

Mauvaise querelle cherchée aux amirs du Sinde; leur faiblesse,
leur chute, pillage de leurs trésors.

Malgré l'abandon de ses desseins sur le Caboul, le gouvernement de Calcutta n'était pas à bout de dépenses militaires. En
prenant le Sinde pour base de ses opérations dans l'Afghanistan,
il s'était préparé un nouveau champ d'intrigues tortueuses et
de violences brutales. Trois traités successifs, en dix ans, toujours violés par les Anglais, toujours religieusement observés
par les amirs, chefs féodaux du Sinde, avaient préparé cette
contrée à l'asservissement. Au moment d'envahir le Caboul, les
Anglais, voulant sans doute savoir jusqu'où irait la patience
des amirs, leur signifièrent « d'entrer sans perte de temps en
arrangement avec le Shah-Soujah, l'auguste protégé de l'honorable Compagnie, pour liquider les tributs arriérés qu'ils devaient à ce monarque, leur légitime suzerain, tributs dont le
montant ne pouvaient s'élever à moins de 5 000 000 de francs[2]. »

1. Édouard de Warren, *l'Inde anglaise*, t. III, p. 377.
2. Dépêches officielles de lord Aukland, p. 9.

Si l'on se rappelle que depuis vingt-cinq ans l'infâme Shah-Soujah, précipité du trône, ne comptait plus parmi les puissances de l'Asie, on conviendra, avec un écrivain contemporain [1], que jamais bandit de grand chemin n'a mis plus d'outrecuidance et d'*humour* au service de ses attentats.

Entourés d'embûches, humiliés, les amirs supportèrent tout. Loyaux observateurs de leur parole, ils ne montrèrent pas le plus léger symptôme d'hostilité lorsque les désastres de l'armée anglaise au delà de l'Indus semblaient les convier à une vengeance facile. Un simple mouvement de leur part, dans l'hiver de 1841, eût suffi pour couper toute communication entre l'Inde et les débris de l'armée, luttant encore à l'occident du Sind, pour rendre irrémédiable la catastrophe du défilé de Tescen. Le gouvernement de Calcutta, qui redoutait avec raison ce mouvement, ne leur tint aucun compte de leur abstention et ne leur pardonna pas la crainte qu'ils lui avaient inspirée dans cette grave occasion.

Dès que les affaires du Caboul furent terminées, il accabla les chefs du Sinde de nouvelles exigences. Lord Ellenborough leur demanda cette fois de vastes cessions de territoire, l'adoption des monnaies de la Compagnie et le droit d'affouage pour les steamers anglais dans les forêts domaniales, que les amirs, depuis un temps immémorial, se réservaient pour la chasse. Or, pour comprendre la dureté de ces conditions, il faut savoir que le privilége de battre monnaie est regardé en Orient comme le premier droit du souverain, et que leurs forêts de chasse sont pour les princes de ces contrées l'objet d'un culte pareil à celui dont les grands seigneurs des Iles Britanniques entourent leurs parcs d'Écosse!

Lord Ellenborough alla plus loin : il décréta la déposition de Mir-Rostum, chef de la confédération des amirs, et confia à sir Charles Napier, général aussi connu par ses excentricités fantasques que par ses talents militaires, les forces destinées à appuyer cet *ultimatum*. On savait les amirs riches; on les voyait faibles, irrésolus, on les crut effrayés. Au mois de janvier 1843, on marcha sur leur capitale; alors survint un fait souvent remarqué à la chute des empires : le peuple abandonné

1. Ed. de Warren, t. III.

de ses chefs, qui s'abandonnaient eux-mêmes, ne voulut point être complice de leur inertie. Les soldats Béloutchis que les amirs avaient réunis autour d'eux aux jours de leur prospérité, savaient que le pays avait été conquis par leurs ancêtres, payé de leur sang, consacré par leurs sépultures, ils tentèrent de le défendre. Ils succombèrent, mais non sans gloire, devant la discipline européenne; les combats de Mianie et de Dubba terminèrent dans des flots de sang cette douloureuse histoire[1].

Les principaux amirs furent emmenés prisonniers dans l'intérieur de l'Hindoustan; le Sinde fut annexé aux domaines de la Compagnie. Quant à l'armée victorieuse, forte de six mille hommes, elle fut récompensée par 12 500 000 francs de parts de prise, et son général, outre les dignités fort lucratives dont il fut revêtu, reçut pour son lot une somme ronde de 1 750 000 fr.

Mais pendant que chefs et soldats se gorgeaient ainsi d'un butin plus ou moins légitime, on reconnut à Calcutta et à Londres que leur conquête n'était qu'une acquisition onéreuse, grevant, en frais de garde et d'occupation, le budget annuel de la Compagnie d'une charge de plusieurs millions; et cette fois les intérêts lésés venant en aide à la morale, la presse des deux pays fut unanime pour flétrir la politique d'agrandissement du gouvernement de l'Inde. Ce blâme n'empêcha pas le général Napier, l'un des plus fervents adeptes de cette politique d'agression, de prédire publiquement, dès 1845, la prochaine conquête du Pundjab; « et cette prédiction, dit un historien anglais, ne fut pas sans influence sur le résultat ultérieur des deux guerres contre les Sikhes[2]. »

Empire de Runjeet-Singh. — Mort de ce prince. — Anarchie
et première guerre du Pundjab.

La confédération moitié guerrière, moitié religieuse, des Sikhes, après avoir longtemps subsisté à l'état féodal comme celle des Rajpouts et des Mahrattes, avait atteint l'apogée de

1. Éd. de Warren, t. III, ch. VII.
2. Campbell, *Modern India*, p. 137. — *Revue britannique*, mai 1852.

son lustre et de sa puissance sous Runjeet-Singh. A force d'habileté, d'audace et de crimes, ce prince avait fait du *khalza* (mot qui, pour le sikhe comme celui d'*islam* pour le musulman, représente une certaine idée de patrie, d'unité dans la foi sectaire) un faisceau serré de forces cohérentes, que l'œil trompé pouvait prendre pour l'image d'un peuple ou d'une nation. Une quarantaine d'officiers européens, accourus successivement près de Runjeet à la nouvelle du bon accueil qu'il faisait aux militaires de l'Occident, lui avaient créé une armée redoutable par son organisation et sa discipline. En réalité, à la fin de sa carrière, *le vieux Lion des cinq fleuves* régnait sur l'empire le mieux constitué qu'il y eût entre le Satledje et l'Euphrate ; mais ce n'est pas dire beaucoup.

Mort en 1839, Runjeet-Singh eut pour successeur son fils Kurruck-Singh, véritable idiot, sur le crétinisme duquel la Compagnie pouvait compter assez logiquement pour avancer sous son règne l'influence anglaise dans le Pundjab, et pour implanter dans ce pays le régime subsidiaire avec ses accompagnements ordinaires, c'est-à-dire un résident britannique avec son escorte dans la capitale et un corps d'occupation à portée. Cet espoir commençait à se réaliser quand le vieux parti sikhe trouva moyen de faire mourir subitement le pauvre maharajah, au mois de novembre 1840 ; puis à ses funérailles mêmes, son fils et successeur, Nao-Néal, jeune prince dont le caractère et l'ambition rappelaient bien plus son aïeul que son père, périt *accidentellement*, écrasé par une poutre qui lui tomba sur la tête, au moment, où, monté sur un éléphant, il faisait son entrée solennelle sous le principal arc de triomphe de Lahore.

La branche directe ainsi éteinte, Shere-Singh, gouverneur du Kachemyr et qui n'avait d'autres droits que ceux que lui conférait l'adoption [1] d'une des veuves de Runjeet, parvint à s'emparer du pouvoir après une lutte assez courte avec d'autres prétendants. Mais, arrivé au trône par le meurtre et la vio-

---

1. Cet usage, fort commun dans l'Inde de la part des femmes qui n'ont pas le bonheur d'être mères, remonte à la plus haute antiquité. Les enfants, ainsi adoptés, héritent, si tel est le bon plaisir du chef de famille, conjointement avec les héritiers directs et avant tous les collatéraux.

lence, il en fut précipité par la violence et le meurtre. Ceux-là mêmes qui l'y avaient élevé l'assassinèrent en octobre 1843, et le remplacèrent par un enfant de six ans, qu'une des veuves de Runjeet se rappela fort à propos avoir adopté du vivant de son mari.

Runjeet-Singh avait laissé à ses éphémères successeurs l'héritage d'un conquérant : une armée de quatre-vingt mille hommes de troupes régulières et un parc de trois cent soixante-dix bouches à feu, sans parler d'une immense quantité de pierriers et autres machines innocentes portées à dos de chameau, selon la coutume du pays. Pendant la période d'anarchie dont nous venons de parler, la plupart des officiers européens qui avaient organisé les forces militaires s'empressèrent de quitter un pays où leur vie était à la merci des révolutions de palais et des émeutes de casernes. L'armée, désormais affranchie du joug de la discipline et tourmentée par d'impuissants désirs de conquêtes extérieures qui se traduisaient au dedans par des pillages continuels et des exactions de toute sorte, devint la terreur du gouvernement et du pays. Les choses en vinrent à ce point que la régence de Lahore, ne sachant comment se débarrasser de ces nouvelles *grandes Compagnies*, les engagea à passer le Salledje. Novembre 1845 vit soixante mille Sikhes franchir cette rivière et se jeter comme un torrent dévastateur sur les possessions britanniques.

Celles-ci avaient alors à leur tête un vieux soldat de l'école des grandes guerres européennes, sir Henri Hardinge. Il avait pour consigne de ne pas s'immiscer dans les affaires du Pundjab tant que le territoire de la Compagnie serait respecté, mais de repousser et de punir toute provocation.

L'énergie de sa résistance dépassa la brusquerie de l'invasion, vingt mille Sikhes mordirent la poussière aux batailles de Moutkie. de Ferozeshah, d'Alwall et de Sobraou. Les vétérans de Runjeet furent refoulés sur leur propre territoire, laissant trois cents bouches à feu aux mains des vainqueurs.

Politique modérée des Anglais victorieux ; bons résultats apparents.

Lord Hardinge montra dans le succès, que du reste il avait chèrement payé [1], un esprit de sagesse et de modération qui contraste étrangement avec l'humeur belligérante de ses prédécesseurs. Trois guerres ruineuses venaient à peine de se terminer ; la Compagnie dépensait annuellement une douzaine de millions de francs de plus que ses revenus et entretenait une armée deux fois plus nombreuse que celle de la mère patrie. Cet homme d'État comprit donc qu'il n'était pas de bonne politique de s'engager dans de nouvelles conquêtes, alors surtout que l'armée sikhe, vaincue, mais non domptée, comptait encore quarante mille hommes et un parc de réserve de près de deux cents bouches à feu. Au lieu d'annexer le Pundjab aux domaines déjà si vastes de la Compagnie, il préféra le placer sous ce *régime subsidiaire ou de protection*, si souvent et si fructueusement appliqué à d'autres territoires. Auprès du jeune maharajah de Lahore fut installé un conseil de régence surveillé par un résident anglais et par un camp de dix mille Anglo-Hindous ; pour trouver un emploi utile aux débris de la vieille armée sikhe, qui, déshabitués du travail et honteux de mendier, passaient leur vie à piller tout ce qui se trouvait à leur portée, on les chargea, sous des chefs dévoués, de la police et de la pacification du pays. Puis la contribution de guerre imposée au Pundjab n'ayant pu être acquittée entièrement par la cour de Lahore, le Kachemyr fut donné à Goulab-Singh, rajah du district montagneux de Jamou, qui consentait à en payer une partie.

Grâce à ces mesures, à la suppression de monopoles arbitraires, à un recensement général qui permit de répartir d'une façon plus équitable que par le passé les contributions du Pundjab et de réduire même d'un tiers les redevances exigées par les anciens maîtres du pays, le colonel Lawrence, investi

---

1. Dans une seule rencontre, la première, tous ses aides de camp avaient été frappés autour de lui et cinquante-deux officiers *anglais* avaient été tués.

des fonctions délicates de résident, put réaliser, entre l'Indus et le Satledje, plus de progrès en un ou deux ans, qu'on n'en avait effectué dans toute l'Inde depuis un demi-siècle; et le peuple semblait calme et soumis.

Cette situation satisfaisante réagissait sur l'état général des possessions britanniques. Lord Hardinge put réduire son armée de cinquante mille hommes et diminuer ses dépenses de 30 millions, pendant que le revenu des provinces sikhes augmentait son budget des recettes d'une somme à peu près égale et lui permettait d'entrevoir, dans un prochain avenir, les finances de la Compagnie employées à des travaux indispensables d'utilité publique et d'améliorations intérieures. Il pensait surtout à reprendre les travaux du canal du Doab, dont la réouverture, décrétée depuis 1841, avait été suspendue par la guerre du Caboul; il s'agissait de conduire les eaux de la Jumna sur un parcours de quatre-vingt-dix lieues et de rendre à la fécondité six millions d'hectares de terres desséchées, auxquelles il ne manquait qu'un bon système d'irrigation pour préserver de la famine deux millions d'habitants.

Le moment de commencer ces grands travaux semblait venu; on voulait leur consacrer six millions par an, et cinq mille ouvriers, déjà rassemblés à cet effet, devaient se mettre à l'œuvre aussitôt la saison des pluies terminée, lorsqu'on apprit qu'une formidable insurrection, éclose inopinément dans la ville de Moultan, remontait le cours des cinq fleuves, s'étendait jusqu'à Peichawer et enveloppait toutes les résidences anglaises, isolées et cernées dans cet embrasement.

Insurrection de Moultan. — Deuxième guerre du Pundjab. — Annexion de l'héritage de Runjeet-Singh aux domaines de la Compagnie.

Le prétexte ou le signal de cet événement fut la destitution du chef indigène de Moultan, Dewan Moulraj, qu'un *système d'espionnage fort bien combiné*[1] représentait aux agents anglais comme suspect d'intrigues ou de désaffection. Deux jeunes officiers européens, chargés d'installer son successeur,

[1]. Journaux de Calcutta

furent massacrés dans une émeute, et Moulraj, faisant appel à tous les intérêts, à tous les sentiments froissés par le joug étranger, se vit bientôt à la tête d'une armée dans la ville la plus forte du Pundjab par sa situation, et la plus peuplée après Lahore et Amritsir.

Ce soulèvement, qu'un peu d'activité de la part des généraux cantonnés sur la rive gauche du Satledje eût peut-être étouffé à sa naissance, mit du moins au grand jour la haute valeur personnelle, la fécondité de ressources des jeunes officiers anglais employés comme résidents dans le pays insurgé. Surpris par les événements dans des positions isolées, n'ayant sous la main que de faibles escortes, ils tirèrent admirablement parti. des divisions de sectes, des haines religieuses qu'ils savaient exister au sein des populations. Opposant aux Sikhes des bandes irrégulières de musulmans ou de Djats brahmaniques, ils réussirent à tenir presque partout l'ennemi en échec jusqu'à l'arrivée des renforts de l'Inde. « Triste, mais inévitable effet des persécutions qui forment, sur le même sol, deux peuples ennemis, dont le plus faible servira toujours d'auxiliaire à l'étranger contre ses oppresseurs [1] ! »

Le méthodique général de la grande armée anglo-hindoue, lord Gough, ne fut en mesure d'entrer en campagne que huit mois après les scènes sanglantes de Moultan. A la fin de novembre il était à Lahore avec un rassemblement de plus de 100 000 hommes, dont 25 000 combattants, accompagnés de 100 bouches à feu. Les Sikhes, qui avaient mis le temps à profit, avaient concentré toutes leurs forces sur les bords du Tchenab. Dans cet effort suprême pour leur indépendance, ils ne démentirent pas les instituteurs européens qui les avaient formés à la science de la guerre et qui n'étaient plus au milieu d'eux. Vainqueurs le 13 décembre 1848 à la sanglante journée de Chillianwalla, où périrent 3000 Anglo-Hindous, s'ils ne purent empêcher la chute de Moultan et la capture de Moulraj, le fauteur de la guerre, du moins par une habileté stratégique et une ténacité qui eût honoré des armées plus civilisées, ils prolongèrent une lutte inégale jusqu'à la fin de février 1849, et quand, sur le champ de bataille de Goujrat, la supériorité nu-

---

1. *Annuaire des Deux-Mondes*, 1850, p. 514.

mérique des baïonnettes et de l'artillerie européennes amena l'heure de leur défaite dernière, ils succombèrent comme ils avaient vécu, en soldats, sans entacher d'aucune faiblesse la cause du khalsa qui périssait avec eux.

Un mois plus tard, le 28 mars 1849, une proclamation de lord Dalhousie, nouveau gouverneur général, annonça aux peuples de l'Inde que *le royaume du Pundjab* avait *cessé d'exister*; que toutes les possessions du maharajah Dhulpi-Singh faisaient désormais partie intégrante de l'empire anglo-hindou. La proclamation ajoutait que le jeune maharajah serait traité avec les honneurs et les égards dus à son rang ; mais comme le nom de cet enfant pouvait servir de mot d'ordre à des mécontents ou à des conspirateurs, le gouvernement de l'Inde le fit transférer de Lahore, où il était captif, dans une forteresse près de Patna, où son éducation est dirigée par *un médecin anglais.* Sa mère, la maharanie Junda-Khor, que les Anglais appellent peu galamment la Messaline, la Jézabel du Pundjab, arrêtée d'abord, est parvenue à se réfugier à la cour de Katmandou dans le Népaul. Les chefs de l'insurrection expient leur tentative dans la citadelle d'Allamabad ou dans les donjons du fort William. Les plus redoutables restes de leurs bandes ont été internés dans l'Hindoustan, les autres, transformés en gendarmes, font la police urbaine ou rurale au profit des conquérants. Le peuple des cinq rivières, qui, en grande majorité, n'est, il faut le dire, ni sikhe ni afghan, mais *djat* d'origine et d'institutions, laboure et récolte sous l'administration anglaise plus paisiblement qu'il ne faisait depuis bien des générations, et attend les améliorations administratives, les routes et les canaux que ses maîtres lui ont promis, en échange des deux millions sterling qu'ils retirent de leur nouvelle conquête.

Limites naturelles, superficie, population, armée et exploitants
de l'empire hindo-britannique.

Ainşi, moins d'un siècle après Dupleix, ont été consommées au profit de l'Angleterre les dernières conséquences des plans qu'il avait formés pour la France. Par l'acte d'annexion du Pundjab et du Peichawer, l'empire anglo-hindou a atteint les

limites mêmes que lui a préparées la nature : les monts Soleymans, l'Himalaya et la chaîne de l'Aracan protégent comme
d'un mur de circonvallation non interrompu toutes celles de
ses frontières que ne baigne pas l'Océan.

Dans cet immense périmètre, les territoires et les populations
se répartissent comme il suit, en deux catégories :

	Milles carrés.	Population.
Provinces directement soumises aux Anglais.	676 000	107 825 000
États protégés et dépendants. . . .	690 000	52 941 000
Totaux.	1 366 000 [1]	160 766 000

Dépassant sept fois la France actuelle en étendue et presque
cinq fois en population, cet empire est gardé par une armée de
320 000 hommes; il est exploité par moins de 70 000 Européens
de tous grades, militaires, employés civils, négociants ou planteurs; il est enfin la propriété de 1800 porteurs d'actions de la
Compagnie, dont 400 femmes et un bon nombre d'interdits [2] !

Nous verrons dans les pages suivantes comment on y vit et
comment il est gouverné [3].

1. Ou 221 100 lieues carrées de 16 kilomètres chacune.
2. *Parliamentary papers*, 1851, 1852.
3. Voir à l'Appendice le tableau A.

ERRATA.

L'INDE CONTEMPORAINE.

CHAPITRE PREMIER.

SUEZ. — BOMBAY. — GOA. — POUNA.

Le voyage de l'Inde, autrefois et aujourd'hui. —Suez, les paquebots de la *Transit East Company*. — L'aristocratie et la démocratie à bord. — Traversée. — Bombay, sa population. — Indous, Parsis. — Modes de funérailles. — Le tombeau de Victor Jacquemont. — Les Natchs-Girls ou Terpsichores hindoues. — Les hommes et les femmes de l'Inde. — Antiques monuments d'Éléphanta et de Salcette. — Débris vivants des populations primitives. — Les Pouliahs. — Excursion à Goa. — La forêt vierge et les tigres.— Les reptiles de l'Inde. — De Bombay à Pouna. — Les brahmanes Deccanis.— Les bœufs sacrés. — Les cantonnements et les soldats anglais. — Le choléra.

Le voyage de l'Inde. — Les paquebots de la *Transit East Company*.

Depuis longtemps mes études m'entraînaient vers l'Inde; les conseils de Burnouf, mon illustre et vénéré maître, m'y poussaient, lorsque, il y a quelques années, différents intérêts privés en souffrance dans cette contrée, et dont on me confia le soin ou la solution, abaissèrent devant moi les seuls obstacles qui pouvaient m'arrêter encore; obstacles toujours considérables pour quiconque n'est pas millionnaire, prince russe, voyageur du jardin des Plantes ou commis de la *vieille dame de Londres*[1].

---

1. Incarnation mythique de la Compagnie des Indes, suivant les croyances populaires des Indous.

Au temps de nos pères, un voyage dans l'Inde nécessitait, comme préliminaire indispensable, la traversée de l'Atlantique et de l'océan Indien dans leurs plus grands diamètres, navigation dont le moindre inconvénient était une énorme perte de temps. On sait qu'il fallut un demi-siècle d'efforts aux Portugais du xv⁰ siècle pour frayer cette route à Vasco de Gama, qui mit près de deux ans à la parcourir, et que, de nos jours encore, le trajet des côtes de France à Pondichéry coûta neuf mois à notre compatriote Victor Jacquemont. Grâce à la vapeur et à la réouverture de la vieille route de l'Inde par l'Égypte et les mers Érythrées, il peut être franchi aujourd'hui en quelques semaines.

Vers la fin de l'hiver de 1850, neuf jours après avoir quitté Marseille, j'arrivais à Suez, dans une sorte d'omnibus qui fait maintenant le service du désert, entre le Caire et ce port de la mer Rouge. Le paquebot de l'Inde, arrivé de la veille, chauffait déjà pour repartir ; comme j'étais porteur d'une recommandation spéciale de notre consul de France à Alexandrie pour l'agent de la *Transit East Company*, je n'eus qu'à me louer de ce gentleman. En retour d'une des meilleures cabines du bord et de quelques avis utiles qu'il me donna, il reçut de moi *cent livres sterling* pour mon passage, et tout fut dit entre nous.

La traversée, à moins de sinistre ou d'avaries graves, ne pouvant guère durer plus d'une quinzaine, cette somme faisait à peu près 160 francs par jour; c'était, on l'avouera, payer en prince, et j'avais donc le droit d'être traité comme tel. Je n'étais pourtant pas sans quelque crainte à cet égard, d'après ce que m'avaient raconté des voyageurs en retour de l'Inde, que j'avais rencontrés au Caire. Selon eux, le désir du gain est très-ardent chez la Compagnie de transit, et parfois elle considère un peu ses pas-

sagers comme des ballots de marchandises.; à tel point
que, dans le convoi dont les narrateurs avaient fait partie,
elle avait pris plus de passagers qu'elle n'avait de places
à donner.

On s'était arrangé comme on avait pu, mais on s'était
trouvé un peu à court de vivres, et des plaintes publiques,
solennelles, comme les Anglais savent seuls les faire, les
lire, les commenter, avaient été formulées et signées. Un
clergyman, un évêque, était au nombre des mécontents[1]!

Cependant cette fois j'en fus quitte pour la peur.

Parmi mes compagnons de route, il y avait des officiers et des *civilian* de tout grade, retournant à leur
poste après un congé prolongé par tous les moyens possibles, puis des jeunes gens, la plupart attachés à quelque grande maison de commerce de Londres ou de Manchester, qui devaient se répandre sur divers points de
l'Inde ou de la Chine ; et enfin de blondes jeunes miss,
qui, sous la protection de l'honneur et du pavillon anglais, allaient rejoindre leurs fiancés, pour se marier et
échanger, après quelques mois de séjour dans l'Inde, le
frais incarnat de leur teint contre la pâleur mate ou la teinte
jaunâtre que le climat de ce pays appose sur le visage de
l'Européen.

Notre capitaine était un homme de fort bonnes manières, sans prétention, mais sans l'autorité réelle nécessaire
à bord d'un vaisseau de cette importance. Sous le rapport
administratif, il était subordonné au *purser*, sorte de
commissaire ou d'homme de confiance de la Compagnie,
chargé des premiers de ses intérêts, de ses intérêts d'argent ; et, sous le rapport de la navigation, il ne pouvait
avancer ou s'arrêter, ancrer ou déraper qu'avec l'autori-

---

1. Victor Fontanier, *Voyage dans le grand archipel de l'Asie*,
1852.

sation de l'agent spécial que l'administration des postes entretient à bord de tous ses paquebots.

A la poupe de ces bâtiments est une dunette traversée par une galerie sur laquelle s'ouvrent des deux côtés d'é-légantes cabines, aérées par des persiennes. Sous cette dunette s'étend la pièce principale du navire, la salle à manger, donnant accès encore à quelques cabines qui complètent les chambres de la première classe. Celles de la seconde sont sur l'avant, avec les logements des officiers et des matelots.

L'aristocratie et la démocratie à bord.

Pendant toute la traversée, nos habitudes furent celles de la société anglaise à terre. Nous nous levions de bonne heure pour prendre un bain, auquel succédait une tasse de thé ou de café. Vers neuf heures, les dames, en toilette du matin, sortaient de leurs cabines, et on procédait au déjeuner; seconde toilette à deux heures et second repas, le *lunch;* troisième toilette pour dîner, et après on se rendait sur la vaste poupe où chacun, selon ses goûts, se promenait, causait ou dansait, car le bâtiment possédait quelques musiciens portugais engagés à Bombay; puis on servait le thé, et ce n'était qu'après cette collation, qui est encore un repas, que chacun se retirait chez soi.

C'étaient des festins de Lucullus, une bombance perpétuelle, et encore trouvait-on moyen de faire des *extra*. Deux fois par semaine la boucherie du navire était en activité, et ces jours-là on servait du champagne, c'est-à-dire qu'on ne buvait pas d'autre vin. J'aurais préféré, je l'avoue, payer moins cher et être traité avec plus de simplicité; ces toilettes sans fin et cette bonne chère sans trêve étaient également fatigantes. Mais l'exagération du luxe et des dépenses entre précisément dans les combinaisons de la société britannique, et il suffisait pour s'en convaincre de considérer ce qui se passait aux secondes places.

Là, parmi la démocratie qui se pressait quelquefois sur les limites infranchissables élevées entre son modeste camp et celui de la première classe, je ne tardai pas à remarquer un homme aux habits fatigués, à la chevelure et à la barbe incultes, mais dont l'œil plein d'intelligence et les traits empreints de dignité placide contrastaient avec son humble apparence. Voyant que je le regardais avec une certaine curiosité, il m'adressa la parole en français. C'était un de ces dignes missionnaires dont tout le monde s'accorde, dans l'extrême Orient, à reconnaître le courage, la résignation et la vaste instruction ; après un court séjour en France, il retournait dans l'Indo-Chine, où il avait déjà longtemps vécu, qu'il connaissait beaucoup mieux qu'aucun membre des sociétés géographiques d'Europe, et où il espérait, disait-il en souriant, que Dieu lui accorderait d'être utile aux hommes, soit par sa vie, soit par sa mort.

Eh bien ! ce digne prêtre, qui certes n'avait pas son égal parmi tous ces brillants passagers des premières places, était parqué aux secondes. Il ne pouvait, à ce titre, et bien que l'espace ne manquât pas, respirer l'air que dans le voisinage de la machine, jouissant de la chaleur qu'elle ajoutait à celle d'un soleil équatorial. Le lieu où il couchait était enfoncé dans la cale, sous cette fournaise. La table où il prenait ses repas n'était alimentée que par la desserte de la première table, et encore cette desserte n'arrivait-elle jusque-là qu'après que les nombreux domestiques des deux sexes appartenant au paquebot et aux passagers de la première classe, y avaient largement puisé ; on les voyait, quand les maîtres avaient fini, s'installer à leurs places, et, sous la présidence du maître d'hôtel , personnage important, recommencer ce que d'autres venaient de faire. Restait-il quelque chose, on le faisait passer aux passagers du second ordre.

« Pour eux le champagne ne coulait jamais à flots ; on leur mesurait tout, et les douceurs du bord, le laitage, le beurre frais, les fruits, leur étaient inconnus. Il fallait qu'ils rongeassent leurs minces reliefs en silence , car ils n'auraient jamais osé réclamer auprès du *purser ;* le maître d'hôtel même ne les écoutait pas ; ils n'étaient pas *gentlemen.* Un Anglais se contentant d'une seconde place, se résignant devant ses compatriotes à ce rôle de paria , aurait été montré au doigt, repoussé de leur société, si loin qu'il allât la chercher : il aurait compté parmi les anges déchus. On comprend combien ces mœurs aristocratiques servent les intérêts de la Compagnie qui exploite les paquebots ; elles ne flattent pas moins les passagers des premières, assurés qu'ils sont de ne pas rencontrer ce qui leur est le plus odieux au monde, la pauvreté[1]. »

Parfois pourtant ces préjugés les exposent à de rudes désappointements, à de cruels mécomptes. A l'appui de cette assertion, il me suffira, je pense, de rappeler ce qui arriva, pendant mon séjour dans l'Inde, à lord H***, récemment nommé gouverneur de Madras.

En se rendant à son poste, ce souverain de 23 millions d'âmes et de 24 000 lieues carrées rencontra à Suez, installé dans la cabine la plus confortable du paquebot, un Français, dont la tenue, le costume et le langage réalisaient le type convenu du parfait *gentleman.* Irréprochablement chaussé, ganté, rasé, portant cravate blanche et linge de batiste, changeant à chaque repas de vêtements marqués au meilleur coin du goût moderne, s'il

______

1. Victor Fontanier, *Voyage dans l'archipel Indien,* p. 142, 144.

voyageait sans suite et s'il n'avait inscrit sur le registre
du bord qu'un simple nom de baptême, c'est qu'il avait
sans doute de bonnes raisons pour garder l'incognito, des
raisons politiques, peut-être. Si à la masse énorme de ses
bagages on eût pu le prendre pour un commis voyageur
transportant en Orient des échantillons de toutes les fabriques parisiennes, sa parole sentencieuse, son geste
grave, sa réserve hautaine et quelque peu ironique devant les produits de la cuisine et de la cave du *purser*,
repoussaient bien vite cette supposition, non moins qu'une
couronne de comte, apposée sur chacun de ses nombreux
colis.

D'ailleurs il parlait pertinemment des salons de Londres et de Paris, et sur les bals de lord C***, les fêtes du
comte W***, les dîners du baron R***, donnait des détails
tels, qu'il fallait forcément admettre qu'il y avait pris une
part active; bien plus, quelques paroles, semées comme
par mégarde dans sa conversation, laissèrent supposer
qu'il avait vécu dans l'intimité de lord Dalhousie, et que
ce gouverneur général de l'Inde anglaise l'attendait à
Calcutta. Toutes ces données, rapprochées, supputées,
commentées par l'inquiète curiosité de tous ses compagnons de voyage, les amenèrent tout doucement, et
lord H*** tout le premier, à conclure que ce mystérieux
personnage ne pouvait être qu'un commissaire envoyé
par le gouvernement français dans ses établissements de
l'Inde, ou, tout au moins, le gouverneur de Chandernagor.

Ceci admis, l'étranger devint naturellement le *lion* du
bord, le point de mire, le centre d'attraction de toute la
petite société flottante. Sa conversation fut recherchée,
son attention ambitionnée, sa supériorité en toutes choses
incontestablement établie. Lord H*** le proclama sans rival au whist, ne voulut plus à ce jeu d'autre partner, et

s'estima heureux de voir pendant les repas, assis à sa droite, un homme qui, à la première vue, rejetait impitoyablement dans les degrés infimes de la hiérarchie vinicole les vins qu'on lui présentait comme provenance des premiers crus. C'était, en vérité, un esprit universel que ce Français. Au concert du soir, au moment même où sur le gaillard d'arrière il échangeait avec lord H*** des bouffées de *panatellas* ou de graves appréciations politiques sur les hommes et les choses de l'Europe, on le voyait s'approcher nonchalamment des exécutants pour relever une note égarée ou discordante, ou encore approuver d'un geste protecteur un passage difficile victorieusement franchi. Autour du plateau de thé il apportait la même condescendance magistrale, ne dédaignait pas de donner son avis sur la meilleure composition du précieux breuvage, et semblait connaître, autant que Robert Fortune lui-même, toutes les variétés de la plante aromatique. Heureuse alors la jeune miss qui, chargée des difficiles fonctions d'Hébé, parvenait à échanger contre un sourire approbateur la tasse édulcorée et la rôtie qu'elle avait artistement préparées pour ce mortel privilégié ; car, il faut le dire, bien qu'il eût visiblement doublé le *cap Quarante*, il pouvait encore prétendre au titre de bel homme, et on croyait savoir qu'il était garçon.

Ainsi, roi de la *fashion*, il régna sur le paquebot, de Suez à Ceylan, où il prétexta une indisposition pour refuser une invitation à dîner que lui envoya le gouverneur de l'île ; de Ceylan à Madras, où lord H*** voulut en vain le retenir et faillit lui casser trois doigts, tant il mit d'énergie à lui témoigner, à l'heure de leur séparation, ses regrets et son estime ; et enfin de Madras à Calcutta, où ses bénévoles compagnons de voyage apprirent avec stupeur que celui dont ils avaient recherché l'ascendant, admiré l'aisance, applaudi les gestes, brigué les suffrages, les regards et les sourires, n'était autre qu'un habile cuisinier de Paris, que lord Dalhousie venait d'enlever aux gastronomes de l'Occident pour le placer à la tête de ses fourneaux !

Il faudrait être Anglais pour comprendre et décrire la confusion des dupes volontaires de cette mystification ; lors de mon passage à Calcutta et à Madras, c'était l'objet de la conversation de tous les salons européens ; on en jasait, et on en jase peut-être encore, avec autant de tristesse que de ricanements, et je suis sûr que, dans toute l'Inde, il n'y a que lord Dalhousie qui ait osé en rire franchement.

Traversée. — Coucher du soleil aux abords de l'Inde.

Après avoir successivement laissé à notre gauche le mont Sinaï et le golfe de Tor, les côtes de l'Hedjaz, où se cachent Médine et la Mecque, les villes sacrées de l'Islam, puis les terrasses volcaniques de l'Iémen, où mûrit la fève de Moka, nous vînmes jeter l'ancre, le sixième jour de notre voyage, dans le port d'Aden, ancien cratère éboulé, que les Anglais appellent complaisamment le Gibraltar de la mer Rouge, mais qui n'est encore, en dépit des nombreux millions enfouis dans ses rochers et de bien des milliers d'existences humaines sacrifiées à son insalubre climat, qu'une station postale et un dépôt de charbon.

Aussi, ce fut avec un vif sentiment de joie que j'aperçus, dans cet affreux bassin, le paquebot de Bombay, sur lequel notre steamer, qui poussait jusqu'à Singapoor, devait verser tous ceux de ses passagers et de ses colis qui n'avaient pas à doubler le cap Comorin. J'étais dans cette catégorie.

Dès le lendemain, notre nouveau navire débouchait

dans l'océan Indien, nous laissant entrevoir à tribord, dans l'horizon embrasé du sud, la masse élevée du cap Gardafui et les arides rochers de Socotora, la Dioscoride des anciens. Après huit jours d'une navigation paisible, sur ces flots que les flottes des Ptolémées mettaient trois mois à traverser, nous aperçûmes à notre avant une longue ligne de côtes courant du nord au sud, basse, boisée, chargée de chaudes vapeurs et doublée sur l'arrière-plan d'une seconde ligne de hauts sommets. C'étaient les rivages de l'Inde, la côte du Concan, l'archipel de Salcette et de Bombay, et dans l'horizon lointain la chaîne des Ghauts occidentaux.

En ce moment le soleil, incliné au couchant, étendait horizontalement ses rayons sur la surface plane de l'Océan en la diaprant de tous les reflets de la nacre et de l'opale, tandis qu'il pénétrait de ses vivifiantes effluves les chaudes vapeurs dont le voile diaphane flottait sur les contours boisés de la côte et sur les gradins étagés des montagnes de l'arrière-plan. Seule, la zone de forêts qui couvre les terres basses de l'île de Salcette demeurait dans l'ombre, et sur cette ombre veloutée, d'un pourpre presque noir, se détachaient d'une manière admirable les monuments de Bombay, ses villas, ses palmiers et les agrès de ses vaisseaux.

A peine le disque solaire eut-il disparu, qu'un jet immense d'un vert pâle et transparent, qu'on eût dit lancé par un prisme invisible, vint occuper sa place et marquer jusqu'au zénith la route qu'il avait suivie dans l'espace. Ni la plume ni le pinceau ne sauraient rendre la variété de tons, d'accidents et de mouvements que cette apparition répandit à travers les magiques ondulations de la lumière défaillante ; un réseau d'or et de feu semé d'une éblouissante poussière de pierres précieuses n'eût rien produit qu'on pût lui comparer.

« J'ai revu plusieurs fois depuis ce magnifique effet de soleil couchant sous les tropiques. J'en ai étudié soigneusement toutes les circonstances de couleur et de lumière. C'est une niaiserie des peintres que de chercher l'imitation de ces aspects de la nature ; elle passe les moyens de leur art[1]. »

Je remarquai en cette occasion un fait que j'ai été à même de constater depuis, en dépit de l'opinion de la plupart des voyageurs et des savants. L'intervalle qui s'écoule entre la disparition du soleil et la tombée de la nuit est plus grand dans ces régions qu'on ne le pense et qu'on ne le dit généralement. Je fis part de mes doutes à cet égard au missionnaire dont j'ai parlé, homme instruit et qui a fait de longs séjours dans ces latitudes ; il les partageait entièrement. Plus de trois quarts d'heure après le coucher du soleil, la lueur du crépuscule suffit encore pour éclairer notre débarquement et nos premiers pas dans Bombay.

Bombay. — Aspect, richesse, population. — Les salons du gouverneur.

Héritière de toutes les grandeurs déchues de la côte occidentale de l'Inde, de tout le commerce qui fit autrefois la renommée et la fortune de Cochin, de Calicut, de Goa, de Surate et de Cambaye, Bombay s'élève au milieu d'une forêt de palmiers, sur un îlot coralligène qu'une chaussée unit à la grande île de Salcette. Son port, où aboutissent tous les produits de l'ouest et du nord de l'Inde à la destination de la Chine et de l'Angleterre, ne le cède à aucun autre en importance et en activité. Ses relations commerciales sont plus étendues que celles de

1. Jacquemont, *Journal*, t. I, p. 35.

l'ancienne Carthage ou des républiques marchandes de Gênes et de Venise, au temps de leur splendeur.

Cette grande cité, peuplée de 250 000 habitants, est dans les meilleures conditions pour préparer le nouveau débarqué à l'étude du monde hindou. A la première vue de ces hommes à demi vêtus de blanc, à la peau couleur de bronze, ayant presque toujours le visage et le buste saupoudrés de curcuma ; de femmes demi-nues aussi, ou étrangement drapées de gaze rouge, blanche ou violette, chargées d'ornements d'argent et d'or aux pieds, aux mains, aux bras, au cou, au nez et aux oreilles, et couronnant leurs longs cheveux noirs de guirlandes de fleurs aromatiques ; à l'aspect de ces petits temples indiens, où de monstrueuses idoles sont sans cesse entourées de fakirs décharnés, aux ongles longs et crochus comme des serres de vautours ; en contemplant ces vastes étangs bordés d'escaliers de pierre, où il y a toujours encombrement de vivants qui se purifient et de cadavres que l'on lave ; et surtout en plongeant le regard dans ces chapelles silencieuses des Guèbres, où brûle éternellement entretenu le feu sacré, allumé au principe des choses humaines par les patriarches de la primitive Arie, on se sent entraîner au fond des mœurs de l'Inde et des siècles écoulés.

En circulant dans les rues des quartiers indigènes, on voit souvent des habitations légères comme des cages à jour laisser échapper de longs jets de lumière et de discordantes symphonies. « Là se passent des cérémonies de noces hindoües. Ce sont de petits enfants qu'on marie : un garçon de dix ou douze ans à une fille de cinq ou six. Ils sont tous nus, mais chargés d'anneaux et de bracelets, barbouillés de jaune, entourés d'une multitude de parents. Tour à tour on les lave et on les enduit de nouveau de curcuma ; puis, à plusieurs reprises, on leur présente de l'eau, qu'ils prennent dans la bouche pour se la jeter mutuellement sur leurs petits corps. Ces absurdités se prolongent pendant trois ou quatre jours et autant de nuits sans interruption, accompagnées d'un tintamarre de tambours et de violons qui passe toute idée[1]. »

A côté de cette poésie un peu puérile des temps primitifs, Bombay tient en réserve, dans sa partie européenne, tous les raffinements de la civilisation moderne : d'excellentes chaussées à la *macadam*, sur lesquelles passent et repassent d'élégants cavaliers anglais, et, dans de riches équipages, des femmes mises avec la recherche de Londres et de Paris. Quand on parcourt en calèche légère les environs de la ville, et que, à l'ombre d'arbres et d'arbustes merveilleux, on aperçoit les belles villas anglaises, aux larges terrasses, aux longues colonnades, on pourrait se croire à Naples ou à Palerme ; mais lorsque, sur le fond vert clair des bananiers ou sous les fûts élancés des cocotiers et des sveltes aréquiers au panache aérien, on voit passer comme des ombres les indigènes bruns et nus, à la longue chevelure flottante, on est vite ramené aux réalités de la terre du soleil.

Le lendemain de mon arrivée je me rendis chez le gouverneur, lord Falkland, pour lequel j'apportais d'Europe des lettres de recommandation. Il habite un palais superbe, au centre d'un beau jardin. Chaque marche du vaste escalier qui conduit au perron est garnie d'Hindous accroupis, habillés aux couleurs des armes d'Angleterre.

La pièce de réception est une salle immense et très-élevée ; dans toute sa longueur, au haut du plafond, est attaché un énorme éventail (*punka*) avec des franges en toile, que des serviteurs *ad hoc* agitent continuellement au moyen de cordes. Les fenêtres sont revêtues de stores tressés en herbes odoriférantes et constamment mouillées ;

---

1. Prince A. de Soltikof, *Voyage dans l'Inde*, t, I. p. 20.

à travers cette sorte de tamis l'air s'imprègne d'une certaine fraîcheur, malgré la chaleur suffocante du dehors.

Lord Falkland m'invita à une fête qu'il donnait le soir même : « Je ne vous presserais pas d'y venir, me dit-il, si vous n'y deviez rencontrer que des visages et des uniformes européens; mais parmi mes invités il y a bon nombre d'indigènes, et vous pourrez commencer par eux le cours de vos études. »

Effectivement, dans la foule animée qui le soir vint remplir le palais, je rencontrai des représentants de toutes les races que les siècles et les révolutions ont juxtaposées dans l'Inde : Hindous brahmaniques descendants directs des Ariens-sanscrits, Musulmans fils de Sem, issus des envahisseurs du xᵉ et du xvᵉ siècle, et Guèbres exilés de l'Iran. Beaucoup de ces natifs, pour plaire à leurs maîtres actuels, ont adopté d'assez vilains costumes de fantaisie dans le goût étriqué de l'Europe, et se rendent chez le gouverneur dans des cabriolets qu'ils conduisent eux-mêmes. Mais il y avait là un jeune Hindou revêtu du pittoresque costume de ses ancêtres, et qui, loin de donner tant bien que mal dans nos usages, affectait de rester tout à fait oriental. Il s'exprimait cependant assez bien en anglais; mais sa jeunesse, ses traits fins et réguliers, ses longs cheveux d'ébène flottant demi-bouclés, sa taille souple et élancée, et la coupe antique de sa robe de gaze brochée d'or, me faisaient songer involontairement aux héros déifiés de Kalidasa et de Valmiki. A sa beauté réelle, j'aurais pu le prendre pour une exception parmi les siens, si je n'avais su dès longtemps que, toute vieillie qu'est aujourd'hui la grande famille hindoue, toute déchue qu'elle est de son ancienne suprématie dans les arts, dans les lettres, dans les armes et dans les aspirations de l'âme vers les choses d'en haut, elle n'en demeure pas moins une des plus belles variétés de notre espèce, la plus remarquable peut-être par le nombre autant que par l'uniformité et la distinction du type.

Autant et plus encore que les Hindous brahmaniques, les Parsis que je vis chez lord Falkland reportèrent ma pensée vers les âges écoulés.

Descendants des Guèbres de Perse qui échappèrent aux persécutions musulmanes lors de la conquête de leur patrie par les califes, ils ont trouvé un asile parmi les frères dont les avait séparés, il y a plus de quarante siècles, l'antique rivalité des Asuras et des Dêvas[1]. Comme au temps de Zoroastre leur législateur, ils révèrent encore dans le soleil l'image la plus noble de l'être suprême, *Ahura-Masda*, et dans le feu sacré entretenu dans leurs temples, le symbole de l'astre divin. Descendus dans l'Inde il y a plus de mille ans, ils se sont répandus dans la partie occidentale de la Péninsule; la ville de Bombay seule en compte de quinze à vingt mille. Ils se distinguent de tous les autres habitants par leurs belles physionomies, leur aisance et leur industrie. Dans les ports du Concan, du Goudjerat et du Malabar, il n'y a pas de maison de commerce européenne dans laquelle au moins un d'eux ne soit intéressé, et c'est ordinairement le Parsi qui fournit le plus de capitaux. Propriétaires des deux tiers de la grande ville de Surate, ils possèdent la plus grande partie de Bombay et de sa banlieue. Ayant demandé à un de ces Guèbres, qui alors même faisait construire de magnifiques habitations dans la ville et de fort jolies villas dans la campagne, pourquoi il plaçait ainsi à trois ou quatre pour cent, tout au plus, sa fortune, dont il pouvait si facilement tirer dix ou douze en opérations de banque ou de négoce, il me

---

1. Asura, *démon* en sanscrit, *Dieu* en zend sous la forme *Ahura*. Dêva, *Dieu* en sanscrit, *démon* en zend sous la forme *Daêwa*.

répondit : « Cette terre est maintenant mon pays ; mes pères y ont vécu, j'y suis né et j'y mourrai comme eux. Il est donc naturel que nous cherchions à y fonder quelque héritage durable pour nos enfants. Si les Anglais, qui ne sont ici que pour un court espace de temps, aiment à faire valoir leur argent le plus possible, c'est, j'imagine, pour regagner au plus vite leur patrie, et y faire sans doute ce que nous faisons en ces lieux. »

S'ils ont appris à connaître et à aimer le luxe intérieur des Anglais leurs maîtres, si leurs maisons sont ornées avec profusion de glaces, de gravures, de meubles européens, on doit dire, à l'honneur de leur humanité, qu'ils exercent envers leurs pauvres une charité vraiment évangélique, et à l'honneur de leurs mœurs, qu'ils ne fournissent pas la moindre recrue aux cohortes de danseuses et de courtisanes qui abondent à Bombay. Leurs femmes cependant jouissent de plus de liberté que les autres femmes de l'Orient. En somme et sous tous les points de vue, ils sont, de tous les natifs de l'Inde, les plus vigoureux, les plus actifs, les plus moraux et les plus intelligents.

Bien plus que les Hindous, gardiens fidèles des plus anciennes traditions religieuses de l'Asie centrale, ils rendent encore un culte sans image, sans idoles, aux forces élémentaires de la nature, mais donnent au feu la prééminence. La beauté de l'esplanade de Bombay, baignée par les longues lames bleues de l'Océan, revêtait pour moi un nouvel attrait par la présence de ces adorateurs du soleil, qui le matin et le soir y venaient en foule avec leurs brillants costumes blancs et leurs turbans aux couleurs éclatantes, pour saluer l'astre à son lever ou offrir leurs hommages à ses derniers rayons. Que de fois me suis-je arrêté à les contempler, à genoux sur le sable humide, les mains jointes et priant avec un air de profonde émotion dans une langue qu'ils ne comprennent plus, mais dont un Français a de nos jours retrouvé la clef perdue et la forme grammaticale brisée[1]. Il est telle des hymnes qu'ils psalmodient en ces occasions, dont les plus anciennes du Rig-Véda ne semblent que la traduction[2]. A ces heures, leurs femmes ne se montrent point avec eux ; c'est le moment où, comme les compagnes des anciens patriarches, elles s'assemblent autour des puits pour y faire la provision d'eau nécessaire à leurs ménages.

Modes de funérailles des Guèbres et des Hindous. — Le tombeau de Victor Jacquemont.

Le cimetière des Parsis est sur une colline qui domine la côte ; dans une de mes courses journalières je rencontrai un cortége funèbre qui la gravissait. Le corps, enfermé dans une bière recouverte d'un linceul blanc, était porté par six hommes, tous vêtus de longues robes blanches et voilés de capuchons, comme les pénitents des confréries de Provence. Ils étaient précédés et suivis d'une nombreuse procession costumée de même et marchant deux à deux, chaque couple attaché par un mouchoir blanc. Le haut de la colline est excavé d'un trou large et profond, intérieurement divisé en trois comparti- ments, l'un pour les hommes, l'autre pour les femmes, le troisième pour les enfants. Autour de l'ouverture béante est un petit mur d'appui sur lequel on dépose les cadavres. On les y laisse en proie aux vautours qui pla- nent sans cesse autour de cet endroit, tandis que les

1. E. Burnouf ; voir entre autres son *Commentaire sur le Yaçna*; in-4°.

2. Comparer les hymnes au Soma et à Agni, du *Rig-Véda*, avec les prières à Haoma et au Feu dans le *Zend-Avesta*.

parents des défunts se tiennent à une certaine distance
pour épier quel œil leur sera arraché le premier, augu-
rant de cette circonstance la destinée bonne ou mauvaise de l'âme.

Lorsque la chair a été tout entière rendue aux éléments,
on précipite les ossements dans le puits, où ils se décomposent pêle-mêle.

Au pôle opposé de ce mode funéraire, il faut placer
celui des Hindous, qui brûlent leurs morts. En me promenant un jour sur le rivage de l'île de Salcette qui
fait face à Bombay, j'atteignis sans le chercher un des
lieux consacrés à l'incinération des cadavres ; plusieurs
bûchers, composés en grande partie de bûches artifi-
cielles en bouse de vache desséchée, étaient allumés
et répandaient au loin une chaleur intense et une
odeur de *côtelettes brûlées* à soulever le cœur. Je ne pus
éviter de passer auprès d'un très-vieux brahmane, une
espèce de squelette, qui, accroupi comme un singe
devant un cadavre, attisait son feu d'un air de béatitude. « A mon approche, il se leva et, me montrant
le foyer brûlant, il me dit avec un ton de componction
triomphante : *Yè hamàra mamma haï*, « C'est mon
« oncle. » A en juger par le neveu, l'oncle devait être
agréable ; mais je ne pus m'en assurer, car la flamme
était grande et l'oncle un tison ardent, grâce aux soins
du neveu qui soufflait dessus et l'arrosait d'huile avec
un zèle toujours croissant[1]. »

Je m'enfuis et j'eus longtemps le flair affecté par
l'odeur de chairs brûlées que j'avais respirée en ce
lieu.

Je n'avais pas attendu ces visions funèbres pour me
souvenir que, Français et indianiste, j'avais un devoir à

1. Prince A. de Soltikof, t. II.

remplir dans le cimetière européen de Bombay. Dès le lendemain de mon arrivée j'avais été y chercher la tombe de ce compatriote si spirituel, si érudit, qui, il y a une vingtaine d'années, porta son simple titre de voyageur français au niveau des plus hauts rangs de la société indo-anglaise, et qui s'éteignit à trente et un ans sur les trésors scientifiques qu'il avait moissonnés dans l'Inde.

Bien que rongée par les pluies, par le soleil, par les plantes parasites du tropique, la pierre tumulaire objet de mon pèlerinage existe encore, et, à l'ombre du casuarina qui semble pleurer sur elle, on peut déchiffrer cette inscription dictée par le stoïque savant, le matin même de sa mort :

VICTOR JACQUEMONT ,
NÉ A PARIS, LE 8 AOUT 1801,
DÉCÉDÉ A BOMBAY LE 7 DÉCEMBRE 1832,
APRÈS AVOIR VOYAGÉ TROIS ANS ET DEMI DANS L'INDE.

Bien des fois je suis retourné m'asseoir à la chute du jour auprès de cette humble pierre, pour relire la lettre touchante qui clôt la correspondance du voyageur, et que Châteaubriand n'hésite pas à ranger parmi les plus purs modèles que nous aient laissés en ce genre la raison et le sentiment réunis[1]; pour méditer sur cette recommandation suprême de Jacquemont à son exécuteur testamentaire : « Écrivez à mon frère et dites-lui quel bonheur et quelle tranquillité m'accompagnent au tombeau. » Et je ne me suis jamais éloigné de ce lieu sans demander humblement à Dieu que, si ma dernière heure devait me surprendre loin de la terre de mon berceau et de mes affections, dans l'amer isolement de l'exil et de la pau-

___

1. Châteaubriand, *Études sur la littérature anglaise.*

vreté, il me permît d'être aussi *doux envers la mort* que le fut ce jeune homme, auquel la vie promettait un si glorieux avenir.

Que d'assertions profondes ou piquantes de ce judicieux esprit l'exploration de l'Inde entière me réservait de contrôler, et presque toujours de confirmer ! Avant même d'être sorti des limites étroites de l'île de Bombay, je dus reconnaître la justesse du reproche qu'il fait aux maîtres actuels de cette contrée, d'y former un public aussi peu éclairé sur les choses indigènes que celui de Londres même, et d'y garder obstinément un dédain glacial pour tout ce qui diffère des idées préconçues en Angleterre.

Natch ou fête de nuit. — Les Terpsichores hindoues. — Les Anglais mauvais juges des choses de l'Inde.

Un soir, je me rendis avec plusieurs jeunes gens des bureaux et de l'état-major du gouverneur à une *Natch* ou fête de nuit, qu'un riche banian donnait pour l'inauguration de sa maison nouvellement bâtie. Une brillante illumination éclairait l'édifice et dessinait en traits de feu tous les détails de son architecture orientale. Une foule immense encombrant la rue et la porte d'entrée, ce ne fut pas sans peine que je pénétrai jusqu'à la grande salle de réception, qui n'était autre que la cour intérieure de l'édifice, recouverte, selon la coutume des Hindous en pareille occasion, d'une vaste tente écarlate; le sol était caché sous un beau tapis de même couleur; tout alentour régnaient deux rangs de galeries soutenues par de hautes colonnes de marbre ou de stuc jouant le marbre; et des portes ouvrant sur ces galeries conduisaient dans les petits appartements. L'étage supérieur était habité par les femmes de la famille : nous n'en vîmes aucune, mais

elles pouvaient jouir, à travers les jalousies, du coup
d'œil de la fête, qui n'était pas à dédaigner : une moisson
de fleurs en gerbes, en guirlandes, en festons ; une prodigieuse quantité de très-grands candélabres en cristal ;
l'animation de la foule, la variété et la beauté des costumes formant un ensemble digne des *Mille et une
nuits*.

Lorsque nous entrâmes, on faisait cercle autour d'un
chœur dansant de bayadères habillées de gazes roses,
blanches, lilas ou cerise, brochées d'or ou d'argent, et
dont la coupe remonte aux siècles de Sita et de Savitri [1].
Chargées d'anneaux et de chaînes à leurs pieds nus, ces
brunes mais gracieuses créatures produisaient, en frappant la terre de leurs talons, comme un bruit argentin
d'éperons.

Le rhythme de leur danse est si différent de tout ce que
j'avais pu voir auparavant, si ravissant de grâce et d'originalité, leurs chants sont si mélancoliques et si sauvages,
leurs gestes si doux, si voluptueux et si vifs parfois, la
musique qui les accompagne si discordante, qu'il est
bien difficile d'en donner l'idée.

Quand on songe que cette danse, d'une signification
inconnue, remonte probablement à l'antiquité la plus
reculée, et que ces filles répètent, sans se rendre
compte de ce qu'elles font, les pantomimes que leurs
pareilles exécutaient il y a plus de trois mille ans
devant les chefs divinisés de leurs ancêtres, on s'égare
dans de profondes rêveries sur les mystères de cette
Inde merveilleuse. Je n'ai jamais vu, en Europe, de
danseuses de profession avoir plus de décence que ces
bayadères dans le costume et dans les attitudes. Mais
les maîtres actuels du pays apprécient peu ces cho-

1. Voir pour ces deux noms aux chapitres iv, vi et vii.

ses, et la fin de ces danses mystiques fut brusquement troublée par de jeunes Anglais, qui, sans égard pour leur hôte, ou croyant faire une charmante plaisanterie, voulurent entraîner ces Terpsichores hindoues dans le tourbillon prosaïque d'une valse. Elles furent tellement effarouchées de ce procédé, qu'elles se jetèrent par terre en pleurant, et persistèrent à vouloir se retirer.

Trop préoccupés des intérêts positifs, les Anglais ne savent pas jouir de tout ce que l'Inde leur offre de si original, je dirai même de si exquis ; pour eux, tout y est trivial et commun. C'est en vain que la nature indienne se développe à leurs yeux, gracieuse et naïve, sauvage et grandiose ; en fait de *scenery*, ils n'admettent ou n'apprécient que celle des parcs.

Autour de leurs habitations ils écartent avec soin tout ce qui pourrait leur rappeler l'Asie et le tropique. Leur premier soin en établissant un jardin ou un parc est d'abattre tous les palmiers, d'arracher toutes les plantes qui donnent au sol son caractère spécial, d'y substituer des casuarinas ou des cèdres déodaras dont le port rappelle un peu celui du sapin du Nord, et de semer sous leurs maigres ombrages des pelouses de gazon anglais, contre lesquelles proteste un implacable soleil. Voilà à quoi s'ingénie dans l'Inde le patriotisme des Anglais. La grâce sans apprêt de leurs vassaux hindous est lettre close pour eux, car le naturel choque l'esprit habitué au factice. A cet égard, l'antipathie de goût et de génie des deux races se révèle au premier coup d'œil dans leurs costumes nationaux : quoi de plus déplorable, sans autre parallèle, que la toilette grotesque qui défigure nos femmes, comparée aux admirables draperies du vêtement antique des Hindous, dont la nature elle-même forme les plis et dont la réminiscence semble avoir in-

spiré les artistes de la Grèce et de Rome aux plus belles
époques de l'art ancien [1].

Les femmes de l'Inde.

Les hommes de l'Hindoustan forment, avons-nous dit,
une race remarquablement belle; plus belles encore sont
leurs femmes, et presque toujours aimables et belles à la
fois. Chaque province a son type, chaque type ses traits
distinctifs de beauté; nous devons nous contenter de les
caractériser ici d'une manière générale.

Droite, gracieuse, délicieusement arrondie, la taille
des jeunes Hindoues peut servir de modèle au sculpteur le
plus exigeant. Leurs membres souples et délicats sont
d'une symétrie parfaite. Elles ne sont pas grandes, et
cependant leur port est celui des nymphes d'Homère;
leurs gestes sont dignes, aisés, expressifs; leurs pieds
et leurs mains d'une petitesse mignonne. Leur tête peu
forte, leur visage ovale, leur angle facial présentent ces
lignes, ces contours que l'on admire tant dans les œuvres
de l'art grec; leur bouche, je dois l'avouer, est parfois
trop grande, souvent trop droite, ou roide et pincée, si
elle est petite.... Mais leurs yeux de houris, noirs comme
la mort et brillants de vie, leurs yeux surmontés d'admirables sourcils et voilés de longs cils d'ébène défient
la critique et la comparaison. L'abondance et la noirceur
brillante de leur chevelure est proverbiale. Suivant la
latitude et le niveau du sol, le soleil a doré leur peau
satinée et diaphane de ses teintes les plus variées, depuis
le blanc mat de la Languedocienne et de la Catalane jusqu'aux nuances du safran, de l'olive et du bronze. Ne
riez pas : c'est sous le charme de la fascination exercée

1. A. de Soltikof, t. I, p. 25. — Victor Jacquemont, *Journal*, t. I,
p. 239.

par les brunes filles de l'Inde, que tous les voyageurs, tous les auteurs, depuis Orme, Sousa, Bernier, ont sanctionné ce proverbe à l'usage des conquérants européens de cette contrée, proverbe aussi vrai de nos jours qu'au temps des Portugais : « Il y a cent portes pour entrer dans l'Hindoustan, pas une seule pour en sortir. »

Est-ce à dire que cet éloge s'applique à toutes les femmes de l'Inde, et que cette vaste contrée ait échappé à cette terrible loi qui, depuis Adam, veut que partout la laideur comme la sottise soit en majorité? Hélas! ne savons-nous pas que les réputations de beauté physique ou intellectuelle, attribuées comme privilége à certains sols, à certains milieux, ne sont dues qu'aux rayonnements épars d'exceptions plus ou moins nombreuses? Bien des vierges d'Albion figureraient fort mal dans les albums de Lawrence; toutes les Parisiennes, avouons-le, ne sont pas des types d'amabilité; tous les académiciens ne sont pas des immortels; eh bien, dans l'Inde comme ailleurs, quand on parle de type, c'est de la minorité qu'il s'agit. Je dois même reconnaître que l'amateur de l'antique et du grimé ne trouverait nulle part une collection de figures ratatinées et décrépites, ayant incontestablement droit au titre de vieilles femmes, comparable à celle que lui offrira ce pays où tout croît, se développe et se fane avec une désespérante rapidité.... Mais nulle part aussi, parmi les créatures de douze à seize ans, âge de l'épanouissement complet des fleurs humaines dans cette serre chaude, le poëte rêvant l'idéal de l'éternelle beauté ne trouvera plus souvent à faire l'application de cette lyrique apostrophe, échappée il y a trente siècles au moins à l'enthousiasme du vieux Valmiki :

« A ton aspect on rêve de pudeur, de splendeur, de félicité et de gloire; on pense à Lakchmi, l'épouse de

Viçnou, ou à Rati, la riante compagne de l'amour. De ces divinités laquelle es-tu, ô femme à la séduisante ceinture [1] ? »

Naturellement douées de bon sens et de politesse, aimant à parler et semant la conversation d'observations fines, d'expressions élégantes, les femmes hindoues ont été, on peut l'affirmer, cruellement calomniées sous le rapport de l'intelligence par des écrivains qui n'ont fait que passer sur les bords du Gange. Quelle que soit la différence des éducations, il y a dans l'Inde, comme en Europe, des illustrations féminines. « Où n'a pas pénétré, s'écrie un historien oriental, la renommée de la belle Nour-Mahal et de la belle Néour-Jehan, qui se sont succédé sur le trône du monde ? Quelle oreille n'a entendu parler des charmes merveilleux et des talents politiques de l'illustre Joanna Begum [2] ? La beauté, l'esprit, la sagesse de la Rani Kumladi sont encore populaires dans le Goudjerat ; qui pourrait oublier l'héroïsme de la mère des derniers Rajahs de Tchittore ? Et enfin, quel poëte n'a chanté Mallerie Sultana-Rizia, cette merveille du XIIIe siècle, dont il est écrit par son vizir Mallek-Junedi que « l'éclat de sa figure, la lumineuse auréole qui en-
« tourait toute sa personne, suffisaient pour faire mûrir
« soudain le blé encore en herbe, tandis que son regard
« ranimait ses amis mourants et frappait d'impuissance
« ses ennemis les plus terribles. » Jugée digne de contribuer au gouvernement de l'État, du vivant même de son père, celui-ci, à la veille d'une longue absence, la choisit de préférence à tous ses fils pour lui confier la régence. « Sachez, dit-il à ses courtisans étonnés, que le fardeau du pouvoir, trop lourd pour les épaules de mes

---

1. Ramayana, *Aranyakenda*, chap. LV.
2. La femme de Dupleix.

fils, fussent-ils vingt, ne l'est pas pour la délicate Rizia ; elle a dans l'âme et l'esprit plus de force qu'eux tous. »

Si, à la suite des femmes dont les charmes ou le génie ont présidé aux destinées de l'Inde dans les temps modernes, on énumérait toutes celles qui se sont fait un nom dans la littérature hindoustanique, et toutes les nobles et pures héroïnes célébrées par les poëtes de l'antiquité sanscrite, on formerait une liste de célébrités féminines qui, pour le nombre comme pour le choix, n'aurait à redouter aucun parallèle dans l'Occident.

Monuments antiques d'Éléphanta et de Salcette. — Débris vivants des populations de l'Inde primitive.

Avant de passer de Bombay sur le continent, j'allai visiter les îles voisines d'Éléphanta et de Salcette. La première n'est qu'un îlot montueux couvert de bois magnifiques et de rochers, elle doit son nom portugais à un éléphant de pierre sculpté non loin du lieu ordinaire de débarquement. Il a presque trois fois les dimensions d'un éléphant ordinaire ; mais, quant au mérite primitif de la sculpture, on n'en peut guère juger aujourd'hui, les temps l'ayant fort dévasté. Sur son dos, il y a un animal qu'on suppose être un tigre, mais dont j'avoue n'avoir pu distinguer la forme. De la petite plaine que domine ce monument ruiné, un sentier roide et étroit, serpentant sous d'épais ombrages et le long de profonds précipices, conduit au sommet de l'île. Aux deux tiers de la hauteur il aboutit sur une magnifique esplanade, devant la grande caverne qui a rendu le nom d'Éléphanta si célèbre.

J'avais lu bien des descriptions pompeuses de ce temple creusé dans le roc ; mais, quelle que fût mon attente, la réalité la surpassa de beaucoup. Les dimensions de ce souterrain me parurent plus vastes, ses proportions plus nobles, ses sculptures plus élégantes que je n'avais osé l'imaginer. Les statues mêmes, les colossales images qui s'élèvent de chaque côté des sanctuaires ou chapelles creusées latéralement à la nef principale, sont exécutées avec une hardiesse naïve et avec une grâce qui perce encore à travers leur état de vétusté et de dégradation. De même que les grands souterrains d'Ibsombol en Nubie, celui-ci est creusé dans un calcaire peu dur et facile à fouiller ; mais, tandis que les rochers des bords du Nil se sont durcis sous un ciel sans humidité, ceux d'Éléphanta se décomposent rapidement sous l'action des pluies périodiques du tropique. L'accumulation et le séjour de l'eau dans l'intérieur du monument y ont causé d'irréparables dégâts ; la base d'un grand nombre de piliers a été minée, exfoliée, fendue, et de quelques-uns il ne reste plus que les chapiteaux et une partie des fûts, appendus à la voûte comme de gigantesques stalactites.

Comme tous les monuments hindous, celui-ci est sans date. Il y a bien au fond de la caverne, dont la forme de croix rappelle une basilique gothique, un énorme buste à trois visages qui s'élève du sol au plafond du temple, et dans lequel on a voulu longtemps voir une image de la *Trimourti* ou Trinité hindoue, que composent Brahma, Viçnou et Civa. Mais de plus récentes découvertes ont démontré que Civa, aux légendes duquel se rapportent uniquement les bas-reliefs et les ornements du souterrain d'Éléphanta, a été très-anciennement représenté avec trois visages, alors que divinité suprême des Surastras, tribus de la côte de Cambaye, il concentrait en lui seul, au sommet de l'Olympe orgiaque de ces peuples Koushites, le culte et les attributions que plus tard, après une lente élaboration de syncrétisme religieux entre les populations superposées dans l'Inde, il fut obligé de partager avec

Brahma, le Dieu des prêtres Aryas, et Viçnou, le patron des Kchattryas.

Si le temple d'Éléphanta remonte à l'époque reculée que nous fait atteindre ce point de vue, il n'y a nul empêchement à voir en lui le modèle et le type de l'architecture souterraine que les Troglodytes émigrés du Sind et du Concan importèrent en Éthiopie avec la division de la société humaine en quatre castes, avec la répartition du Panthéon primitif en triades divines, avec la consécration du bœuf, du serpent Naja et des fleurs du lotus comme symboles religieux, avec une infinité de notions dérivées du sol, du ciel, des traditions et du langage de l'Asie centrale, et dont les éléments servirent plus tard aux Égyptiens à composer de toutes pièces leurs origines mythiques, la légende d'Asiri [1] et le personnel de leurs premières dynasties.

Les cavernes de Kennery, dans l'île de Salcette, sont des monuments du même genre que ceux d'Éléphanta ; on ne peut de même préciser la date de leur origine, car à une époque inconnue les images de Boudha et les symboles de son culte y ont usurpé la place d'images et de symboles plus anciens.

A côté de ces témoignages muets mais positifs des luttes religieuses qui ont agité les générations des vieux âges, Salcette garde aussi des débris vivants de ces mêmes générations. Ses bois épais recèlent une race d'hommes singulière, dont les mœurs, à deux pas du chef-lieu de la présidence, sont aussi peu connues que celles des tribus les plus isolées de l'Inde centrale.

Ils forment une caste à part et n'ont qu'une fonction, un gagne-pain, la fabrication du charbon. Ils ne fréquentent jamais les Hindous du rivage ou les habitants

______

1. Orthographe égyptienne de l'Osiris grec et de l'Asura sanscrit.

des villes; ils ne leur parlent pas, ne les voient même pas pour leur vendre les produits de leur industrie. Comme certaines peuplades d'Afrique dont parlent les voyageurs du xvie siècle, ils ont l'habitude de déposer ce qu'ils veulent vendre dans des endroits convenus, puis de se retirer à l'écart. L'acquéreur s'approche ensuite, prend la marchandise, et dépose silencieusement aussi un prix réglé par l'usage en riz, en vêtements et en outils de fer. Les officiers anglais ont en vain cherché à faire plus ample connaissance avec ces pauvres indigènes; ils n'ont jamais pu gagner leur confiance : tant est grande leur timidité héréditaire! si profondément ont pénétré dans ces âmes flétries les stigmates du mépris dont les accablent, depuis des siècles, les Hindous leurs voisins!

Dans la zone de forêts qui s'étend le long du Concan et du Canara, entre les montagnes et la mer, vit un nombre indéterminé de créatures semblables. Là on leur donne le nom de *Pouliahs*, et la loi qui régit les castes leur interdit d'habiter les villages et même de se construire des huttes au fond des bois. Malheur à celui d'entre eux qui viendrait par mégarde à se trouver en contact avec des Hindous brahmaniques! il est tenu de faire connaître son approche par ses cris, afin qu'on ait le temps de l'éviter; faute de cette précaution de sa part, il court le risque d'être tué comme un animal malfaisant. Plus d'une fois, me promenant en palanquin sur les pourtours continentaux de la vaste rade de Bombay, j'ai entendu les hurlements de ces sauvages qui me demandaient l'aumône; j'ai aperçu leurs corps noirs et décharnés, glissant comme des ombres à travers les arbres, et jamais je n'ai pu parvenir à les joindre pour les interroger. En vain, à chaque fois, je leur montrais des pièces de monnaie et leur faisais signe de venir les prendre : d'une part, mes porteurs hâtaient le pas pour s'éloigner de ces êtres immondes ; de l'autre, les Pouliahs se contentaient de me suivre à distance, criant et gambadant comme des singes, jusqu'à ce que, lassé de leur obstination et de leurs clameurs, je leur jetasse de loin la monnaie que je leur destinais ; ils ne se hasardaient à la ramasser que lorsque nous avions disparu à leurs yeux.

Traversant un soir un village de la côte, j'y remarquai une grande agitation, et je vis un rassemblement formé à quelque distance d'une boutique tenue par un Parsi. La cause unique de cet émoi était l'apparition d'une femme pouliah, qui, pressée par la faim, venait échanger contre un peu de riz une natte de sa façon. Arrivée à une centaine de pas de la boutique elle avait *hurlé*, et le Parsi lui ayant répondu, ils avaient conclu leur marché. Toute circulation était arrêtée dans le village jusqu'à ce que cette grave affaire fût terminée ; la pauvre créature, presque entièrement nue, tournait et retournait la tête de çà de là, prête à fuir ou à avertir si on l'approchait ; de son côté le boutiquier faisait arrêter les passants. Il pesa devant eux le riz convenu, le porta à l'acheteuse, dont, en sa qualité de Guèbre, il pouvait s'approcher sans trop de crainte, et emporta la natte. Ceci se passait en pleine mousson ; la pluie avait tombé tout le jour ; bien que la température fût encore chaude pour les Européens, les indigènes s'enveloppaient soigneusement dans leurs toiles de coton, que l'humidité de la nuit allait leur faire paraître bien légères. C'est alors que la malheureuse sauvage s'éloigna seule de la demeure des hommes et s'enfonça dans les bois chargés de brume pour y regagner son gîte, un tronc d'arbre creusé par le temps, ou l'entre-croisement de quelques branches touffues, dont les singes ou les pythons allaient peut-être lui disputer la possession [1].

---

1. Victor Fontanier, *Voyage dans l'Inde et le golfe Persique.*

Être les maîtres d'un pays où se passent de telles choses, c'est, dans notre siècle, encourir une grave responsabilité. Il est beau d'appeler l'Inde le plus brillant joyau de la couronne britannique, mais il serait plus beau d'épurer ce joyau de ses taches originelles et de mettre un terme aux tyranniques préjugés qui, dans la société hindoue, ont ravalé d'innombrables créatures humaines au niveau des brutes des forêts.

Excursion à Goa. — Forêts, tigres et reptiles.

Mon départ pour l'intérieur fut un peu retardé par une affaire qui m'appela dans la colonie portugaise de Goa, située à quatre-vingts lieues au sud de Bombay ; c'est un voyage de vingt-quatre heures en pyroscaphe, et de trois jours dans les embarcations du pays. Bien que l'on passe à une assez grande distance de la côte, on peut distinguer de loin en loin, dans la verdure, des villes et des forteresses, sur lesquelles flottent des pavillons autres que celui de la Grande-Bretagne. Ils appartiennent à des souverains indigènes ; pauvres princes dont les noms sont inconnus, le pouvoir ignoré, et qui s'appliquent à donner des dimensions exagérées à ce dernier signe d'une indépendance perdue.

Goa est, on le sait, la métropole de tous les établissements portugais à l'est du cap de Bonne-Espérance. Son gouverneur a la suprématie sur ceux de Diu, de Mozambique, de Macao et de Timor ; sa banlieue renferme encore 350 000 habitants et une trentaine de forts ou de bourgades en bon ou mauvais état. Bien qu'elle ait dû céder à Bombay le sceptre de l'océan Indien, Goa a conservé sur son heureuse rivale l'avantage de la position, qui fut admirablement choisie par le grand Albuquerque, son fondateur. Bombay s'enorgueillit de sa vaste rade couverte de vaisseaux ; mais Goa en possède une autre bien mieux fermée, que la mousson ne peut troubler comme la première, et dans laquelle l'escadre la plus nombreuse peut dormir à l'abri des vents, des flots et de l'ennemi.

Que sont les routes qui entourent Bombay, quoique nombreuses et bien entretenues, comparées au large fleuve qui traverse la colonie portugaise, en relie toutes les parties et répand sur toutes la fertilité? On aborde à Panjim, résidence actuelle des autorités portugaises, par un beau quai nouvellement construit. « De nombreuses embarcations, des navires de tout tonnage sont occupés à charger et à décharger leurs marchandises ; de toutes parts on voit s'élever des constructions nouvelles. Met-on pied à terre, on observe que toutes les rues sont larges et tirées au cordeau ; une population considérable les parcourt, et il s'y fait un tumulte auquel on ne s'attendait guère. On n'y est pas, il est vrai, frappé de ce luxe qu'on remarque à Bombay ; les équipages brillants ne s'y croisent pas au milieu de milliers de porteurs de palanquins faisant assaut de cris et de gémissements ; mais on n'est pas choqué par cette roideur qu'impose aux Anglais leur division en castes plus séparées que celles des Hindous. Ici le gentleman ose parler affectueusement au boutiquier ; il peut saluer un ouvrier sans se perdre de réputation, et c'est plaisir de voir combien ces habitudes de notre continent, transportées dans des pays si lointains, servent mieux la cause de la civilisation que les lois écrites, mais contraires aux mœurs et aux habitudes, ne le font chez les Anglais[1]. » Tout enfin s'allie à l'apparence grandiose des églises et des couvents pour donner à Panjim un aspect plus européen qu'asiatique.

L'ancien Goa, la cité des conquérants du xvie siècle,

---

1. Victor Fontanier, *Voyage dans l'Inde*, t. III, chap. iv.

repose, aujourd'hui abandonnée, à trois lieues plus haut que Panjim sur les bords du fleuve. Ses maisons, semblables à des forteresses, ses églises, ses couvents, ses palais, égalant en magnificence ce qu'on admire en Europe dans le même genre, ne sont plus que des carrières de matériaux à bâtir. Ce ne sont pas les menaces de la guerre, ou les ravages du temps qui ont forcé l'homme à déserter ces demeures, si propres à flatter son orgueil; mais il a fui devant la *malaria*, ce souffle empesté du ciel de l'Inde, *ce fléau de Dieu*, qui s'installe auprès de toute société en décadence, pour en hâter la décomposition par le typhus ou par le choléra.

Sous les voûtes de la cathédrale qui fut l'église métropolitaine du catholicisme dans l'Inde, j'ai vu errer quelques religieux chargés de garder le tombeau de saint François-Xavier, monument aussi remarquable par le fini des détails que par la richesse des matériaux. Ces moines emploient leurs soins et leurs veilles à la conservation de ces restes précieux; mais les réparations, quoique entreprises à grands frais, ne sauraient marcher aussi vite que la dégradation, hâtée par les pluies et la végétation. On peut prévoir le moment où la forêt qui assiége ces ruines, qui déjà les étouffe, les ensevelira.

Que sont les œuvres de l'homme près de celles de la nature? Si belle qu'apparaisse la végétation des environs de Bombay au voyageur qui vient de longer les rivages brûlés de la mer Rouge, elle ne peut soutenir la comparaison avec celle du canton de Goa et de toute la côte qui court de la colonie portugaise au cap Comorin. Pour se faire une idée de la variété et de la puissance de la flore de cette région, il faut aller en contempler les spécimens renfermés dans nos serres et décupler leurs proportions étiolées; il faut rapprocher les uns des autres, dans l'éblouissant pêle-mêle de la nature, les mimoses, les musas, les pandanus odorants, les mangotiers et les orangers; enrouler autour de leurs troncs les tiges sarmenteuses des bignonias, de la nagatelly, du nictantes sambac et des lianes qui produisent le poivre et le bétel; grouper sous leur ombre les plus belles variétés des azalées, des jasmins et des gardénias; unir les lauriers d'où l'on extrait le camphre, la casse et la cannelle, au sandal rouge, aux nopals, aux dragonniers qui fournissent les laques précieuses; les arbustes qui donnent le nard, le cardamone et l'amome, aux roseaux qui sécrètent le sucre. Sur ces amas de fleurs, sur ces sources de miel et de parfums, il faut étaler les feuilles immenses du latanier et du talipot, faire ondoyer les palmes aériennes des cocotiers et des bambous géants, amonceler la sombre verdure des tecks et des tamarins et les impénétrables rameaux des ficus sacrés. Puis, tout cela accompli, l'on n'aura encore qu'une perception vague et incolore de la végétation de l'Inde, et notamment de celle qui revêt la base des Ghauts occidentaux, à l'orient et au midi de Goa.

Nulle part aussi, mieux qu'à l'ombre de ces forêts, on ne peut observer le spectacle de l'immense destruction par laquelle la Providence semble avoir voulu remédier à une création infinie. Des couches épaisses de l'humus, où ces myriades de plantes, frêles ou puissantes, fleurs d'une saison ou futaies séculaires, enfoncent leurs racines; des profondeurs des eaux où elles se mirent, du sein de l'atmosphère lourde et brûlante qu'elles décomposent, s'exhalent périodiquement des effluves putrides, des miasmes délétères. Au milieu de leurs inextricables lacis, le règne animal pullule, et se manifeste par ses variétés les plus diverses, les plus étranges et les plus formidables; toutes les harmonies de la nature s'y heurtent, s'y fondent en un effroyable antagonisme, et la mort, sous toutes les formes, y épie la vie.

« Dangereux est le séjour des bois ! disait le vieux Valmiki, trois ou quatre siècles avant Homère ; la forêt est peuplée de créatures ennemies de l'homme, qui se repaissent de chair et de sang.... Dangereux est le séjour des bois.

« Là errent de nombreux éléphants, qui se jettent sur tout ce qu'ils voient, qui écrasent tout ce qu'ils rencontrent...

« Là rampent les hideuses couleuvres et s'étalent les grands pythons, glissant sur le sol en replis sinueux, semblables au cours d'un torrent, ou enroulés dans les crevasses de la terre ; leurs dents, leurs souffles, leurs regards sont mortels.... Dangereux est le séjour des bois....

« Là s'étendent en nappes stagnantes, ou se précipitent dans de profonds canaux aux difficiles abords, des eaux qui ne recèlent pas moins de périls que la terre. Le rhinocéros se plaît dans la vase de leurs dépôts ; le tigre aux flancs jaunes et rayés se tapit dans leurs roseaux ; et, caché dans leurs profondeurs ou flottant à leur surface, le vorace crocodile, gigantesque ennemi de tout ce qui respire, épie et déchire ses victimes.... Dangereux est le séjour des bois [1] ! »

Combien ce tableau, qui date de plus de trois mille ans, est encore applicable à la région boisée des Ghauts occidentaux, c'est ce que prouvent surabondamment les faits suivants :

A Goa même, à quelques pas de la caserne de la garnison, j'ai vu une affiche qui avertit de ne pas s'aventurer plus loin à cause des tigres.

A quelque distance de là, sur une route fréquentée, une croix de pierre indique l'endroit où un sous-officier

1. Ramayana de Valmiki, *Ayodhiakanda*, chap. XXVIII, édit. de Gorésio.

portugais, chevauchant à la tête d'un peloton, fut enlevé, il y a peu de temps, par un de ces animaux.

Dans un hameau voisin, quelques jours avant mon passage, un de ces terribles carnassiers avait été tué dans la boutique d'un boucher, où il dormait tranquillement après avoir dévalisé l'étal.

Enfin on m'a assuré que rien n'était plus fréquent que les attaques des tigres contre les bestiaux à la portée des habitations, ou même que leur installation dans les bungalows isolés, dont une porte ou une fenêtre mal fermée leur a facilité l'entrée.

Mais les visiteurs les plus dangereux, ceux dont aucune précaution ne peut garantir les maisons, sont, sans aucun doute, les reptiles. Le Malabar seul compte quarante-trois espèces de serpents, depuis cette variété de boa dont le savant Anquetil du Perron foula, près de Bombay, un individu long de quarante pieds, jusqu'au serpent fil, à tête de vipère, la *manilla*, qui disparaîtrait tout entière dans le calice d'un nénuphar, mais dont la morsure tue en quelques secondes. Lorsque vient la saison des pluies et que les eaux débordées chassent ces animaux de leurs retraites, ils infestent les jardins, les terrasses et se glissent jusque dans les appartements; il faut s'en méfier surtout quand on reçoit de trop fréquentes visites des crapauds et des rats dont ils se nourrissent. Comme j'étais un jour à dîner, avec quelques personnes, chez une des autorités de Goa, et que la conversation roulait sur les accidents, plus communs que l'on ne croit, causés par les reptiles, l'un de nous aperçut justement un petit corps agile qui frétillait entre les mailles de la natte de la salle; c'était une manilla; on la tua aussitôt, mais sa mort ne nous rendit pas l'appétit que sa vue nous avait enlevé. Dans une autre occasion, étant dans un jardin, occupé à jeter de loin des fruits à un singe privé qu'on avait attaché à un oranger, je vis tout à coup la pauvre bête tomber en convulsions, je l'entendis pousser de grands cris. Je franchis en toute hâte l'espace qui me séparait d'elle, quarante pas au plus ; quand je la joignis, elle était morte. Un de ses bras tuméfié, d'une couleur noirâtre et déjà gangrené, indiquait assez la cause de sa mort. Je l'aurais devinée, lors même que je n'eusse pas aperçu non loin de là, à travers les fleurs d'une plate-bande, la tête triangulaire et la gorge horriblement dilatée d'une *cobra capella*, la naja des poëtes sanscrits. Elle fuyait, non en rasant horizontalement la terre, comme nos couleuvres, mais en faisant décrire à son corps long et flexible de hautes courbes perpendiculaires, telle enfin qu'elle est représentée sur les monuments de l'antique Égypte.

Anathématisé par les prêtres védiques, il y a plus de quatre mille ans, le culte des serpents subsiste encore dans plus d'un canton de l'Inde. Dans une grotte près de Sumbulpour, un python rendait encore des oracles au commencement de ce siècle, et la naja est encore presque aussi révérée, des castes supérieures du moins, qu'aux temps où elle servait de symbole et de diadème à la royauté égyptienne.

Comme les psylles des bords du Nil, une tribu particulière du Malabar s'adonne à l'éducation de ce reptile et possède l'art de lui apprendre à danser aux sons lents et discordants d'un agreste flageolet. Ces soins, ce respect voués à la naja, son nom donné à une classe de demi-dieux du panthéon hindou, peuvent-ils s'expliquer autrement que par la terreur qu'inspira aux hommes primitifs ce reptile aux allures et à l'aspect étranges, et que la nature a armé d'un venin si subtil, que son inoculation dans le corps humain y détermine en moins de deux heures une décomposition complète. Des nombreux et lamentables exemples que j'ai recueillis à ce sujet, il me suffira de citer celui-ci : un planteur des environs de Goa attendait quelques personnes à dîner; étant descendu dans son jardin un peu avant l'heure fixée pour leur venue, il y fut mordu par une naja; à l'arrivée de ses convives, il n'était plus qu'un cadavre.

De Bombay à Pouna.

La route qui conduit de Bombay à Pouna, à travers la chaîne des Ghauts, passerait pour *bonne*, même en Europe. Elle est bien macadamisée et entretenue par des pionniers enrégimentés sous les ordres du génie militaire anglais. Ce sont des gens de basse caste, dont l'activité laborieuse est rétribuée à raison d'une vingtaine de francs par mois. De distance en distance, sur les points du chemin les plus éloignés de toute habitation, on a creusé de grands puits. Leurs larges pourtours ont été plantés d'arbres, et ces stations ombragées sont tout à la fois un ornement pour le paysage et un bienfait pour le voyageur.

La route s'élève en zigzag le long des montagnes, dont les flancs sont aussi roides, aussi réguliers que s'ils étaient taillés de main d'homme. Ce sont de larges gradins superposés et dominant à pic de profonds précipices. De superbes forêts garnissent ces escarpements, et le fond des ravins est obstrué de bois impénétrables.

A mi-hauteur de la chaîne, on rencontre le village de Keurley, célèbre par les souterrains creusés dans son voisinage. Ils rappellent exactement ceux de Salcette, mais sur de plus vastes proportions et avec des ornements plus gracieux. Les chapiteaux des colonnes intérieures sont d'une originalité qui ne manque pas d'élégance. Chacun d'eux est formé d'une sorte de dôme en forme de cloche, habilement sculpté et surmonté de deux éléphants entrelaçant leurs trompes et portant ensemble deux hommes et une femme. Je demandais à de jeunes brahmanes, noirs et demi-nus, qui se disaient les gardiens du sanctuaire et m'en faisaient les honneurs, les noms des dieux que représentaient ces figures ; mais à mon grand étonnement ils répondirent : « Ce ne sont pas des dieux, mais seulement des ministres de la divinité : un dieu suffit[1]. »

A moins de huit lieues de la côte et de mille mètres d'élévation absolue, j'atteignis la ligne qui sépare, dans les Ghauts, les cours d'eau tributaires de l'océan Indien de ceux qui se dirigent vers le golfe du Bengale. De là, une pente doucement inclinée me conduisit sur les bords de la Mouta, qui est un des affluents supérieurs du fleuve Krichna, et qui arrose la banlieue de l'ancienne capitale des Mahrattes, de la grande ville de Pouna.

Aspect de Pouna, sa population, ses palais. — Destinée des Pcichwahs, ses fondateurs.

Du pont où la route traverse la Mouta, on aperçoit cette ville à son plus grand avantage. Elle occupe une assez grande superficie de sol le long de la rivière, dont les eaux ont la limpidité et le murmure des courants des montagnes. Les arbres qui croissent de toute part dans les espaces vagues ou abandonnés, les hautes haies de cactus et d'euphorbes qui entourent un grand nombre de chaumières et de huttes, cachent, à distance, la partie ignoble de Pouna, et forment comme une zone de verdure au-dessus de laquelle ne s'élèvent que les maisons des riches et les pagodes[2]. Cette vue est donc agréable de loin ; mais de près, comme beaucoup d'autres choses de ce monde, c'est tout différent. Malgré ses cinquante ou soixante mille habi-

---

1. *Heber's travels*, t. III. — 2. Jacquemont, *Journal*, t. III, p. 583.

tants, Pouna n'a ni murs ni forteresses ; ses bazars sont misérables, et je ne crois pas avoir rencontré ailleurs dans toute l'Inde des rues aussi négligées, aussi sales, et des maisons aussi délabrées. Les habitations du Peichwah tombent en ruines ; elles se composaient d'un assez grand nombre de pavillons dispersés dans la ville et distingués assez bizarrement par leurs noms empruntés aux jours de la semaine. Ainsi il y avait le palais du Lundi, du Mardi, etc. Le principal de ces édifices, celui du Dimanche, je crois, sert maintenant de prison, d'hôpital, de pharmacie centrale pour les malades et d'hospice pour les aliénés[1].

A la fin du siècle dernier, la Compagnie, qui ne possédait encore dans cette partie de l'Inde que l'île de Bombay et quelques points fortifiés de la côte, obtint du Peichwah qu'un agent anglais fût admis à sa cour avec le titre de résident. Vingt ans plus tard, le Peichwah n'était plus qu'un des pensionnaires, j'allais dire un des prisonniers de la Compagnie. Cette révolution s'est faite ici comme dans les autres parties de l'Inde qui ont passé sous la domination anglaise. « Un prince indigène voit sans cesse son autorité attaquée par ses propres sujets, par les vassaux de son pouvoir ; il appelle les Anglais à son secours. La Compagnie fait avec lui un traité par lequel elle s'engage à lui fournir quelques régiments de cipahis commandés par des officiers européens, et pour la solde desquels le prince abandonne une portion de territoire égale en revenus aux dépenses de ces troupes. Fort de cet appui, il réduit aisément ses feudataires rebelles et rétablit l'ordre dans ses États. Son royaume éprouve une prospérité relative : son trésor s'emplit. Alors il se croit assez fort pour se passer de ses axiliaires européens. Mais le traité

1. *Heber's travels*, t. III.

qu'il a fait avec eux l'engage à perpétuité. Il a donc recours à la trahison, choisit son temps et tombe à l'improviste sur ses protecteurs, qu'il hait comme ses maîtres. Quelques mois après, les armées anglaises occupent ses États, et il n'a pas à se plaindre de la générosité des vainqueurs, qui lui accordent une forte pension et se contentent généralement de lui interdire le séjour des provinces qu'il possédait[1]. » Ainsi est tombé le Peichwah ou chef de la confédération des Mahrattes.

Impopularité des Anglais dans la présidence de Bombay. — Le code Elphinstone.

La présidence de Bombay, qui a englobé dans sa circonscription les anciens États de cette confédération et la plus grande partie de ceux qui formaient l'anarchie féodale du Rappoutana, est, à ce double titre, le territoire de l'Inde où le joug anglais est supporté le plus impatiemment, bien que les gouverneurs qui s'y sont succédé aient pris à tâche de faire pour les populations indigènes beaucoup plus que l'on n'a tenté dans le même but à Calcutta, à Madras et à Delhi. J'ai demandé à un grand nombre d'officiers civils quels étaient les sentiments de leurs administrés à l'égard du gouvernement anglais; aucun n'a osé me dire que celui-ci inspirât la moindre affection. Il n'y a pas jusqu'au *code Elphinstone*[2], compromis équitable et libéral entre les lois européennes et les coutumes des Hindous et des mahométans, œuvre d'un homme d'État philanthrope, qui ne soulève chaque jour des murmures et des récriminations de la part de gens qui devraient le bénir comme un bienfait.

1. Jacquemont, *Journal*, IIIe vol, p. 554. — 2. Promulgué en 1827, sous l'administration du fonctionnaire de ce nom.

La justice civile et les règlements de finance occupent la plus grande partie de ce *çastra*[1] anglais. Il détermine toutes les formes de la procédure, en quelque matière que ce soit, et ne laisse presque aucune latitude au pouvoir discrétionnaire des magistrats anglais, dont tous les actes sont soumis à un système fort sévère de contrôle ; grâce à ces freins mis à l'arbitraire des agents européens, il n'y a point de doute que la personne et la propriété du sujet hindou ne soient plus efficacement protégées dans la présidence de Bombay qu'au Bengale et à Madras. Les procès civils doivent être jugés d'après la coutume religieuse des parties ; les dispositions pénales y sont moins dures qu'en aucun code d'Europe. L'homicide avec préméditation est seul puni de mort. Le crime de fausse monnaie est à peine distingué du faux en écriture privée. Les peines infamantes sont le fouet, l'exposition et les travaux forcés. Mais le juge a la faculté de commuer ces derniers châtiments et la peine capitale, lorsque le criminel est un brahmane ou une femme, dont le supplice révolterait les sentiments religieux ou les habitudes de la population.

On ne peut reprocher au code Elphinstone que d'être rétroactif dans plusieurs de ses dispositions.

Dans l'Inde, cet Eldorado de notre imagination européenne, la très-grande majorité de la population au lieu d'*avoir*, *doit*. Le cultivateur, et l'Inde n'est guère peuplée que de cultivateurs, emprunte presque toujours au banquier de sa commune le petit pécule nécessaire à l'achat des semences, quand vient le temps des semailles, ou même parfois la somme nécessaire à l'achat d'une paire de bœufs, quand vient la saison du labour. Depuis le cap Comorin jusqu'à l'Himalaya, les usuriers sont ainsi de fait les

---

1. Équivalent sanscrit de notre mot code.

entrepreneurs de la culture, et le reste de la population naît, vit et meurt en état de dettes vis-à-vis d'eux. Chaque paysan a son compte ouvert avec le *savkar*, auquel il paye toute sa vie l'intérêt du capital de sa dette, que viennent grossir les saisons fâcheuses et les événements de famille, les mariages surtout, et qui ne diminue que lorsque survient une succession de saisons favorables.

Nulle part ce déplorable ordre de choses n'a produit plus de misère que dans le Deccan ; mais la coutume antique qui livrait ainsi l'imprévoyance et la folie des pauvres à l'avarice des riches imposait une limite aux droits des créanciers sur leurs débiteurs. Les intérêts composés ne pouvaient élever indéfiniment le capital de la dette. Ils cessaient lorsque ce capital avait triplé. Il n'y avait point de contrainte par corps, point de saisie d'immeubles au profit du créancier. D'après la loi anglaise, substituée à la coutume hindoue, les juges sont obligés aujourd'hui de dépouiller d'anciennes familles de leur manoir héréditaire. De là bien des gémissements, bien des réclamations. Hâtons-nous d'ajouter que l'inflexibilité de la loi anglaise amènera graduellement la population hindoue à répugner davantage aux engagements pécuniaires, et deviendra un stimulant fécond de travail. Mais en attendant, les débiteurs actuels, endettés pour leur compte ou seulement héritiers de dettes de famille contractées sous une législation différente, souffrent durement du changement et surtout ne comprennent pas que les juges et les magistrats ne soient pas autorisés à modifier la loi qu'ils appliquent[1].

1. Jacquemont, *Journal*, IIIᵉ vol, p. 558-59.

Le collége anglais et le collége sanscrit de Pouna.

M. Elphinstone, qui, plus qu'aucun autre haut fonctionnaire de l'Inde, s'est montré jaloux de répandre parmi les natifs les lumières de l'Europe et de créer parmi eux une bourgeoisie respectable en cultivant leur intelligence, a fondé dans plusieurs grandes villes de son gouvernement des écoles où l'anglais, le dessin, la géométrie, l'algèbre et leurs applications sont enseignés aux jeunes Hindous. Pouna possède la plus grande de ces écoles. Elle égale celle de Calcutta et, mieux que cette dernière, devrait répondre, par sa position méditerranée, au vœu de son fondateur. Mais le peu de débouchés offerts jusqu'à présent par l'administration aux sujets formés dans ces établissements limite forcément les élèves à un bien petit nombre. A part de rares emplois d'expéditionnaires dans les bureaux du gouvernement, ou d'aides géomètres dans ceux de l'ingénieur en chef, nulle carrière n'est ouverte aux ambitions modestes qu'excite l'éveil des idées nouvelles. L'algèbre, l'histoire d'Angleterre ne servent pas plus à ces jeunes gens pour gagner leur vie, qu'en Europe, à la plupart d'entre nous, l'éducation classique qu'on nous donne. Un de ces élèves, un des meilleurs de l'école, m'assura-t-on, se proposa pour me servir de domestique, et je l'aurais pris si sa famille eût consenti à son éloignement[1].

Non-seulement les maîtres sont payés, mais les écoliers reçoivent du gouvernement 5 roupies (12 fr. 50 c.) par mois. N'y a-t-il pas de la cruauté à donner à de pauvres enfants une éducation supérieure à celle de leurs familles? à leur présenter, durant les premières années de

1. Victor Jacquemont, *Journal*, t. III.

leur jeunesse l'image d'une condition meilleure à laquelle ils n'atteindront jamais? Je ne sais, mais les classes de l'école de Pouna ne sont guère fréquentées que par des jeunes gens de familles de sang mêlé; à l'exception des Parsis, pas un homme de rang n'y envoie son fils.

Le gouvernement anglais entretient aussi à Pouna, comme à Bénarès, le feu sacré du sanscrit, dont la tradition se perdrait rapidement dans toutes les provinces de l'Inde qui ont cessé d'être gouvernées par des princes hindous. Il y a à Pouna une *école sanscrite*. Elle occupe un des palais *hebdomadaires* dont j'ai parlé, et dont l'apparence sur la rue est assez belle pour cette ville en décadence. J'y trouvai une centaine de jeunes gens accroupis dix par dix sur le tapis de toile blanche qui couvrait l'aire d'une immense salle allongée. Chaque dizaine formait une classe spéciale et avait à sa tête un *pundit* pour professeur. Un vieux brahmane, au crâne nu, à la longue barbe blanche, présidait le tout comme directeur.

Il me fit avec courtoisie les honneurs de son établissement. Les maîtres et les élèves étaient tous brahmanes; non qu'aucun ordre du gouvernement défende l'admission de jeunes gens d'une autre caste, mais ce n'est qu'à des brahmanes que la connaissance du sanscrit peut servir de gagne-pain, car ce n'est qu'à eux seuls qu'est permise l'interprétation de la langue sacrée, et c'est le besoin seul qui réunit dans le collége de Pouna les cent jeunes gens qui le fréquentent.

Douze années forment ici la durée moyenne des études nécessaires à la connaissance du sanscrit. Il n'y a pas d'exemple que les élèves les plus studieux et les plus intelligents aient pu l'apprendre en moins de huit années; à d'autres, il en faut jusqu'à quinze et vingt. Enfin, le savoir des *fruits secs* de cet institut se borne à lire ou à réciter quelques pages de la langue sacrée. Lire le sanscrit sans le comprendre, c'est encore une ressource dans l'Inde; c'est la profession avouée d'une classe de prêtres brahmaniques.

Le vieux pundit me présenta ceux de ses élèves qu'il me dit être les plus intelligents. Il leur fit réciter, ou plutôt chanter (car leur débit était susceptible de notation) de longues tirades, non des hymnes védiques, comme il le prétendait, mais de quelque Brahmanah ou Commentaire de ces antiques prières ; car le sens ne roulait que sur des subtilités métaphysiques ou des lieux communs de dogmatisme. Ce ne fut ni sans peine ni sans un vif sentiment de plaisir que je parvins à reconnaître parmi les sujets traités un fragment antique bien connu des sanscritistes, et que je crois devoir insérer ici comme spécimen des études classiques de nos contemporains de l'Inde.

C'est, sous une forme plus profonde et plus grande à la fois, la fable célèbre des Membres et de l'Estomac; mais, entre la conception brahmanique et l'apologue de Ménénius Agrippa, il y a, suivant l'expression de Burnouf, la différence de l'Himâlaya au sept collines de Rome.

La dispute des sens.

« Les sens disputaient entre eux, en disant : « C'est « moi qui suis le premier, c'est moi qui suis le premier. » Ils se dirent : « Allons, sortons de ce corps; celui d'entre « nous qui en sortant fera tomber le corps sera le pre- « mier. » La parole sortit : l'homme ne parlait plus, mais il mangeait, il buvait et vivait toujours.

« La vue sortit : l'homme ne voyait plus, mais il mangeait, il buvait et vivait toujours.

« L'ouïe sortit : l'homme n'entendait plus, mais il mangeait, il buvait et vivait toujours.

« Le *manas* sortit : l'intelligence sommeillait dans l'homme, mais il mangeait, il buvait et vivait toujours.

« Le souffle de vie sortit : à peine fut-il dehors que le corps tomba ; le corps fut dissous, il fut anéanti. De là vient que l'on donne au corps le nom de *çarira*[1].

« Il voit certainement s'anéantir son ennemi et son péché, celui qui connaît cela.

« Les sens disputaient encore, en disant : « C'est moi « qui suis le premier, c'est moi qui suis le premier. » Ils se dirent : « Allons, rentrons dans ce corps qui est à « nous. Celui d'entre nous qui, en y rentrant, mettra de- « bout ce corps, sera le premier. »

« La parole rentra : le corps gisait toujours.

« La vue rentra : il gisait toujours.

« L'ouïe rentra : il gisait toujours.

« Le manas rentra : il gisait toujours.

« Le souffle de vie rentra : à peine fut-il rentré que le corps se releva. Celui-là fut le premier.

« Le premier des sens, en effet, c'est le souffle de vie même. Que l'on sache donc que le souffle de vie est le premier des sens.

« Les Dévas lui dirent : « C'est toi qui es le premier ! « Cet univers tout entier, c'est toi ; nous sommes à toi et tu es à nous[2]. »

Je voulus ensuite faire converser, en sanscrit impro-visé, les élèves qui s'étaient le plus distingués par la sûreté de leur mémoire et l'aplomb de leur voix dans le premier exercice. Mais aucun n'en était capable ; et je doute que, le vieux directeur excepté, un seul des maîtres présents eût été plus habile.

Tous ces élèves aspirent à devenir professeurs à leur

____

1. Sujet à la dissolution. — 2. *Aitaraya Brâhmana.* — *Rig-Véda.* Trad. E. Burnouf.

tour dans cette école où ils passent la moitié de leur vie comme écoliers; mais, comme leur personnel est dix fois plus nombreux que celui de leurs maîtres, il est évident que bien peu d'entre eux atteindront le but de leurs désirs. Les autres se disperseront dans les provinces d'alentour et vivront à la charge des seigneurs Mahrattes qui possèdent encore quelques territoires, ou des communautés villageoises les plus opulentes et les plus pieuses.

Chaque village du Deccan a au moins son brahmane, qui lui explique la parole et les légendes sacrées; chaque famille au-dessus du commun a aussi le sien; chez les Rajahs encore debout, le nombre de ces chapelains est souvent considérable, et il n'est pas rare de les voir prendre sur leurs maîtres la même influence que les abbés-directeurs avaient autrefois sur nos seigneurs châtelains. Souvent même, pour achever l'analogie, ils parviennent aux plus hauts honneurs de l'État, lorsque leur pénitent est un prince régnant. Mais cette chance de devenir le *gourou*[1] de quelque descendant étiolé du Soleil ou de la Lune, le Viçvamitra[2] moderne de quelque Rama abâtardi, ne semble pas balancer, dans l'esprit des élèves du collège sanscrit, celles plus probables de l'existence très-modeste et très-dépendante de professeur[3].

Les brahmanes du Deccan.

Dans le Deccan comme dans le reste de l'Inde, les brahmanes sont divisés en sous-castes et en sectes innombrables. Les premières se rapportent sans doute à des degrés plus ou moins éloignés de consanguinité; il est plus difficile de dire en quoi consistent les limites et

1. *Gourou*, gouverneur, maître spirituel. — 2. Viçvamitra, un des personnages les plus célèbres de l'antiquité sanscrite, passe pour avoir été le précepteur du grand Rama. — 3. Victor Jacquemont, *Journal*, t. III.

les différences des dernières. Car, si un grand nombre de brahmanes ont des dogmes personnels, des rites particuliers, tout cela repose sur des appréciations trop subtiles pour créer des antinomies ostensibles.

La pierre fondamentale de l'ordre social dans l'Inde est encore aujourd'hui, on ne doit pas l'oublier, la division par castes, adoptée, prêchée comme article de foi par tous les livres canoniques du culte de Brahma, moins pourtant les Védas, les plus anciens de tous.

« Au principe des choses, dit le code de Manou, le créateur suprême fit sortir les Brahmanes de sa tête et leur donna en partage l'enseignement des Védas, l'accomplissement du sacrifice, la direction des sacrifices offerts par d'autres, le droit de donner et celui de recevoir.

« Il imposa aux Kchattryas, qu'il tira de son bras, la fonction des armes, la protection, la charité, l'abnégation, la lecture des livres sacrés et la tempérance dans les plaisirs des sens.

« Le soin des bestiaux, l'aumône, le sacrifice, l'étude des livres saints, le commerce, le prêt à intérêt, la culture de la terre, sont les fonctions allouées aux Vaicyas, qu'il tira de sa cuisse.

« Mais le souverain maître n'assigna aux Çoudras, issus de ses pieds, qu'un seul office, celui de servir les classes supérieures *sans déprécier leurs mérites*[1]. »

Ainsi la foi religieuse sanctionna, et peut-être au début adoucit les inégalités humaines, et la hiérarchie sortie d'une longue période d'antagonisme, de luttes et de conquêtes, fut censée le produit de quatre créations inégales. Pour immobiliser ces grandes démarcations, le mélange des castes par l'union des sexes fut rigoureusement défendu. Mais ici, comme en bien d'autres points, la nature

1. *Manava-çastra*, lois de Manou, liv. III.

ne pouvait manquer de triompher de la loi; d'unions anathématisées par elle naquirent des enfants qui n'appartenaient à aucune caste.

« Cependant l'idée primitive de classification était si bien enracinée qu'on finit par trouver des places pour caser ces excroissances du corps social sans rien changer à sa constitution. Le législateur s'en servit même pour développer et compléter le système fondamental. Il enferma, parqua dans les industries, dans les métiers, dans les arts, ignorés à l'époque de la première division et nés depuis des progrès naturels de l'esprit humain, les hommes issus du mélange des anciennes castes, de sorte qu'il y eut autant de classes sociales qu'il y avait de professions, chacune de celles-ci ayant à peu près la même organisation que les anciennes corporations européennes.

« Le nombre de ces classes intermédiaires ou mélangées fut d'abord fixé à trente-six; mais on conçoit qu'il ne pouvait s'arrêter là. Car, une fois le principe de la subdivision des castes admis, la moindre circonstance a pu suffire à donner naissance à une classe nouvelle qui s'est perpétuée, préparant d'autres croisements; de sorte que le nombre des sous-castes n'a pas cessé de s'accroître et qu'on en découvre de nouvelles à mesure qu'on pénètre plus avant dans la connaissance de l'Inde[1]. »

Exclusivement sacerdotale dans la présidence de Bombay, la caste brahmanique y est plus respectée des castes inférieures que dans l'Hindoustan proprement dit, où, suivant une énergique expression locale, la nécessité *de se remplir le ventre* l'a condamnée à vivre de tous les métiers et lui a fait perdre beaucoup en considération. Les brahmanes de Pouna ont dû sans doute grandir dans l'estime publique par le fait singulier d'un gou-

---

1. L'abbé Dubois, *Mœurs et coutumes de l'Inde;* Édouard de Warren; *l'Inde anglaise en* 1843.

vernement de leur caste dominant pendant un siècle
dans cette province. Dans l'empire Mahratte, sorte de renaissance de l'Inde antique au milieu de la décomposition
des temps modernes, les plus grandes charges civiles ou
militaires de l'État étaient toutes confiées aux parents du
Peichwah, à des brahmanes conséquemment, et leur caste
avait ainsi le monopole presque exclusif du pouvoir tant
spirituel que temporel.

Aucun d'eux, à Pouna, ne mange de nourriture ani-
male, au lieu que, sur le Gange et dans le Pundjab, on
en trouve beaucoup qui se nourrissent ouvertement de
gibier et de chèvre, et qu'enfin dans le Cachemire leurs
confrères se permettent le mouton ; la règle alimentaire
de ces pieuses gens devenant ainsi de plus en plus large
à mesure que l'on avance vers les contrées froides. Un
pundit cachemirien, que je rencontrai à Pouna, prétendait
que ses çastras lui permettaient l'usage de cette nourriture
seulement au nord des montagnes qui circonscrivent le
côté méridional de sa vallée natale, et que, ainsi que tous
ses confrères, il s'en abstenait dès qu'il avait passé cette
limite. Le fait est qu'à Cachemire, ils peuvent, sans compromettre leur caractère, manger de la viande, puisque
tous le font et qu'il n'y a ni brahmanes étrangers ni
parterre hindou pour les juger et les siffler. Mais, dès
qu'ils mettent le pied hors de chez eux et qu'ils se trouvent en face d'un public de coreligionnaires, ils croient
devoir se sanctifier par leur mauvais régime.

Les brahmanes deccanis ont, du reste, plus de zèle
religieux que leurs frères du Nord. Il n'y a point de pro-
testants parmi eux, point d'esprits forts. Ce collége sanscrit que j'ai visité, et qui coûte 75 000 francs par an à la
Compagnie, serait déserté par les maîtres et les écoliers,
si un Européen prenait la moindre part à son administration, au lieu que, à Calcutta et à Bénarès, les natifs

voïent sans jalousie les Européens instruits y partager avec eux la surveillance des études. Depuis ma visite au collége, j'ai vu, à Pouna même, ou rencontré sur ma route des pundits deccanis fort intelligents, fort instruits, qui s'inclinaient aux noms des grands orientalistes de l'Occident, aux noms des Wilson et des Burnouf... eh bien, à aucun d'eux les missionnaires n'avaient réussi à faire lire la traduction des Écritures chrétiennes. Par politesse, ils me disaient qu'ils ne doutaient pas que l'Évangile ne fût excellent *pour nous*; mais à l'égard du Koran, ils exprimaient hautement le plus profond dégoût[1].

Animaux fétiches.

Pouna a, comme toutes les grandes villes brahmaniques, ses animaux fétiches; ici, ce sont des taureaux errant en liberté et consacrés à Civa par les dévots.

Une vénération bien ancienne, car elle a sa base dans les Védas, entoure dans l'Inde le bœuf et la vache; et ce n'est pas là un des moindres traits qui lient la civilisation primitive de cette contrée à celle de l'antique Égypte. Les Hindous révèrent la vache en toute occasion, et dans chaque temple une fête spéciale lui est annuellement réservée. Dans leurs rituels, l'urine de ce quadrupède figure au premier rang des eaux lustrales; frapper du pied une vache est un crime égal aux plus irrémissibles sacriléges; mourir une queue de vache à la main est le vœu suprême d'un dévot. Enfin le seul contact de cet animal privilégié est doué des vertus les plus purifiantes. Vers la fin du siècle dernier, un rajah de Travancore, voulant expier ses crimes, dont la liste était longue, et rompre sans retour avec son passé, fit construire une énorme vache d'or,

---

1. Jacquemont, *Journal*, t. III.

se glissa à travers cette image avec l'humilité convenable, et data tous ses actes : *de son passage par la vache.*

Cette race sacrée se distingue du bœuf européen par la loupe de graisse qu'elle porte sur les épaules. C'est le zébu ou *bos Indicus* des naturalistes. Avec son pelage blanc ou gris d'ardoise et fort souvent tigré ; avec sa petite taille, ses membres agiles et bien proportionnés ; avec ses cornes hautes et droites, elle s'est répandue à l'Orient jusqu'à Timor, au midi jusqu'à Madagascar et au couchant jusqu'au Sénégal, signalant ainsi, sur trois des points cardinaux du globe, le passage des migrations des pasteurs primitifs de l'Inde.

Les taureaux sacrés de Pouna sont, au reste, des créatures très-douces, très-grasses et très-paresseuses ; on les appelle fakirs, c'est-à-dire mendiants, et ils vivent, en effet, comme les fakirs, de ce qu'on leur donne ou de ce qu'ils prennent. Ils ne sont pas moins sales que pauvres, et, comme les cochons et les chiens, dont le nombre est immense, ils contribuent à faire disparaître les immondices de la ville. Le matin, à l'heure où les habitants de Pouna, faute de.... *vespasiennes*, sont obligés de descendre sans vergogne dans la rue, on voit les taureaux sacrés sortir de leur indolence habituelle : ils vont à la curée. Il est probable que les bœufs fétiches des anciens Égyptiens, Apis et Mnévis, recevaient de leurs adorateurs une nourriture plus respectable.

Le camp Anglais. — Le choléra.

Malgré le peu de soins donnés par l'administration à la voirie de Pouna, les Anglais s'accordent à regarder le séjour de cette ville comme salubre pour les Européens. Grâce à l'élévation du sol (de 550 à 650 mètres), le climat y est tempéré. Aussi a-t-on fait de Pouna le *sanitarium* au premier degré de tous les militaires du gouvernement de Bombay, et a-t-on établi dans sa banlieue un camp permanent qui renferme deux régiments d'infanterie, un de cavalerie et quelques batteries d'artillerie : c'est un des grands cantonnements du Deccan.

Dans toute l'Inde, les régiments sont ainsi disséminés ; mais, comme c'est sur les troupes natives que tombe toute la charge du service ordinaire, il n'y a certainement pas de luxe dans le chiffre de l'armée indienne, si élevé qu'il soit. Les troupes européennes, hors les temps de guerre, ne servent à rien. On les a comparées avec raison à ces coqs de combat que l'on nourrit oisifs toute l'année pour un jour de bataille. En marche, on est obligé d'adjoindre toujours un corps d'indigènes aux régiments européens, pour les garder, pour avoir soin d'eux. Cantonnés, c'est la même chose : comme il est admis que le froid de l'hiver, la chaleur du printemps et les pluies de l'automne sont également funestes aux Européens, les soldats anglais ne montent guère de garde qu'au dedans de leurs casernes ; les cipahis veillent pour eux au dehors [1].

Dans les stations militaires voisines des grandes villes, les soldats natifs et européens ne peuvent sortir de leurs cantonnements sans une permission spéciale. On ne les voit jamais dans l'intérieur des cités. Cette restriction est commandée par l'humeur bruyante et trop joyeuse des soldats britanniques, quand ils ont bu pour un païce d'arack [2]. Dans leurs heures de liberté, au repos, ils n'ont pas affaibli l'idée qu'ils ont donnée de leur courage aux natifs sur le champ de bataille ; mais ils y ont ajouté malheureusement celle de grossièreté et de brutalité. Ce sont leurs excès de jadis qui font qu'aujourd'hui une pauvre vieille femme, qui ne songe pas à se couvrir le

1. Jacquemont, *Journal*, t. I. — 2. Le païce est une petite monnaie qui vaut 0 f. 002.

visage quand ses compatriotes passent devant elle, s'arrête et tourne le dos du plus loin qu'elle voit venir un uniforme européen. Les épanchements de leur cordialité ne sont pas moins redoutés des Indiens que leur humeur querelleuse, parce que leur familiarité est brutale. S'ils rencontrent près d'un puits des cipahis tirant de l'eau, ils leur donneront, en signe de camaraderie, une bonne claque sur l'épaule : l'intention est bonne, amicale ; mais elle désespère un pauvre diable d'Hindou ; car, traduite en hindoustani, cette politesse est un affront. Il n'ose pourtant s'en fâcher sérieusement ; mais il grogne un peu, et l'Anglais passe comme un étourdi sans y plus songer. Puis, si une jeune femme se rencontre sur son chemin, il lui sourira ou lui dira bonjour galamment, comme il ferait à une jeune fille de sa classe en Angleterre. Il va ainsi, froissant les sentiments du peuple auquel il est mêlé, sans trop s'en douter, et, s'il s'en doute, sans s'en inquiéter [1].

En dépit de la réputation de salubrité du plateau de Pouna, le retard des pluies avait poussé jusque-là, cette année, la *malaria* de la côte ; si abondantes qu'elles fussent ensuite au mois de juin, elles ne purent en détruire le germe. Durant les premiers jours de juillet, une bruine intense ayant succédé aux averses tropicales, le soleil ne se montra de loin en loin qu'au travers d'une atmosphère blanchâtre si dénuée d'électricité, que pendant tout mon séjour je ne vis pas un éclair, je n'entendis pas un coup de tonnerre.

Ce fut donc sans étonnement que, lors d'une visite que je fis au cantonnement des dragons anglais sur l'invitation de leur chef, j'appris un matin que le choléra venait d'éclater tout à coup dans le camp, foudroyant en quel-

1. Jacquemont, *Journal*, t. I.

ques instants une douzaine des plus robustes soldats. L'inquiétude générale qui s'ensuivit, et bientôt les progrès rapides de l'épidémie, les tintements continuels,de la cloche dans l'église voisine de mon logement, la musique lugubre qui accompagnait les cercueils par trois ou quatre à la fois, les pleurs des femmes en noir, le sifflement sinistre du vent chaud chargé d'effluves morbides, les hurlements des chiens du camp, enfin l'état alarmant de mon hôte, le colonel, qui la nuit, au plus fort du mal, se levait pour se plonger dans un bain froid et ingurgitait d'énormes quantités d'eau, selon la méthode hydrothérapique allemande; tout cela me décida à rentrer en ville pour hâter les préparatifs de mon voyage dans l'intérieur.

CHAPITRE II.

AHMEHNAGARA. — ELLORA. — AURUNGABAD.

La caravane. — Un collecteur en voyage. — Le collectorat. — Ahmehnagara. — La dame blanche et son chevalier. — Le Versailles
d'Aurung-Zeb. — Scènes, paysages, épisodes. — Les temples
d'Ellora. — La Kiskindhya de Valmiki. — Aurungabad. — Souvenir
d'Aurung-Zeb. — Les fakirs. — Misères des peuples du Nizam. —
Consolations de leur souverain. — La commune hindoue.

Apprêts de voyage. — La caravane.

Tant de choses et tant de gens sont nécessaires à un
voyageur dans l'Inde, qu'il est difficile de les rassembler
tous, de les réunir tous le même jour, à la même heure,
au même lieu, pour donner à la caravane le signal du
départ. Heureusement que mon titre d'étranger, ou plutôt mon défaut de titres, me permettait de composer la
mienne avec une modestie qui eût désolé ou déshonoré le
moindre agent de la Compagnie. C'était, certes, l'équipage
le moins oriental qui se fût jamais traîné sur les routes
de ce pays. Monté sur un cheval acheté à un officier du
camp de Pouna, et mes pistolets en bon ordre, j'ouvrais
la marche, immédiatement suivi de deux pauvres diables
à pied, rétribués ensemble à raison de trente francs par
mois, et dont l'un, appelé le *Saïsse*, était proprement le
palefrenier, et l'autre, le *Gassyara* ou coupeur d'herbe,
était chargé de la table de ma monture; ils portaient mes
fusils chargés à balle ou à plomb suivant les occurrences,
et, quand je galopais, ils prenaient le trot, suivant l'usage.

Diversement groupés autour d'un char grossier fait de bambous et attelé de deux bœufs, sur lequel s'avançait lentement mon bagage, se promenaient à ma suite le grand maître de ma garde-robe, un cuisinier qui devait en même temps me servir à table, un laveur d'assiettes (ma vaisselle comprenait jusqu'à deux de ces ustensiles), et un beetcheti ou porteur d'eau.

Outre le bouvier du char, un second poussait devant lui, à l'extrême arrière-garde, un bœuf de charge portant la plus petite tente qui ait jamais figuré sur les routes de l'Inde.

Ces huit serviteurs, au moment du départ, ayant reçu d'avance un mois de leurs gages, s'étaient pourvus de vêtements chauds pour la route et d'une petite provision de riz. Chacun plaça sur mon char son petit paquet, consistant, en général, en un houka[1] fait d'une noix de coco, en un vase d'étain ou de bronze pour boire et faire ses ablutions, et en quelques guenilles. Cependant tous étaient joyeux ; car, recrutés uniquement parmi des natifs des hautes provinces du nord-ouest, ils savaient que sur mes traces ils retournaient dans leur pays, ou qu'ils allaient s'en rapprocher.

La nuit tombait quand je montai à cheval pour rejoindre ma caravane, que j'avais envoyée, dès le matin, sur la route d'Aurungabad. Mais la peine, l'embarras de dire adieu à mes hôtes me retenait près d'eux. Les formes naturelles de la sensibilité, chez les Français, sont tellement différentes de celles imposées aux Anglais par une puérile ostentation de force d'âme, que je devais contraindre mon émotion, et dire adieu d'un ton froid à des personnes que je ne pouvais quitter sans un sentiment grave de tristesse. Il est beau d'être sensible, et les An-

---

1. Pipe indigène.

glais le sont, sans doute, autant que les autres hommes ;
mais il est aimable de le paraître, et ils s'interdisent
cette douceur [1].

Le bungalow. — Un collecteur. — Le collectorat.

Au delà de Pouna, la route, sans être parfaite, est toujours bonne pour un cavalier, et je rejoignis ma caravane
avant son arrivée au premier bungalow. On nomme ainsi,
dans l'ouest et dans le nord de l'Inde, des constructions édi-
fiées pour abriter les voyageurs. Elles sont éloignées les
unes des autres de la distance que les bœufs, les chameaux,
les éléphants et les domestiques à pied peuvent franchir
en un jour : cinq, six ou sept lieues, suivant les difficultés
du chemin. On trouve dans ces bungalows deux chambres
fort propres, deux couchettes, deux tables, six chaises
et trois domestiques affectés à leur service par l'administration des postes. A ma seconde étape, je partageai
un de ces établissements avec un collecteur d'un district
du Sud, qui menait sa jeune femme et un tout petit enfant
prendre l'air sur les collines d'Ahmehnagara. Il voyageait
avec un éléphant, huit chars semblables au mien, deux
cabriolets, une voiture particulière pour son enfant, deux
palanquins, six chevaux de selle ou de trait ; et, pour se
transporter d'un bungalow à un autre, il n'avait pas
moins d'une centaine de porteurs, indépendamment
d'autant de domestiques attachés à sa maison. Chaque
jour, imperturbablement, il s'habillait, se rhabillait, se
baignait et se rhabillait encore, déjeunait, *tiffinait*,
dînait, et, le soir, prenait son thé exactement comme à
Calcutta, sans en rien rabattre ; cristaux, porcelaines,
argenterie brillante, linge blanc et damassé, étaient

1. Jacquemont, *Journal*, t. I.

dépaquetés, empaquetés, étalés et resserrés quatre fois le jour.

Ayant aperçu le couvert mis chez lui pour quatre personnes, je crus devoir, après m'être installé dans toute ma simplicité spartiate, lui offrir un lit dans ma chambre; à ce message écrit il répondit par une visite, et me dit que c'était l'usage de ses serviteurs de couvrir la table de porcelaine et d'argenterie, mais que réellement il était seul avec sa femme, et, en me remerciant de mon offre, il m'invita à partager son splendide repas : politesse que je déclinai à mon tour, pour manger philosophiquement, sur une table nue, une poule au riz un peu maigre, mais bien relevée de carry[1].

Le but principal de la Compagnie étant de s'approprier les richesses de l'Inde, le titre de *collecteur*, que porte, dans toutes les présidences, l'administrateur en chef d'un district, traduit fort bien la pensée de son institution, mais il ne donne qu'une idée trop restreinte des fonctions confiées à un seul individu. Le collecteur est chargé du maintien de l'ordre, de la police politique, des travaux publics, du recouvrement de l'impôt ; on l'investit ordinairement du titre de juge de paix ou magistrat, pour lui conférer quelque autorité sur les Européens, qui, se trouvant hors de la juridiction des cours suprêmes, ne sont pas justiciables des tribunaux de la Compagnie. Telles étaient les attributions cumulées par mon compagnon de route, qui mit une grande complaisance à m'expliquer les devoirs et les droits attachés à son titre. C'était un homme aimant son état et rompu au travail. Voici comment dans son collectorat, aussi bien que dans les autres, se traitent les affaires, quand l'administrateur est au chef-lieu.

Les bureaux sont établis sur un emplacement isolé, à

1. Jacquemont, *Correspondance*, t. I, p. 146; *Journal*, t. I, p. 284.

portée du public, et les employés, qu'ils vivent à la campagne ou à la ville, doivent y faire acte de présence de bonne heure. L'usage est donc parmi eux de se lever dès l'aube, de prendre un bain, puis de déjeuner à la hâte pour courir à la *cutchery*, nom des bureaux, dont les Français ont fait *chauderie*. On quitte le travail vers quatre heures, et, après une courte promenade, chacun rentre pour dîner. Pendant les heures du service, les écrivains indiens, ou *half-caste*[1], font à leur chef le rapport des affaires courantes, et expédient les ordres reçus. S'agit-il de choses de peu d'importance, doit-on prendre un témoignage, un renseignement? on expédie aussitôt des *pions* ou messagers, reconnaissables à une plaque en cuivre aux armes de la Compagnie. Aux heures fixées pour l'audience du collecteur, ces mêmes pions veillent au maintien de l'ordre et introduisent les pétitionnaires, qui saluent de la façon la plus humble, le plus souvent couchés à plat ventre et les mains allongées sur le sol. Aucun d'eux, en dépit de sa servilité, n'est jamais embarrassé pour se plaindre et au besoin pour calomnier. Autour du collecteur se tiennent accroupis ses principaux employés, qu'il peut consulter au besoin, et qui lui donnent lecture des diverses pièces écrites dans la langue du pays. Quand il est en tournée dans son département, ce qui lui arrive au moins une fois l'an, il travaille en plein air, ou sous une tente, comme il ferait à la ville. Les *tassildars*, les *darogahs*, chefs indigènes de l'administration et de la police, lui font leurs rapports sur l'état du pays ; les *pattels*, ou principaux des villages, viennent lui exposer leurs besoins ou leurs griefs; mais la besogne importante est la levée de l'impôt.

A moins que le collecteur ne veuille faire à un indigène

____

1. Demi-sang, de castes ou de races mêlées.

un honneur auquel on est extrêmement sensible dans l'Inde, nul, à ces audiences, si ce n'est un Européen, n'est admis à s'asseoir devant lui. Avoir un siége près d'un tel dignitaire est un cas exceptionnel dont on parle au loin et longtemps; et j'ai vu, à Bombay, un homme auquel on offrait un poste important dans la douane, et qui ne voulut l'accepter que sous la condition qu'au lieu de traitement il aurait un fauteuil.

Si l'on songe à la multitude des affaires qui exigent journellement une solution de la part d'un collecteur, si l'on réfléchit que la moindre des circonscriptions territoriales confiée à un fonctionnaire de cette catégorie a presque deux fois la population et l'étendue d'un de nos départements, on reconnaîtra que les agents de la Compagnie ne peuvent être ni oisifs ni ignorants, comme quelques auteurs l'ont donné à entendre. Sans doute les décisions qu'ils prennent ne sont pas toujours d'une parfaite justice ou d'une utilité incontestable; sans doute ils ne peuvent empêcher ni même prévoir une foule d'actes arbitraires de la part de leurs agents : mais il faut se rappeler qu'ils gouvernent des hommes qui, suivant l'expression de Jacquemont, réservent la vérité pour la dire dans une circonstance extrême. Les erreurs sont donc très-excusables, tandis que l'institution est organisée de telle manière qu'elle force les fonctionnaires principaux à beaucoup d'études et de travail, et qu'elle les met dans une position si élevée que la corruption peut difficilement les atteindre [1].

Les succès des Anglais dans cette partie du monde, comme ailleurs, tiennent en grande partie à l'excellent choix de leurs agents politiques. Leurs collecteurs, aussi bien que leurs résidents auprès des princes vassaux, sont

1. Victor Fontanier, *Voyage dans l'Inde et le golfe Persique*, t. III, p. 158.

pris indistinctement dans la magistrature, dans l'administration ou dans l'armée. Peu importe le grade ou la provenance des candidats; ce que le gouvernement leur demande, c'est l'habileté, l'esprit de résolution et d'entreprise, une connaissance profonde des dialectes locaux et des roueries subtiles de la politique orientale, enfin une détermination inébranlable de demeurer fermes à leur poste, quels que soient le danger et l'imprévu des événements. Les officiers qui dirigent nos bureaux arabes en Algérie peuvent donner une idée assez exacte des fonctions et des pouvoirs des résidents de l'Inde. Néanmoins, ces derniers, jouissant d'avantages et d'émoluments fort supérieurs, se trouvent en outre, grâce au caractère des peuples qu'ils gouvernent, dans une position bien moins dangereuse que celle des officiers français.

Plaine d'Ahmehnagara.

A vingt lieues au nord-est de Pouna, dans une vaste plaine légèrement ondulée, ceinte de montagnes boisées et coupée de nombreux cours d'eau, s'élève l'antique cité d'Ahmehnagara, qui fut, dans le moyen âge hindou, la capitale d'un État indépendant du même nom.

Grâce à la multitude de ses sources, qui se déversent, les unes dans le bassin du Godavary, les autres dans celui de Krichna, le sol de ce pays favorisé devrait se couvrir en tout temps de moissons ondoyantes, de rizières d'un vert d'émeraude, de quinconces de café, de tapis foncés d'indigo, ou de ces plantations de cannes à sucre dont la brise soulève comme des vagues les longues feuilles rubanées et les panaches aériens. Les superbes manguiers groupés autour des habitations devraient toujours offrir leurs fruits dorés et savoureux au laboureur assis sous leur feuillage lustré. Mais, dans cette localité comme dans beaucoup d'autres, ce qui est n'est pas toujours ce qui devrait être. « Depuis 1843 une horrible sécheresse s'est appesantie sur la province d'Ahmehnagara, y a changé les torrents en marais putrides, brûlé les récoltes, tué le bétail et transformé le vigoureux agriculteur en un vieillard aux joues creuses et aux genoux tremblants. Et puis, comme cela arrive toujours dans l'Inde, la *malaria* est venue à la suite de la famine et a engendré le choléra, sans doute pour décharger la terre de ceux que le sol ne pouvait plus nourrir. Et les jeunes et les vieux ont abandonné leurs cabanes d'argile, leurs toits de feuilles de palmier, pour se cacher dans les cavernes suspendues aux flancs des montagnes, espérant ainsi échapper au fléau. Six et huit années se sont écoulées, et la crainte et le besoin appendent encore comme un voile de deuil à toutes les demeures, soit au village, soit dans la cité. Ahmehnagara ne se remet point de ces visites successives de la colère céleste. C'est cependant toujours un site ravissant, plein d'intérêt pour le poëte, pour l'artiste et pour l'historien.

« La citadelle, dont la prise, au commencement de ce siècle, signala les débuts militaires de cet Arthur Wellesley qui depuis fut duc de Wellington, est l'une des plus fortes places du Deccan, et les magnifiques constructions, les palais et les mosquées qui ornent la ville et ses environs, justifient les réflexions que l'on a faites depuis longtemps sur la manière si différente de celle des Anglais, dont les musulmans employaient leurs richesses et leur puissance dans l'Inde [1]. »

Une légende que nous allons citer rattache ces murs et ces monuments à un tombeau qui, non loin d'eux, s'élève dans la vallée.

1. Mistress Postans, *Lettres sur l'Inde*, 1845.

Histoire de la dame blanche d'Ahmehnagara. — Tombeau de son chevalier. — Paysage.

Au temps où les petits-fils de Timour jetaient sur les bords du Gange les bases de leur domination, le sceptre d'Ahmehnagara était tenu haut et ferme par une belle jeune *ranie* [1], à laquelle la tradition populaire a conservé le nom de Chand-Bibi, dérivé sans doute de la blancheur de son teint [2]. Amie des arts, elle avait fait de son palais, de ses jardins, des chefs-d'œuvre d'architecture et de décoration; de chacun de ses somptueux boudoirs un temple du goût. Mais les pompes du trône et la magnificence de la reine s'effaçaient devant les charmes de la femme. Ceux-ci, à défaut de peintres, ont inspiré les poëtes, et, jusque dans le siècle dernier, un bel esprit mahométan, Uçaf Uddaul, raoi d'Aoude, les a célébrés dans des strophes où éclatent plus d'une réminiscence de la littérature sanscrite des vieux âges.

« .... Sa luisante chevelure, régulièrement divisée en deux parts, encadrait les contours harmonieux de ses joues délicates et blanches, brillantes de poli et de fraîcheur.

« Ses sourcils d'ébène avaient la forme et la puissance de l'arc de Kama [3], et sous ses longs cils soyeux, dans la pupille noire de ses grands yeux limpides, nageaient, comme dans les lacs sacrés de l'Himalayá, fréquentés par les dieux, les reflets les plus purs de la lumière céleste.

« Fines, égales et blanches, ses dents resplendissaient

---

1. *Ranie*, reine. — 2. *Chand*, employé substantivement, veut dire *lune;* adjectivement, il signifie blanc, argenté. *Bibi*, dame. — 3. *Kama*, le dieu de l'amour, le Cupidon hindou.

entre ses lèvres souriantes, comme des gouttes de rosée dans le sein mi-clos d'une fleur de grenadier.

« Ses oreilles mignonnes, aux courbes symétriques, ses mains fines et vermeilles, ses petits pieds, bombés et tendres comme les bourgeons du lotus, brillaient, comme d'un légitime tribut, de l'éclat des plus belles perles de Ceylan, des plus beaux diamants de Golconde.

« Sa mince et souple ceinture, qu'une main eût suffi pour enserrer, rehaussait l'élégante cambrure de ses reins arrondis et la richesse de son buste, où la jeunesse en fleur étalait ses plus parfaits trésors....

« Que de fois, ô Chand-Bibi ! assise sous les draperies d'or, sous les voûtes d'albâtre et de lazulite de tes palais, ou passant, avec la démarche légère d'une Apsaras, sous les vertes ramures de tes jardins, au bord de tes fontaines de marbre, tu as dû te sentir troublée aux bourdonnements des abeilles attirées par le parfum de ton haleine, aux murmures de la brise t'apportant de loin les soupirs passionnés de tous ceux qui, t'ayant vue une fois, ne pouvaient t'oublier, toi qui, sous les plis soyeux de ta jaune tunique, semblais avoir été modelée en argent pur de la main divine de Viçvakarma, l'éternel statuaire !... »

Chand-Bibi compta sans doute autant de poursuivants que la belle reine d'Ithaque ; mais, elle aussi, elle les repoussa tous. La dame blanche d'Ahmehnagara, soit orgueil, soit caprice, sembla craindre avant tout de se donner un maître, et, affectant de dédaigner l'amour et les hommages, elle passa les plus belles années de son printemps à siéger seule et sans appui sur le trône de ses ancêtres.

Une heure vint à sonner où elle eut à s'en repentir. Un jour, du haut des remparts de sa capitale, elle put voir à l'horizon des masses noires qui roulaient le long des collines : c'étaient les armées mogoles des souverains de Dehli qui menaçaient ses riches domaines. Bientôt des colonnes livides de flamme et de fumée s'élevèrent du sein de la plaine : c'étaient l'incendie et la dévastation qui marquaient les pas des envahisseurs.

Forte de sa résolution de mourir en reine plutôt que de tomber captive aux mains de l'ennemi, plutôt que de vivre en vassale dans ses États conquis et tributaires, Chand-Bibi ne faiblit pas devant le danger; mais, avant de se tourner vers la mort, son cœur de femme s'ouvrit à un souvenir, à une espérance. Elle savait que, parmi les nombreux amants qu'elle avait rebutés ou désespérés, il en était un sur lequel elle pouvait compter encore, dont elle n'invoquerait pas en vain le dévouement, et elle dépêcha un émissaire fidèle à Salabat-Khan pour l'appeler à son secours.

Salabat-Khan n'avait reçu de ses aïeux ni sceptre ni couronne; perdu peu auparavant dans la foule des prétendants qui se succédaient à Ahmehnagara, il n'avait pu déposer aux pieds de Chand-Bibi que les vœux d'un poëte, les grâces de la jeunesse et le renom respecté d'un paladin. Repoussé comme tous ses rivaux, il s'était précipité dans la mêlée anarchique de guerres, d'intrigues et d'ambitions qui se disputaient alors la domination de l'Inde. Il y cherchait l'oubli, peut-être la mort; il y trouva fortune et puissance; trois ans lui suffirent pour se tailler à grands coups d'épée une riche principauté dans le nord-ouest de l'Hindoustan. Mais alors même, au faîte de l'ambition et de la gloire, il ne pouvait effacer de son cœur l'image de celle qu'il aimait, et se plaisait, en véritable Abencerrage, à lui attribuer l'honneur de ses succès et de ses exploits.

Le jour même où il fut rejoint par le messager de Chand-Bibi, Salabat-Khan réunit ses vassaux et ses vieux compagnons de guerre et les dirigea, à marches forcées, sur Ahmehnagara.

« Malheureusement la distance qui l'en séparait était longue à parcourir. Le siége se prolongea. La petite troupe qui défendait les remparts diminuait à chaque instant, et les secours n'arrivaient pas. Encore quelques heures et il faudrait se rendre. La citadelle contenait un puits profond. Le jour où la ranie acquit la conviction qu'une plus longue résistance était impossible, elle s'y précipita. Les eaux froides de la citerne s'étaient à peine refermées sur le beau corps d'argent de Chand-Bibi, qu'un corps de troupes nombreux parut à l'horizon. Quelques heures plus tard les ennemis étaient dispersés, et Salabat-Khan, plein de joie, d'orgueil et d'amour, plantait ses tentes sur le rocher qui domine la ville. Mais, hélas! il était trop tard! Quand il apprit le lendemain le sort de sa maîtresse, il fit venir son échanson, lui commanda de mêler à son sorbet le poison le plus subtil; puis, vidant la coupe d'un seul trait, il mourut les yeux tournés vers le lieu qui contenait les restes de sa bien-aimée. Ceux qui l'avaient suivi lui élevèrent le monument splendide que l'on voit encore, et le peuple même aujourd'hui y apporte ses offrandes de parfums, de fruits et de fleurs[1]. »

Comme c'est la coutume des Musulmans de prier, de méditer, de passer des journées entières aux tombeaux de leurs parents, ils disposent ces lieux funèbres autant en vue de la commodité des vivants que du repos des morts. Rien de mieux choisi en général que la position de ces monuments funéraires; rien de plus frais que les tertres sur lesquels ils sont élevés, de plus vert que leurs ombrages, de plus émaillé que leurs jardins.

---

1. Édouard de Warren, *Athænæum français*, n° 22 (1854).

Le paysage qui sert de cadre à la tombe de Salabat pourrait rivaliser avec les plus beaux de ceux que le vieux Valmiki s'est complu à décrire. Comme les sites du Tchitrakouta, si connus de tous les lecteurs du Ramayana, celui-ci déroule jusque dans les vapeurs laiteuses de l'horizon ses ondulations de verdure, d'eaux et de rochers, ses harmonieuses oppositions de prairies et de coteaux, de guérets et de bois, d'ombre et de lumière. Comme le Tchitrakouta, « avec ses cascades, ses ravins, ses ruisseaux serpentant de toutes parts... avec ses rideaux de lianes balançant leurs guirlandes fleuries et leurs suaves effluves devant des grottes mystérieuses, *il semble le berceau de la félicité* [1]. »

Il ne lui manque pour complément d'analogie que la présence d'un jeune couple d'exilés : d'un Rama, martyr inflexible de sa foi en *l'éternel devoir ;* d'une Sita, pure et tendre hostie de l'amour et du dévouement, l'un disant à l'autre :

« .... En parcourant avec toi ce délicieux séjour, je
« sens que je pourrais oublier le passé, les biens perdus
« et l'éloignement des miens.

« .... Qui se lasserait de suivre du regard ce fleuve aux
« sinueux détours, tout parsemé d'îlots, peuplé d'ardéas et
« de cygnes, émaillé de blancs lotus et de bleus nymphéas,
« et qu'ombragent tant d'arbres d'espèces variées, inclinés
« sous le poids de leurs fleurs et de leurs fruits ?

« ... Vois la cime des grands bois ; ondoyant sous le
« vent comme la face des mers, elle répand sur la terre
« une pluie de fleurs. La brise soulève ces légers débris en
« nuages embaumés, qu'elle disperse au loin et va mêler
« aux vapeurs flottantes à la dérive des torrents et des ri-
« vières... dont les flots capricieux tantôt se précipitent

---

1. *Ramayana*, livre II, chap. LIII.

« avec de sourds mugissements entre les parois de som-
« bres ravines, tantôt s'étalent en larges nappes de cris-
« tal aux pieds de vertes collines ; murmurent et s'irritent
« dans les canaux étroits d'un nombreux archipel, ou glis-
« sent calmes et purs le long des moissons jaunissantes et
« des habitations des hommes ; tandis que, bien au-
« dessus de leur surface bleuâtre, dans l'azur foncé du
« ciel, planent avec de grands cris d'innombrables pal-
« mipèdes.... Non ! je ne crois pas que le séjour des cités
« renferme rien de supérieur aux aspects de cette mer-
« veilleuse nature ; rien surtout qui te soit comparable,
« ô mon amour !

« N'est-ce pas pour l'enchantement des yeux qu'ont été
« placés en ce lieu et ces légers mimoses, qui, à chaque
« impulsion de la brise, semblent laisser tomber une ro-
« sée d'or sur la terre, et ces grands arbres qui, brisés par
« les défenses des éléphants sauvages, répandent de cha-
« cune de leurs blessures des larmes de gomme ?...

« .... Écoute ! la création tout entière retentit d'une
« longue harmonie ! c'est le murmure des grillons, c'est
« le chant de la cigale, ce sont les plaintes de cet oiseau
« qui, chérissant sa progéniture, semble répéter en sons
« doux et touchants : *O mon fils ! ô mon fils !* comme au
« jour de mon départ s'est écriée ma mère !...

« Regarde encore ! sur ce tronc grisâtre se balance
« comme une fleur un autre oiseau au splendide plu-
« mage, à la douce voix : c'est le lanio. Dans ce concert
« universel son chant répond à celui des kokilas qui peu-
« plent au loin la feuillée. Ses notes tendrement modulées
« semblent jeter dans les profondeurs des bois comme un
« appel au plaisir ; écoute ! ne dit-il pas : *Vivez d'amour !*
« *vivez d'amour !...* Et cette liane tremblante qui ploie
« sous le poids de ses fleurs en enlaçant de ses replis les
« rameaux et le tronc puissant de ce grand tamarin, ne te

« ressemble-t-elle pas, ô femme, alors que vaincue de las-
« situde, tu t'appuies étroitement sur moi ?... »

« C'est ainsi que Rama parlait à Sita sa compagne, en
parcourant avec elle les bosquets du Tchitrakouta, comme
Civa parcourt les forêts de l'Himalaya avec Uma, la
fille du mont, et que ces deux amants, les traits colorés
de teintes vermeilles, se parant l'un l'autre de fleurs d'a-
sokas, toutes brillantes des perles du matin, et la taille
et le front ceints de guirlandes bocagères et de fraîches
couronnes, ajoutaient un charme inexprimable à tous
ceux de ce merveilleux séjour[1]. »

Et c'est ainsi que, m'abandonnant aux vagues rêveries
de cette vieille et toujours jeune poésie de la nature et du
cœur, je parcourais lentement la banlieue d'Ahmehnagara, et la peuplais d'êtres et de scènes empruntés à
d'autres temps et à d'autres lieux. Je venais de franchir
une sorte de défilé entre deux coteaux chargés d'ombre
et de fraîcheur, quand, au débouché d'un bois d'orangers
plus grands que nos chênes et de myrtes plus grands
que nos orangers, je me trouvai tout à coup au bord
d'une magnifique pièce d'eau, dépassant trois fois au
moins en profondeur et en superficie celle que les Pari-
siens décorent du nom de *lac d'Enghien*.

Entourée d'une puissante végétation et de vertes
clairières, elle servait elle-même de ceinture azurée
à un palais d'architecture mauresque, que le soleil,
alors à son déclin, inondait de ces tons chauds et
vermeils qui prêtent une apparence de splendeur et
de vie aux constructions les plus humbles et les plus
délabrées.

Sur les rives du lac allaient et venaient des créatures
humaines, à tous les degrés de l'existence et de l'échelle

---

1. *Ramayana*, chant II, chap. LIII, LIV, LV, édit. Gorésio.

sociale; depuis le paysan mahratte, plus qu'à demi nu, jusqu'à la fière lady *pompeusement parée;* depuis le brahmane chargé de jours, dévotement occupé de ses ablutions du soir, jusqu'au frêle rejeton de quelque grande famille anglaise, vagissant au sein de sa nourrice; depuis la jeune femme hindoue, type de résignation et de misère, revenant du sarclage des rizières avec un lourd fardeau sur sa tête et un enfant suspendu à son dos, jusqu'à la blonde jeune miss effeuillant d'une main distraite et nonchalante la corolle d'une fatidique chrysanthème.

Tout cet ensemble, on l'avouera, avait quelque chose de magique et de saisissant. Il me disposait assez à me croire sous le charme d'un songe ou devant la mise en scène de quelque chapitre inédit des *Mille et une nuits.* Cette impression augmenta encore, lorsque, sous la voûte d'un portique conduisant à la principale façade du château du lac, je vins à lire cette inscription en caractères persans :

« O toi, qui visites ces lieux si doux pour les yeux et pour le cœur, contemple les beautés de la nature qui t'environne, et ne cherche pas d'autres jouissances! »

Je fus ramené au sentiment du réel par un coup amical frappé sur mon épaule et par ces mots accentués en bon anglais : « *Oh dear !* comment trouvez-vous la prose bucolique d'Aurung-Zeb ? »

Le château des délices d'Aurung-Zeb.

C'était mon compagnon de route des jours précédents, le collecteur anglais. Ayant installé depuis la veille son foyer nomade sous les ombrages du Farrah-Bagh, terme de son voyage, il venait me faire les honneurs de cette ancienne demeure de plaisance des grands Mogols, aujourd'hui simple but de rendez-vous et de villégiature pour tous les heureux du monde officiel de la présidence de Bombay. Lorsque le temps leur manque, en été, pour pousser au nord. jusqu'à l'Himalaya, au sud jusqu'aux Nilgheiries, ils viennent ici passer, dans des plaisirs champêtres assaisonnés de chasse, de danse, de jeu, de concerts et de banquets, quelques-unes de ces heures « qui ne laissent dans l'existence qu'un souvenir doux et vague de bien-être, de volupté, d'azur, de lumière et d'ombrage [1]. »

Le Farrah-Bagh ou *château des délices* peut donner la mesure du goût et de la politique d'Aurung-Zeb, son fondateur : plus d'un architecte s'inspirerait utilement du premier ; plus d'un conquérant puiserait une leçon profitable dans la seconde. Peu enclin, de sa nature, aux pompes vaines et aux dépenses infructueuses, Aurung-Zeb, après la soumission du Deccan, n'hésita pas à enfouir des sommes énormes dans les eaux, dans les plantations, dans les constructions du Farrah-Bagh, et cela dans le double but de donner du travail et du pain à une multitude de bras ruinés par la guerre ou sans emploi par suite de la paix, et de convaincre ses anciens comme ses nouveaux sujets de sa résolution immuable de conserver, envers et contre tous, une conquête où il fondait d'aussi coûteuses créations.

Si la nature sourit toujours fraîche et belle autour du Farrah-Bagh, le palais lui-même, concédé depuis plusieurs années à une compagnie *séricicole*, est bien déchu de sa splendeur première ; au-dessus de ses légers minarets et de ses blanches coupoles plane la prosaïque fumée d'une cheminée à vapeur ; ses voûtes superbes abritent une magnanerie, et l'insecte débile « file silencieusement

1. Edouard de Warren, *Athenæum français*, n° 22 (1854).

sa trame sous les péristyles où s'agitaient les guerriers et dans les salons où trônaient les rois[1]. »

De là grand scandale parmi les archéologues et les touristes à impressions sentimentales, gens fort rebelles, comme on sait,

> Aux trop justes retours des choses d'ici-bas.

De là plaintes, élégies, tirades obligatoires sur la poésie en fuite devant l'industrie moderne, sur les cimiers et les hauberts jetés à la fonte, sur les salles d'armes et les boudoirs changés en étables ou en magasins; de là enfin dans la presse indo-britannique, une douleur de convention et une indignation à froid que j'avoue ne pouvoir partager. Le sol de l'Inde n'a que trop longtemps gémi sous le poids de palais, de mosquées, de pagodes, symboles de tyrannie, sources *d'hébétation*, comme dirait notre Rabelais. Ce qu'il lui faut aujourd'hui, ce sont de bonnes fermes-modèles, des usines, des manufactures et des écoles professionnelles, centres générateurs d'intelligence, de moralité et de travail; à ce titre, la magnanerie du Farrah-Bagh lui vaut mieux que toutes les pompes chevaleresques, que tout l'éclat stérile dont, pendant tant de siècles, l'ont accablé ses monarques indigènes ou étrangers.

Un mot sur les conquérants musulmans de l'Inde. — Jovial caprice d'un victorieux.

Je saisis cette occasion pour protester dès à présent contre une tendance de la plupart des auteurs qui, de nos jours, ont écrit sur l'Inde; cette tendance, née d'une admiration rétrospective pour les monuments et les institutions du moyen âge, ne va pas à moins qu'à préconiser

1. Éd. de Warren.

les conquérants musulmans de l'Inde indépendante, aux dépens des conquérants européens de l'Inde assujettie aux mahométans.

Si coupables qu'aient été les débuts des Anglais dans cette contrée, c'est faire un singulier outrage à la vérité et à la justice que de ravaler le gouvernement de la Compagnie au-dessous et même au niveau de n'importe quel gouvernement mahométan antérieur à Akbar et postérieur à Shah-Djehan. A part ces deux monarques, dont l'un fut un grand homme dans toute l'acception du mot, et l'autre un sage administrateur, tous les sectateurs de l'islam implantés dans l'Inde par la conquête, soldats braves et parfois susceptibles d'accès de générosité, doués d'un certain goût pour les choses plastiques et d'un sentiment d'élégance souvent remarquable, n'en sont pas moins restés Arabes ou Tartares par leur cœur sans pitié et par la violence de leurs mœurs et de leur caractère. Incapables d'atteindre jamais à la délicatesse d'esprit de leurs vassaux hindous, ils n'avaient pour eux que haine et mépris, et ne se faisaient pas le moindre scrupule de leur appliquer la sauvage doctrine du Koran, qui enjoint aux croyants de tuer les infidèles, ou de les frapper d'impôts et d'avanies qui leur rendent la vie plus dure que la mort.

En lisant leur propre historien, Ferishta, on ne peut se défendre de cette impression, que l'invasion musulmane a été pour l'Inde un irréparable malheur, et qu'elle y a étouffé une civilisation d'un ordre très-supérieur à celle des conquérants. Cet écrivain cite avec une candide impartialité une foule de traits qui mettent en regard, d'un côté la douceur et l'esprit chevaleresque des vaincus, de l'autre la perfidie et la cruauté des vainqueurs. Ici c'est un rana de Tchittore qui sauve la vie à un roi musulman de Malwa, son ennemi personnel ; là c'est Asa, rajah d'Asir, qui, après avoir donné la vie et la liberté à un chef mahométan que lui a livré le hasard des combats, est payé de sa générosité par la trahison et la mort. Ailleurs ce sont des guerriers hindous qui respectent les mosquées *parce qu'ils admirent la beauté de ces maisons de Dieu*, sans tenir compte de leurs propres temples, renversés et souillés par les musulmans. Ferishta cite à ce sujet un de ses coreligionnaires qui, ne sachant qu'inventer pour outrager les sentiments religieux des Hindous, fit briser les idoles d'un temple, en fit fabriquer des poids pour les bouchers de son camp, et força des Rajpouts, ses prisonniers, à avaler la poussière d'une statue de marbre qu'il avait fait calciner.

Parmi les nombreux exemples du même genre dont abonde l'historien de la conquête, je choisis le récit du premier conflit qui s'éleva entre les envahisseurs et les rajahs de Bijnagheur (Visjanagara), les chefs indigènes qui, dans ce grand naufrage de leur race, surent le mieux lutter et tomber en kchattryas. Le voici, tel que Férishta le donne d'après un témoin oculaire :

« Mohammed, roi de Kolberga, célébrait une fête de quarante jours à l'occasion d'un trône qu'il venait de recevoir en cadeau du rajah de Telingana, son vassal, et cette solennité avait attiré, entre autres courtisans ou industriels, une bande de trois cents musiciens de Delhi. Or, dans un intermède de cette fête, ces virtuoses ayant chanté deux distiques d'un lauréat du temps en l'honneur du roi et de la circonstance, Mohammed en fut si enchanté, qu'il ordonna à son vizir Seiffeddin-Ghouri, de donner aux exécutants un mandat sur le trésor du rajah de Bijnagheur. Le vizir, attribuant cet ordre aux nombreuses libations de son souverain, se garda bien d'y donner suite ; mais dès le lendemain, le roi, étant à jeun, lui demanda s'il avait écrit le mandat. « Le ciel, » dit Mo-

hammed, « obéit à mes ordres, et le monde me reconnaît
« pour maître; à Dieu ne plaise donc que ma langue pro-
« nonce des paroles vaines et qui n'auraient pas leur
« effet ! Ce n'est pas parce que j'étais en ébriété que je t'ai
« donné cet ordre que tu aurais dû exécuter sur-le-champ.
« Rédige le mandat, apposes-y mon sceau, et expédie-
« le tout de suite au rajah de Bijnagheur; je le veux. »

On conçoit ce qui suivit cet acte d'autocratie. Le porteur du mandat fut chassé de Bijnagheur avec mépris,
la guerre éclata et le sang coula. Les Deccanis insultés
s'emparèrent d'une forteresse musulmane et en massa-
crèrent la garnison, forte de huit cents hommes.

Mohammed-Schah jura qu'il mettrait à mort cent mille
Hindous pour les venger, et il tint fidèlement cet atroce
serment. Il en dépassa même la mesure à un tel degré,
qu'un de ses favoris ne put s'empêcher de lui dire : « Tu
n'as pourtant pas juré, seigneur, d'exterminer toute la
race hindoue! » Mohammed, touché de cette observation,
daigna accepter alors de son malheureux adversaire le
payement du mandat délivré aux chanteurs de Delhi, en
disant : « Je n'aurais pas voulu que la tache d'une parole
prononcée en vain restât sur ma mémoire! » Les ambassadeurs de Bijnagheur, le voyant d'humeur traitable, lui
demandèrent pourquoi il avait fait tuer indistinctement
des êtres de tout sexe et de tout âge, qui ne l'avaient point
offensé, quels que fussent les torts du rajah envers lui.
« Ç'a été la volonté de Dieu, répondit le despote; je n'ai
pas eu le choix! » Il *voulut bien* alors consentir à un traité
d'après lequel les non-combattants devaient être épargnés
à l'avenir, et il s'engagea à faire jurer à ses fils d'observer la même capitulation.

« Il était temps, ajoute Férishta, qu'il fût reconnu dans
le Deccan qu'il ne fallait pas tuer ceux qui survivaient à
une bataille, ni mettre à mort les cultivateurs et les non-

combattants ; car Mohammed-Schah avait tellement dé-
peuplé le Canara et le haut bassin du Godavary , que ces
régions n'ont jamais depuis recouvré leur ancienne prospérité. »

Par les créations brillantes du Farrah-Bagh, Aurung-
Zeb, on le voit, n'acquitta pas envers ces malheureuses
provinces les dettes contractées par ses terribles devanciers. On ne saurait trop rappeler aux idolâtres partisans
modernes de l'art persan et mauresque dans l'Inde, ce
que les monuments qu'ils révèrent ont coûté aux populations qui les ont vu élever.

Le sutty.

Pour mon compagnon anglais, qui, en sa qualité de collecteur, partageait ma prosaïque manière de voir, ces mêmes
lieux se liaient au souvenir d'un de ces drames intimes
qui caractérisaient d'une manière si profonde les mœurs
de l'Inde, et que, pour l'honneur de notre civilisation
occidentale, les Anglais sont parvenus depuis quelques
années, et par la seule puissance de leur *veto*, à extirper
de la vie hindoue. Dans l'été de 184*, toute la société européenne réunie au Farrah-Bagh s'était transportée dans
un village peu distant, dans la montagne, pour y être
témoin d'un des derniers *suttys* ou sacrifices de veuves
qu'ait tolérés la loi anglaise. « Mais, disait le collecteur,
aucun des nombreux récits qui, depuis deux siècles, sont
venus déposer contre cet antique usage au tribunal de
l'opinion européenne, ne nous avait préparés à ce que
nous vîmes alors, ne nous avait présenté cette cruelle
solennité sous un jour aussi émouvant et cependant aussi
atténué dans son horreur par le calme extatique, la foi
profonde et le dévouement exalté de la victime.

« C'était une toute jeune, toute charmante créature,

riche et parée comme une *ranie*, courant au supplice comme à une fête impatiemment attendue, et souriant du sourire de l'innocence et de la foi à la foule accourue pour la voir mourir. Elle parlait de cette épreuve sans nom qu'elle allait tenter, elle en faisait les apprêts sans qu'un muscle frissonnât sur ses joues enfantines, sans qu'une larme brillât sur ses longs cils. « Elle voulait faire voir à tous et à chacun combien elle était heureuse de suivre son mari, à qui ce monde avait si fort déplu qu'il avait pris le parti de passer dans un monde meilleur; elle espérait que cette fois du moins, quand ils seraient réunis, ils n'auraient plus rien à désirer et que ce serait pour toujours. »

« Pendant qu'avec une aisance qui nous glaçait de stupeur, elle faisait aux assistants les honneurs de son bûcher, sorte de pavillon où, sur une couche épaisse de bois de sandal, reposait le corps du défunt, nous tressaillîmes au bruit d'une trompe brahmanique. « Ah! voilà qu'on « m'appelle! » nous dit-elle du ton le plus calme; et aussitôt, nous saluant avec grâce, elle entra sans sourciller dans son rôle funèbre.

« Se dépouillant d'abord de sa tunique lamée d'or, elle s'enveloppa d'une toile de mousseline imbibée d'huile de sandal, distribua les fleurs de ses guirlandes aux spectateurs et partagea ses riches bijoux entre ses amis et ses proches; puis, après une sorte de danse autour de la couche funéraire, et une espèce de litanie dont elle chantait les versets tandis que la multitude répondait en chœur, elle entra d'un pas ferme dans la cabane, monta sur le bûcher et s'y assit auprès du corps de son mari, qu'elle couvrit de sa pagne et dont elle appuya la tête contre sa poitrine. Dans cette posture elle se laissa couvrir, à l'épaisseur d'environ un pied, de petits morceaux de bois sec sur lesquels les assistants s'empressèrent de verser de l'huile, du soufre et d'autres matières combustibles. Plusieurs fois elle remua les bras pour retirer ou placer autrement les bûches qui la gênaient, cherchant la position la plus commode, jusqu'à ce qu'elle se trouvât aussi à son aise que possible. Recevant alors des mains d'un brahmane un flambeau allumé, elle renversa sa tête sur une épaule et commença par mettre elle-même le feu à ses cheveux, qui brûlèrent d'une seule flamme, en une seconde, depuis l'extrémité jusqu'à la racine. Après cela, avec une impassibilité soutenue, elle alluma sa pagne par devant, puis le bûcher en deux ou trois endroits, et quand enfin elle vit s'élever les premières spirales de fumée, elle jeta son flambeau aux assistants comme pour les inviter à abréger son supplice en activant le feu. Aussitôt une pluie de charbons, de mèches et de matières enflammées tomba dans la cabane, qui se changea en un instant en une pyramide de feu, tandis que la foule exaltée trépignait, dansait et hurlait tout autour....

« ....Le feu et les danses continuèrent jusqu'au lendemain. Quand tout se trouva consumé, les brahmanes recherchèrent parmi les débris les ossements calcinés des deux époux et les recueillirent dans deux vases de terre qui furent remis aux parents. Le reste du sacrifice, cendre et poussière, fut jeté dans le fleuve, abandonné aux vents et aux flots.

« Nous n'attendîmes point cette conclusion dernière ; mais l'effroi dans le cœur, honteux de notre curiosité, et presque avec le remords d'une mauvaise action, nous nous éloignâmes de ces lieux funestes pour reprendre en fuyant la route du Ferrah-Bhag[1]. »

L'historien, le philosophe, n'ont-ils pas d'autres con-

---

1. Édouard de Warren, *Athæneum français*, 1854.

clusions à tirer de cette tragédie païenne , où dominent pourtant les deux plus grandes pensées du monde
chrétien : *l'amour plus fort que la mort*, et la persistance éternelle de la personnalité humaine ? La confiance exaltée de la jeune épouse, cherchant à travers les flammes du bûcher le *monde meilleur* où l'attend celui qu'elle a perdu , n'est-elle pas comme un
trait d'union entre nos croyances modernes, et la pres-
cience profonde des druides , nos ancêtres , qui ne
voyaient dans la mort qu'un fossé facile à franchir,
au delà duquel amis , parents , tous les compagnons
d'amour et de gloire , se retrouvent pour graviter ensemble, de station en station , sur la route de l'infini?

Le fleuve Godavary. — Les temples d'Ellora.

Au confluent du Pahéra et du Godavary, les Peich-
wahs ont construit , dans le siècle dernier, un *ghaut*
superbe dont les degrés de marbre descendent dans
un vaste bassin naturel creusé dans le lit du Godavary, qui n'a déjà pas moins de cent mètres de largeur. Un bac est établi en ce lieu. Comme il me portait de l'autre côté du fleuve, la forme de la barque
et sa proue terminée en tête de cheval me rappelèrent à la
fois et les galères phéniciennes, voyageant sous l'invoca-
tion des Dioscures , et les embarcations primitives des
Ariens, naviguant sous la tutelle des deux Açvins.
Ainsi, dans l'Inde moderne, il n'est pas un objet, si insignifiant qu'il soit au premier abord , où l'on ne puisse
retrouver l'empreinte des jours antiques.
    A une heure de marche au nord du Godavary, le voya-
geur rencontre quelques enceintes de pierres et de boue
entourant une centaine de huttes. Ce village, en appa-

rence, ne diffère pas de la plupart des autres communes de l'Inde ; mais il s'appelle Ellora ; derrière lui, à deux ou trois cents mètres, une chaîne de collines se creuse en une baie profonde et arrondie. Dans cette sorte d'amphithéâtre, les anciennes races de l'Inde ont élaboré leurs chefs-d'œuvre plastiques, et les vieilles croyances les plus beaux temples de leurs dieux.

Les collines qui les recèlent dans leur sein sont couvertes de lianes et d'arbrisseaux qui masquent l'entrée de plusieurs, et d'ailleurs on n'y monte que par des ravines étroites et tortueuses. Cette nature sauvage et solitaire encadre admirablement ces merveilles des temps anciens.

La main de l'homme a commencé par tailler à pic les flancs de cet hémicycle immense, puis les a évidés à coups de ciseau pour y ménager des souterrains, des cours, des colonnades, des vestibules, des corniches sans nombre ; dédale de sculptures qui emprunte aux ténèbres intérieures des rochers et à la vive lumière du ciel les effets les plus inattendus. Le nombre et la magnificence des temples, l'étendue et l'élévation de quelques-uns, la diversité infinie de leurs détails, la variété minutieuse des découpures, le travail des corniches, la richesse des bas-reliefs mythologiques, les statues colossales, tout saisit et confond l'imagination du spectateur.

On est frappé de surprise et d'admiration comme d'un rayon lumineux, quand on vient à découvrir tout à coup dans le sein même de la montagne, au débouché d'une profonde caverne, un temple colossal, taillé dans le roc vif, se dressant fièrement sur son lit natal et s'épanouissant dans le ciel, au milieu d'un polygone creusé autour de lui et qui mesure, sur chaque côté, deux cent cinquante pieds de long sur cent cinquante de large. Le bloc ainsi isolé n'a pas moins de 170 mètres de circonférence, 33 de hauteur et 48 de son portail à son extrémité opposée. Il est aussi admirable dans ses détails que dans sa masse : ses frises chargées d'hommes et d'animaux, ses colonnes lisses ou cannelées, ses chapelles presque suspendues en l'air, ses vastes salles aux parois luisantes et polies, tout y respire le goût le plus exquis, et, chose inconcevable, rien n'y manque, malgré le temps et les hommes également destructeurs : les escaliers conduisant aux galeries supérieures, les portes, les fenêtres, les arcades, tout s'y retrouve, tout est parfait.

Les soubassements de ce temple d'une seule pièce sont formés d'éléphants qui se montrent de face, serrés les uns contre les autres, fléchissant la tête, comme s'ils portaient tout le poids de l'édifice. Il n'y a rien de plus étrange et de plus beau que ce cordon d'éléphants. Il est surmonté d'une suite de bas-reliefs représentant des scènes orgiaques se rapportant aux légendes de Çiva, des épisodes guerriers tirés de l'histoire des avatars de Viçnou et de la grande lutte de Rama contre les géants de Ceylan. Hanoumat et ses singes figurent dans ces combats. Les champions sont armés d'arcs et de sabres droits, comme ceux dont on se sert encore dans cette partie de l'Inde et dans le Goudjerat. Il y a des guerriers portés sur des éléphants, d'autres sur des chars, mais j'ai cherché en vain des combattants montés sur des chevaux. Toutes ces figures, d'un précieux fini, n'ont souvent pas plus de trois décimètres de hauteur.

Cependant le génie du sculpteur ne s'est pas épuisé dans un seul effort : trois étages de galeries souterraines découpent encore le pourtour des montagnes qui entourent le bloc central, ou *kaïlaca*. C'est une ceinture de temples formant comme une garde d'honneur au temple principal et s'enfonçant dans les entrailles du rocher à plusieurs heures de chemin, assure-t-on! Devant cette œuvre de géants, réalisée en des temps que l'histoire ne peut atteindre, et qu'aucune relique d'antiquité dans ce monde n'a jamais surpassée ou même égalée, il est permis de sourire de cet arrêt rendu au fond des synodes scientifiques de l'Europe : « Le génie des arts plastiques a manqué aux Hindous. »

Les eaux pluviales ont en partie comblé de terre l'étage inférieur de quelques-uns de ces temples; mais nulle part on ne voit, comme dans la plupart des monuments égyptiens, des traces de la violence de l'homme. Les siècles seuls ont entraîné les quelques colonnes, les piliers, les corniches qui manquent çà et là. Aucun iconoclaste n'a mutilé les monuments d'Ellora[1].

Mais qui les a creusés? quel est leur âge? Bien des orientalistes se sont exercées et fatigués en vain à la recherche de ce problème. Incontestablement, la pensée à laquelle les temples d'Ellora doivent leur origine est la même qui enfanta les souterrains de Keurley, d'Elephanta et de Salcette; et cette pensée appartient à la civilisation qui, plus de vingt-cinq siècles avant notre ère, colonisa les bords du Nil et y porta ses arts, son industrie, le culte de l'Asoura-Yama[2], législateur des vivants et juge des morts, de Çiva le destructeur[3] et d'Indra, *le bélier du troupeau divin*[4].

Cette civilisation n'est pas la civilisation brahmanique, mais sa sœur aînée et en plusieurs points sa supérieure. Les Védas et le Ramayana attestent que quinze siècles avant notre ère et plus tard encore peut-être, les Ariens brahmaniques n'avaient point d'architecture religieuse,

---

1. Jacquemont, t. III, p. 515 et suivantes; Buckingham, *Tableau pittoresque de l'Inde*, p. 159; Édouard de Warren, t. I, p. 196. — 2. Asiri. — 3. Sieb, le Saturne égyptien. — 4. Ammon-ra.

ne connaissaient d'autres temples que la voûte du ciel et d'autre autel qu'un tapis de gazon, une couche d'herbe consacrée. Lorsque, sur les pas de Rama, prince d'Ayodhya, ils pénétrèrent au sud des monts Vindhias, ils rencontrèrent des populations d'origine védique, de même qu'eux, mais possédant un sentiment artistique dont s'empara bien vite leur génie assimilateur. Des rapports de voisinage, des relations de paix et de guerre établies entre ces rameaux longtemps séparés d'une souche commune, naquirent des souvenirs nationaux dont le *kaïlaça* d'Ellora est la traduction lapidaire. Mais ce monument n'est que le couronnement d'une infinité d'autres, dont le cisellement, lent et laborieux dans le mélange dur et compacte d'amygdaloïde et de basalte qui forme la masse rocheuse de ces montagnes, a dû nécessiter des siècles. Le seul nom d'Indra, qu'a gardé un de ces sanctuaires, refoule la pensée bien avant dans les âges, puisque ce dieu, qui n'a jamais eu de temple parmi les Ariens du nord, avait cessé, bien avant l'époque de Rama, de trôner en tête de leur panthéon.

Le Ramayana, composé vers le xiiie siècle avant notre ère, renferme un passage qui peut-être est de nature à jeter quelque lumière sur le sujet qui nous occupe, d'autant plus que le poëte, cherchant à peindre la métropole des populations troglodytes du Deccan, auxquelles son orgueil sacerdotal affecte l'appellation de *Singes*, semble s'y être inspiré comme d'une réminiscence lointaine d'Ellora. En voici la traduction fidèle.

La Kiskindhya ou la cité des Vanaras [1].

« Le preux Lakchmana, étant entré par l'ordre du Rama dans la redoutable Kiskindhya, contempla les

1. *Vanara*, singe.

merveilles de cette vaste cité des Troglodytes, ornée d'objets variés , de plantations et de jardins, resplendissante de l'éclat des pierreries et des fleurs bocagères , remplie d'habitations et de palais s'élevant dans leur splendeur sauvage sous de joyeux ombrages , et avivée par la présence de nobles *Singes*, fils des Dévas et des Gandharvas, drapés de riches vêtements et de guirlandes sacrées.

« Le long de la rue principale, toute parfumée de sandal et d'essences de fleurs variées , Lakchmana vit s'ouvrir d'autres voies bordées d'édifices de formes diverses et pareils à la cime du mont Kaïlaça.

« Devant lui, dans la rue Royale, s'élevaient les *temples* des dieux, et , tout autour de leurs blanches murailles , revêtues d'un ciment éclatant[1], des chars étaient préparés pour toutes les conjonctures, de clairs bassins se couvraient de nymphæas azurés, des bosquets étalaient leurs ombrages fleuris , et un cours d'eau des montagnes son cristal murmurant et limpide.

« Non loin de là s'élevaient les nobles et vastes demeures des magnanimes chefs des Vanaras, demeures semblables à de blancs nuages , ornées de splendides guirlandes, pleines de pierreries et de richesses, et renfermant des trésors plus doux encore.... de belles femmes.

« Enfin , Lakchmana aperçut le somptueux palais du roi *des Singes*, au difficile accès, environné d'un rempart comme d'une blanche chaîne de montagnes, et semblable à la cour d'*Indra* par ses brillantes coupoles. Des plantes riches en fruits de toutes saisons l'entouraient ; tous ses abords étaient ombragés d'arbres superbes et divins, nés dans les jardins célestes et dons du *grand Indra ;* des singes fiers et terribles gardaient toujours armés ses

____

1. Jacquemont a constaté que toutes les parois non sculptées d'Ellora avaient été primitivement recouvertes de stuc brillant et poli.

portes d'or bruni ; diapré de fleurs, émaillé de pierres
fines, il reflétait sur ses vastes parois, luisantes et polies, des flots d'éclatante lumière. »

Valmiki, dans cette description s'est laissé entraîner
par la force des choses bien loin d'un gîte de quadrumanes et d'un carbet de sauvages. Quoi qu'il en soit, sa
mention si précise de *temples*, inconnus à cette époque à
ses vaniteux compatriotes, et la formelle allusion à la
toute-puissance d'Indra, déjà réduit à un rôle subalterne
dans leur mythologie, ne tranchent-elles pas la question
de l'origine des souterrains sacrés du Deccan dans le
sens que nous avons indiqué?

Devagara ou la cité des Dieux. — Aurungabad.

L'origine d'Ellora se lie sans doute encore à celle de
Dowlutabad, cette forteresse célèbre à toutes les époques
de l'histoire de l'Inde, qui porta jadis le nom de Devagara (la cité des Dieux) et surgit à quelques lieues
au nord des temples souterrains. C'est une montagne tout entière, de près de 200 mètres d'élévation
sur plus de 1000 de circonférence. Malgré ces dimensions,
ce n'est qu'un seul bloc de rocher, sans couches ni fissures ; un mur vertical, élevé, pétri, cimenté d'un seul
jet par la nature. La main de l'homme l'a escarpé de
manière à former un premier rempart inaccessible de
50 mètres de hauteur perpendiculaire. Une double échelle
jetée à travers le fossé conduit à une ouverture souterraine pratiquée dans cette escarpe. C'est l'entrée d'un
escalier excavé dans l'intérieur du granit, étranglé en
quelques parties, et si peu éclairé par deux étroites meurtrières, qu'on n'y peut circuler qu'à la lueur des torches. Il
débouche au sommet sur les pentes rapides du cône, où
son ouverture peut se fermer par des trappes de fer et des

barres d'un poids énorme. Quand enfin on a quitté le souterrain pour la clarté du jour, il reste encore, avant d'atteindre la citadelle qui couronne le cône, une rampe longue et étroite commandée par des feux croisés et serpentant péniblement entre des ravins à pic, où de loin en loin sont ménagées des citernes pour les besoins de la garnison. Une pareille forteresse devrait être imprenable, et cependant elle a souvent changé de maître, presque sans coup férir.

M. de Bussy, qui a laissé un grand et beau souvenir dans ces provinces, et que, dans leurs chants populaires, les populations de l'Inde centrale citent comme le bienfaiteur des pauvres, M. de Bussy le prit par un stratagème assez commun en Orient. Il y fit admettre, dans des palanquins fermés et sous le nom des femmes du gouverneur, un certain nombre d'hommes d'élite, qui firent la garnison prisonnière et ouvrirent la porte à leur général. Mais on dit que cette ruse ne fut employée que pour sauver les apparences, et que notre compatriote avait préalablement fait valoir, auprès du gouverneur de Dowlutabad, cet argument irrésistible qui faisait céder Bazile aux fantaisies peu honnêtes du comte Almaviva.

A environ trois lieues dans l'est de cette forteresse s'étendent les misérables restes d'Aurungabad, grande ville mogole fondée par Aurung-Zeb pour être la capitale et le frein des provinces deccanies nouvellement conquises par lui. Cette ville qui, pendant les dernières années d'Aurung-Zeb, éclipsa les superbes métropoles des bords de la Jumna, compte à peine aujourd'hui 20 000 habitants. L'abandon et la rapacité fiscale du gouvernement du Nizam ont précipité sa ruine, bien plus que les ravages de la guerre et du temps. Ses palais sont détruits, ses jardins ont fait place à de tristes bruyères; encore quelques années et la hyène et le chacal, qui rôdent dans les mon-

tagnes voisines, viendront chercher un abri entre les minarets croulants. du magnifique mausolée que le roi des
rois a élevé en ces lieux à la mémoire d'une de ses filles.

Lui-même repose à quelque distance, sur la route
d'Ellora, dans un tombeau qui rappelle par la masse et
la forme, sinon par la richesse des décorations et des
matériaux, le Tadj-Mahal d'Agra. Nous venons de dire
ce qu'est devenue sa capitale. Après avoir passé de mains
en mains comme une marchandise, après avoir subi
tour à tour la domination des Mahrattes et du nizam,
des créatures de la France ou de l'Angleterre, elle obéit
enfin à un collecteur britannique; son dernier propriétaire, le prince d'Haïderabad, a été obligé de céder la
province dont elle fait partie, ainsi que celle de Kandéich,
à. la Compagnie pour règlement d'un arriéré de solde dû
au contingent d'occupation qui veille sur lui et sur ses
actes.

Le régime subsidiaire et le nizam.

C'est là la conséquence logique et périodique du régime
subsidiaire, qui force le nizam à entretenir chez lui et à ses
frais seize mille hommes de troupes anglaises ou commandées par des officiers anglais. Mais le régime subsidiaire
est la seule raison suffisante de son existence comme souverain d'un grand État. Livré à ses propres ressources militaires, aux intrigues de ses propres agents, à l'inhabileté
et à la trahison de ses officiers musulmans et hindous, il serait détrôné en peu d'années, et sa monarchie disparaîtrait
dans une effroyable anarchie féodale. A la vérité ce contingent d'occupation menace son pouvoir d'un autre danger non moins incessant. Grâce aux frais d'entretien qu'il
exige et qui dépassent de beaucoup la somme de huit
millions de francs stipulée par les traités ; grâce aux ré-

clamations de tout genre et sans cesse renouvelées de la Compagnie sur le trésor du nizam, ce triste monarque voit tous les ans ses dépenses dépasser ses revenus, et, comme il est obligé d'emprunter à quinze et à dix-huit pour cent pour combler le déficit, il est forcément amené périodiquement à céder au gouvernement de Calcutta quelques lambeaux de ses provinces pour solde de ses comptes avec la Compagnie. Ce sacrifice accompli, la machine gouvernementale de l'ancien royaume de Golconde se remet à fonctionner jusqu'à une crise nouvelle. Dès à présent on peut en prévoir une finale qui amènera son entière absorption par le colosse britannique. Et cependant que pensez-vous que fasse, pour éviter ou tout au moins retarder cette heure fatale, le légitime héritier des rois d'Haïderabad, le souverain d'un empire qui en superficie dépasse et en population égale au moins la monarchie prussienne? Comme son collègue, le roi nègre du Dahomey, il n'a rien trouvé de mieux que de confier la garde de son palais à un régiment de jouvencelles. Ayant recruté les plus belles filles de son peuple, au nombre de plusieurs centaines, il a affublé leur corps svelte et leurs membres délicats d'un pantalon vert et d'un habit rouge, surmonté leurs belles tresses noires d'un ignoble shako rouge et à plumet vert, chaussé leurs petits pieds nus de pantoufles brodées à pointes recourbées, croisé sur leur poitrine la buffleterie blanche et surchargé leurs épaules d'un lourd mousquet à baïonnette; et, quand le pauvre sire fait évoluer devant lui ces frêles amazones, il se console du passé et oublie l'avenir.

Les fakirs. — Misère et vitalité des populations rurales.

Depuis que j'avais passé le Godavary, je rencontrais un assez grand nombre de fakirs errants.

Le résultat des nombreuses observations que trois années de séjour dans l'Inde m'ont permis de recueillir à leur sujet me porte à croire que le nombre de ceux qui deviennent sincèrement assez maniaques pour s'infliger, sans aucun signe de douleur, les pénitences cruelles, les *macérations austères* dont il est si souvent question dans les livres sanscrits, est réellement fort restreint. J'ai surpris quelquefois, dans un lieu écarté, au bord d'un ruisseau, faisant les apprêts de leur repas dans la chaleur du jour, ceux que j'avais rencontrés.le matin ou le jour d'avant dans un village, s'y faisant horribles, hideux, pour commander la charité des paysans. Je les avais vus nus, le corps couvert de cendre, souillé d'ordure, tatoué d'ocre de diverses couleurs, les cheveux épars, le regard stupide et farouche et la bouche close : je les retrouvais à la halte du jour tout différents. Pour préparer leurs aliments, ils s'étaient dépouillés de leur costume de fakirs, dont l'eau du torrent voisin avait facilement enlevé la trace ; ils jasaient entre eux, joyeusement occupés, l'un à allumer du feu, l'autre à pétrir sur une pierre plate la farine dont la charité des villageois avait rempli leur bissac. Un troisième, se servant comme d'un pilon de son pesant bâton de route, massue redoutable qui aurait fait envie à l'ermite de Copmanhurst, pilait dans le creux d'un rocher du sel, des piments, du cardamome, du poivre et d'autres épices dont la petite bande était bien approvisionnée. Et le beurre et l'huile ne manquaient pas plus que les condiments à ces gâteaux, dont chaque convive savourait d'énormes morceaux. On allumait ensuite un houka, dont les fumées enivrantes de chanvre et d'opium provoquaient bientôt une sieste prolongée. Au réveil chacun faisait son sac, où, sous le plus petit volume, il renfermait tout le mobilier réellement nécessaire au bien-être d'un Hindou, le chargeait sur ses épaules; et alors, barbouillée de nouveau des cendres refroidies du foyer, bien repue, bien reposée, et de nouveau bien horrible à voir, la bande joyeuse reprenait sa marche, prête à paraître sourde, muette et possédée du diable en vue du premier hameau[1].

Ainsi, jusqu'à la mort, dissimulant, gueusant, sans vêtements, sans souliers, ils vont de temple en temple, et tous m'ont paru très-attachés à cette vie de bohêmes, dont les romanciers espagnols ont si bien peint les plaisirs. Il est certain, du reste, que le nombre des hommes adonnés à cette existence nomade s'explique, dans les contrées naguère soumises au nizam, par la misère et l'abjection du peuple des campagnes.

Autour de tous les bourgs et villages que je laissais sur ma route, on ne voit que des monceaux de fumier desséché, mêlé de carcasses de bœufs, d'immondices de toute espèce. Des chiens couverts de lèpre y cherchent leur nourriture. Des ânes d'une extrême petitesse et d'une maigreur effroyable leur disputent ces immondices. Des volées de corbeaux et de vautours partagent encore avec ces animaux. Au point du jour, le gros bétail du village, enfermé pendant la nuit, vient à son tour prendre place sur ce fumier; il y demeure, image de la faim, de la faiblesse et de la résignation, immobile pendant des heures entières; il vit de tiges de sorgho qu'il trouve mêlées à ces ordures. Ajoutez à ce tableau quelques porcs d'une figure hideuse et quelques femmes qui ramassent dans des paniers, pétrissent avec de la paille hachée et font sécher sur les murs de boue du village le fumier des vaches et des buffles; puis quelques tisserands, peut-être, à l'ouvrage; quelques figures d'hommes presque nus, accroupis sur leurs talons.

1. Victor Jacquemont, t. III, p. 522.

Les femmes sont plus laborieuses que les hommes ; outre les provisions d'eau et de combustible, elles sont aussi chargées de la mouture grossière du grain qui doit servir chaque jour à la subsistance de la famille. Tous les matins, avant l'aube du jour, on entend dans chaque chaumière le bruit sourd de la meule à bras, mise en mouvement par les femmes ; et, circonstance qui peint bien fortement la misère séculaire de ces hameaux, jamais on n'y moud que ce qui est nécessaire aux besoins du jour, comme si l'on craignait d'attirer les voleurs par la possession d'un trésor qui leur manque souvent, un peu de farine. Une appréhension de même nature empêche les habitants de ces contrées de cultiver des jardins autour de leurs demeures. D'autres qu'eux probablement, des bhils en maraude, des cipahis en voyage, des Européens en tournée, en récolteraient les légumes et les fruits[1].

Comme aux médecins qui arrivent trop tard auprès de leurs malades, de plus grands devoirs incombent aux Anglais vis-à-vis de ces populations, dont ils n'acceptent la tutelle et le gouvernement qu'*in extremis*. Mais ici même, dans les districts les plus misérables, les plus épuisés, ils trouvent un auxiliaire puissant pour la cure qu'ils entreprennent, dans le germe inextinguible de vie que l'antique institution de la commune, *le punchaet*, qui remonte aux temps de Manou, a semé dans toutes les populations rurales.

Toutes celles des villages, même les plus pauvres, forment de petites républiques possédant dans leur sein à peu près tout ce qui peut les rendre indépendantes de toutes relations étrangères ; elles seules durent où rien ne semble durable. Les dynasties s'écroulent, les révo-

---

1. Jacquemont, *Journal*, t. III, p. 483.

lutions succèdent aux révolutions ; Hindous, Pathans, Mahrattes, Sikhes, Anglais, deviennent tour à tour maîtres : mais la commune reste la même. En temps de troubles, les villageois prennent les armes et fortifient leurs villages. Une armée ennemie traverse le pays, les troupeaux sont rentrés dans l'enceinte des murs et on laisse passer les troupes sans les inquiéter. Si le pillage et la dévastation menacent la commune, les habitants se retirent dans les villages amis ou dans des djungles inaccessibles ; mais, une fois l'orage passé, ils retournent au centre de leurs occupations accoutumées. Pendant des années entières, la guerre et ses ravages, le meurtre et l'incendie peuvent s'étendre sur les villages abandonnés, une génération peut ainsi disparaître dans l'exil ; mais, dès que renaîtra l'espoir d'une possession tranquille, la génération suivante viendra relever les ruines désertes, rallumer les foyers longtemps éteints. Les fils reprennent la place de leurs pères, au soleil et sur le sol ; ils s'adonnent aux mêmes cultures, rouvrent pour ainsi dire les mêmes sillons. Cette union des familles dans un danger commun, cette organisation qui fait de chaque commune une petite république, ont tenu lieu de traditions nationales aux populations rurales de l'Inde. C'est en quelque sorte le ciment social qui a maintenu leur intégrité et leur a garanti, jusqu'à un certain point, plus de liberté et de bien-être qu'on ne pourrait le supposer dans un pays qui a été le théâtre de tant de dominations établies par la guerre ou par la violence des révolutions.

CHAPITRE III.

LE RAJPOUTANA.

Bourhampour et ses manufactures. — Les thugs. — Organisation du thuggisme, révélations de Ferringhea. — Plagiaires de Tertullien. — L'Inde garde-meuble des folies humaines. — Sa zone moyenne. — Sacrifices humains, infanticide. — Les bhils. — La Nerbudda. — Mariage de cette rivière. — Monomanie matrimoniale des Hindous. — Cent mille personnes aux noces d'un caillou. — Ruines au désert. — Cantonnement anglais; la vie au camp. — Les cipahis ou soldats indigènes. — Indour et Oudjien. — L'empire de Gwalior. — Une reine de douze ans. — Un ami intime; sujet de rupture avec l'Angleterre. — Politique habile de lord Ellenborough. — Le *Caleb* mahratte. — Le Malwa, le Meiwar, le Rajahstan. — Siége de Tchittore; la Numance de l'Inde. — District anglais de Mhairwara. — Expérience sociale. — Peuple de brigands gagné aux vertus champêtres. — L'oasis d'Adjmir. — Jeipour, ses palais et ses temples; son maharajah ou grand roi. — Décadence de l'aristocratie des Rajpoutes. — L'action anglaise providentielle dans l'Inde.

La ville de Bourhampour. — Sa prison d'État.

Sur la rive nord de la Tapty, fleuve qui porte à Surate les eaux du plateau de Kandeich, s'élève Bourhampour, grande ville encore, débris d'une ville beaucoup plus grande, qui avait atteint sous Aurung-Zeb un haut niveau de prospérité. Elle comptait alors plus de maisons qu'elle ne garde aujourd'hui d'habitants, bien que sa population dépasse peut-être 40 000 âmes, dont la majeure partie vit de la fabrication et de la vente d'une sorte de gaze légère, brochée d'or, fort estimée dans l'Inde. Le tisseur et le fileur d'or, qui travaillent sept ou huit heures par jour à cette étoffe, peuvent gagner en moyenne 8 ou 9 francs par mois. L'achat de la farine de blé qui fait le fond de leur nourriture leur prend la moitié de ce gain. Mais c'est là tout ce dont ils ont besoin, et, s'ils ne sont pas mariés, ils peuvent subvenir avec l'autre moitié au reste de leur entretien. Les plus pauvres vivent ainsi sans ambition, sans désirer un bien-être supérieur, dans une aisance relative fort inconnue aux classes manufacturières en Europe [1].

Bourhampour a, dans son voisinage immédiat comme Aurungabad dans le sien, une citadelle cyclopéenne, dont l'origine se perd, suivant la légende, dans la nuit des temps, et dont le nom Asurghur (Asouragara) n'a, sous le rapport de l'antiquité, rien à envier à celui de Devagara ; les dénominations d'Asouras et de Dévas se liant dans l'Inde, comme celles de *Titans* et de *Kroniens* dans l'Occident, aux plus anciennes luttes mythiques qui figurent à la base de l'arbre généalogique des peuples. Asurghur est maintenant occupée par une garnison britannique et sa prise (1818) porta le dernier coup à la puissance mahratte.

Ce fort sert aujourd'hui de prison d'État à des coupables de diverses catégories. Les uns sont des hommes d'un rang élevé, soupçonnés ou convaincus de crimes particuliers, d'assassinats et d'empoisonnements de palais ; les autres sont des nobles hindous suspects de trahison envers la Compagnie, ou des chefs bhils, voleurs de grands chemins. Ils m'offrirent une collection de figures aussi intelligentes que fausses et résolues. Il n'y avait pas un seul de ces prisonniers qui ne méritât son sort, et pas un seul, à l'exception de quelques thugs destinés à la transportation, qui ne se proclamât innocent.

---

1. Jacquemont, t. III.

Les thugs.

Le cynisme des thugs, une fois qu'ils sont condamnés est un des traits caractéristiques de cette secte farouche, qui a fait de l'homicide sa doctrine fondamentale.

Voués au culte spécial de Kali, la déesse du mal et de la mort, ils n'ont qu'un seul dogme, le meurtre; il leur tient lieu de prières et de bonnes œuvres pour honorer leur terrible patronne, qui n'accepte qu'un seul encens, la vapeur du sang humain, et qui tient en réserve dans son paradis toutes les jouissances de l'âme et des sens pour ses fidèles adorateurs. Aussi, si l'assassin rencontre l'échafaud sur sa route, il y monte avec l'enthousiasme d'un martyr, car il en attend la palme. Et puis, dès cette vie, le thuggisme ne caresse-t-il pas le terrible instinct de la bête de proie, dont tout homme porte en lui le germe?

« Vous trouvez un grand plaisir, me disait un de ces condamnés, à attaquer la bête féroce dans sa tanière, à machiner et à poursuivre la mort du tigre, parce qu'il y a là des dangers à braver et du courage à déployer. Songez donc combien cet attrait doit redoubler quand la lutte est engagée avec l'homme, quand c'est l'homme qu'il faut détruire ! Au lieu d'une seule faculté, le courage, c'est tout à la fois le courage, la ruse, la prudence, la diplomatie qu'il faut déployer. Jouer avec toutes les passions, faire vibrer même les cordes de l'amour et de l'amitié pour amener la proie dans vos filets, c'est une chasse sublime, c'est enivrant, c'est un délire, vous dis-je. » Et cet effroyable monomane avouait qu'il avait assassiné ou étranglé dans sa vie le nombre presque fabuleux de sept cent dix-neuf personnes, ajoutant avec un soupir de regret : « Ah ! si depuis dix ans je n'étais pas sous les verrous , j'aurais bien complété le millier [1] ! »

Les thugs tirent leur nom du verbe *thugma*, tromper, et en effet, la ruse, la dissimulation, sont leur premier moyen d'action. Voyez sur les routes, dans les campagnes, ces pèlerins cheminant d'un air modeste et recueilli vers quelque pagode en renom ; ces groupes de villageois se reposant à l'ombre, aux bords d'une source ; ce sont bien les gens les plus paisibles, les plus officieux. Qu'ils sont bons compagnons ! nul n'est expert comme eux à couper du bois et à ramasser le combustible nécessaire pour le repas du soir. On se lie avec eux ; ils partagent leurs provisions avec leurs nouveaux amis, et, après avoir mangé, fument ou causent autour du feu, quand, au moment favorable, tout à coup ils leur jettent autour du cou un mouchoir arrangé comme un lazo d'Amérique. La pierre qui vole à l'autre extrémité du mouchoir revient dans la main du meurtrier, à qui un léger tour de poignet suffit pour briser la nuque de la victime, dont la mort est instantanée. Des fosses sont creusées d'avance ; en quelques minutes les corps des crédules voyageurs y sont déposés, et la bande se remet en marche avec leurs dépouilles.

De même que les francs-maçons, les thugs se reconnaissent en tous lieux par certains signes imperceptibles pour ceux qui ne sont pas initiés ; ils se recrutent parmi toutes les classes d'Hindous, et même parmi les musulmans. Bien que ce soit du Bundelkund que sortent la plupart de leurs bandes, ce sont les États d'Aoude et le bassin de la Nerbudda qui ont servi le plus souvent de théâtre à leurs crimes. Dans chaque bande il y a une hiérarchie d'emplois et de rangs. L'un sert d'espion et

---

1. Éd. de Warren, t. I.

d'éclaireur, un autre ramasse du bois pour le foyer nomade; il y en a qui n'ont d'autre occupation que de creuser les fosses et d'ensevelir les cadavres; mais la dignité
de thug proprement dit, ou de *phansigar* (étrangleur),
ne s'obtient qu'après une longue suite d'épreuves. Cette
immense machine infernale fonctionnait depuis bien
des générations, dévorant silencieusement et sans se
trahir le corps social sous les yeux mêmes des magistrats, lorsque, vers 1830, un concours de circonstances fortuites en amena la découverte qui répandit la
stupeur et l'effroi parmi les gouvernants et les gouvernés
de l'Inde.

Écoutons, à cet égard, le colonel Sleeman, celui-là
même qui, à la suite de recherches infatigables, parvint
à dévoiler le monstre.

« Durant les années 1822, 23 et 24, quand j'étais chargé
de la magistrature et de l'administration civile du district
de Mersingpour, dans la vallée de la Nerbudda, il ne se
commettait pas un meurtre, pas le plus petit vol par un
bandit ordinaire, dont je n'eusse immédiatement connaissance; il n'existait pas d'*outlaw* si redoutable ou de
si mince filou dont je ne connusse immédiatement
le gîte, le caractère et les antécédents, et dont je ne pusse
suivre à volonté tous les mouvements. Si quelqu'un était
venu me dire à cette époque qu'une bande d'assassins, faisant du meurtre sa profession héréditaire, demeurait dans
un village à moins de quatre cents mètres de ma cour de
justice; que les admirables bosquets du bourg de Mundesoor, à une journée de marche de ma résidence, sur la
route de Saugor à Bhopal, étaient un des plus effroyables
entrepôts d'assassinats qui existassent dans l'Inde; que
des bandes nombreuses venant de l'Aoude et du Deccan
se donnaient annuellement rendez-vous sous ces ombrages, s'y réunissaient des semaines entières de chaque sai-

son, pour exercer leur effroyable vocation sur toutes les lignes de routes qui viennent se croiser dans cette localité, à la connaissance et avec le concours des deux *fermiers généraux* héréditaires dont les ancêtres avaient planté ces massifs, j'aurais pris cet individu pour un fou ou un imbécile qui s'était laissé effrayer par des contes à dormir debout.... Et cependant rien n'était plus vrai. Des centaines de voyageurs étaient enterrés chaque année sous les bosquets de Mundesoor! Toute une tribu d'assassins vivait à ma porte, pendant que j'étais magistrat suprême de la province, et ils étendaient leurs dévastations jusqu'aux cités de Pouna et d'Haïderabad.

« Le jour où Feringhea, chef de ces meurtriers, devenu dénonciateur public, me fit ses premières révélations, ma raison révoltée refusait encore d'y ajouter foi, quand tout à coup il fit exhumer, du sol même que couvrait le tapis de ma tente, treize cadavres à divers degrés de décomposition, et m'offrit d'en faire sortir de terre tout autour de moi un nombre illimité. Cette exhibition funéraire frappa comme d'un coup de foudre mon esprit consterné; il fallut bien alors me rendre à l'évidence et ajouter foi aux effroyables drames dont les preuves se dressaient devant moi comme le spectre de Banco!... Grâce au fil donné par le dénonciateur, je parvins à envelopper les légions nombreuses de thugs qui s'étaient déjà réunies dans le Rajpoutana pour commencer leur campagne de l'année[1]. »

Ayant traversé en chasseur et rapidement le plateau boisé qui sépare Asurghur du bassin de la Nerbudda et qui abonde en gibier de toute sorte, je fus obligé d'attendre quelques jours à Mundleysir, station anglaise sur ce dernier fleuve, l'arrivée de ma caravane laissée en

---

1. Colonel Sleeman, *Promenades et Souvenirs.*

arrière. Pendant mon séjour, j'obtins de l'officier qui commande ce district non-seulement la confirmation des détails qui précèdent, mais des renseignements nouveaux sur l'état du thuggisme depuis sa découverte, et sur celui des contrées en proie à cette peste morale.

« L'Européen qui ignore comment est constituée la société en Orient ne pourra comprendre, me disait mon informateur, comment une semblable association a pu se développer sans que son existence ait été connue ou au moins soupçonnée des populations au sein desquelles elle recrutait ses professeurs et ses affiliés; mais celui qui a un peu étudié l'Asie, qui connaît le fractionnement de son territoire, l'indolence de ses gouvernants despotiques, la corruption, l'arbitraire de son administration et l'envieuse jalousie qui a toujours empêché ces morcellements de peuples de se liguer entre eux pour assurer en commun la sécurité des voies publiques et la police des transits; celui qui sait que les mœurs et les coutumes des natifs s'opposent également à ce qu'il se fonde dans l'Inde des moyens de transport réguliers à l'usage du public, celui-là conviendra que toutes les tentations et toutes les conditions possibles se réunissent dans cette contrée pour former des bandes de brigands et assurer leur impunité. Aussi l'Asie en a-t-elle enfanté de tout temps et sous mille dénominations diverses; mais aucune d'elles n'a été si nombreuse, si unie, si discrète et partant si dangereuse que celle des thugs.

« Il a été démontré, par les recherches qui ont suivi les révélations de 1830, que, dans l'Inde moyenne, une grande partie des *zémindars* ou fermiers généraux, des *jaghirdars* ou propriétaires-fermiers, et même des *pattels* ou autorités municipales des villages, étaient en rapport direct de père en fils depuis plusieurs générations avec la société des thugs, leur fournissant des espions, des recéleurs, des secours et dès asiles !... Qu'on songe maintenant à l'effroyable consommation de vie humaine qui devait se faire dans l'Inde avant la découverte de ce prodigieux mécanisme ! Combien de familles ont dû périr annuellement sous les coups de plus de cinquante mille assassins régulièrement organisés, procédant avec ensemble et méthode et dans des régions où les pèlerinages, la superstition et les mœurs rendent l'homme essentiellement nomade ! Là, bien plus que dans les ravages passagers des guerres des Mahrattes et des Pindaris, est le secret des vastes solitudes qui séparent aujourd'hui les populations et de leur faiblesse numérique en proportion du sol.

« L'attention du gouvernement anglais, une fois éveillée sur ces horreurs, ne s'est plus assoupie ; ses efforts ont été proportionnés à l'étendue du mal. Le gouverneur général, lord William Bentinck, commença une croisade qui fut continuée avec enthousiasme par toute la magistrature de la colonie. Un bureau spécial d'inquisition, composé des officiers les plus versés dans les langues et les habitudes du pays, fut chargé de traquer la secte infernale de repaire en repaire, et elle fonctionne encore. Depuis vingt ans, plus de sept mille thugs ont été arrêtés, transportés ou pendus ; près d'un millier d'autres ont été admis comme dénonciateurs publics ; mais la plaie est loin d'être fermée. Le mal n'est que stationnaire, et le moindre relâchement de la part de l'administration le verrait déborder avec une nouvelle fureur. S'il faut en croire les assertions des condamnés, confirmées d'ailleurs par les aveux des membres du tribunal des recherches, le thuggisme fait encore aujourd'hui, même au pied des échafauds, de nouveaux prosélytes. C'est en frémissant que plus d'un juge anglais a entendu ces suppôts de l'enfer parodier ainsi les paroles de Ter-

tullien aux persécuteurs du christianisme : « Vous avez
« beau nous détruire, nous nous multiplions autour de
« vous, nous remplissons vos campagnes, vos villes,
« vos armées, vos mosquées et vos pagodes; nous sié-
« geons même dans vos cours de justice; nous ne vous
« laissons que vos temples européens[1] ! »

La zone moyenne de l'Inde.

L'agent politique de Mundleysir avait servi sous le colonel Sleeman, et, jusqu'à un certain point, avait succédé
à ses pouvoirs dans les districts de la Nerbudda; je pouvais donc avoir pleine confiance dans l'authenticité de
ses paroles; aussi je ne me lassais pas de l'interroger
sur des populations et sur un sol qu'il pratiquait depuis
tant d'années.

« Ici, me répétait-il avec une certaine animation,
nous sommes au centre des aberrations de l'Inde. J'ai
pensé souvent qu'à cette vieille terre revenait à bon droit
la qualification de *garde-meuble* de toutes les folies, de
toutes les atrocités qui ont souillé le cerveau humain depuis son premier jour; mais alors la zone moyenne qui
suit l'axe des monts Vindhias et court, à l'ouest, jusqu'à
la terre de Cutch, à l'orient jusqu'à la côte d'Orissa,
doit en être considérée comme la *sentine*.

« Sur une échelle immense, cette zone est quelque
chose de semblable à ce qu'étaient au moyen âge de l'Occident le *border* d'Écosse et les *marches* du continent européen. Toutes les variétés de notre espèce, descendant
du nord ou remontant du midi, s'y sont croisées, heur-
tées, combattues, poursuivies et réfugiées tour à tour.

« Sur presque tous les autres points de l'Inde, elles se

1. Éd. de Warren, t. II, chap. xx.

sont superposées et fondues dans le courant des siècles ; ici, siècles et générations n'ont fait que déposer et mêler leur écume.

« Les djungles du Bundelkund, au centre de cette zone, ont été le berceau du thuggisme, et offrent encore aux hordes des Dacoits de sûres retraites où ces *chauffeurs* de l'Inde dérobent à notre police leur piste et les fruits de leurs déprédations, dont le théâtre s'étend depuis le cap Comorin jusqu'à l'Himalaya.

« C'est dans ces mêmes repaires de sauvages, de brigands et de bêtes fauves, que se forma, au commencement de la génération actuelle, un orage qui couvrit tout le nord de l'Inde de ruines et de sang. Vers le milieu de 1817, les vallées qui s'inclinent vers le Tchumbul et la Nerbudda donnèrent issue à des hordes formidables de bandits, formées, comme les compagnies de routiers et d'écorcheurs du moyen âge, de tous les éléments de troubles et de rapines que la paix et le licenciement des armées, après de longues guerres, laissaient sans drapeaux et sans foyers. Ils avaient trouvé, dans les déserts inexplorés du centre de la péninsule, des points de ralliement et de conjuration, et ils en ressortaient avec une organisation monstrueuse et gigantesque. Les Pindarries, c'est le nom qu'ils se donnaient, n'avaient ni femmes ni familles ; à l'exemple des mamelucks égyptiens, ils se recrutaient d'enfants enlevés ou dérobés, et dont l'éducation consistait dans quelques vagues idées d'islamisme et dans l'exercice du vol. Le pillage, le massacre, l'incendie et au besoin l'anthropophagie marquaient les pas des Pindarries ; la pitié était pour eux une chose ignorée, un mot inconnu, et ils comptaient plus de trente mille cavaliers ! Il fallut à la compagnie cent vingt mille hommes, trois cents bouches à feu, deux campagnes et deux batailles rangées pour venir à bout de ce fléau.

« Ce n'est pas tout : au sud-est du Bundelkund s'étend une région plus infréquentée, plus inaccessible encore, qui recèle peut-être dans ses gorges boisées les descendants des Pandœi d'Hérodote[1] et les aînés des Garrows de l'Assam. Les sauvages habitants de cette terre ne connaissent qu'une manière de la féconder : l'arroser de sang humain et la fumer de chair humaine ! Et, comme tout s'enchaîne ici-bas, les eaux que le plateau du Gondwana verse aux plaines de l'est semblent les avoir infectées de la barbarie de leur berceau. Dans tout le bassin du Mahanuddy, sur tous les rivages de l'Orissa, le culte de Bhawani, de Dourga, de Kâli, triple appellation d'une même conception mythique, ne fait pas tomber sous le couteau des brahmanes moins de jeunes victimes humaines, achetées ou volées par le sacrificateur, que n'en dévora jadis le Molock des Chananéens.

« Sur le versant occidental des Vindhias, même délire, même léthargie de la conscience humaine. Depuis le cours inférieur de la Nerbudda jusqu'au delta de l'Indus, l'infanticide a été, jusqu'à ces derniers temps, élevé au rang des principes d'honneur et de religion. Les chiffres, a-t-on dit, ont leur éloquence ; eh bien, dans les seules familles nobles du Cutch et du Goudjerat, lors de l'établissement de la puissance anglaise, le nombre des enfants du sexe féminin étouffés par leurs mères à l'heure de la naissance dépassait le chiffre énorme de sept mille par an !

« On vous dira à Calcutta que toutes ces horreurs ont cessé ; que l'activité infatigable du comité inquisitorial des recherches est venu à bout du thuggisme, a eu raison des sacrifices humains, et que le meurtre des filles

---

1. « Les Pandœi, tribu des Indiens orientaux ont la coutume de tuer pour les manger leurs parents infirmes, malades ou chargés de jours. » (Hérodote, *Thalie*, chap. cxiv.)

en bas âge a été aboli depuis quarante ans par un traité
formel, dont voici le texte, qui est bon à citer :

« L'honorable compagnie des Indes et le savant brah-
« mane Anand-Rao, ayant fait connaître aux chefs du
« Guikowar la vraie doctrine des Çastras à l'égard des
« enfants du sexe féminin, et les ayant convaincus que
« l'infanticide est un grand péché, équivalant au meurtre
« d'un brahmane et condamnant celui qui s'en rend
« coupable à être mangé des vers en enfer et à renaître
« lépreux, les rajahs soussignés ont renoncé pour eux et
« pour leurs descendants à cet usage, sous peine d'exclu-
« sion de caste. »

« On ne manquera pas de vous raconter encore comment,
un an après la conclusion de ce traité, le colonel Walter,
aux efforts duquel il était dû, vit dans le Goudjerat les
femmes accourir sur son passage et lui présenter avec
un tendre orgueil leurs filles, qu'elles surnommaient *enfants de Walter*.

« A toutes ces assertions consolantes n'ajoutez pas une
foi absolue ; si elles renferment beaucoup de vrai, elles
contiennent aussi beaucoup d'illusions. Pour ne citer
qu'une objection entre mille, si, en regard du résultat le
moins contesté, la cessation de l'infanticide, on vient à
se rappeler que le premier rajah qui apposa son nom sur
le traité d'abolition était un brigand de profession, à
bout de ressources et de crimes et désireux de se ménager le pardon ou l'appui de la Compagnie, et que toutes
les autres signatures furent achetées par des concessions
de terres ou de priviléges[1], n'est-on pas fondé à craindre

1. Il n'est pas inutile de rapporter ici, comme preuve de la supériorité, non du Koran sur le Çastra de Manou, mais de l'islamisme sur
le brahmanisme moderne, qu'un marchand arabe, employé comme
intermédiaire auprès du rajah de Kersura, n'hésita pas, pour obtenir
son adhésion au traité susmentionné, à lui faire remise d'une très-
forte somme que lui devait l'Hindou.

que sur ce point, comme sur bien d'autres, le triomphe
de la raison et de la nature ne soit ni aussi complet ni
aussi à l'abri des réactions du passé que voudrait le faire
croire et l'espérer l'administration britannique ? Ce n'est
pas en un jour, ce n'est pas même en une génération que
l'on parvient à extirper du cœur humain d'abominables
préjugés, profondément enracinés par le concours des
siècles, des croyances et des plus détestables passions. »

Les Bhils.

La prison du fort de Mundleysir renfermait une cinquantaine de condamnés, la plupart pour vol ou déprédations ; presque tous étaient des Bhils, beaucoup mieux
traités dans leurs fers qu'ils ne le sont dans leurs bois et
leurs montagnes natives, où cette race sauvage ne subsiste que de fruits agrestes et de racines. L'un d'eux, conduit devant mon hôte sous une accusation de récidive, se
défendait en disant : « J'ai, sans savoir pourquoi, le renom
de voleur ; et, que je vole ou non, on dit toujours que j'ai
volé. C'est comme le vampire, qu'il ait bu ou non le sang
d'un homme, sa bouche est toujours rouge, toujours! »
Les Bhils, que l'on ne rencontre guère aujourd'hui que
dans les bassins de la Nerbudda et de la Tapty, ainsi
que dans la contrée montagneuse et infréquentée qui sépare les deux fleuves, vivent presque nus, en petits groupes, dans les lieux écartés, sur la lisière des bois, qui
leur offrent un asile en même temps qu'aux bêtes fauves,
et sous les sombres ombrages desquels ils choisissent,
comme beaucoup d'autres peuplades de l'Inde, quelque
grosse pierre pour objet de leur culte.
De même que tous les hommes sauvages et indigents,
ceux-ci sont avides de chair, et le vol des bestiaux, des
bœufs surtout qu'ils enlèvent pour les manger, est le plus

fréquent des délits que leur reprochent leurs voisins des terres cultivées.

Chasseurs et ichthyophages aussi bien que maraudeurs, ils n'ont d'autre instrument de pêche et de chasse qu'un arc de bambou, dont la forme, la taille, la corde formée d'une lanière d'écorce et les flèches de roseau, armées d'une pointe de fer lancéiforme, me rappelèrent l'arme favorite des Fellans et des Mandingues des bords du Niger.

Si ravalés qu'ils soient maintenant sur l'échelle sociale, ils sont, comme les peuplades du Gondwana, comme les Puharis du Rajmal, les Coulis du Concan, les Khasias, les Lepkas des montagnes du nord, les restes de la puissante couche de population védique qui couvrit l'Inde avant l'invasion des Ariens brahmaniques. C'est ce dont les possesseurs actuels du Rajpoutana conviennent en partie; car les légendes relatives au plus grand nombre de leurs cités et de leurs forteresses principales racontent qu'elles furent fondées par tels ou tels chefs bhils, puis conquises sur eux par tels ou tels *enfants du Soleil*[1]. A l'appui de cette assertion on pourrait citer la ville de Bhilwarra, une des plus florissantes du Malva, et qui a gardé dans son nom, avec l'ethnique même de sa population originaire, une des formes les plus anciennes que l'on connaisse du mot *bourg* ou *cité*[2].

En somme, et suivant tous ceux qui les ont observés, ils valent mieux que leurs conquérants. On peut davantage compter sur leur parole; ils sont d'un caractère plus fixe, d'un esprit plus liant. Ils traitent leurs femmes avec plus d'égards et leur accordent plus d'influence. L'infanticide, si commun parmi les fiers Ariens de l'ouest, leur est toujours demeuré inconnu. Bien que dans leurs expé-

---

1. Heber's *Travels*, t. III. — 2. Warren-zend, *gaa* en sanscrit; *ouarra*, chez les pasteurs conquérants de l'Egypte, dix-huit siècles avant J. C.

ditions de maraude ou de guerre ils ne se fassent aucun scrupule de répandre le sang de l'homme, ils ne sont ni vindicatifs ni inhospitaliers; et jamais un officier britannique, s'abandonnant à leur bonne foi pour aller pêcher ou chasser dans leur pays, sans escorte, sans autres guides que ces pauvres sauvages eux-mêmes , qui , pour un peu d'eau-de-vie, lui facilitaient volontiers le chemin et la proie, n'a eu à se repentir de la confiance qu'il mettait en eux.

L'honneur d'avoir songé le premier à tirer parti des Bhils et à améliorer leur sort revient à sir John Malcolm , qui administra le Malwa après la pacification des Mahrattes. Il était très-populaire parmi les Hindous, et parmi les Bhils son souvenir est encore un objet de vénération enthousiaste. Il tenait table ouverte pour tous leurs chefs de clans et les gratifiait de larges libations d'eau-de-vie. Un jour il apprit qu'un certain nombre de ces sauvages s'étaient réunis, épiant l'occasion de piller un trésor qu'il allait expédier de Mhow à Bombay sous une assez faible escorte. Il les attira près de lui, flatta leur instinct militaire, leur offrit du service qu'ils acceptèrent avec joie, et les commit à la garde du trésor qu'ils se préparaient à attaquer; ils reconnurent sa confiance par leur fidélité. On cite d'eux et de lui beaucoup de traits semblables.

De Mundleysir, où je séjournai quelques jours, je dirigeai plusieurs excursions le long de Nerbudda, fleuve qui emprunte un caractère étrangement pittoresque, unique dans l'Inde, aux hautes berges de roches vives entre lesquelles ses eaux toujours limpides et bleues coulent comme dans un gigantesque canal artificiel.

Le mariage de la Nerbudda. — Légende mythologique.

Déjà remarquable à ce point de vue, la Nerbudda est en outre un des fleuves sacrés de l'Inde. Selon la croyance de ses riverains, elle l'emporte en sainteté sur le Gange lui-même. En effet, s'il faut absolument se baigner dans les eaux du Gange ou en boire pour profiter de leur vertu, la seule vue de la Nerbudda bénit et purifie l'heureux pèlerin qui l'aperçoit du haut des falaises escarpées qui encaissent son étroit bassin. Aussi le Gange perd-il chaque année en réputation et en hommages ce que gagne à ses dépens la Nerbudda.

Le brahmane d'un petit temple situé sur sa rive nord, non loin de la route postale de Bombay à Agra, me raconta le plus sérieusement du monde la légende suivante relative à cette rivière :

« Au temps de la jeunesse du monde, la Nerbudda, étant arrivée à l'âge de raison, conçut le dessein de se marier. Après avoir hésité longtemps entre divers prétendants, elle fixa son choix sur le Soane, né sur le même plateau qu'elle. Toutes les formalités préliminaires accomplies, le Soane se mit en marche avec la pompe voulue pour venir trouver sa fiancée. Les futurs époux ne s'étaient jamais vus, et la Nerbudda était si impatiente de connaître le Soane, qui s'avançait bien lentement, qu'elle dépêcha à sa rencontre la fille de son coiffeur [1], nommé Dhjola. « Va, » lui dit-elle, « approche-toi de lui sans qu'il s'en doute, et « reviens au plus vite m'apprendre comment il est. » Dhjola obéit, part le jour même, et se rend en toute hâte auprès du Soane; mais il ne chercha pas ou chercha mal à se dérober à sa vue. Il l'aperçut, la trouva charmante, et, aussi prompt dans ses impressions qu'il était lent dans sa démarche majestueuse, il lui offrit son cœur, que la messagère infidèle eut l'indignité d'accepter. A la nouvelle de cet affront, la Nerbudda furieuse s'élance hors de son lit et se dirige en rugissant vers l'asile où repo-

____

1. Dans l'Inde, les barbiers ou coiffeurs sont toujours mêlés aux négociations matrimoniales.

saient les deux coupables. « Misérables ! » s'écrie-t-elle à leur vue.... mais la colère l'empêche d'achever : d'un coup de pied, elle renvoie le Soane vers l'est, d'où il venait ; d'un second elle étend Dhjola derrière lui ; puis, sans mot dire, elle s'enfuit à l'ouest, écumante de rage, vers le golfe de Cambaye. Telle était sa colère, qu'elle brisa ou renversa tous les rochers qui s'opposaient à son passage, comme s'ils eussent été des noix de coco, dit en terminant le brahmane.

— Mais, lui observai-je, si le mariage eût été célébré, la femme eût-elle suivi son mari à l'est, ou l'eût elle emmené avec elle du côté du couchant ?

« — Il avait été convenu, me répondit le digne prêtre sans se dérider, qu'elle accompagnerait son mari dans les contrées de l'orient ; mais, après l'outrage qu'elle venait de recevoir, elle jura qu'elle ne suivrait plus jamais, ne fût-ce que d'un pas, la même direction que ces misérables, et qu'elle roulerait à l'ouest, bien que toutes les autres rivières de l'Inde coulassent en sens opposé. Depuis ce jour elle n'a pas failli une fois à son serment ; elle a toujours coulé à l'ouest, la rivière vierge ! »

Ceux qui veulent une explication à toute chose devront se rappeler que le Soane, qui prend sa source à peu de distance de la Nerbudda, sur le plateau d'Omurkuntuk, suit pendant quelque temps la direction de l'ouest, comme incertain de sa voie, puis, au moment de recevoir les eaux d'un petit ruisseau nommé Dhjola, se tourne tout à coup vers l'orient et se précipite avec son modeste affluent le long des terrasses septentrionales des monts Vindhias, où il forme une série d'assez belles chutes. Voilà le fond réel sur lequel l'imagination hindoue a brodé les ornements qui précèdent.

Monomanie matrimoniale des Hindous.

Je dois ajouter que nul peuple n'est possédé comme celui de l'Inde de la monomanie matrimoniale. De l'Indus au Brahmapoutra, du cap Comorin à l'Himalaya on marie journellement non-seulement les rivières entre elles, mais les arbres, les réservoirs, les citernes, et même de simples pierres : le tout avec des dépenses et des formalités fabuleuses. Un Hindou plante-t-il un verger, ni lui ni sa famille ne touchent aux fruits qui surviennent avant d'avoir marié au moins un manguier à un autre arbre, ordinairement à un tamarin ou à un jasmin ; s'il construit une citerne, s'il enclôt une source, il ne boira pas de leurs eaux avant de les avoir mariées à quelque bananier planté dans ce seul but sur leurs bords. Et plus il nourrira et festoiera de brahmanes dans les cérémonies qui accompagnent ces étranges unions, plus il s'estimera heureux et fier.

Ce n'est pas tout. Ayant un jour trouvé sur ma route certaines pierres fossiles de la classe des *volutes*, j'en ramassai quelques-unes, que je me mis à casser à l'aide de mon marteau de géologue pour en étudier les fragments. A cette vue, ma suite, qui défilait devant moi, se mit à pousser des gémissements désespérés et à trembler, comme si elle se fût attendue à voir la terre s'entr'ouvrir pour l'engloutir avec moi. Ayant demandé, tranquillement et sans perdre un coup de marteau, à un de ces pauvres diables la cause de l'horreur et de l'effroi dont je les voyais tous saisis : « Saheb, me répondit-il tout ému, vous pulvérisez un *saligram*, le mari de la *toulsie !* un *saligram*, qui dans toute l'Inde a droit aux honneurs divins, et que nous adorons tous comme la plus sainte des pierres ! » Ayant alors promis à ce brave serviteur de respecter dorénavant l'objet de sa vénération, j'obtins de lui l'explication suivante : Suivant l'opinion d'un grand nombre de ses compatriotes, Sita, la fidèle épouse de Rama, ayant été métamorphosée en *toulsie*, arbuste du genre *asymum*, le *saligram* représente le grand Rama lui-même. Dans tous les districts où se rencontre ce volute, on le marie chaque année à l'arbuste sacré. Dans une cérémonie de ce genre dont le narrateur avait été témoin près de Saugor, le cortége nuptial ne comptait pas moins de huit éléphants, douze cents chameaux et quatre mille chevaux, tous montés et élégamment équipés. L'éléphant qui ouvrait la marche, et dont le caparaçon valait une dot de princesse, transportait, sur un baldaquin magnifique, le petit caillou-dieu auprès de sa fiancée, la frêle plante-déesse. On les maria avec toutes les cérémonies d'usage, puis on les déposa l'un à côté de l'autre dans un temple, où ils devaient rester jusqu'à la saison suivante. Plus de cent mille personnes assistaient à la célébration de cet hyménée, et le rajah de Saugor les nourrit et les régala toutes à ses frais.

Ruines au désert. — Cantonnement anglais.

Mon hôte de Mundleysir, obligé de se rendre à Indour pour conférer avec le résident de cette ville, m'offrit de faire route avec lui et de traverser en chasseurs la vaste forêt de Mhandou, qui s'étend depuis les bords de la Nerbudda jusqu'aux premières terrasses des monts Vindhias. Je ne pouvais qu'accepter une si obligeante proposition. Après avoir donné rendez-vous à mon bagage et à mes gens à Indour même, nous partîmes au grand trot de nos chevaux, précédés et suivis par quelques cavaliers de la station, chargés d'assurer la route autour de nous.

La forêt de Mhandou, sur plusieurs lieues d'étendue, encadre une masse indescriptible de ruines. On ne voit sous les rameaux des ficus que palais éboulés, tombeaux de marbre envahis par les lianes et les racines, magnifiques bassins comblés de débris d'architécture et de détritus d'une végétation plus destructive encore que le temps. Tout cela, c'est Mhandou ; mais ce nom[1] ne rappelle aujourd'hui à la pensée de l'homme que l'idée de la *malaria* qui s'exhale de ces antiques habitations des rois et en interdit le séjour. Les animaux mêmes semblent l'éviter ; aucun oiseau n'animait cette solitude ; les grands arbres penchaient en silence leurs cimes au-dessus des eaux dormantes que les pluies des tropiques venaient d'accumuler dans les bassins de marbre, et, contre notre attente, nous ne pûmes même découvrir sur la vase des marécages la moindre piste de ces grands sangliers si communs dans toutes les forêts de l'Inde.

Le lendemain nous atteignîmes le camp de Mhow, un des trois grands cantonnements que le gouvernement anglais entretient entre la Nerbudda et Delhi. Il y a là quatre mille hommes de troupes, infanterie, cavalerie, artillerie, jouissant de tout le confort qui dans l'Inde est inséparable de ces établissements.

Celui-ci a un aspect tout à fait européen ; il possède une église avec un clocher, une salle de spectacle et un vaste salon de lecture, assez bien fourni de livres, mais fort peu peuplé de lecteurs, excepté à l'heure où arrivent les journaux d'Angleterre et des présidences ; enfin les soixante-dix ou quatre-vingts officiers britanniques de Mhow, dont beaucoup sont mariés, n'attendaient, lors de mon passage, qu'un abaissement de quelques degrés dans la température pour organiser un bal masqué !

---

1. On le fait dériver de *manda*, maladie.

Nous étions arrivés à l'heure du dîner, et, aussitôt que nous eûmes échangé nos vêtemens de *sportsmen* contre la tenue de ville obligatoire, mon compagnon me mena à la table du ***ᵉ régiment, dont il faisait partie, et où, quoique absent, il conserve son droit de *mess*[1].

« Je fus ébloui du spectacle déployé sous mes yeux. C'était une pompe vraiment royale. Une vaisselle et une argenterie massives et ciselées du plus beau travail, que l'on changeait à chaque instant, des cristaux resplendissants, des candélabres et des lampes de la plus grande richesse, versaient ou reflétaient la lumière. Des urnes à l'antique, en or, en vermeil, en argent massif; des trophées de courses; des vases dignes de Benvenuto Cellini, remplis de fleurs, ornés de devises ou de cimiers en relief, jalonnaient la table d'une extrémité à l'autre. A l'éclat des lumières, au nombre prodigieux des domestiques, à la richesse des uniformes, on aurait pu se croire à la table d'un ambassadeur ou d'un souverain. L'atmosphère et la conversation étaient celles d'un salon, salon anglais bien entendu, rien qui rappelât la tabagie ou le corps de garde; les sujets traités étaient la politique du jour, la chasse, les chevaux, quelque peu de médisances.

« Après le pudding de fondation, on enleva la nappe d'étoffe damassée, et je vis se développer entre deux longues files de convives une table d'acajou massif de quarante pieds de longueur, polie comme un miroir et qu'on eût crue d'un seul morceau. Sur cette brillante surface reparurent bientôt les fruits de la saison, les vases d'or, les cristaux, les vins de Madère, d'Espagne et de France. Il y eut un moment de silence et de recueillement général; toutes les conversations s'arrêtèrent

---

1. Mot anglais qui signifie littéralement *plat*, *gamelle*, et par extension la table commune à tous les officiers d'un même corps.

soudainement pour attendre le signal d'usage du président. Quand tout fut symétriquement disposé selon les formes prescrites, celui-ci se leva, remplit son verre, et s'adressant à l'assemblée prononça d'une voix grave : *The Queen*[1]. A cet appel les bouteilles circulèrent rapidement de main en main, et, quand tous les verres étincelèrent d'ambre ou de rubis, toutes les voix, se joignant à celle du président, répétèrent simultanément : *The Queen*, et la musique du régiment, placée dans une salle voisine, entonna avec une explosion de symphonie militaire l'air national de *God save*[2] ! »

Telle est la formule sacramentelle qui remplace quotidiennement pour le militaire anglais la libation antique : *Aux dieux hospitaliers* ! Tel est le luxe dont il ne se sépare dans aucune occasion, même en campagne, à l'imitation des satrapes de l'Asie ancienne. Lors du désastre de l'armée anglaise dans le Caboul, en 1842, les Afghans ne recueillirent pas moins de richesses inutiles, de folles superfluités dans le camp des Européens vaincus, que les rustiques soldats de Pausanias et d'Aristide dans les tentes des Perses après la bataille de Platée.

Les cipahis ou soldats indigènes.

La présence de plusieurs régiments d'infanterie indigène me permit, dès le camp de Mhow, de pénétrer dans l'organisation de l'armée de la Compagnie et d'en étudier le mécanisme.

De même que leurs frères d'armes à la peau blanche, les cipahis ou soldats hindous ne sont pas casernés, mais ont pour demeures des sortes de tentes à la charpente de bambou et aux cloisons de nattes. Alignées par quar-

---

1. A la Reine. — 2. Éd. de Warren, t. Ier.

tiers, entourées de petits fossés d'asséchement, ces cabanes sont aussi propres que saines et commodes. Chacune, en général, ne sert qu'à un seul homme, dont le ménage se compose d'un fort filet tendu sur un cadre et tenant lieu de lit, d'un panier servant d'armoire et de deux ou trois ustensiles de cuisine.

Chaque régiment d'infanterie native, modelé sur ceux de la mère patrie, n'est guère que l'égal d'un de nos bataillons au grand complet ; il ne compte que neuf compagnies de quatre-vingt-dix à cent hommes l'une.

Son état-major se compose : 1° d'un colonel-général, qui, sur le même pied que ses collègues de l'armée de la reine, sans avoir à s'occuper le moins du monde du corps auquel il est attaché nominalement, perçoit un bénéfice considérable sur les fournitures ; 2° d'un lieutenant-colonel, personnage nomade, toujours à la recherche d'un bataillon dépourvu d'officiers supérieurs ; 3° d'un major, le plus ancien officier et la cheville ouvrière du corps ; 4° de six capitaines et de dix-huit lieutenants ou sous-lieutenants. Comme, selon le système adopté par la Compagnie, de diminuer le nombre des employés pour augmenter leurs profits, bon nombre de ces officiers sont détachés aux états-majors généraux ou appelés à des fonctions civiles, et que deux d'entre eux sont encore choisis pour cumuler avec leur emploi celui d'adjudant et de quartier-maître, il s'ensuit qu'il n'y a jamais sous les drapeaux qu'un bien petit nombre d'officiers européens.

Il est vrai que le corps possède en outre dix-huit officiers indigènes, dont neuf reçoivent le titre de *soubadar*, qui est censé correspondre au rang de capitaine, et neuf celui de *djemmadar*, représentant le titre de lieutenant. Mais les uns et les autres sont réellement subordonnés au dernier sous-lieutenant anglais. Aucun grade, aucun titre ne saurait effacer cette terrible distinction de la peau.

Le cipahi en garnison reçoit l'habillement militaire et huit roupies par mois[1]. Bien que sa nourriture soit à sa charge, cette solde lui suffit et au delà. En marche et en campagne, elle s'élève plus haut, mais aucune ration ne leur est distribuée ; il résulte de là qu'un petit corps de troupes est toujours suivi d'une multitude de marchands de toute espèce qui campent avec elles et s'établissent à poste fixe autour de leurs cantonnements. Une armée a donc ainsi son bazar ; un régiment, le moindre détachement en marche a le sien. Chaque officier traîne en outre après lui un énorme bagage, un lit, une voiture, une tente très-lourde avec tout le monde nécessaire pour la dresser, et quinze, vingt ou trente domestiques pour le servir. C'est ainsi qu'un jour de bataille une immense agglomération ne présente que peu de combattants, et que sont justifiés les chiffres avancés par les anciens historiens pour les armées de Xerxès et de Darius.

Les heures de service une fois passées, c'est-à-dire dès sept heures du matin, l'étranger qui traverse les lignes du cantonnement indo-britannique pourrait oublier qu'il est dans un quartier militaire. Les cipahis, débarrassés aussitôt de leur uniforme, vont la poitrine et les pieds nus comme les gens du peuple, en caleçon et la petite calotte hindoue sur la tête : point d'armes entre leurs mains durant tout le jour ; elles sont déposées après l'exercice dans de petits magasins, où un *lascar* est chargé de leur entretien. Ce n'est pas qu'on se défie de la loyauté de ces soldats, mais on n'a pas trop de con-

____

1. Environ 20 francs.

fiance en leur sens commun ; on les regarde comme des enfants, et, comme un fusil est une machine trop délicate et trop compliquée pour leur servir de jouet, on le leur ôte. Il en est de même des munitions, qui, dans un pays où le salpêtre est toujours liquescent, exigent beaucoup de soin ; c'est toujours le lascar qui en a exclusivement la garde.

De toutes les institutions que le cours des siècles a modifiées dans l'Inde, l'armée est la seule qui ait le privilége d'offrir à toutes les classes de la société un rendez-vous où elles puissent se rencontrer, se coudoyer sans déroger. La profession des armes anoblissant, le paria peut y figurer à côté du brahmane de la plus haute lignée ; aussi le service militaire est-il très — recherché ; c'est une faveur que d'y être admis, une punition d'en être renvoyé. S'il fallait à la Compagnie un million de volontaires pour recruter son armée, elle les trouverait en moins de six mois. Au premier son du tambour d'appel, on verrait de chaque carrefour, de chaque caravansérail, de chaque masure délabrée où la misère peut trouver un abri, affluer un contingent d'*oumeydwars* ou d'*hommes d'espérance*, comme on appelle par une triste antiphrase les pauvres diables qui ayant tout perdu, jusqu'aux instruments de travail, laboureurs, tisserands, manouvriers sans emploi, attendant tristement, leur ceinture de famine serrée autour du corps, l'occasion de gagner une poignée de riz pour euxmêmes et souvent pour leurs familles cachées dans le voisinage.

Une fois à l'ombre du drapeau, musulmans et Indiens de toutes sectes vivent pacifiquement ensemble ; les dissidences de culte, les rivalités d'autels qui les divisent ailleurs n'engendrent là aucun sentiment de haine. Point d'aigres discussions, mais aussi point de sociabilité entre eux ; aucune de ces recherches de plaisir en commun qui resserrent tant la fraternité d'armes parmi nos soldats européens ; on ne voit même jamais les cipahis de même caste jouer entre eux pour alléger le poids du temps. Chacun se tient chez soi, mange, fume solitairement, et ne sort guère que le matin et le soir pour aller faire ses dévotions et ses ablutions.

Les chefs européens qui commandent les cipahis se louent avec raison de leur caractère doux, de leur esprit de subordination ; ce sont, disent-ils, les soldats les plus disciplinés du monde. Cela tient à plusieurs causes : c'est d'abord qu'on exige beaucoup moins du cipahi que du soldat d'Europe ; qu'il a infiniment plus de liberté et que, hors les moments de service, il rentre dans toutes les habitudes de la vie civile. Et puis, il faut considérer que la plupart des infractions quotidiennes à la discipline, dans une armée européenne, sont la conséquence de l'ivrognerie et de la gaieté des jeunes soldats. Il n'y a d'ivrognerie dans l'Inde que parmi les gens au-dessus ou au-dessous des préjugés, les princes ou la classe la plus abjecte. L'armée indienne boit de l'eau ; elle est grave, j'allais presque dire triste, comme la masse de la nation d'où elle sort [1].

Indour. — Oujein. — Une reine de douze ans.

Indour, à une marche de Mhow, est la capitale de ces Holkars dont la puissance, à la fin du XVIIIᵉ siècle, menaça l'Inde entière de sa suprématie ; ainsi que ses maîtres, cette ville est aujourd'hui bien déchue. Sa cour mahratte est l'une des plus pauvres de l'Hindoustan ; l'é-

1. Jacquemont, *Journal*, t. Iᵉʳ ; Éd. de Warren, t. I et II.

légance orientale, l'étiquette qui par l'importance des
dehors cherche à masquer dans les palais musulmans
et rajpoutes l'insignifiance du fond, n'a pas été acquise
par les Mahrattes, ces parvenus du Deccan. Le descendant actuel d'Holcar, enfant d'une quinzaine d'années, déjà abruti par l'éducation princière de l'Orient,
réduit au rôle de nos anciens *rois fainéants*, ne possède du pouvoir que les puériles vanités. C'est le résident britannique qui gouverne aujourd'hui ses États,
dont le revenu couvre à peine les dépenses et l'onéreux entretien d'un contingent de trois mille six cents
cavaliers, tenu par les traités à la disposition de la Compagnie.

Sans antiquités, sans avenir, Indour ne pouvait me
retenir bien longtemps ; dès que ma caravane m'y eut
rejoint, je me hâtai de quitter cette ville, non sans avoir
échangé plus d'une cordiale poignée de main avec mon
hôte de Mundleysir.

Oujein[1], que j'atteignis ensuite en doublant une étape,
occupe un rang distingué parmi les cités saintes de l'Hindoustan. Au commencement de notre ère, elle fut la métropole de l'empire de Vikramaditya, le siége des arts,
des sciences et du mouvement littéraire auquel présida
cet illustre monarque. C'est par son observatoire, situé
sur la rive orientale de la Siprah, rivière qui coule
au nord dans le bassin du Gange, que les astronomes
et les géographes de l'Inde font passer leur premier
méridien[2].

Comme Herculanum et Pompéi, l'ancienne Oujein repose aujourd'hui sous terre, victime de quelque catastrophe physique ignorée. La légende hindoue dit qu'une
pluie de terre a enseveli la ville et ses habitants. Quelle

---

1. L'*Ujadjini* des Puranas, l'*Ozène* de Ptolémée. — 2. Sa position
est par 29° 11′ latitude nord, 73° 27′ à l'est de Paris.

que soit la base de cette tradition, toujours est-il qu'il faut maintenant creuser de sept à dix mètres pour trouver les murs de brique, les colonnes de pierre ou de marbre, les charpentes à demi fossiles des anciennes constructions. Une seule ruine de cette époque domine encore la surface du sol : c'est un temple massif en roche basaltique grisâtre, dont l'intérieur renferme l'entrée de vastes souterrains aux voûtes supportées par des colonnes de basalte, aux parois revêtues de basalte et garnies de niches remplies d'idoles. Ces caves ont été taillées dans le roc ; mais, travail énorme ! on y a introduit du dehors les blocs qui en forment le revêtement et le plafond. Les brahmanes qui vivent là prétendent qu'un de ces souterrains s'étend jusqu'à Bénarès, mais que plusieurs personnes s'y étant perdues, le gouvernement en avait fait condamner l'entrée au commencement de ce siècle. On peut juger de la valeur de l'assertion de ces prêtres, par ce seul fait qu'entre les deux villes il n'y a pas moins de 200 lieues !

La ville moderne, grâce à l'agglomération de ses constructions de pierre et à ses toits de tuiles, a un aspect singulièrement européen ; sur les bords de la Siprah est un beau quai bien pavé, d'où l'on descend à la rivière par des degrés peu nombreux, car elle est peu profonde. Près de chacun de ces petits *ghauts* sont installés des brahmanes sur une aire de terre battue et enduite chaque jour de bouse de vache. Ils font réciter aux Hindous qui viennent se purifier en ces lieux leurs prières du matin, et les barbouillent de couleur sur le front et les tempes, chacun selon sa caste. Les plus réputés en sainteté ont naturellement le plus de pratiques et amassent bon nombre de païces dans leur journée. Les hautes et moyennes castes d'Hindous se baignent dans la partie la plus élevée du courant. Il est interdit aux mu-

sulmans de le faire. Les basses castes se baignent en
aval et sont ainsi fondées à dire aux hauts et puissants
seigneurs d'amont :

> Que Votre Majesté
> Ne se mette point en colère,
> Que plutôt elle considère
> Que je me vas désaltérant
> Dans le courant,
> Plus de vingt pas au-dessous d'elle, etc.

Peu de temps après l'établissement des Européens dans
le Malwa, cette grave question amena des rixes à Oujein,
entre eux et les Hindous de cette ville, les Anglais, dans
la saison des chaleurs, voulant prendre des bains à l'endroit même de la Siprah où les autres se livraient à
leurs ablutions purifiantes.

Oujein fait partie de ce qu'on a longtemps appelé emphatiquement l'empire de Gwalior, apanage de la famille
des Scindiahs, et qui, sur une ligne ondulée, brisée et
cent fois interrompue, de manière à défier tous les géographes possibles, s'étend le long du Bundelkund, depuis
le bassin de la Nerbudda jusqu'à celui de la Jumna. Cet
État ne compte pas moins de 4 millions d'âmes avec
un revenu net de 25 à 30 millions de francs ; mais son
indépendance a rendu le dernier soupir avec son souverain Jenkadji-Rao-Scindiah, décédé le 7 février 1843,
sans héritier direct. Dans cette occurrence, le gouvernement de la Compagnie, à titre de représentant du Grand-
Mogol, pouvait réunir l'empire de Gwalior à ses possessions directes. Mais, après de mûres réflexions, il jugea
plus profitable de continuer le *système subsidiaire* récemment établi, et qui met toutes les forces, toutes les
richesses d'un pays à sa disposition, en laissant retomber
l'odieux de la pression sur des mannequins intermédiaires. Il fut donc convenu que la veuve du dernier

prince, petite créature de douze ans, choisirait, avec toute la sagesse et le jugement de cet âge, un successeur à son mari parmi les branches collarérales de la famille Scindiah. Dirigée par le colonel Spiers, résident anglais, la petite Ranie arrêta son choix sur un enfant de neuf ans appelé Séaji-Rao, et, le 1er avril 1843, au milieu des fanfares, des coups de canon et de toutes les pompes asiatiques et européennes réunies, cet embryon de Maharajah fut installé sur le trône des Scindiahs. Mais tous les pouvoirs administratifs furent concentrés avec la régence entre les mains d'un ministre choisi et dirigé par le résident britannique.

Dans cette mesure qui commençait l'assujettissement définitif et le démembrement graduel et continu du dernier grand État mahratte, le gouvernement de Calcutta n'avait oublié qu'une chose, de peu d'importance à la première vue, l'orgueil et les passions d'une femme. Il apprit tout à coup que la jeune Ranie, mécontente de l'ombre d'influence qu'on lui avait laissée, venait de faire un coup d'État, avait renversé le ministre dirigeant et l'avait remplacé, de son autorité privée, par un jeune, beau et fort ambitieux *khasjie* (ami intime); c'est le nom modeste, que dans les cours de l'Inde, on donne aux titulaires d'un emploi que la plupart des souveraines célèbres, depuis Sémiramis jusqu'à Catherine II, ont rarement laissé vacant auprès de leur personne.

A cette révolution de palais, lord Ellenborough, alors gouverneur général, répondit en envahissant avec deux corps d'armée le territoire de Gwalior, et deux batailles sanglantes, où la discipline européenne triompha comme toujours des efforts mal dirigés des Hindous, mirent à sa discrétion la Ranie, le khasjie et leurs malencontreux champions.

Évitant de pousser à bout des milices qui venaient de

déployer un véritable courage, lord Ellenborough montra une grande habileté dans l'exploitation de son triomphe. Il commença par proclamer qu'il ne venait pas détrôner le jeune rajah, mais consolider sa puissance et régulariser son administration. Il était dû à l'armée mahratte un arriéré de trois mois de solde : il la leur fit payer, et de plus une gratification de trois autres mois. Licenciant tous ceux qui avaient des moyens d'existence indépendants de la profession des armes, il déclara que les autres, jusqu'à la concurrence de 10 000 hommes, seraient conservés au service de leur Maharajah, *avec une forte augmentation de paye, à l'instar du contingent d'Haïderabad;* et que cette augmentation aurait pour garantie, d'une part, *les officiers anglais qu'on leur donnerait pour les commander;* de l'autre, *le revenu mis à part de certaines provinces détachées à l'amiable de l'apanage des Scindiahs.*

« Ces conditions ayant été acceptées par les soldats mahrattes, toujours faciles à gagner avec de l'argent, et la direction de la régence ayant été confiée à une créature des Anglais, vieux pundit retors, rompu à toutes les intrigues de leur diplomatie, lord Ellenborough ramena sur le territoire de la Compagnie son armée d'invasion, qui traînait à sa suite un magnifique parc de 300 pièces d'artillerie, longtemps considéré comme le palladium des souverains de Gwalior, rangés désormais au rang de ces humbles vassaux qui n'existent que sous le bon plaisir du vice-roi de l'Inde, et à la condition d'une soumission aveugle et muette à toutes ses volontés [1]. »

J'oubliais de dire qu'on a permis à la Ranie d'entretenir un corps de 2000 hommes, à son choix, pour garder ses palais et fournir à ses *khasjies* futurs les moyens de jouer aux soldats.

____

1. Éd. de Warren, liv. III, chap. vi.

Un Caleb hindou.

Un détachement de cette force armée tenait garnison à Oujein lorsque j'y passai. Son chef vint me demander mes ordres à mon arrivée. J'ai vu peu de figures aussi comiques que celle-là. C'était un beau vieillard, vêtu selon la mode européenne d'avant 1789, habit à la française, culotte courte, souliers à boucles, mais sans bas et portant un turban d'or et d'écarlate au lieu de chapeau. Avec la gravité importante, mais toute bénigne, d'un suisse d'église, il étalait une grande barbe blanche, séparée en deux sur le milieu du menton, à la manière des Rajepouts, et portait dans sa ceinture autant de sabres, de poignards et de pistolets hors de service, qu'il en entrerait dans un magasin de bric-à-brac.

Comme le digne serviteur des Ravensvood, le fameux Caleb, avec lequel je lui trouvai plus d'un trait de ressemblance, ce sénéchal des palais royaux d'Oujein ne semblait préoccuper que de garantir intacts de tout soupçon le lustre évanoui et la puissance ébréchée de ses maîtres. Il me fit voir en grande pompe, dans une construction aujourd'hui déserte, des fresques moins grossières que les peintures ordinaires du pays. Elles représentent le Maharajah-Scindiah premier du nom, monté sur un éléphant et entouré d'un nombreux cortége de guerriers, parmi lesquels figurent en première ligne les généraux de Boigne et Perron, en uniforme européen. En apprenant que j'étais compatriote de ces Français qui ont laissé une renommée populaire chez les Mahrattes, le bon vieillard redoubla ses *salams* et se mit sur-le-champ à rêver aux moyens d'extraire de la misérable garnison qu'il commande une escorte d'honneur qui pût m'accompagner jusqu'aux frontières du Meiwar. J'eus bien de

la peine à le dissuader de cette idée héroï-comique, et je
dus, pour ne pas le blesser, accepter de sa main, à défaut
d'escorte, un *tchouprassi*, ou huissier, aux couleurs et
aux armes des Scindiahs. Heureusement le tchouprassi
se trouva être un homme intelligent, sensé, causant bien
et possédant sur les contrées que nous traversâmes ensemble une masse de connaissances, dont plus tard j'ai
pu reconnaître la justesse.

Le Malwa.

Le Malwa, subdivision du Rajahstan ou pays des
Rajpouts, qui s'étend au sud jusqu'à la Nerbudda, ne
peut être considéré comme une circonscription politique
ou naturelle. Suivant mon guide, cette province fut, il y
a dix-huit siècles, le noyau de l'empire de Vikramaditya;
aujourd'hui elle est partagée entre une foule de princes
hindous, dont les Scindiahs et les Holcars sont les plus
puissants et reçoivent un tribut de la plupart des autres.
Mais, comme dans tout le Rajahstan, ces apanages féodaux sont tellement déchiquetés, enchevêtrés, qu'il est
bien rare de rencontrer deux villages limitrophes appartenant au même seigneur et au même suzerain.

Dans son aspect général, le Malwa présente une plaine
faiblement ondulée qui s'élève au sud jusqu'aux monts
Vindhyas. Toutes les rivières y coulent du sud au nord
et s'unissent au Chumbol, dont la source est dans le
voisinage de la forêt de Mandhou. Aucun de ces cours
d'eau n'est considérable; mais tous, activant la décomposition de la couche de roche qui forme leurs lits,
tendent à augmenter l'épaisseur du sol arable, terreau gras et noir d'une extrême fertilité, où d'abondantes
récoltes de céréales, de graines oléagineuses, d'excellent
coton et du meilleur tabac de l'Inde se succèdent sans in-

Cette petite société anglaise a, comme toujours, ses salles de spectacle, de lecture et de bal, son *turf*, ses *sportsmen*, et, le dimanche, son service anglican.

Je ne m'arrêtai dans cette localité que le temps nécessaire pour congédier mon brave tchouprassi, et pour répondre par quelques défaites polies aux invitations que m'attiraient toujours, dans les centres européanisés, les nombreuses lettres de recommandation dont je me faisais précéder. Dès le lendemain, continuant ma route vers le nord, je pénétrais dans le Meiwar.

Le Meiwar. — Le siége de Tchittore.

L'aspect du sol de cet antique centre de la confédération des Rajpouts présente un contraste frappant avec celui du Malwa. A la place de l'humus gras et noir, des cultures variées, de la population agricole de cette dernière province, on ne voit plus que des landes sablonneuses, semées de taillis et de pâturages, où de grands troupeaux de bœufs blancs, de chameaux efflanqués et de brebis à la longue toison, errent sous la garde de pâtres armés, comme *ceux du temps d'Homère*, d'arcs, de flèches, de boucliers et d'une courte javeline. De loin en loin, sur les plis des collines qui ondulent à l'horizon, quelques châteaux à créneaux et à tourelles, entourés de fossés, rappellent au voyageur qu'il se retrouve en pleine féodalité, et qu'il doit veiller, sinon à sa sûreté, du moins à celle de ses bagages ; car, autre et fâcheux rapport avec notre moyen âge européen, plus d'une de ces nobles retraites n'est remarquable que par les habitudes rapaces de ses habitants.

Sur un rocher dominant le centre de la contrée, s'élève l'ancienne résidence des chefs du Meiwar, le fort de Tchittore, célèbre par la lutte désespérée que ces derniers champions de l'Inde arienne y soutinrent contre le grand Akbar. Je n'approchai de ces vieux murs qu'avec une sorte de respect. Le drame terrible qu'ils me remettaient en mémoire a été si souvent défiguré par plus d'une adjonction romanesque, que j'ai cru devoir lui restituer ici sa physionomie réelle, telle que nous l'a transmise Férishta, l'historien même de la conquête musulmane.

Durant une rébellion du Malwa, Djeimall, rajah du Meiwar, ayant prêté aide et appui aux révoltés, l'empereur Akbar marcha contre lui avec son armée. Le rajah, qui avait réuni 8000 Rajpouts d'élite et de grands dépôts d'armes et de provisions dans la forteresse de Tchittore, construite au sommet d'une montagne, se retira avec sa famille dans cette place, la jugeant inexpugnable. L'empereur vint l'y assiéger. Aussitôt après l'investissement, 4000 pionniers ouvrirent la tranchée, et bientôt deux batteries de gros canons commencèrent à battre les remparts. Ce moyen étant insuffisant, l'empereur fit diriger deux galeries de mines sous deux bastions différents, comptant qu'elles éclateraient à la fois. L'explosion ayant renversé un des bastions et ouvert une brèche praticable, les colonnes commandées pour l'assaut s'élancèrent immédiatement au milieu des décombres. Mais là, il advint qu'un des deux détachements devança, sur le terrain, l'effet complet d'une des mines dont la charge avait été mal calculée, et une nouvelle explosion, bouleversant tout à coup le second bastion, enveloppa assaillants et défenseurs dans la même catastrophe. Cet événement frappa d'une telle terreur l'autre colonne d'attaque, qu'abandonnant la brèche qu'elle couronnait déjà, elle lâcha pied dans le plus grand désordre.

Akbar ordonna l'ouverture d'une nouvelle mine; de

leur côté, les assiégeants ne perdaient pas courage, et tous, hommes, femmes, adolescents, soutenus par l'exemple de leur rajah et de son jeune frère, animés eux-mêmes par l'indomptable fermeté de leur mère, rivalisaient d'ardeur dans les travaux et dans les périls de la défense. Mais un jour que l'empereur était dans une de ses batteries, il aperçut Djeimall, activant, sur les remparts de la ville, de sa présence et de ses ordres, le zèle des travailleurs qui relevaient les brèches. Saisissant aussitôt une arquebuse, Akbar prit si bien son temps et son but qu'il logea une balle dans le front de son ennemi, qui tomba foudroyé à l'instant. Les assiégés virent leur destin écrit dans celui de leur chef, et désormais, sans peur comme sans espoir, résolurent de recourir à ce terble sacrifice du *Djouhar*, dont plusieurs cités donnèrent jadis le tragique spectacle au monde antique. Après avoir mis par le glaive et le poignard leurs femmes et leurs enfants à l'abri des insultes et des souillures de l'étranger, ils entassèrent leurs cadavres avec celui de leur rajah sur un gigantesque bûcher. Puis, quand la flamme eut tout dévoré, on les vit, revêtus de la robe jaune, symbole funèbre de leur pacte avec la mort, se ranger en bataille autour de ces cendres sacrées pour y attendre l'ennemi.

Il ne tarda pas à paraître sur les murs abandonnés de la forteresse ; l'énorme colonne de feu et de fumée qui, pendant toute une nuit, s'était élevée du bûcher, l'avait instruit de la résolution suprême des assiégés. Mais Akbar, craignant de sacrifier un trop grand nombre de ses soldats dans une attaque directe contre ces désespérés, se contenta d'abord de les faire fusiller de loin ; puis, ayant fait introduire dans la place trois cents éléphants de guerre, il leur fit exécuter une charge à fond sur ceux que sa mousqueterie avait épargnés. La scène qui sui-

vit ne peut se décrire. Les Rajpouts aux abois s'élancèrent au-devant de cette avalanche de bêtes fauves, qui
les écrasa tous et confondit dans un effroyable amalgame la chair et le sang de leurs membres broyés avec
les cendres de ceux qui les avaient précédés dans la
mort [1].

Ainsi tomba Tchittore en 1567. L'impression que sa
chute fit sur l'esprit de ses vainqueurs fut telle que,
quelques années plus tard, Akbar crut devoir élever deux
statues à la mémoire des héroïques frères qui avaient défendu cette ville contre lui. Le passage suivant d'une lettre
de Bernier prouve que, du temps de ce sagace observateur,
cette impression existait encore parmi les Mogols :

« A l'une des portes de la citadelle d'Agra, sont deux
grands éléphants de pierre. Sur l'un est la statue de
Djeimall, ce fameux rajah de Tchittore ; sur l'autre, celle
de Patta, son frère : deux braves qui, avec leur mère
encore plus brave qu'eux, donnèrent bien des affaires à
Akbar, et qui.... aimèrent mieux se faire tuer sur lès murailles de leur capitale que de se soumettre. C'est à
cause de cette générosité extraordinaire que leurs ennemis mêmes les ont crus dignes qu'on leur érigeât ces
statues. Ces deux éléphants surmontés de ces deux braves
impriment d'abord, en entrant dans cette forteresse, je
ne sais quoi de grand et je ne sais quelle respectueuse
terreur. »

Le temps qui s'est écoulé depuis Bernier a suffi pour
renverser ces monuments aussi honorables pour Akbar
que pour les vaincus de Tchittore, et le même vent de
ruine qui a balayé leurs vestiges dans Agra a effacé de
l'esprit léthargique des Hindous le plus glorieux souvenir
de leur histoire moderne. C'est à peine si une vague tra-

---

1. Férishta, *Histoire des Timourides de l'Inde.*

dition , mêlée, comme toujours, de fables puériles, permet aux *bhats* et aux *charuns* [1] du Rajahstan d'évoquer dans leurs chants le spectre sanglant du *Djouhar* de leur Numance.

La forteresse de Tchittore, qui n'est pas sans analogie avec celles d'Asurghur et de Dowlutabad, est depuis longtemps relevée de ses ruines et couvre toute la cime d'un plateau à pentes abruptes, d'une centaine de mètres d'élévation et de quatre milles de circonférence. Je ne pus visiter son intérieur, quelque envie que j'en eusse, son possesseur actuel, le ranah d'Oudipour, en défendant l'entrée aux Européens. Je ne sache pas qu'aucun voyageur de l'Occident y ait été admis depuis l'évêque Héber, en 1823. Le gouverneur actuel se confondit en excuses, et, se retranchant derrière sa consigne, s'étendit longuement sur la puissance de son maître, sur l'éclat de sa cour d'Oudipour (la métropole moderne du Meiwar), et n'omit aucune insistance pour m'engager à aller contempler ces merveilles de mes yeux.

Bien que, depuis qu'un pouvoir plus fort que celui des Timourides règne sur l'Hindoustan, le Meiwar ait perdu l'importance politique qu'il avait du temps des empereurs mogols, il a gardé le premier rang parmi les États rajpouts, dont aucun *rajah* ne dispute à son *ranah* la prééminence. Ne payant aucun tribut, tirant encore, bon an mal an, 5 millions de francs d'un pays qui, bien administré, en produirait 25, ce prince a gardé dans son palais toutes les vieilles traditions de l'orgueil *des fils du Soleil*, et l'extrême étiquette survit, comme toujours, à la toute-puissance. Si j'avais voulu contempler dans sa décrépitude une de ces cours dont les grands poëmes sanscrits peignent avec de si vives couleurs les types jeunes et pleins

____

1. Bardes errants et revêtus d'un caractère religieux.

d'avenir, je n'avais qu'à aller à Oudipour. Mais la vue
de cette parodie des vieux âges ne valait pas le long détour vers le sud qu'elle m'eût coûté, et j'avais mieux à
étudier en franchissant la ligne de collines qui sépare
le Meiwar du district anglais de Mhairwar.

Le Mhairwar. — Expérience sociale.

De temps immémorial, les habitants de cette dernière
contrée ne connaissaient d'autre manière de gagner leur
vie que d'aller piller les contrées qui environnent la leur.
Ce peuple de brigands est changé maintenant en un peuple de laboureurs, de pasteurs industrieux et paisibles.
Ni les chefs rajpouts ni les empereurs mogols n'avaient
pu subjuguer ces clans indomptables : il y a moins de
quarante ans que tout était à faire, et depuis moins
de trente ans un seul homme a tout fait. Un seul homme
a produit ce miracle, le major Henri Hall, et cette
admirable expérience n'a pas coûté une seule vie. Il
commença par s'assurer des hommes les plus méchants,
les plus indomptables, en les enfermant, en les mettant
aux fers, en les faisant travailler aux chemins. Ceux qui,
bien qu'ils eussent longtemps vécu à la pointe de l'épée,
n'étaient pourtant pas connus pour se livrer à d'inutiles
cruautés, il en faisait des soldats, et l'on voyait souvent ces
nouveaux défenseurs de l'ordre devenir les gardiens de
leurs camarades, même de leurs anciens chefs. Le reste
de la population s'est accoutumé peu à peu aux travaux du
labourage. Le meurtre des enfants du sexe féminin était
en usage chez les Mhairs comme dans tout le Rajpoutana. Cette pratique barbare est abandonnée aujourd'hui
parmi eux : on ne peut en dire autant de leurs aristocrates voisins. Le major Hall, au lieu de sévir contre les
coupables, a cherché les moyens de faire cesser les

causes du crime, de le rendre inutile, nuisible même à ceux qui le commettaient, et jamais il n'a été commis depuis. Je n'ai jamais vu de troupe mieux disciplinée parmi toutes celles de l'Inde que le corps levé parmi ces ci-devant sauvages. Dans les bourgs et hameaux que j'ai traversés, j'ai encore pu voir quelques représentants de la génération sur laquelle le major Hall a expérimenté. J'ai causé avec ces vieillards de leur ancien genre de vie et de leurs occupations présentes ; la plupart de ces hommes avaient versé le sang humain. Ils m'avouèrent qu'ils ne connaissaient autrefois aucun autre mode d'existence, et, d'après leur récit, cette existence était misérable : ils étaient nus, affamés. Maintenant, bien que le sol de leurs petites vallées soit pauvre et leurs montagnes stériles, tous les bras étant employés à la culture, ils en tirent de la nourriture en abondance. Ils sentent si bien les immenses avantages que le gouvernement anglais leur a procurés, qu'ils lui payent volontairement un tribut de 6 à 700 000 francs, qui s'accroîtra chaque année en proportion de leur aisance[1].

Le colonel Dixon, qui remplaça en 1836 le major Hall dans son commandement, succéda également à ses vues. En quatorze années, il a vu tripler sous son administration la surface des bassins d'irrigation, celle des terres cultivées, le chiffre de la population et celui du revenu.

Le Mhairwarra réalise ainsi depuis quelques années une utopie administrative destinée à montrer aux populations des États rajpouts d'alentour les bienfaits de la loi anglaise. Mais ce district a sur ses voisins cet avantage, que tous ses habitants, étant également pauvres, travaillent tous également. Il n'y a point dans le Mhairwarra de classe oisive comme celle des djaguirdars (possesseurs

____

1. Victor Jacquemont, *Correspondance*, t. II, p. 268.

de fiefs) et des zemindars (tenanciers). Les chefs de villages, qu'on appelle *pattels*, y sont des paysans comme les autres, également grossiers, mais également laborieux; et, là où chacun travaille et ne consomme rien en objets de luxe inutiles, il y a abondance du peu qui suffit à la vie. Voilà ce qu'on devrait songer surtout à donner à l'Inde, du pain et du riz à discrétion, avant d'encourager la civilisation factice d'un petit nombre de natifs qui ne sont propres à rien qu'à consommer le produit du travail d'un grand nombre de pauvres paysans[1].

Adjmir. — Jeïpour. — Amber.

De Béour, chef-lieu de ce district modèle, je piquai droit au nord sur Adjmir, ville très-ancienne, sanctifiée par le tombeau de je ne sais plus quel saint musulman, venu dans l'Inde au temps des conquérants ghasnevides. Peuplée encore d'une trentaine de mille âmes, Adjmir est le centre de l'action politique et militaire des Anglais dans le Rajpoutana. Sa position au point culminant de la longue chaîne de collines qui sépare le bassin du Gange de celui de l'Indus, au sommet d'une longue vallée pleine d'eau, d'ombres et de cultures; son lac enfermé dans une gorge des montagnes par une chaussée de marbre blanc; sa ceinture de jardins émaillés de rosiers dont les fleurs donnent l'atar, tout enfin, même le contraste des sables qui se déroulent dans l'ouest jusqu'aux bords de l'Indus, contribue à donner un charme étrange au site d'Adjmir; c'est un des plus remarquables de l'Inde.

Les Anglais ont démantelé la citadelle qui dominait cette ville, et dans son enceinte désormais inoffensive

---

1. Jacquemont, *Journal*, t. III, p. 401.

n'ont conservé qu'une caserne, près de laquelle des fakirs musulmans ou derviches, qui vont mendier pendant le jour auprès du tombeau du saint dont j'ai parlé, se sont construit de petits bouges pour la nuit. L'un d'eux ayant répondu par une insolence à une question que je lui adressais, je me vis forcé de le châtier, et un coup de pied convenablement appliqué le rendit, ainsi que ses confrères, de la plus extrême politesse. La bande entière, mains jointes à la hauteur du front, s'écria que *mon altesse, ma majesté* était souveraine et maîtresse chez eux et ailleurs, etc., etc. « Certainement, m'écriai-je, je suis le maître ici, et vous méritez que, pour vous le prouver, je vous en chasse tous à l'instant. »

Si la piété de ces hommes était sincère, je la respecterais ; mais elle ne leur est qu'un prétexte pour exiger des populations parmi lesquelles ils vivent des égards et des aumônes. Comme je redescendais vers la ville, à la tombée de la nuit, je rencontrai une troupe de bayadères qui montaient au fort dans leur costume de natch. Je pensais qu'elles allaient à la caserne, chez les cipahis ; mais elles me dirent que c'étaient les *pirzadehs*, les saints mendiants, qui les faisaient appeler. Les gueux de nos grandes villes d'Europe n'ont pas encore poussé l'épicuréisme si loin[1].

Il ne faut pas moins de cinq jours pour franchir les trente lieues qui séparent Adjmir de Jeïpour ; cinq jours à travers une couche épaisse de sables qui, poussés comme ceux de nos landes de Gascogne par les vents d'ouest, ont recouvert le sol primitif de la contrée. Comme dans nos landes, en creusant à quelques pieds sous ce sable on trouve des eaux courantes et un terreau fertile. Des travaux continus d'irrigation, de plantation et de semis

_____

1. Victor Jacquemont, *Journal*, t. III, p. 390.

rendraient peut-être tout le grand désert du Marwar à la culture.

En attendant, le sable de ce désert, sous l'impulsion des vents dominants, s'avance toujours. Déjà il a complétement enterré tout le côté occidental des remparts de Jeïpour, et, du haut des créneaux ensevelis, menace de retomber dans la ville.

Bien qu'entourée d'une scène de désolation, Jeïpour n'en est pas moins la plus grande et la plus belle cité de tout le Rajahstan. Elle est toute moderne; son fondadeur, Jey Sing, vivait il y a cent cinquante ans à peine. Le plus puissant des vassaux de l'empire mogol, il fut aussi l'homme le plus instruit de son temps. Ses connaissances mathématiques étaient si généralement reconnues, que l'empereur Mahommed Shah le chargea de réformer le calendrier. Delhi, Muttra, Oujein et Benarès lui durent des observatoires, et plus d'un auteur des *Asiatic Researches*, discourant sur l'astronomie ancienne des Hindous, n'a pas dédaigné de mettre à contribution les écrits de ce prince véritablement éclairé.

Jeïpour, qu'il créa tout d'une pièce, donne la mesure de ses goûts artistiques et architecturaux. Les rues y sont larges et se croisent à angles droits. Les maisons les plus communes sont construites en pierres granitiques des montagnes voisines; matière solide et recouverte d'un stuc poli d'une blancheur éclatante dans les constructions d'un ordre plus élevé. Enfin la plupart des temples et des palais sont revêtus de marbre blanc. Ce choix de matériaux et l'élégance de leur mise en œuvre, non moins que l'absence de masures, de ruines et de décombres, donnent à Jeïpour un air de prospérité que n'a aucune autre ville de l'Inde et peut-être de l'Asie.

Suivant Jacquemont, la surface occupée, dans cette ville de plus de soixante mille habitants, par les temples et les jardins des brahmanes, égale le tiers de son emplacement. Les palais du rajah en couvrent peut-être un autre tiers. Leur nombre s'élève à une dizaine au moins, communiquant tous ensemble par des jardins, des terrasses ou des galeries couvertes : galeries à festons et découpures de marbre, terrasses supportées par des arceaux et des colonnes, jardins où des jets d'eau murmurent à l'ombre des pipals, des jujubiers, des palmiers dattiers, des orangers et des cyprès.

Sans être bien remarquables par leur masse, tous ces palais sont des constructions fort élégantes. Ainsi l'un d'eux, entièrement revêtu de stuc d'un blanc de lait jouant le plus beau marbre, a ses piliers, ses colonnes, ses lambris et ses corniches bordés d'un liséré étroit bleu d'azur, et des arabesques d'or d'un goût exquis couvrent l'intérieur de ses panneaux. Non loin de celui-là, il y en a un autre dont les parois, entièrement de marbre blanc, figurent des panneaux et des lambris bordés d'un cadre de marbre noir. Je ne connais rien de plus gracieux et de plus noble à la fois.

Au nord de Jeïpour, un vallon où les eaux, filtrant de la base des montagnes voisines, entretiennent une verdure et une fraîcheur permanentes, est étroitement bordé d'une file non interrompue de temples, de monastères et de palais, encadrés dans d'épais massifs de mangos et de bananiers. A une petite lieue de la ville, ce vallon si frais, si fertile, aboutit à une chaîne de montagnes rocheuses et dénudées; puis une gorge âpre et sauvage s'ouvre devant le voyageur. Un lac en occupe le fond, et sur les pentes qui l'entourent se dressent de hautes murailles, de superbes portiques, de longues colonnades. Ce sont les palais d'Amber, l'ancienne métropole qu'a remplacée Jeïpour. Je n'ai rien vu de si pittoresque en

Europe, parmi tout ce que le moyen âge nous a laissé de ruines. D'ailleurs, Amber, qui a le charme mélancolique d'une ruine, n'en est pas une encore. Les descendants de Jeï-Sing, justement fiers de ce magnifique monument de l'antique splendeur de leur maison, l'entretiennent avec soin et l'habitent par intervalle. C'est quelque chose qui rappelle Grenade et l'Alhambra, mais qui a ce qui manque à l'ancienne cité des Maures : de vastes et profondes nappes d'eau, des ombrages mystérieux et sombres.

Dans la cour d'entrée est un temple domestique constamment desservi par des brahmanes et des fakirs. Comme j'y pénétrais, on faisait les préparatifs du sacrifice quotidien. On amena la victime devant l'idole : le brahmane lui jeta sur la tête de l'eau et des fleurs jaunes en marmottant les prières voulues par les rites antiques. Puis un enfant et un homme l'entraînèrent sur un carré de sable où sa tête fut tranchée d'un seul coup avec un couteau tenu à deux mains, et qui avait la forme d'un rasoir. La tête et le premier sang furent reçus dans un bassin de cuivre et placés devant l'idole, statue de Kali assise dans une sorte de niche ou tabernacle, et sur laquelle on tira un rideau après l'oblation. La victime était une chèvre ; il y a soixante ans, c'eût été une victime humaine.

Un maharajah moderne.

Je vis à Amber le maharajah actuel de Jeïpour, adolescent d'épaisse et lourde apparence, en dépit de la richesse de son costume et de la splendeur du trône sur lequel il crut devoir s'asseoir pour me donner audience. Après s'être informé de ma santé, de la France, du temps qu'il fallait pour s'y rendre de Jeïpour, il me fit interroger par son maître d'anglais sur quelques mots de cette langue, qu'il apprend par complaisance pour le résident. Puis il se leva du trône, me conduisit vers un tir, où, prenant un arc et des flèches, il se mit en devoir de me montrer son habileté comme archer. Il me mena ensuite sous une véranda donnant sur une cour assez vaste, et où des siéges de velours étaient disposés. Là on fit passer successivement sous nos yeux une petite voiture indienne attelée de quatre gazelles, un rhinocéros en liberté, que deux individus armés de deux bâtons dirigeaient à droite ou à gauche comme si c'eût été un buffle ; puis un petit cheval sur lequel le maharajah déploya ses talents équestres dans un petit temps de galop. Ensuite, mettant pied à terre, il releva avec soin la manche de son bras droit, prit un sabre proportionné à sa taille, et, se jetant bravement sur plusieurs tigres, lions, ours, hippopotames et autres bêtes féroces qui peuplaient cette cour, il leur trancha successivement la tête avec une admirable prestesse. A chaque tête qui tombait, des flots de sang jaillissaient du cou de la victime, et l'aimable prince répondait par un triomphant sourire aux applaudissements de la tourbe de valets qui suivaient ses pas. Mais ce sang n'était que de l'eau colorée, et les animaux , assez bien exécutés de main d'homme, étaient d'une substance molle et peinte à la détrempe.

Tels étaient les jeux, telle était l'éducation du descendant du grand Jeï-Sing : il ne donnera jamais d'ombrage aux maîtres actuels de l'Inde. Inutile d'ajouter que les États de ce jeune crétin sont fort mal administrés ; que leur revenu, malgré la lourdeur croissante des impôts, est tombé de trente millions à moins de huit ; que les armées des *belliqueux Rajpouts*, avec lesquelles ses ancêtres faisaient ou défaisaient les rois de Delhi, sont réduites à quelques milliers'd'hommes en guenilles , et dont la solde de 12 fr. 50 c. par mois est toujours arriérée; et qu'en'n il n'y a à Jeïpour qu'une chose qui se paye régulièrement : le tribut annuel de 1 800 000 fr. que perçoit la Compagnie.

Grâce aux écrits de quelques aristocrates de naissance ou d'opinion, comme le Suédois Biornstierna ou l'Anglais Tod, le nom de *Rajpout* (issu de rois) sonne bien haut aux oreilles des publicistes et des géographes européens. On parle d'un sentiment d'orgueil national , d'une certaine fierté jalouse de leur indépendance qui seraient particuliers aux peuples du Rajpoutana. Je viens de traverser cette contrée dans son plus grand diamètre, et je nie absolument ce sentiment parmi le peuple qui l'habite, surtout si on restreint ce nom de peuple à la masse qui laboure, sème, moissonne, travaille et vit de son travail. Horriblement tyrannisé par ses chefs, et, jusqu'à une époque très-récente, ayant pâti de leurs guerres intestines et de leurs querelles sans fin, ce peuple-là a tous les vices des esclaves et ceux des voleurs; menteur et servile comme les naturels des provinces britanniques, il les surpasse de beaucoup en ivrognerie, en passion pour l'opium et en sensualité. Ne connaissant guère de son rajah que les officiers, que les valets qui le taxent, le pillent et le battent, il reste aussi indifférent à la personne de son prince que le Bengalais ou le riverain du Krichna à la personnalité fantastique de la *vieille dame de Londres ;* pas plus qu'eux il n'a pour les Européens la moindre disposition de bienveillance ou de malveillance.

Quant aux propriétaires de fiefs ou de grands offices , quant à « ces seigneurs entourés d'une cour de vassaux comme les anciens barons d'Europe, et que l'on voit ceindre l'épée au jeune page et le proclamer chevalier ou entrer en campagne sur un ardent palefroi, le casque en tête, la rondache sur l'épaule et la lance à la main, pour combattre un voisin hostile, ennemi héréditaire ; quant à ces jeunes châtelaines enfin, que l'on voit chasser courageusement le tigre ou soigner avec délicatesse dans le castel de leur père le guerrier blessé dans les combats[1] ; » toute cette aristocratie de naissance ou de position, j'en suis fâché pour ses prôneurs, ne manifeste guère ce sentiment de fierté nationale qu'ils lui accordent que par une indifférence affectée, une sorte de rudesse vis-à-vis le petit nombre d'Européens qui traversent son territoire, et par son obstination criminelle à cultiver l'infanticide. Malgré les traités, malgré les efforts incessants du gouvernement britannique, la vanité, l'indigence et la superstition se liguent, conspirent dans la plupart des donjons du Rajahstan, pour y maintenir cet abominable usage.

Ainsi c'est une honte pour une noble famille d'avoir dans son sein une fille non mariée ; plus déshonorant encore serait de la marier à un homme de naissance inférieure ; et puis, tantôt les parents ne peuvent, tantôt ils ne veulent pas avoir à compter à un gendre d'un rang égal au leur la dot qu'il serait en droit d'exiger. D'ailleurs on croit généralement, avec sincérité, je pense, que le sacrifice d'un enfant est agréable *aux puissances du mal*.... Tant et si bien que, quoique les Rajpouts des plus illustres familles aient des fils nombreux, on ne trouve jamais dans leurs palais que fort peu de filles. L'opinion répandue dans le pays, et sans doute elle ne manque pas de fondement, car sur ce point le mystère n'existe que pour les Anglais, est qu'auprès de toutes les femmes nobles sur le point d'accoucher, un énorme vase

---

1. Biornsterna, *Tableau de l'empire britannique dans l'Inde*, chap. IV.

de lait est préparé à l'avance pour recevoir l'enfant, si c'est une fille. D'autres disent qu'une goutte d'opium a aussitôt raison de l'innocente créature... et cependant, père, mère, parents, tous ces gens-là, plutôt que de frapper une vache, se soumettraient aux plus cruelles tortures.

Les cinquante lieues qui séparent Jeïpour de la ville d'Agra m'offrirent, comme le long intervalle que j'avais franchi depuis les bords de la Nerbudda, un terrain ondulé dont chaque crête est couronnée de châteaux forts. Bon nombre d'entre eux, par leur étendue, leur masse imposante et leurs moyens de défense, égalent les plus beaux de ceux dont les ruines se mirent dans les eaux du Danube et du Rhin; mais l'observateur n'a pas besoin d'une longue station sous leurs orgueilleuses murailles pour se convaincre qu'elles recèlent aujourd'hui plus de sombres misères et d'iniquités qu'elles n'ont jamais contenu de poésie et de gloire. Il est peu de leurs possesseurs actuels qui ne méritent le sévère jugement que l'évêque Héber a prononcé contre eux : « Incapables de discerner leur propre intérêt, repoussant, s'il vient d'un étranger, tout conseil qui tendrait au bien-être de leurs vassaux, ces seigneurs suzerains de plusieurs millions de créatures humaines sont les plus ignorants et les plus dégradés des hommes[1] ! »

Dans le Rajahstan, comme ailleurs, l'arbre féodal a eu ses jours de splendeur et d'utilité; mais là, comme ailleurs, sa séve s'est figée et tarie, et ses rameaux ne projettent plus depuis longtemps qu'une ombre funeste. Ce n'est que par la décomposition de ses débris qu'il peut désormais féconder la terre.

L'action du gouvernement anglais, qui tend dans l'Inde

____

1. *Heber's Travels*, t. III.

à abaisser toutes les classes au même niveau, est donc providentielle. Les natifs qui ont reçu quelque éducation ou qui se croient bien nés peuvent s'en plaindre ou le lui reprocher ; mais ce n'est que par elle qu'il justifiera devant l'histoire sa domination sur l'Inde et qu'il pourra se laver des souillures qui ont marqué son intrusion dans cette contrée.

CHAPITRE IV.

D'AGRA A HURDWAR.

Aspect d'Agra. — Beauté de ses monuments. — Tombeau et légende de la belle sultane. — La perle des mosquées. — Le palais d'Akbar. — L'artiste *photographe*. — Le gouverneur d'Agra. — Son administration. — Organisation fiscale, administrative et judiciaire de l'empire indo-britannique. — Magistrats, juges et collecteurs. — Va-et-vient d'un projet de code. — Police; le boutiquier volé et l'inspecteur. — L'évêque catholique d'Agra. — Saint Paul et Krichna. — Épisode sanglant; les Polonais de l'Inde. — Route de Mattura; légende de Krichna. — Légende de Savitri. — Longue indifférence des Anglais à l'égard de l'Inde. — Grandeur des ruines de Delhi. — Souvenir de Nadir shah. — Le résident anglais; sa villa ombreuse. — Les jardins et le palais des Grands-Mogols. — Présentation au descendant de Timur et d'Akbar. — Misère et vanité ! — Déplacé partout ailleurs que dans un garde-meuble. — La fabrique et le fabricant de cachemires. — Départ pour la chasse. — La Bégum Sumrou. — Chasse dans les plaines de la Saraswatty; les *sportsmen* anglais. — Le rajah de Patialah. — La foire d'Hurdwar.

Aspect général d'Agra, ses monuments.

Par une belle matinée de février, six mois après mon départ de Bombay, j'atteignis enfin la vallée de la Jumna, la Yamouna des livres sanscrits, et, du haut d'un monticule de briques décomposées, dominant une plaine jonchée de débris, j'aperçus la ville d'Agra, chef-lieu de la vice-présidence de ce nom, et qui eut Akbar pour fondateur.

Malgré son aspect général de solitude et de solitude dévastée, cette vue puisait un charme indescriptible

dans les rayons du soleil levant. Les quartiers habités
de la ville s'élevaient sur l'arrière-plan, chargés d'ombres et de teintes vives; non contigus les uns aux autres,
mais séparés, comme les îlots d'un petit archipel, par des
espaces vagues, plus étendus que ceux qu'ils recouvrent,
et dont le sol nu, dur, de brique pilée par le temps, semblait dégager des effluves de lumineuse poussière. A
l'est, derrière les terrasses, les minarets et les jardins,
étincelaient les eaux de la Jumna; vers le sud, à une
couple de lieues, la blanche sépulture de Shah-Djéhan
plongeait dans l'horizon laiteux sa coupole aérienne,
tandis qu'à une lieue au nord de la ville actuelle, de majestueux massifs de manguiers et de tamarins séculaires
marquaient l'emplacement de *Secundrah*, le tombeau
d'Akbar. Les changements de la lumière, si rapides à
cette heure matinale, ajoutaient à cette variété de tons et
d'objets celle de leurs effets. C'était tout à la fois triste et
grandiose, un résumé de l'Inde moderne.

Les révolutions politiques et les guerres qui ont déchiré l'empire mogol, depuis la mort d'Aureng-Zeb, en
1707, jusqu'à l'occupation anglaise, en 1803, ont ajouté
dans Agra leurs terribles ravages à ceux du temps et
du climat destructeur de l'Inde. Des classes entières de
sa population d'autrefois ont disparu complétement, sans
laisser aucun héritier de leurs familles pour réclamer
les débris que ces fléaux avaient épargnés. De la cour si
nombreuse et si magnifique d'Akbar et d'Aurung-Zeb, il
ne reste pas à Agra un natif de rang. Ses quatre-vingt
mille habitants actuels, restes du million qu'elle eut autrefois, sont des artisans de tous métiers, des gens vivant
de leur travail journalier, de petits marchands, ou peut-
être quelques banquiers qui ne laissent pas de s'enrichir;
mais pas un d'eux ne sait ce qu'était son grand-père.

L'aspect de la ville est d'ailleurs plutôt musulman

qu'hindou. Elle est, après Jeïpour, la plus propre et la plus animée que j'aie encore vue dans l'intérieur. Une police en uniforme, à pied et à cheval, la plus respectable et la plus efficace que j'aie rencontrée en Asie, parcourt incessamment les rues et les bazars, veillant à l'ordre et à la sécurité de tous et de toutes choses. On sent la main et le voisinage d'une haute magistrature anglaise [1].

Chef-lieu, depuis une quinzaine d'années, des provinces du nord-ouest, centralisant dans son sein tous les pouvoirs administratifs et judiciaires d'où relèvent directement plus de vingt-trois millions d'hommes ; reliée à Calcutta par son fleuve et par une route à la macadam presque achevée, à Bombay et à Lahore par deux voies en construction, Agra doit nécessairement tendre à ressaisir une grande partie de son importance et de son développement d'autrefois. Quelques années encore, et, grâce à l'augmentation de sa population européenne, au concours d'une plus forte garnison, d'officiers de tous grades, de *civilian* de tous emplois [2], de planteurs d'indigo attirés par la protection et les avantages de son voisinage, le désert de briques qui l'environne, sillonné d'excellentes routes, traversé par des canaux, percé de puits et de citernes, se repeuplera de jardins et de villas, et Agra pourra être une des plus florissantes cités de l'Inde, comme elle en est une des plus admirables, la plus admirable peut-être par les monuments de sa splendeur passée.

Parmi ces monuments, j'ai déjà cité le tombeau d'Akbar, et tous les voyageurs ont vanté le *tadje* où Shah-Djéhan repose à côté d'une sultane favorite, aux restes

---

1. Jacquemont, *Journal*, t. Ier. — 2. Lieutenant-gouverneur, magistrats, juges de première instance, conseillers de la haute cour, receveurs d'impôts, de douanes, ingénieurs, agents forestiers, etc., etc.

mortels de laquelle il consacra cet édifice. « Ce mausolée, unique dans le monde par sa beauté, d'un style mauresque pur et très orné, est tout en marbre d'une blancheur éblouissante à l'extérieur, merveilleusement
sculpté, ciselé à jour, et incrusté à l'intérieur de mosaïques de porphyre, d'agate, de cornaline et de lapis-la-
zuli d'un fini et d'une perfection extrêmes. Ses dômes
gracieux, ses minarets élancés, ses treillages de marbre,
fins comme de la dentelle, s'élèvent au milieu d'un vaste
jardin où des jets d'eau jaillissent dans des avenues de
cyprès et sous des massifs d'orangers[1]. » Rien ne sied
mieux que tout cet ensemble à la mémoire d'une sultane
morte dans la fleur de sa beauté.

Ce monument porte l'inscription suivante : *A Ranou
Néour Bégum, l'ornement du palais.* Ranou touchait au
terme d'une grossesse pénible, lorsqu'elle crut entendre
crier l'enfant qu'elle portait dans son sein. Elle envoya
aussitôt chercher son époux Shah-Djéhan. « Aucune
mère, lui dit-elle, n'a survécu à un enfant qu'elle a entendu crier avant sa délivrance; je vais mourir, je n'en
puis douter. Avant de quitter la vie j'ai deux demandes à
te faire. Promets-moi de ne pas te remarier et de ne pas
donner le jour à des enfants qui disputeraient au mien
ton amour et tes biens. Jure-moi, de plus, de me faire
élever un tombeau qui rendra mon nom immortel. »
Ses pressentiments ne l'avaient pas trompée; la jeune
femme mourut en donnant le jour à une fille; mais ses
deux vœux suprêmes furent exaucés. Shah-Djéhan ne
prit point d'autre épouse et n'eut point d'autre enfant, et
il éleva à la belle compagne qu'il avait tant aimée un
tombeau qui a immortalisé sa mémoire. Tavernier, qui vit
construire et terminer ce mausolée sans pareil, rapporte

1. Prince A. Soltikoff, t. Ier.

que, pendant vingt-deux années, vingt mille hommes y tra-
vaillèrent, et qu'il coûta quatre-vingts millions de francs.

Cette somme énorme a au moins atteint le but que se
proposait le fondateur ; car, en contemplant le Tadje-
Mahal, plus d'une beauté de l'Occident s'est écriée : « Je
consentirais à mourir à l'instant même, si j'étais sûre
d'avoir un semblable tombeau [1]. »

Le *Môti Mosjed* ou la Perle des mosquées, que j'allai
voir ensuite, mérite son joli nom. « Sa beauté surprend
d'autant plus que d'avance rien n'y prépare. Son enceinte
extérieure ne montre que ce grès rouge et triste dont le
fort entier est bâti ; mais, dès qu'on a franchi la porte
d'entrée, on se trouve isolé du monde entier, dans un
petit monde de marbre blanc. C'est une grande cour carrée avec un bassin au milieu pour les ablutions, une galerie en arcades sur trois des côtés, et, sur celui qui fait
face à l'entrée, une sorte de vestibule immense élevé de
quelques degrés au-dessus de la cour, et dont le toit est
porté par une forêt de colonnes. Au-dessus de sa terrasse
s'élève un grand dôme renflé, flanqué de deux autres
semblables, mais plus petits, selon l'usage. Point de minarets ; peu de ces petits kiosques faits pour les nains,
qui surchargent les terrasses des édifices de ce genre ;
peu de moulures sur les marbres : leurs panneaux sont
seulement encadrés d'un mince filet noir qui paraît comme
l'ombre d'une moulure. Du monde extérieur on ne voit
rien que la tête touffue d'un bel arbre que le hasard a
placé en face de la porte, à quelque distance. De son tumulte, de ses agitations, on ne voit que le mouvement léger du feuillage de cet arbre, où jouent ensemble la brise
et le soleil. C'est une scène de paix, de sérénité douce,
dont la coquetterie éclatante ou aimable des autres édi-

---

1. *Promenades et souvenirs d'un officier indien.* (Colonel
Sleeman.)

fices d'Agra ne m'avait pas donné l'idée ; on peut être ébloui par eux, mais on aime la Perle des mosquées[1]. »

Le palais d'Akbar. — Le gouverneur et le gouvernement d'Agra.

Dans le fort d'Agra est l'ancien palais bâti par Akbar ; c'est une succession de pavillons de marbre aériens unis par de légères colonnades. Les conquérants européens qui prirent la ville en 1803, et qui se casernèrent dans ce palais, trouvant très-froides pendant l'hiver ces salles ouvertes à tous les vents, en murèrent les arcades et enterrèrent dans une ignoble maçonnerie les colonnes de marbre noir et de lazulite d'un goût exquis qui les supportent. A la vue de cette profanation, je ne pus retenir une exclamation et un geste qu'un individu, que je n'avais pas aperçu d'abord dans ces galeries, mais qui y prenait des vues au daguerréotype, traduisit froidement par ces mots : « Quand les barbares du ve siècle vinrent s'installer dans les monuments de la Grèce et de Rome, ils ne firent ni mieux ni pis. »

Étant allé dans la soirée du même jour faire une visite au lieutenant-gouverneur d'Agra, quelle ne fut pas ma surprise de reconnaître dans ce haut personnage l'homme au daguerréotype et à la froide sentence de la matinée ?

La manière étrange dont nous nous étions entendus et compris me servit plus auprès de lui que la masse de lettres de recommandation dont j'étais porteur. Je trouvai en sir Th*** un homme aussi pénétré du sentiment de l'art que rompu au maniement des affaires publiques, aussi versé dans la connaissance des choses anciennes de l'Inde qu'éclairé sur les besoins et les intérêts modernes de cette contrée, aussi indianiste enfin qu'homme d'État.

1. Jacquemont, *Journal*, t. I, p. 472.

Il n'épargna rien pour me rendre douces et profitables les trois semaines de repos que je passai à Agra, et les quelques heures d'entretien intime qu'il voulut bien m'accorder me firent pénétrer dans le dédale de l'administration indo-britannique plus avant et plus clairement que la lecture de nombreux volumes spéciaux ne m'avait permis de le faire jusque-là.

La lieutenance d'Agra, détachée depuis 1834 de la présidence du Bengale, se compose de toutes les plaines que forme le double bassin de la Jumna et du Gange, depuis les confins du Béhar jusqu'aux montagnes du nord-ouest, de la lisière des contrées montagneuses, et de quelques districts détachés au sud-est de la Jumna. C'est la dernière des subdivisions de l'Inde comme étendue, c'est la plus riche en population relative et en revenu foncier[1]; et, comme ce dernier point est le grand but poursuivi par l'honorable Compagnie, l'alpha et l'oméga de toute sa politique, il s'ensuit que, dans tous les états de situation fournis par elle au bureau du contrôle, ou au parlement anglais, dans toutes les statistiques élaborées par ses agents, les provinces d'Agra figurent en première ligne et leur administration est citée comme un modèle. Comme je félicitais le lieutenant-gouverneur de ce résultat : « L'honneur, me dit-il, n'en doit revenir ni à ma vieille expérience ni aux connaissances pratiques de mon personnel administratif et financier, mais aux éléments mêmes de la population; en grande partie composée de Djats, elle a conservé plus intacte qu'aucune autre l'antique organisation communale, à laquelle, bien plus qu'aux lois de Manou et à des croyances religieuses sans unité, l'Inde a dû de conserver jusqu'à ce jour un reste de vie.

1. Voir l'appendice, tableau A.

« Le chef héréditaire du village, ou, dans les communautés libres, le conseil municipal, étant seuls responsables de l'impôt par-devant notre fisc, ce sont eux qui, chaque année, le répartissent entre les *rayots*, au prorata des terres qu'ils cultivent et en déterminent la quotité d'après les bases suivantes :

« Le fisc a droit à la moitié de la moisson de riz qui est le produit des pluies périodiques, à un tiers seulement de celle qui provient de moyens artificiels d'arrosement, et à un sixième ou un cinquième au plus des produits de toute culture plus dispendieuse et plus difficile. Or, lorsque la moisson est encore sur pied, elle est, en présence des habitants et des autorités du village, l'objet d'un examen et d'une estimation de la part d'experts nommés à cet effet, étrangers à la localité, mais aidés dans leur travail par la comparaison du produit de l'année avec celui des années précédentes, constaté par les registres de la commune. La part du gouvernement ainsi réglée d'avance est ensuite acquittée soit en nature, soit en argent, et toute la besogne du *collecteur* de la zillah est de veiller à prévenir les fraudes que les municipalités pourraient pratiquer sur les registres de perception, soit aux dépens de leurs concitoyens, soit au détriment de la Compagnie.

« Ce mode de perception est, on le voit, aussi simple que peu dispendieux ; adopté dès le temps d'Akbar, abandonné par les Anglais, puis repris depuis un demi-siècle dans les provinces du nord-ouest, il y donne d'aussi bons fruits que le système du *cadastre immuable*[1] et du *zémindariat* en produit de détestables dans le Bengale proprement dit. Tandis que, dans les hauts bassins du Gange et de la Jumna, les grandes propriétés s'améliorent et les agrégations communales prospèrent, les unes et les au-

----

1. *Perpetual settlement.*

tres tendent à disparaître sur le Gange inférieur, où le système zémindari a déjà consommé la ruine des hautes classes et des classes moyennes, et depuis longtemps a fait descendre la misère des travailleurs à un degré qui n'en admet pas de plus infime. Ici il n'y a entre le collecteur et le cultivateur que quelques intermédiaires indispensables ; là-bas, le sous-fermage à cinq ou six degrés crée entre le fisc et l'imposé une succession effrayante d'existences improductives, inutiles à l'un et à l'autre ; aussi les poursuites pour recouvrement montent, dans chaque zillah du Bengale, à un chiffre bien plus élevé que le total donné par toutes les provinces d'Agra. Par contre, ces dernières, avec une superficie de moins de 73 000 milles carrés, versent au trésor de la Compagnie plus de 103 millions d'impôt foncier, tandis que les 114 000 milles du Bengale, doués d'une fertilité proverbiale, produisent à peine 90 millions.

« Que ce parallèle, tout à l'avantage de nos hautes provinces, ajoutait en souriant sir Th***, ne vous entraîne pas à croire que les fonctions de lieutenant-gouverneur d'Agra soient une sinécure. N'aurait-il d'autres affaires que ses relations politiques avec les nombreux petits États qui l'entourent et la surveillance de la ligne de douane entre son territoire et l'Inde centrale, il ne manquerait pas de besogne, et ne se plaindrait nullement de ce que, par suite de la présence annuelle du gouverneur général à Simla, on lui a enlevé quelques districts éloignés pour les placer sous la gestion directe du gouvernement suprême. Mais ses fonctions ne sont pas seulement politiques, financières et administratives ; il est aussi chef de la justice et interprète de la loi, de la loi hindoue, musulmane et anglaise ! car, dans les provinces du nord-ouest, le magistrat et le collecteur de chaque zillah étant une seule et même personne, ces agents de la Compagnie relèvent forcément du lieutenant-gouverneur, au même titre que de la haute cour qui siége à ses côtés. Songez qu'il s'agit d'une population de vingt-trois millions d'hommes, donnant lieu, année commune, à quatre-vingt mille procès criminels, et voyez si, au milieu de tous les points de conflit, de toutes les questions litigieuses, ou des expériences hasardées qui naissent chaque jour d'un si étrange cumul, il est possible de goûter une heure de loisir ou de sommeil paisible sur le siége du lieutenant-gouverneur, fût-il aussi brillant que le trône d'Akbar. »

Organisation de la justice et de la police.

Voici, d'après mon informateur, les différents degrés de la juridiction anglaise à l'égard des Hindous :

D'abord un tribunal indigène, dont le *cotwal* ou maire est président; c'est une sorte de jury arbitral, qui ne connaît que des plaintes légères. Au-dessus de lui viennent dans la hiérarchie trois classes de magistrats natifs, qui, suivant qu'ils occupent le prétoire du bourg, du canton ou du district, portent les titres de Moonsif, d'Amin et de Suddur-Amin, reçoivent de 3000 à 15 000 francs de traitement, et jugent au civil les causes de 2500 francs et au-dessous. Ils ont, à peu de chose près, les attributions de nos juges de paix. Le tribunal de première instance est représenté par le juge anglais de l'arrondissement (zillah), et la cour d'appel par le *commissioner*, qui étend sa juridiction sur une demi-douzaine de zillahs.

On appelle à lui de tous les jugements, tant civils que criminels; il voit les pièces de leurs procédures, approuve ou infirme l'arrêt, et peut de son chef en prononcer un nouveau. Mais, dans tous les cas où cette sentence implique la mort, la déportation hors de l'Inde ou la mise en jeu d'intérêts pécuniaires d'une certaine importance, elle doit ou peut être portée, avec les pièces sur lesquelles il a été prononcé, devant la haute cour (*sudder court*), qui juge en dernier ressort comme notre cour de cassation.

Jacquemont a remarqué avec raison que, dans cette hiérarchie judiciaire, la puissance du juge croît précisément en raison inverse de son aptitude probable à bien juger.

En effet le *juge* et le *magistrat*, qui habitent en général le lieu où l'offense dont ils instruisent a été commise, sont, par leurs connaissances des choses et des personnes, bien plus aptes à porter sur l'affaire un jugement éclairé que le *commissioner*, qui, étendant ses pouvoirs multiples sur de vastes espaces et sur plusieurs millions d'hommes, voit toutes choses de trop haut et de trop loin. Pour bien juger en ce pays, où la déposition des témoins et l'authenticité des actes mêmes doit toujours inspirer la méfiance, il y a une foule d'appréciations morales que le juge et le magistrat peuvent saisir, et que le commissioner, étranger à la connaissance de la localité et des individus, ne peut former. S'il modifie le jugement de ses subordonnés, il est donc peu probable que ce soit pour l'améliorer. Quant à la haute cour, qui juge de nouveau, à plusieurs mois de date et à plusieurs centaines de milles de distance, sur un petit nombre de pièces écrites, il est évident qu'elle peut bien changer, mais non perfectionner l'arrêt du commissioner[1].

Telle est l'organisation de la justice, non-seulement dans la lieutenance d'Agra, mais dans toutes les présidences de l'Inde; organisation si défectueuse que nul ne la défend, même parmi ceux qui en vivent. A des vices dont

---

1. Victor Jacquemont, *Journ.*, t. I, p. 495 et suiv.; Ed. de Warren, t. III, chap. v.

le moindre est l'impossibilité où se trouve le magistrat supérieur de s'éclairer autrement que par l'intermédiaire d'un subordonné qui peut être inepte, vénal ou passionné, il faut ajouter tous ceux qui dérivent de l'existence parallèle de deux codes indigènes et de l'absence d'un code de procédure anglaise. Ce serait merveille si l'interprétation des lois de Manou et du Coran par les coutumes saxonnes, highlandaises ou celtiques, ne donnait pas naissance à des décisions aboutissant aussi sûrement à l'absurde que certaines formules mathématiques.

Il est vrai que, dès la présidence de lord Bentinck, on a reconnu la nécessité de reviser les lois musulmanes et hindoues et de les refondre dans un code anglo-hindou. Une commission spéciale a été nommée *ad hoc*, et, après de longues années de labeurs, a même mis au jour cette œuvre méritoire. Le malheur est qu'il a fallu soumettre le code nouveau-né à la sanction du gouvernement suprême, dont un des membres, légiste consommé, avait été peu ou point consulté par la commission.

Il a donc repoussé tout naturellement le *çastra* de celle-ci et en a présenté un autre de son cru. Les collègues du légiste et le gouverneur général ont décliné la responsabilité du choix entre les deux législations rivales, et les ont renvoyées par-devant la cour des Directeurs, qui n'osant, à son tour, se charger de l'option, les a transmises de rechef au gouvernement suprême pour qu'il se prononçât sur elles en dernier ressort ; ce qu'il n'a garde de faire[1].

Pendant ce va-et-vient de codes et cette lutte d'indécisions, *cent huit millions* de justiciables hindous attendent. Il est vrai qu'ils ont la consolation de penser que leurs maîtres eux-mêmes, les fiers habitants des trois

____

1. Campbel, *Modern India*, chap. XI, p. 528.

Royaumes-Unis, attendent aussi, après deux siècles de gouvernement libre, de discussions libres dans les parlements et dans la pressé, la codification uniforme de leurs lois et coutumes.

« Vous croyez peut-être, me dit sir Th*** dans une dernière entrevue, que je vous ai dévoilé toutes les plaies de l'institution judiciaire de l'Inde ; je ne vous ai pas encore parlé du système de police qui se rattache au premier et en est le corollaire, de Calcutta à Peshawer et de l'Assam au cap Comorin. Sachez donc que nos magistrats de zillahs, à leurs fonctions d'administrateurs, de collecteurs, de juges au civil et au criminel, joignent encore celles de préfets de police !

« La zillah est subdivisée en quinze ou vingt arrondissements, ou Thanahs, dont chacun comprend une moyenne de 100 à 150 milles carrés et de 40 000 à 50 000 âmes de population. La police de ces subdivisions est confiée à un surveillant ou inspecteur indigène, qui, outre tous les *watchmen* des communes rurales de sa circonscription, a sous ses ordres un certain nombre d'agents subalternes, scribes, satellites et mouchards, payés par le gouvernement.

« Ce fonctionnaire, qui prend indifféremment les titres de Darogah ou de Thanahdar, devrait toujours être un homme lettré et posséder en même temps les qualités physiques, le courage personnel et l'activité que requièrent les devoirs dé son emploi. Mais la réunion de ces qualités est rare dans l'Inde, où le principe de la division du travail, poussé à l'excès par le système des castes, a eu pour résultat final d'émietter les facultés humaines, et, comme on n'a guère de chance de la rencontrer que chez les mahométans, il en résulte que c'est cette classe d'hommes, étrangère ou hostile à la grande majorité des Hindous, qui fournit de titulaires la plupart des emplois d'inspecteurs de police. Inconvénient capital, qu'aggrave encore, dans la plupart des provinces hindoues, la lâcheté des populations. Vous verrez dans le Bengale proprement dit les extrêmes limites où il peut atteindre. Dans nos provinces du nord-ouest, au contraire, il est atténué, en grande partie, par l'énergie relative des habitants. Ici chaque homme compte avant tout sur lui-même pour la défense de sa personne, de sa propriété, et se tient toujours prêt à lutter, soit contre les attaques des malfaiteurs, soit contre la mollesse ou les exactions de la police. Combien cette manière de voir et d'agir est fondée, c'est ce que prouvent surabondamment les débats ou l'instruction de tous les procès criminels. En voici un exemple tout récent, pris entre plus de vingt mille causes de cette espèce que fournit la seule juridiction d'Agra.

Le boutiquier volé et l'inspecteur de police.

« Dans une commune du Doab, un boutiquier nommé Djeelall trouve, en s'éveillant le matin, une brèche dans son mur et son magasin pillé; toutes ses marchandises ont disparu. Naturellement il commence par se lamenter et, poussant les hauts cris, il court avertir le *watchman* et le *punchaet*. Le watchman déclare le fait extraordinaire au plus haut point; il a veillé fidèlement toute la nuit, n'a pas fermé l'œil, et n'a pas vu l'ombre d'un voleur. Les municipaux, de leur côté, observent qu'ils sont accablés de fatigue, que les soins de la police ne leur laissent pas un instant de repos, et ils se contentent pour le moment de dépêcher le watchman au *Darogah*. Djeelall, s'apercevant qu'il n'a pas à compter beaucoup sur le zèle d'autrui, se met alors lui-même à l'œuvre tout de bon. Ses relations lui donnent quelque influence dans le village, et, fort de la connaissance de son droit en pareille occurrence, rétribuant convenablement les informations, agissant d'après elles avec l'assistance du *punchaet*, il s'assure d'un mauvais drôle, soupçonné d'avoir trempé dans l'affaire, et met les scellés sur deux ou trois maisons suspectes.

« Alors seulement survient Mohammed-Khan, l'inspecteur de police, musulman important et de bonne mine, monté sur un beau poney et porteur d'un superbe turban aux proportions incroyables. Sa ceinture est garnie d'un arsenal de dagues et de yatagans, et derrière lui marche une troupe nombreuse de satellites.

« Au premier abord, ne saisissant pas le fil conducteur du délit et désespérant de le trouver, Mohammed-Khan, soyez-en sûr, aura bien certainement commencé son rapport par une kyrielle de motifs plus ou moins plausibles, établissant que Djeelall n'a jamais été victime du moindre vol, mais qu'il a fait lui-même une brèche à son mur dans le but de frauder ses créanciers, et le Darogah aura appuyé cette hypothèse d'excellents aphorismes persans ou arabes, ayant trait à la mauvaise foi des commerçants en général et de Djeelall en particulier. Mais, à la plus petite preuve apportée par le plaignant, Mahommed-Khan a changé de système et s'est mis à poursuivre l'instruction avec une activité remarquable. Après avoir fouillé les maisons suspectes, il a fait subir un interrogatoire à l'individu arrêté, lui a arraché le nom de ses complices, et une escouade rapide d'agents a couru mettre la griffe de la police sur le principal rendez-vous des malfaiteurs. Ils ont été appréhendés et toute l'affaire s'est dévoilée. Alors Mahommed-Khan triomphant s'est empressé de dépêcher un exprès à son magistrat, avec le rapport suivant, que sa phraséologie orientale qualifie de *pétition* :

« Appui tutélaire du faible, votre bonne fortune est « grande. Vous aurez sans doute appris par le journal « d'hier qu'à la première nouvelle d'un vol avec effraction

« commis dans la demeure du marchand Djeelall, votre
« esclave, ceignant ses reins, s'est mis en campagne, dé-
« terminé à découvrir les criminels ou à revenir la face
« noircie à jamais. Ce n'est certes pas par ses humbles
« mérites, mais par la grâce de Dieu et par la toute-
« puissance de la bonne fortune de Votre Grandeur, que
« les efforts du moindre de vos esclaves ont été couron-
« nés de succès; s'il plaît à Dieu, les malfaiteurs dispa-
« raîtront de la surface de la terre!

« Aussitôt arrivé, votre esclave, suivant un plan ar-
« rêté d'avance, a mis en usage une foule de ruses et de
« stratagèmes, et n'a pas hésité à dépenser de grandes
« sommes de son propre avoir pour salarier des infor-
« mateurs et gagner leur confiance; tant était grand son
« désir de conquérir votre approbation. Cependant, je le
« répète, ce n'est pas aux persévérants efforts de votre es-
« clave, mais simplement à votre étoile fortunée, qu'est
« due la découverte de la piste qui, à travers d'immenses
« difficultés, m'a conduit jusqu'aux coupables.

« Votre esclave, étant parfaitement au courant de toutes
« les réputations mal famées de la contrée, a d'abord mis
« la main sur un désespéré brigand, et l'a dompté si
« bien, que, grâce à la bonne fortune de Votre Gran-
« deur, il en a tiré un premier indice, par suite duquel
« six voleurs, deux recéleurs, ont été saisis, et tous les
« objets dérobés recouvrés, sauf un petit nombre d'arti-
« cles que Djeelall a, sans aucun doute, mis sur sa liste
« par un esprit notoire d'exagération. Ne pouvant vous
« fournir encore un rapport détaillé, je vous adresse, en
« toute hâte, cette pétition pour votre information. Le
« procès-verbal avec les pièces du délit et les prévenus
« vous seront envoyés demain matin. Votre fortune est
« invincible. Cette pétition est de votre humble esclave.

« MOHAMMED-KHAN, *Thanahdar.* »

« Eh bien ! observa en terminant sir Th..., vous,
qui appartenez à une nation dont un de mes maîtres in-
tellectuels a dit que *le style est tout l'homme*, que pensez-vous du spécimen que je vous offre du personnel de
nos fonctionnaires indigènes? Si, d'un côté, on ne peut les
juger sans admettre comme circonstances atténuantes
les préjugés abjects et l'état social du vieil Orient, on ne
peut, d'un autre, se dissimuler que le contact de tant de
servilisme et de duplicité n'est pas sans danger pour la
justice. Il faudrait que le magistrat, qu'assiégent chaque
jour des missives comme celle-ci, fût doué des âmes réunies de Socrate et de Caton, pour ne pas être touché à la
longue par des allusions si réitérées à *sa bonne fortune*,
et pour ne pas être amené tout doucement à reconnaître
qu'elle consiste principalement dans la possession d'un
trésor aussi inappréciable que Mohammed-Khan[1]. »

L'évêque catholique d'Agra.

Depuis plus d'un siècle, Agra est le siége d'un évêché
catholique. Comme je m'étais chargé à Paris de plusieurs
missives pour le dignitaire ecclésiastique qui l'occupe
aujourd'hui, je me rendis chez le prélat avec celui des
secrétaires du gouverneur qui, ayant dans ses attributions
les affaires du culte, avait eu par cela même quelques
occasions de le voir. Le palais épiscopal est une petite
mosquée en ruines que le gouvernement a abandonnée
à la mission, et où elle s'est installée bien modestement.
Derrière la porte d'entrée, un carrosse, qui semble placé
là comme la pièce de résistance des pompes épiscopales,
tombe en décomposition, rongé par la rouille et par les
insectes. Au fond d'une cour déserte, un mauvais esca-

1. Campbell. *Modern India*, p. 457-459.

lier de bois nous conduisit jusqu'à l'évêque. Il était à dîner : nous voulions nous retirer; mais il vint lui-même pour nous retenir, et nous fit entrer dans son étroite salle à manger, où, après les compliments et les offres d'usage, il se remit à table. C'était un vieillard, Italien de naissance, de soixante ans environ et de haute taille, avec une belle figure, de grands traits forts et réguliers, une barbe superbe, l'air gai et doux, nonobstant l'expression de force répandue dans toute sa personne.

Il dépêchait d'un appétit merveilleux, avec les plus belles dents du monde, un repas plus que modeste. Trois ou quatre jeunes Hindous, debout autour de lui, le regardaient faire plutôt qu'ils ne le servaient. Ce sont de pauvres enfants qu'il a convertis en leur donnant du pain, dont il n'a pas de trop pour lui-même. Il n'a guère d'autres domestiques.

L'évêque n'a pas de clergé réuni autour de lui; un petit nombre de prêtres missionnaires répandus dans le Népaul, dans l'Assam, le Cond wana et le Pundjab relèvent de lui, et un couvent de religieuses de Saint-Vincent de Paul, la plupart de Paris et de Lyon, s'est élevé sous sa direction dans un faubourg d'Agra, où ces saintes filles donnent comme partout l'exemple du dévouement et de l'abnégation.

Comme nous nous entretenions en français et en italien, M. ***, exclu par là de notre conversation, regardait avec étonnement le ménage vraiment apostolique de notre hôte : son dîner servi dans la poterie la plus commune, sur une vieille table sans nappe; point d'argenterie, des fourchettes de fer, des cuillers d'étain, etc., circonstances poignantes pour un Anglais, mais relevées ici par la superbe figure, les manières respectables et la dignité du pauvre.

Mon compagnon ne crut pourtant pas devoir quitter le

prélat sans lui adresser la question suivante, toujours à l'ordre du jour parmi les Anglais : « Quels progrès notre religion fait-elle parmi les indigènes ?

— Des progrès ! dit l'évêque en secouant la tête ; mais quelle influence pouvons-nous avoir l'espérance d'exercer sur l'esprit d'un pareil peuple ? Dès que nous parlons à un Hindou des miracles de Jéhova ou du Christ, il se met immédiatement à nous opposer les miracles bien plus surprenants de Krichna, qui éleva une montagne sur son petit doigt en guise de parapluie, pour mettre sa bergère à l'abri d'un orage. Il ne doute aucunement de la réalité de nos récits ; il n'est surpris que d'une chose, c'est de la simplicité de nos dogmes et de nos miracles. En pareille matière, rien ne lui semble trop extraordinaire. Si vous lui racontiez que, pour dessiller les yeux des Corinthiens, saint Paul a fait descendre sur la terre le soleil et la lune et les a fait ensuite rebondir à leur place respective comme des ballons, sans le moindre inconvénient pour aucune des trois planètes, il le croirait sans difficulté ; les légendes boudhiques et puraniques l'ont blasé à cet égard ; mais, à l'exemple du chevalier de la Manche, il se rappellerait aussitôt une folie plus incroyable encore de son type idéal, c'est-à-dire de Krichna. »

Les Polonais de l'Inde.

La fin de mon séjour à Agra fut attristée par un épisode des plus pénibles.

Le gouvernement de Calcutta avait arrêté comme mesure politique l'internement dans l'est du Bengale de beaucoup d'anciens soldats sikhes, qui, après la chute de leur patrie et le licenciement de leur armée, n'avaient pas, moitié brigands, moitié patriotes indiscrets, repris immédiatement sous la loi anglaise les habitudes de la vie civile. Lors de mon arrivée à Agra, un convoi considérable de ces déportés était déposé dans la prison publique, à quelques pas de mon logement. Un matin, au point du jour, je fus réveillé par un tumulte inaccoutumé, des clameurs désespérées, puis des feux de peloton, partant de ce lieu de douleur. Voici ce qui s'était passé :

Ces malheureux bannis, qui, il faut l'avouer, sont, à leur manière, des martyrs de leur nationalité perdue, quelque chose comme des Polonais transportés en Sibérie, avaient tenté de s'échapper en tuant les sentinelles ; mais bientôt refoulés dans l'intérieur de la prison par les baïonnettes des cipahis, ils avaient vu les grilles se refermer sur eux ; puis, à travers ces mêmes grilles, les soldats, furieux d'avoir été surpris et d'avoir perdu quelques-uns des leurs, se mirent à tirer sur leurs prisonniers, et de si près, que la bourre des fusils mettait le feu aux vêtements de ces malheureux. Ils périrent presque tous, et plusieurs, épargnés par le plomb, moururent littéralement brûlés !

Le lieutenant-gouverneur, un des meilleurs, un des plus humains fonctionnaires de toute l'Inde, ordonna une enquête sur cet horrible événement ; mais je ne sache pas qu'il en soit résulté aucun blâme à la charge de qui que ce soit. Tout en regrettant ce massacre, les philanthropes d'Agra ont eu la consolation de penser et de dire dans les salons, et d'écrire dans les journaux, que les victimes étaient des scélérats capables de tous les crimes[1].

Le lendemain même, je quittai Agra et pris la direction de Delhi.

La population est fort agglomérée sur les deux rives de

1. *Annuaire des deux mondes;* 1851, p. 511.

la Jumna. La grande route d'Agra à Delhi est toujours couverte de voyageurs : les uns escortent des marchandises ; d'autres reviennent sur des chars à vide ou sur des chameaux déchargés. Ici une famille, le père, la mère et un enfant, cheminent avec un bœuf ou un tattou (cheval de 30 à 40 francs, grand comme un âne, aussi sobre et plus docile) : chacun monte dessus de temps en temps ; mais le tour de la femme revient plus rarement. Plus loin, c'est une autre combinaison : un homme monté sur un tattou chemine suivi d'un valet à pied portant son mince bagage. Enfin il ne manque pas de gens qui voyagent sur une sorte de coussin entouré de rideaux, élevé très-haut sur l'essieu d'un char à roues pleines et criardes et traîné par des bœufs : c'est le véhicule primitif, la voiture nationale, et ceux qui s'y prélassent ont tous un ou deux domestiques pour le moins. Ils viennent, celui-ci d'assister à une noce, celui-là de porter un message matrimonial pour un voisin ou un parent. Il y a aussi de minces négociants de la campagne qui sont allés prendre l'air de la place voisine ; la plupart de ces voyageurs sont armés, mais non pas tous sans exception, comme dans le Rajahstan ; et pour tous le temps semble n'être d'aucune valeur [1].

Muttrah.

Muttrah, la Mathura des poëmes sanscrits, est une vaste et remarquable cité, très-révérée des Hindous, à cause de son antiquité et du rôle qu'elle joue dans les légendes des temps historiques. Aujourd'hui elle fourmille de perroquets, de coqs, de poules, de taureaux et de singes vaguant, piaulant, criant, pillant en toute liberté,

---

1. Jacquemont, *Journal*, t. I, p. 457.

à l'envi l'un de l'autre, et incommodes au plus haut point. Les indigènes en conviennent eux-mêmes; mais ils respectent tellement ces créatures fétiches, qu'il y va de la vie pour qui les insulte. Deux jeunes officiers qui passaient dans les faubourgs de Muttrah, il y a peu d'années, s'étant avisés de tirer sur un singe, furent immédiatement poursuivis par une troupe de furieux, saisis et précipités dans la Jumna, où ils périrent. Autour de Muttrah, comme dans toute l'Inde, des espèces sans nombre de singes, depuis le gibbon aux longs bras jusqu'au *vella-kuranga*, variété blanche et naine, depuis l'élégant singe vert jusqu'au hideux cercopithèque, pullulent dans les bois, où ils insultent les passants, dans les vergers, qu'ils pillent impunément, et sur les toits de toutes les maisons habitées par les brahmanes, dont la superstition fait leur sauvegarde. Les générations actuelles d'Hindous, prenant à la lettre l'épithète de *singes*, donnée par le superbe dédain des anciens Aryas aux populations primitives du Deccan, ont fini par croire pieusement que les tribus des montagnes du Sud, qui se coalisèrent quinze ou seize siècles avant notre ère sous les ordres de Rama, prince d'Ayodhya[1], pour conquérir sur une race de nègres anthropophages le midi de la péninsule et l'île de Ceylan, appartenaient toutes à la classe des quadrumanes. Les dévots modernes honorent même encore le singe Radjakada, à la face rouge, à la barbe et aux mains noires, comme une personnification du grand Hanoumat, qui fut dans cette antique croisade l'auxiliaire le plus utile et le plus intime confident de l'héroïque Rama.

1. L'Aoude actuelle.

Légende de Krichna : ce qu'il était ; ce qu'il est devenu.

Mathura fut, entre le XIIIe et le XIVe siècle avant notre ère, la patrie de Krichna, entreprenant conducteur de hordes guerrières, chef heureux de partisans et d'outlaws, que les brahmanes, après l'apparition du boudhisme, transformèrent en philosophe religieux, en chef de secte et finalement en incarnation de Viçnou, alors qu'ils étaient mis en demeure d'abdiquer devant la personnalité humaine du Boudha Cakia-Mouni la tutelle des populations de l'Inde, ou d'opposer à ce dieu nouveau des rivaux sortis comme lui de la souche nationale et de la caste des Kchattryas. Le système des *avatars*[1] est sorti tout entier de cette nécessité.

Déjà dénaturée dans le Mahâbharata, la physionomie primitive de Krichna a subi bien d'autres modifications à mesure que les siècles se sont écoulés. Suivant le génie des différentes sectes, elle se prête aux plus creuses spéculations de la métaphysique, au mysticisme le plus exalté, ou bien encore à la dévotion sensuelle des cultes orgiaques. Suivant les goûts de ses adorateurs, Krichna est un dieu terrible ou tendre, tantôt justicier et armé comme un souverain, tantôt souriant et entouré de bergères. Dans tous les endroits où il a laissé quelque souvenir de sa vie mortelle, on l'honore par des offrandes de fleurs ou des pèlerinages : à Muttrah, où il naquit; dans le district de Vradja, où, comme l'antique Feridoun, comme Romulus et Cyrus, il cacha parmi les pâtres les premières années de son existence proscrite

---

1. Voir plus bas, au chapitre de Bénarès, pour l'explication de ce mot.

par un tyran; à Oujein, où il fut reçu au nombre des guerriers; aux lieux où régnèrent les princes ses rivaux; dans le Goudjêrat, qu'il colonisa, et surtout à l'autre extrémité de l'Inde, à Djagannatha, où ses restes sont, dit-on, renfermés dans une idole qui les conserve. Tel est l'enthousiasme qu'inspire encore son nom, que les deux tiers de la population du Bengale l'adorent exclusivement; que dans le siècle dernier on vit un des chefs indigènes de cette contrée, vieillard épuisé de jours, parcourir en pèlerin les lieux illustrés par l'enfance de Krichna, et y renouveler les forces de son corps et de son esprit; et qu'au xvᵉ siècle enfin, l'épouse du prince du Marwar, dans le délire de l'extase religieuse, crut voir le dieu descendre pour elle de son piédestal, et mourut consumée d'amour divin[1].

Pour le poëte, Muttrah conserve encore un souvenir plus doux, une auréole plus pure et plus sainte que tous les rayonnements mythiques qui entourent aujourd'hui le nom de Krichna. Longtemps avant la naissance de ce héros, Muttrah avait été témoin « de la faveur la plus inouïe à laquelle la plus noble des femmes puisse aspirer, et qui fut accordée à Savitri, la fille d'un de ses rois[2]. »

Légende de Savitri.

« Savitri, née du sage monarque Açvapati, était belle comme Lakchmi, déesse de la fortune.

«.... A la vue de sa taille élancée, de ses formes arrondies et semblables à l'or, les hommes se disaient : « Ainsi sont les filles des dieux. »

1. Langlois, *Mémoires sur Krichna*, tome XVI des *Mémoires de l'Académie des inscriptions.* — 2. *Mahâbharata*, livre III, *Épisode de Savitri.*

« Invitée par son père à se chercher elle-même un époux, elle préféra les vertus aux richesses en choisissant le jeune Satyavan, qui vivait de la vie des ascètes avec son père aveugle, dépossédé du trône de Salva.

« Glorieux comme le soleil qui vivifie tous les êtres, instruit et sage comme un richi antique, héroïque comme Indra, patient comme la Terre, beau comme le dieu de l'amour ou comme les deux Açvins, Satyavan ne devait pas passer de longs jours en ce monde : moins d'un an devait s'écouler entre son mariage et sa mort. La voix d'un sage prophète l'avait appris à Savitri, mais sans changer sa résolution.

« Elle savait qu'on ne subit *qu'une fois* sa destinée, qu'une jeune fille ne se marie *qu'une fois*, *qu'une seule fois*. Son père lui dit : *Je te donne!*

« Et elle avait pris pour époux celui qui était *le choix de son cœur*, comptant sur le jeûne et sur les prières pour détourner de lui le coup fatal, ou tout au moins pour mourir avec lui.

« A l'approche du jour funeste prédit par le prophète, Savitri, qui partageait l'existence ascétique de son époux, le suivit dans la forêt où il allait cueillir des fruits et couper du bois.

« Je t'accompagnerai aujourd'hui, lui dit-elle, car je « ne puis vivre sans toi! »

« Et elle se mit en marche avec son époux, la jeune femme aux grands yeux, comprimant sa douleur en son âme.

« Quand ils eurent pénétré sous les voûtes épaisses des bois et sous les vertes feuillées en fleurs, qu'animaient le vol et le chant des oiseaux, le murmure des eaux et la chute des cascades : « Regarde, » dit Satyavan à Savitri avec une douce voix.

« Mais elle, regardant son époux et ne pouvant le quitter du regard, le voyait déjà expirant dans son esprit troublé et pressait en silence le pas à ses côtés; pâle et tremblante, elle simulait l'espérance et cachait son cœur brisé sous un souris d'amour.

« Arrivé au milieu de la forêt, asile des bêtes fauves, le vaillant Satyavan commença par cueillir des fruits et des plantes aux fleurs odorantes; puis il prit sa hache pour couper du bois. Mais bientôt, sentant sa tête s'alourdir et la sueur courir sur tout son corps avec de longs frissons, il dit, faible et souffrant, à Savitri ses délices :

« La fatigue m'accable, ô mon amour! mes membres « souffrent, mon cœur brûle, les forces me manquent; je « vais essayer près de toi d'un sommeil réparateur. »

« Alors, assise sur le sol, elle le reçut tout défaillant dans ses bras, lui donnant pour appui sa poitrine fidèle, soutenant d'une main tremblante le front bien-aimé, songeant aux signes funestes, au temps fatal accompli, et *cachant son cœur brisé sous un souris d'amour*.

« Au même moment, elle vit apparaître un être à l'aspect redoutable, aux vêtements rouges, aux cheveux crépus, aux traits noirs et resplendissants comme le soleil; debout devant Satyavan, il le contemplait d'un regard avide : c'était Yama, le dieu des mânes, qui venait lui-même chercher l'âme du pieux et vertueux jeune homme, que n'aurait pas assez honoré la venue des messagers ordinaires de la mort.

« Yama, ayant retiré du corps de Satyavan un corpuscule subtil d'un pouce de hauteur, l'entoura d'inextricables liens, et prit avec sa proie le chemin des régions méridionales, laissant le cadavre de Satyavan sans respiration, sans regards, sans chaleur, sans mouvement et sans vie, objet de pitié et de larmes.

« Et Savitri, la belle jeune femme, naguère si heureuse, qui toujours dévouée à son époux avait supporté pour lui les privations et les austérités les plus rigoureuses, suivit Yama d'un pas ferme.

« Mais Yama l'arrêtant : « Retourne, Savitri, ce n'est « point ici ton chemin! va accomplir le sacrifice dû à « ceux dont l'esprit vital s'est élevé dans les régions su- « périeures. Tout ce que tu pouvais faire pour ton époux, « tu l'as fait; tu l'as suivi aussi loin que tu pouvais le « suivre.

« — Là où va mon époux, de son plein gré ou de force, « répondit Savitri, là aussi je dois aller : c'est mon de- « voir éternel. Je t'en conjure, par les austérités de la « pénitence, par la soumission, par le respect gardé aux « maîtres spirituels, par l'amour qui me lie à mon époux « et mon dévouement pour lui, ne me défends pas de le « suivre. »

Et elle continue sur ce ton, la douce jeune femme, tant et si bien que Yama ému, lui qui engloutit tout dans ses abîmes toujours béants, lui accorde successivement la réalisation immédiate de quatre souhaits à son choix, la vie de Satyavan exceptée. Ainsi elle obtient que son beau-père aveugle recouvre la vue; que ses peuples révoltés lui rendent son trône; qu'Açvapati, son père, encore sans héritiers, soit assuré d'une longue lignée, et que dans un avenir prochain des fils forts et vaillants naissent d'elle-même pour être la joie de son cœur et l'honneur de sa mémoire.

« Toutes ces choses sont ou seront, dit Yama; mais « retourne sur tes pas, fille de roi, car il te reste encore « un long chemin à faire. » Mais Savitri, sans se lasser, reprend ses discours, aussi agréables aux oreilles du dieu que peut l'être une eau pure à des lèvres altérées. Ils témoignent de sentiments si vertueux, d'une intelli- gence si supérieure, que Yama, qui n'en a pas encore

entendu de semblables dans une bouche humaine, finit
par dire :

« Plus tu parles, plus ton âme m'apparaît douée de
« vertus et de grâces! ô femme pleine de sagesse, de
« séductions et de majesté, tu as vaincu Yama; il te
« donne le choix d'une faveur incomparable.

« — Puisque celle-ci est sans restriction, s'écrie Savi-
« tri, *que mon Satyavan vive!* voilà mon vœu suprême.
« Sans mon époux je suis comme privée de la vie ; je
« ne recherche aucune joie sans mon époux; je ne dé-
« sire pas même le ciel sans lui, et sans lui la vie ne
« m'est rien. *Que mon Satyavan vive!* ainsi se vérifiera
« ta promesse de m'accorder des fils sages et vail-
« lants.

« — Qu'il en soit ainsi! répondit Yama, le fils du Soleil,
« en délivrant l'esprit captif de Satyavan ; je te rends ton
« époux, ô femme, honneur et joie de deux familles! Je
« te le rends tout entier, jeune, fort et heureux ; il par-
« viendra avec toi aux dernières limites des ans ; il rem-
« plira le monde du bruit de sa gloire, et ces années
« séculaires que je vous accorde à tous deux seront nom-
« mées de ton nom, car c'est à toi qu'il les doit. »

« Il dit, le roi de la justice, et le cœur plein de joie il se
rendit à son palais, dans les régions du Midi.

« Savitri, de son côté, retourna en toute hâte au lieu où
était resté gisant le corps inanimé de Satyavan. Elle reprit auprès de lui sa position première, assise à ses côtés,
lui soutenant le buste dans ses bras et la tête sur son
sein, jusqu'au moment où, l'esprit vital étant rentré en
lui, il revint à la connaissance et à l'amour.

« Et Savitri, ayant suspendu à un rameau d'arbre sa
corbeille chargée de fruits et de fleurs, prit la hache de
son époux et le suivit, brillante de bonheur ; et la belle
jeune femme, posant sur son épaule gauche le bras

gauche de son mari et l'enlaçant de son bras droit, marchait sous la voûte des bois dans une ravissante attitude.

« Ainsi, auprès de leurs parents qui les attendaient heureux et pleins de joie, en possession désormais de tous les biens de la santé, de la puissance et de la fortune, revinrent Satyavan et Savitri, formant sur le chemin un groupe charmant que les Dêvas se plaisaient à contempler et à bénir[1]. »

Parmi les contes classiques de notre Occident, y en a-t-il beaucoup qui vaillent celui-ci? Il est vrai que, depuis près de deux mille ans, les Hindous eux-mêmes semblent avoir perdu le secret de tant de simplicité et de fraîcheur.

Longue indifférence des Anglais à l'égard de l'Inde.

Dans un rayon d'une ou deux journées de marche autour de Muttrah, la campagne est florissante, je dirai même ornée; tous les bourgs communiquent entre eux par de beaux chemins plantés d'arbres. C'est la conséquence de la richesse des communes rurales de ce district ou de l'existence de nombreux petits rajahs ou opulents djaghirdars indigènes. Les Anglais n'ont pas cette sorte de magnificence qui tient au sentiment national et tourne au profit du pauvre peuple. Ils entretiennent, il est vrai, quelques-uns des monuments classiques de l'architecture indienne; autour de leurs stations, mais là seulement et pour eux-mêmes, ils feront d'excellents chemins. Mais n'exigez rien d'eux en vue même des natifs. Ils ne s'apercevront jamais qu'un village, réduit à aller chercher de l'eau à plusieurs lieues, a besoin d'un

---

1. *Mahâbharata*, chant III.

puits; qu'un bassin et un peu d'ombre sur une route seraient un bienfait pour les pauvres voyageurs. Eux, ne voyagent-ils pas à l'ombre de leur palanquin, avec une bonne et fraîche cave? Ils jouissent de l'Inde avec modération, avec équité, parce que la modération et l'équité leur seraient commandées par leur propre intérêt, à défaut des inspirations de leur éducation européenne; mais ils n'ont aucune sympathie pour le peuple qu'ils gouvernent. Sans doute le temps n'est plus où un secrétaire général du gouvernement suprême des Indes proclamait formellement *l'impossibilité de faire jamais des hommes vigoureux et de bons citoyens avec la race hindoue, par suite de l'infériorité originelle de ses facultés*[1]! Les progrès de la philosophie, en mettant hors de doute la parfaite identité de cette race si dédaignée et de celle de ses maîtres actuels, ont eu raison de ce pitoyable argument; mais il faudra, je le crains, bien des années encore pour que les Anglais employés dans l'Inde s'y dépouillent de ce cachet d'égoïsme qu'ils puisent dans l'air, le sol et les institutions de leur patrie insulaire, et consentent à vivre sur les bords du Gange autrement que comme des étrangers campés au milieu de leur conquête [2].

Il ne leur a pas fallu moins d'un demi-siècle de possession incontestée pour que leurs regards froids et hautains fussent frappés « des nombreux monuments de la sympathie manifestée par les souverains indigènes et les riches de toute caste, dès la plus haute antiquité et depuis l'Himalaya jusqu'au cap Comorin, pour les besoins et l'agrément des pauvres voyageurs que des motifs d'intérêt ou de religion appellent d'un point de l'Hindoustan à l'autre, et pour entrevoir dans ce simple fait une des causes

1. Sir Elliot, cité par Hogson dans son mémoire *On the Aborigines of India, Asiatic journal*, 1849. — 2. Victor Jacquemont, *Journal*, t. I, p. 487.

les plus actives de la civilisation précoce de l'Inde[1]. » Il a fallu que, dans ce même intervalle, des sécheresses périodiques amenassent, tous les douze ou treize ans, des famines plus meurtrières que le choléra et rendissent au désert de nombreux cantons autrefois fertiles, pour que le gouvernement de la Compagnie, menacé dans ses revenus, comprît enfin qu'il était de ses intérêts comme de son devoir de rouvrir une partie des anciens canaux d'irrigation, négligés depuis la chute des Timourides, et de relever les digues de quelques-uns de ces réservoirs, de ces lacs artificiels, où le sol et les populations d'autrefois puisaient ensemble la vie, mais que l'on rencontre aujourd'hui par milliers éventrés et desséchés dans les gorges des collines.

Si considérables que soient, depuis l'administration de lord Dalhousie, les sommes employées à ces travaux indispensables, elles sont loin d'être en rapport avec le revenu de l'Inde; *car*, dit un agent de la Compagnie, *aucun fonds n'avait été réservé pour cet usage*[2].

Delhi.

Des ruines d'une grandeur inaccoutumée dans l'Inde annoncent l'approche de Delhi, de quelque part qu'on y arrive. Elles entourent la ville moderne d'une zone de plus de cinq kilomètres de largeur et rappellent les scènes effroyables de carnage et d'incendie dont ces campagnes solitaires et désertes ont été le théâtre; il n'y a point de lieu sur la terre où tant de sang ait coulé. L'histoire garde le souvenir de désastres plus grands encore : à peine savons-nous où fut Carthage.... Mais Carthage ne tomba

---

1. Sir Erskine Perry, juge suprême à Bombay, *Introduction aux mémoires de deux Hindous sur l'éducation anglaise*, 1852.—2. Campbell, *Modern India* (1853), p. 422.

qu'une fois, et, en moins de quatre siècles, Timour et Nadir passèrent à Delhi[1]! D'ailleurs, plus de deux mille ans avant Timour, Indraprastha, qui précéda Dehli sur ce sol fatal, était déjà le but de l'attaque et de la défense, le pivot sanglant autour duquel combattirent et succombèrent les envahisseurs et les champions de l'Inde antique.

Arrivé dans cette métropole de l'Hindoustan au milieu de la nuit, je me fis déposer dans un bungalow des faubourgs, destiné aux Européens de passage, et dès les premières lueurs du jour je me glissai dans les larges et longues rues de la ville, où la police anglaise a introduit une propreté qu'elles n'avaient probablement pas dans leurs meilleurs temps. Je montai l'escalier vraiment monumental de la première mosquée que je rencontrai, et qui se trouva être cette fameuse *Djumna mosjed*, qui est, suivant Jacquemont[2], une des plus belles du monde, non par la richesse de ses ornements, mais par la grandeur et l'élégante simplicité de ses proportions.

J'achetai pour une demi-roupie au muezzin le droit de grimper au haut d'un minaret, d'où je vis tout Delhi, le palais du Mogol entouré de ses murailles de granit rouge; puis, s'étendant au loin, un vaste amas de maisons à terrasses italiennes comme celles de Naples; puis encore des ruines de tombeaux et de forteresses éparses dans l'horizon aride. Non loin de moi, les dômes dorés d'une petite mosquée brillaient parmi le feuillage des lilas des Indes et des tamarins aux cimes arrondies. C'est dans un de ces minarets que Nadir s'assit pour contempler l'incendie de Delhi et le massacre de ses habitants; il n'en descendit qu'au bout de trois jours, alors que cent mille cadavres, encombrant les ruines calcinées de la

---

1. Timour, en 1397; Nadir, en 1738.—2. Jacquemont, *Journal*, t. I.

ville, commençaient à répandre dans les airs leurs miasmes empestés.

A mon retour à mon humble gîte, je trouvai une voiture élégante, deux huissiers à cannes d'argent et deux
cavaliers montés sur des dromadaires, stationnant devant
ma porte et formant le complément d'un billet fort
poli du résident anglais à Delhi, à qui j'avais envoyé
dès le matin ma carte et une lettre d'introduction.
C'était une invitation si pressante de me transporter
chez lui avec armes et bagages, que je ne crus pouvoir
refuser sans mauvaise grâce. Quelques instants après, je
pénétrais dans un vaste parc admirablement planté et
percé, où, sur le haut d'un roc baigné par la Jumna, s'é-
lève une construction aux dehors simples, mais où tout est
calculé dans l'intérieur pour la salubrité et le confort.

Le résident, qui m'attendait en fumant son houka sous
la véranda de sa demeure, habite Delhi depuis trente
ans ; il y a fait toute sa carrière civile, passant successivement, comme son voisin le gouverneur d'Agra, par
tous les degrés de la hiérarchie indo-britannique : assistant, magistrat, collecteur, juge, commissaire, directeur
de la police, etc. Il représente aujourd'hui le pouvoir de la
Compagnie près de la cour du Grand-Mogol, et, à ce titre,
cumule, avec la garde et la surveillance de la famille impériale, l'administration civile, judiciaire et financière du
million d'âmes qui peuple le district de Delhi ; ne relevant,
pour toutes ces attributions, que du gouvernement suprême
de Calcutta, qui s'est réservé la haute main sur tous les
territoires à l'ouest de la Jumna.

Il dépense en grand seigneur son traitement de près de
deux cent mille francs dans l'habitation qu'il s'est créée
de toutes pièces, aussi loin de la ville que le lui permettent ses affaires quotidiennes et au sein d'assez de calme
et de solitude pour que des fenêtres du manoir il puisse

voir des troupes d'axis et de gazelles bondir sur le gazon
des clairières, et des vols nombreux de paons et de perroquets diaprer de mille teintes fugitives l'épaisse verdure
des fourrés. Mais l'abondance de cette provende animée
attire sur sa piste les bêtes de proie. J'ai vu plus d'un
chacal rôder cauteleusement sous les ombrages de ce petit
Éden, et, quelques jours avant mon arrivée, on y avait surpris une hyène et tué un loup au pied même de la véranda.

Nonobstant ces visiteurs de contrebande, le résident,
résistant aux sollicitations des officiers anglais du voisinage, ne laisse pas chasser dans son parc; car les coups
de fusil adressés aux animaux malfaisants feraient disparaître les paons et autres créatures inoffensives dont il
aime à voir et à protéger les ébats [1].

Cette villa si fraîche, si ombreuse, si pleine de vie,
contraste étrangement avec les jardins du Grand-Mogol
qui sont dans le plus complet délabrement. Ils doivent
cependant avoir été des modèles splendides du genre
oriental, et d'énormes orangers plus que séculaires s'y
couvrent encore de fleurs et de fruits. Mais leurs terrasses
s'effondrent, leurs escaliers, leurs kiosques s'écroulent,
leurs bassins sont comblés et leurs fontaines taries. Au
centre d'un parterre de rosiers et de jonquilles, se dresse
encore un délicieux pavillon de marbre où, du calice de
plusieurs roses élégamment sculptées, jaillissaient sans
doute autrefois de limpides jets d'eau parfumée d'*atar*.
Mais les conduits sont obstrués depuis longtemps ; les
fines mosaïques du pavé sont cachées sous des immondices ; des araignées étendent leurs toiles entre les colonnettes aériennes et les treillages de marbre, et des oiseaux de nuit souillent de leurs ordures et de leurs nids
les voûtes incrustées d'agates et les parois polies de ce

1. Prince A. de Soltikoff, t. I, p. 213 et suiv.

féerique séjour, où l'imagination se plairait à faire trôner Nour-Mahal, dominant de là le palais et la ville et l'empire, et Djéhan-Ghir à ses pieds.

Ces jardins sont, comme le palais impérial, entourés d'une muraille de 20 mètres d'élévation, garnie de créneaux et de mâchicoulis et flanquée de petites tours cylindriques. Le tout est en granit rouge et ceint d'un large fossé. Ce fossé, cette muraille enserrent aujourd'hui tout l'empire des Timourides. Deux magnifiques portails gothiques, prolongés l'un et l'autre par une voûte semblable à une nef de cathédrale, donnent accès dans l'intérieur, où la Compagnie ne se permet d'intervenir que sur l'appel ou du consentement de l'empereur, *of the king*, comme disent les Anglais.

Suivant les bruits qui couraient à Delhi, la dernière de ces interventions avait eu pour résultat de conduire à la potence un des neveux du pauvre souverain ; ce neveu avait jugé à propos de faire acte de prince en enterrant une de ses femmes toute vive.

Grâce à la bienveillante intercession de mon hôte, je pus parcourir et visiter à plusieurs reprises ces cours, ces jardins, ces galeries, ces vastes salles qui, au temps de Tavernier et de Bernier, avaient été le théâtre de tant de grandeurs et de solennités, et où je ne trouvai, pour toute pompe moderne, que cinq ou six vieillards portant des bâtons d'argent ou argentés et des espèces de hallebardes à lames doubles et recourbées, mais dont les pointes étaient prudemment renfermées dans des fourreaux de velours.

Un durbar du Grand-Mogol.

Mes visites répétées m'attirèrent un honneur dont je me serais fort bien passé : elles firent jaser la population désœuvrée du palais ; on parla de moi au Grand-Mogol, qui dit un mot au résident, lequel m'avertit que l'empereur, voulant se donner le spectacle d'un voyageur français, tiendrait un *durbar* le lendemain pour ma présentation. Moins qu'à demi satisfait de cette gracieuse faveur, toujours onéreuse pour celui qui en est l'objet, je dissimulai pourtant par égard pour mon hôte, et dès le matin du jour suivant, *tout de noir habillé* et les pieds garnis de pantoufles indiennes par-dessus mes souliers, je me mis à la disposition du résident.

Sur l'avis que tout était prêt au palais, nous nous rendîmes à l'audience en grande pompe, précédés et suivis d'une forte escorte d'honneur : cavalerie, infanterie, domestiques et huissiers, le tout terminé par une troupe d'éléphants richement caparaçonnés. Portés en palanquins jusque dans la première cour du palais, où la garnison était sous les armes et battait aux champs, nous y fûmes reçus par le premier ministre, suivi d'une légion de vieillards, ombres des omrahs des anciens jours, et tous décorés, à ce titre, de longues cannes à tête d'or. Descendus de nos véhicules, nous pénétrâmes sous un second portique décoré d'élégantes sculptures, mais sale, mais délabré, à l'extrémité duquel nos guides, tirant un grand rideau, se mirent à crier en cadence : *Voici l'ornement du monde ! l'asile des nations ! le Roi des Rois ! l'empereur Mohammed Akbar Bahadour Shah, toujours juste, fortuné et victorieux !*

Nous étions dans la salle d'audience, sorte de halle carrée, dont le toit en terrasse est porté sur une quadruple rangée de piliers. Une balustrade très-basse ferme seule ses arcades. Son aire domine de quelques pieds le sol environnant, et on y monte par plusieurs marches de chaque côté. Ce petit édifice est entièrement de marbre blanc, relevé de coupoles gracieuses, de fleurs et d'arabesques en relief et dorées.

Après avoir incliné trois fois la tête en approchant la
main droite du front, nous laissâmes sur les marches
nos babouches parmi la multitude de celles des courtisans, et, respectant la lettre de l'étiquette orientale, nous
en violâmes l'esprit en marchant sur le tapis impérial
avec nos souliers européens. La foule des natifs y marchait pieds nus ou en bas de soie : les Orientaux couchant
sur leurs tapis, l'usage de laisser ses souliers à la porte
est fondé en raison.

Toujours sur les pas du résident, je m'approchai d'une
estrade de marbre surmontée d'un dais de même matière,
où sur une pile de coussins siégeait une vieille, noire et
lamentable figure, ravagée par les ans et l'opium, et qui
ne peut supporter une cérémonie qu'à force d'opium....
Voilà le descendant de Timour de Babeur et d'Akbar.

Pendant qu'on lui criait mon nom, je m'inclinai encore trois fois et, conformément à mes instructions, présentai à Sa Majesté, sur un mouchoir de batiste, un nuzzer de trois roupies d'or, qu'elle prit et posa près d'elle, en
m'adressant, d'une voix grêle et cassée, quelques mots
sur ma santé, sur la France, sur son gouvernement et
enfin sur la distance qui sépare ce pays de l'Angleterre.
Pendant que je répondais de mon mieux, et en accomplis-
sant force *salams*, à ces graves questions, le premier ministre, ayant fait semblant de prendre les ordres de son
souverain, s'approcha de moi et m'informa que l'empereur m'accordait un *khélat* ou vêtement d'honneur. J'ai
su depuis que c'était chose convenue d'avance et stipulée
par le résident. Le ministre m'emmena donc en cérémonie dans une sorte de garde-robe voisine de la salle d'audience, et là je fus, comme monsieur Jourdain, revêtu
d'un costume grotesque par les gens de l'empereur; il ne
manquait au cérémonial que de la musique pour rendre
la ressemblance complète. Le résident, d'un air grave,

comptait les pièces de mon habillement, dont le nombre
mesure la faveur impériale. C'était d'abord une grande
robe de chambre de cette espèce de drap d'or et d'argent
dont on confectionne chez nous les ornements ecclésiasti-
ques, et, par-dessus ce vêtement long et traînant, on me
passa avec beaucoup de peine une veste étroite en drap
d'argent. Puis le ministre, de sa propre main, déguisa
mon chapeau, un chapeau *gibus!* en turban, en entortil-
lant tout autour une interminable bande de mousseline
brodée d'argent ; enfin une espèce d'étole ou d'écharpe,
de la même étoffe que la robe, me fut jetée sur les
épaules.

Dans ce burlesque accoutrement, je revins procession-
nellement devant l'empereur, marchant entre le résident
et le premier ministre. Les hérauts annoncèrent mon entrée de manière à m'étourdir, politesse à laquelle je dus
répondre par des salams réitérés. Toujours saluant, je
fus ramené aux pieds du trône et j'exprimai ma reconnaissance de tant d'honneur en remettant trois autres
pièces d'or à l'empereur, qui les prit comme devant ; sur
quoi un diadème brillant de pierreries lui fut apporté ;
il l'attacha lui-même à mon turban improvisé , tandis
que je me tenais incliné devant lui ; enfin il me passa
au cou un collier de perles et me ceignit du sabre d'honneur. Après chacun de ces dons, je glissais courtoise-
ment une pièce d'or dans la main impériale, comme on
fait à un médecin après une consultation ; et le pauvre
homme paraissait tout satisfait et de cette farce de théâtre
et du rôle d'automate qu'il y remplissait.

Au sortir de cette scène, dont la grotesque et misérable vanité commençait à me lasser, on m'arrêta pour
me dire que l'héritier du trône n'ayant pu, par suite
d'une indisposition, venir à ma présentation, il serait
courtois de lui envoyer une pièce d'or ou deux, et qu'on

s'y attendait. Je m'exécutai de bonne grâce, et un moment après il me fallut encore sacrifier quelques roupies pour satisfaire une bande d'avides et pauvres valets qui m'attendaient à la porte.

Je ne pensais pas trouver une bien grande valeur aux cadeaux du Mogol déchu ; si bas que je les estimasse, je fus encore déçu dans mon attente. En me débarrassant de mon déguisement qui ressemblait à celui d'un acrobate, je trouvai que la matière de mon diadème royal n'était qu'une sorte de pâte; les diamants et les perles étaient de verre aussi mal coloré qu'ajusté, et de tout le costume il n'y avait de vrai que le fil d'argent des étoffes, par la raison qu'on n'est point encore parvenu à en fabriquer de faux à Delhi.

Si minime que fût la valeur de ces dons, tout Anglais aurait néanmoins été tenu de les livrer au trésor de la Compagnie ; mais, comme étranger, je fus autorisé à les garder et l'on m'offrit même, en cas que je voulusse les céder, de m'en payer le prix. C'était pour les faire servir dans une autre occasion du même genre.

En retournant à la Résidence, mon hôte me fit remarquer dans la banlieue de Delhi un groupe de constructions vulgaires entourées de bananiers et de tamarins. C'est la villa où les petits-fils d'Aureng-Zeb et d'Akbar sont autorisés à venir fuir le bruit et l'atmosphère de la capitale. Mais aucun goût des choses simples et élégantes ne leur reste ; ils n'y apparaissent jamais. Ils sont déplacés désormais partout ailleurs que dans un garde-meuble [1].

1. Victor Jacquemont, *Journal et Correspondance*; *Heber's travels;* le prince de Soltikoff.

Un fabricant de cachemires.

Comme dédommagement de cette matinée perdue en momeries, le résident me mena dans la soirée visiter une manufacture de châles, fondée par un riche marchand hindou en relations avec Paris et Londres. Ses oùvriers étaient natifs de Cachemire ; les matières employées étaient la laine soyeuse des chèvres du Ladak et du Thibet. Sa fabrique contenait une filature et une teinturerie. Quant aux dessins, ils lui étaient fournis en grande partie par ses correspondants d'Europe ; car la plupart des tissus qu'il nous montra étaient destinés à figurer sur les blanches épaules des femmes de l'Occident. A son industrie de tisseur il joignait celle d'orfévre, et j'admirai différents bijoux de sa fabrique, dont les détails étaient pleins de délicatesse. Mais de tout ce qu'il nous montra, ce fut son habitation qui m'intéressa le plus ; elle était fort jolie et pouvait être regardée comme un modèle de l'architecture privée de l'Orient. Elle comprenait trois cours entourées de pavillons et de galeries en belles pierres. Les deux premières étaient plantées d'orangers et d'arbustes de choix ; la troisième, pavée et revêtue de marbre, était égayée par le murmure d'une fraîche et abondante fontaine élégamment sculptée.

Le maître du logis, jugeant qu'en ma qualité d'étranger je lui gardais peut-être en réserve quelque importante commande, me persécuta pour que j'acceptasse un splendide cadeau de châles, que je dus refuser précisément à cause de sa grande valeur. Mais ses instances étaient en raison de mes refus et tournaient à l'obsession, lorsque le résident me souffla à l'oreille de dire à l'Hindou que j'acceptais son présent avec reconnaissance, mais que ne pouvant m'en charger pendant le cours de mes voyages, je le priais d'être assez bon pour me le garder : « Car, ajoutai-je, je regarde ce qui est dans la maison d'un de mes amis comme aussi en sûreté que dans ma propre demeure. » Le rusé industriel, comprenant à demi-mot, s'inclina profondément, charmé qu'il était, j'en suis sûr, d'avoir été généreux à si bon compte.

Partie de chasse. — La Begum Sumrou. — Le rajah de Pattialah.

Comme je me préparais à quitter Delhi, arriva en cette ville, avec une grande suite d'éléphants et de cavaliers, le vizir du rajah de Pattialah, venant inviter le résident et son état-major à une partie de chasse dont son maître, haut et puissant seigneur dont les domaines s'étendent entre la Jumna et le Satledje, allait se donner le plaisir dans les plaines sablonneuses où se perdent les eaux sacrées de la Sarasvaty.

A défaut du résident qui s'excusa, son premier assistant et une dizaine de ses subordonnés civils ou militaires se hâtèrent d'accepter cette invitation courtoise, et, comme j'avais déjà lié connaissance avec la plupart d'entre eux, ils n'eurent nulle peine à m'entraîner dans leur aventureux et brillant tourbillon. D'abord c'était une occasion de voir et de partager des exercices qui devaient tourner au profit de ma curiosité et de mes études ; puis le premier assistant me promit de revenir avec moi jusqu'à Hurdwar, dont la foire, célèbre dans tout l'Hindoustan, allait bientôt s'ouvrir.

Le but principal de mes partenaires était de chasser le sanglier et le tigre. Pour se donner ce plaisir, ils n'hésitaient pas à dépenser en quelques semaines une dizaine de mille francs par tête. Mais chacun d'eux en avait huit ou dix fois autant en traitements, et tous étaient destinés à de hautes fonctions dans ce pays.

Notre cavalcade prit d'abord le chemin de Sirdhana, où elle devait se compléter. Cette localité, placée dans une fertile partie du Doab, était encore, il y a quelques années, la capitale du Djaghir ou fief de la Begum Sumrou[1], créature aussi étrange qu'aucun des êtres fictifs qu'a jamais rêvés l'imagination des romanciers.

Les hommes de ce siècle ne l'ont guère connue que comme une petite vieille ratatinée, d'une tournure grotesque, avec des yeux perçants et vifs dans une figure de momie. Mais, deux ou trois générations auparavant, ces mêmes yeux avaient fait tourner bien des têtes. Venue on ne sait d'où, et achetée dans quelque bazar par le rajah de Sirdhana, elle sut si bien dominer le pauvre homme, qu'à sa mort il lui légua en bonne forme sa principauté, rapportant quatre millions de revenu. Depuis ce premier veuvage, on lui a connu successivement deux autres maris, tous deux Européens et tous deux morts violemment pour n'avoir pas su se contenter du rôle, si commode dans l'Occident, de *mari de la reine*. Car, jusqu'à sa dernière heure, elle a toujours eu la prétention de faire ses affaires elle-même, écoutant, comme César, deux ou trois secrétaires à la fois, tout en dictant à un pareil nombre. Aussi à son aise dans un camp que dans un boudoir, on l'a vue, pendant les anciennes guerres, mener elle-même ses troupes au combat, charger à leur tête et les rallier sous le feu de l'ennemi. Aussi ses soldats et son peuple lui portaient-ils le plus grand respect, et son nom est resté populaire parmi eux, bien qu'elle les ménageât peu et ne laissât pas chômer la puissance de haute et basse justice qu'elle possédait sur eux. Pas plus loin qu'en 1825 ou 26, elle fit attacher à la bouche de ses canons quelques-uns de ses chétifs ministres et

---

1. *Begum*, princesse, en persan.

de ses courtisans disgraciés; ils furent tirés comme des
boulets. On raconte encore, et le fait est avéré, qu'au temps
de son premier mari, elle fit enterrer vivante, sous une
salle de son palais, une jeune esclave dont elle était jalouse,
et donna au rajah un natch ou bal de nuit sur cette horrible tombe; ensuite elle ordonna qu'on plaçât son lit
précisément au-dessus et y coucha plusieurs nuits, jusqu'à ce que les derniers gémissements de sa victime eussent cessé de monter jusqu'à elle et qu'un long silence
l'eût bien convaincue que la faim et le désespoir avaient
terminé leur besogne!... Après un siècle peut-être d'une
existence vouée tout entière à des passions sans frein et au
sommeil absolu de la conscience, la *begum* Sumrou est morte
chrétienne et catholique. L'église qu'elle a bâtie à Sirdhana
est la plus vaste et la plus belle de l'Inde, et la Compagnie
anglaise, légataire de la vieille princesse, est tenue de servir une rente considérable à cette église et à son clergé.

De Sirdhana, un temps de galop de quelques heures
nous amena dans la plaine de Panniput, le grand champ
de bataille de l'Inde, depuis la lutte célébrée par le Mahâbharata. Grâce à un excellent arabe que m'avait prêté le
résident de Delhi, je pus me montrer aussi indifférent
que mes compagnons aux fortunes de ma tête et de mes
membres, dans cette course échevelée à travers champs,
djungles et ravines. « Les chutes de cheval, dit Jacquemont,
viennent immédiatement après l'hépatite chronique et
avant le choléra dans la hiérarchie des causes de mort en
ce pays. Quelques jambes cassées, quelques épaules fra-
cassées, sont tellement dans la règle d'une chasse hindoue,
qu'il ne s'en fait pas sans un chirurgien. Quant aux lions
et aux tigres, c'est, (pour les gentlemen, s'entend), un
jeu des plus innocents, attendu qu'on ne les cherche pas
à cheval, mais à éléphant seulement. Chaque chasseur
est juché, comme un témoin devant une cour de justice

anglaise, dans une caisse fort élevée, attachée sur l'animal ; il a un petit parc d'artillerie près de lui, savoir : une couple de fusils et une paire de pistolets. Il arrive quelquefois, quoique cela soit très-rare, que le tigre, poussé aux abois, saute sur la tête de l'éléphant ; mais c'est l'affaire du *mahaotte* (conducteur), qui est payé à 25 francs par mois pour subir ces sortes d'accidents. En cas de mort, il a du moins la satisfaction d'une vengeance complète : car l'éléphant ne joue pas nonchalamment de la clarinette avec sa trompe, quand il se sent coiffé d'un tigre ; il le travaille de son mieux, et le chasseur l'achève d'une balle à bout portant. Le mahaotte est, on le voit, une sorte d'éditeur responsable. Un autre pauvre diable est derrière le gentleman, ayant pour office d'ombrager d'un parasol la tête précieuse de celui-ci. Sa condition est pire encore que celle du mahaotte ; lorsque l'éléphant effrayé fuit devant le tigre qui le charge et s'élance sur sa croupe, le véritable emploi de cet homme est d'être alors mangé à la place de son maître : l'Inde, on le voit, est l'utopie de l'ordre social à l'usage des gens comme il faut[1]. »

La campagne qui s'étend entre Panniput et Pattialah, coupée de nombreux cours d'eau à demi-desséchés en cette saison, de marais salants, de rizières et de djungles, est une terre de promission pour le chasseur ; nous y sacrifiâmes un jour entier à la poursuite du petit gibier.

« Des nuées de palmipèdes, sarcelles, canards, oies sauvages, cormorans, s'y abattent sur tous les étangs ; des milliers de cailles, de perdrix et d'outardes piétinent dans les halliers ; chaque marais, chaque rizière fourmille de bécassines. Si vous suivez les bords ombragés d'un ruisseau aux bords ravinés, du milieu des arbustes en

---

1. Jacquemont, *Correspondance*, t. I.

fleurs qui se balancent sur votre tête, un vol pesant se fait entendre : c'est le paon avec sa robe semée de pierreries, qui vous annonce qu'il est temps de couler une balle dans votre fusil; car un gibier non moins beau, mais plus dangereux, est dans le voisinage. Hâtez-vous de regarder si le sable du ruisseau dont vous suivez le cours ne garde pas les empreintes, fraîches encore et profondément marquées, d'une colossale griffe de tigre. C'est une coïncidence singulière, mais invariable, que partout où vous trouvez le paon, le tigre n'est pas loin. Il préfère sans doute les mêmes localités, et l'épais feuillage qui convient à l'oiseau sert à cacher son terrible voisin aux yeux de ses victimes jusqu'à ce qu'elles soient à portée du bond fatal[1]. »

Cependant, soit bonne, soit mauvaise chance, nous arrivâmes au rendez-vous du rajah de Pattialah sans avoir maille à partir avec le tyran des forêts.

Ayant à parler plus tard d'une chasse plus heureuse, plus dramatique, je n'ai mentionné celle-ci que parce qu'entreprise et menée sur une vaste échelle, avec un énorme déploiement de tentes, d'éléphants et de cavaliers, semée chaque soir d'intermèdes princiers, tels que festins somptueux, concerts, représentations mimiques et ballets, elle m'offrit un spécimen complet des grandes chasses des anciens rois asiatiques, et me fit pénétrer dans la vie de l'antique Orient plus avant que je n'avais encore fait depuis mon arrivée dans l'Inde.

Quiconque, d'ailleurs, préfère une étude de mœurs à une scène de sang, tel que le meurtre d'un tigre ou d'un lion, estimera que je trouvai une compensation suffisante à l'absence de ces grands carnassiers dans l'entretien confidentiel que le rajah de Pattaliah réclama de

____

1. Éd. de Warren, t. I, chap. XI.

moi, un soir, à l'écart, tandis que, dans une tente vaste et décorée comme une salle de bal, les flacons de *sherry* et de champagne tombaient devant ses hôtes anglais, comme dans le jour les lièvres et les perdrix.

Possesseur de six ou sept millions de revenu et d'une épargne énorme amassée par ses prédécessurs, le rajah, séduit depuis longtemps par notre civilisation, avait le plus grand désir de visiter l'Europe. Mais comment satisfaire ce désir? C'était là une question pleine de doutes et d'anxiétés, et qu'il me suppliait de résoudre, moi, étranger à l'Angleterre comme à l'Inde, et n'ayant, par conséquent, nul intérêt à le tromper. Était-il vrai que ses collègues occidentaux, princes et rois, voyageassent hors de leurs états sans apparat, sans garde ni suite, faisant usage des mêmes voies, des mêmes moyens de transport, des mêmes *caravansérails* que le commun des hommes? Il ne pouvait le croire, malgré les affirmations réitérées du gouverneur général lui-même, de lord Dalhousie, qui s'obstinait à lui refuser le droit et les moyens d'emmener en Angleterre un cortége indispensable, le plus modeste certes qui eût jamais figuré autour de ses ancêtres.

« Et quelle est la composition de cette suite? demandai-je au prince.

— Bien modeste, répondit-il avec une imperturbable naïveté. Seulement cinq mille serviteurs à pied, mille cavaliers et une vingtaine d'éléphants. »

A ces mots, qui peignaient si bien le monde hindou tout entier, et mettaient si étrangement en relief les antinomies qui le distinguent du nôtre, je ne pus, je l'avoue, étouffer un immense éclat de rire.

« Oh ! dit le prince désappointé, vous faites comme lord Dalhousie. Qu'est-ce donc, grand Dieu! que la société européenne?

— Pour parvenir à la connaître, repris-je à mon tour, vous ferez bien de l'aborder avec aussi peu d'appareil oriental que possible ; le simple bagage d'un commis voyageur en pierres fines ou en châles de cachemire sera plus utile à vos desseins que toutes les pompes de vos ancêtres. »

Je ne crois pas être parvenu à convaincre *Sa Hautesse* ce soir-là, mais elle aura réfléchi depuis ; car, au moment où j'écris ces lignes, j'apprends qu'elle vient de débarquer en Europe avec une suite réduite à cinquante personnes, mais bien relevée par un crédit de quinze millions de francs sur la caisse de la compagnie des Indes.

La foire d'Hurdwar.

Au bout d'une semaine, quand nous eûmes battu tous les buissons de la contrée, épuisé, ruiné le peu de villages qui y sont dispersés, et mis sur les dents la cavalerie du rajah, nous revînmes vers l'est, emmenant seulement quelques cavaliers d'élite et tous les éléphants, qui devaient servir aux plus infatigables de mes compagnons pour chasser le tigre à la base des montagnes.

Mais, dès que nous eûmes regagné les bords de la Jumna, je pris congé de la bande joyeuse et magnifique et je me dirigeai vers Hurdwar en compagnie du sous-résident, qui, sachant allier les affaires aux plaisirs, allait remplir de ce côté une tournée d'inspection.

Petite ville située à l'endroit où le Gange coupe la dernière terrasse des contre-forts de l'Himalaya, Hurdwar se peuple annuellement, au commencement d'avril, de plus d'un million d'hommes accourus de tous les points de l'Inde pour y accomplir tout à la fois leurs devoirs spirituels, en se baignant dans le fleuve sacré, et leurs plans mercantiles, en prenant part à la foire dont la religion est la cause ou le prétexte. Il est impossible de tracer le tableau extraordinaire que présente cette réunion de gens de toute condition, de tout sexe, de tout âge et des contrées les plus diverses. Il n'est pas plus facile d'énumérer les marchandises de toute espèce et de toute provenance qui s'y trouvent étalées dans un incroyable pêle-mêle; et, comme chaque marchand proclame emphatiquement dans son propre dialecte les noms et les perfections des objets dont il veut se défaire, il en résulte une confusion de langues qui n'a de comparable que celle dont la tour de Babel fut autrefois témoin.

Dans le même magasin, je devrais dire sous la même échoppe, l'œil étonné découvre des châles de cachemire et des lainages de Glasgow; des coraux de la mer Rouge, des diamants d'Haïdérabad, des perles de Ceylan et de la quincaillerie de Manchester; des épices des Moluques, du bois de sandal et de rose, entre des nattes grossières et des mousselines brochées de la côte de Coromandel. Des montres de France murmurent philosophiquement leur tic tac entre des conserves de la Chine et des sauces britanniques. Des pâtés de Strasbourg et du Périgord sont flanqués d'un côté par de l'assa fœtida et de l'eau de rose de Perse, de l'autre par une collection de tous les cosmétiques mis en crédit par la coquetterie féminine, depuis les boîtes de parfums de *Bond-Street* et de la rue de la *Paix*, jusqu'au *henné* africain qui sert à teindre en rose les doigts mignons des Apsaras hindoues, jusqu'à l'antimoine qui noircit leurs cils et alanguit leurs longues paupières.

En dehors du bazar, dans la plaine qui se déroule le long du fleuve, est le marché aux animaux. Là des milliers de chevaux piaffent, galopent, hennissent, et des centaines d'éléphants se tiennent immobiles à l'ombre des mangotiers. Là, des chameaux, des buffles, d'innombrables troupeaux de grand et de petit bétail, des chiens, des chats, des singes, des ours, des tigres de toute taille; des léopards et des faucóns dressés pour la chasse, tous criant, beuglant, bêlant, aboyant, miaulant et hurlant, attendent des acheteurs, pendant que des singes sauvages gambadent librement sur les arbres d'alentour, adressent d'horribles grimaces aux hommes et aux animaux, et ont l'air de se moquer également et de la marchandise et des marchands.

L'appât du gain n'empêche pas ces derniers de remplir ponctuellement les rites de leur culte : rassemblés par milliers sur les bords du fleuve, les dévots des deux sexes descendent pêle-mêle dans le courant et y font leurs ablutions avec une sincérité, une indifférence si complète en apparence, qu'ils semblent ignorer s'ils sont vêtus ou non.

Le Gange étant très-peu profond en cet endroit, je pus gagner le milieu de son lit sur un éléphant, et, du haut de mon howdah, contempler comme d'un belvédère la scène étrange et bigarrée qu'offrait les *ghauts* à la chute du jour. Dans la foule qui descendait ou remontait ses gradins, je démêlais la haute stature et les traits réguliers du Sikhe, les formes déliées et le teint noir du Bengalais, la taille ramassée du robuste Gourka, la face jaunâtre du Tartare et du Thibétain, et l'aspect sémitique de l'homme du Caboul. Ici des brahmanes étaient occupés à recueillir le tribut des membres de leur secte spéciale; là des fakirs faisaient toutes sortes de contorsions et d'indécences; plus loin, sur des espèces de balises en bois placées au milieu du fleuve, de jolis enfants, costumés en divinités, se tenaient pour recueillir des offrandes, pendant qu'autour d'eux flottaient tout enflammés et à la dérive de petits bûchers de roseaux, de paille et de coton, et que, bravant l'indifférence des pèlerins, des ministres anglicans distribuaient des exemplaires de la Bible traduite dans les idiomes modernes de l'Inde.

Il y avait à Hurdwar une trentaine de fonctionnaires anglais venus de différentes stations de la plaine ou des montagnes, les uns par devoir, les autres pour acheter des chevaux et des éléphants. Parmi eux se trouvait le major M***, commissaire ou surintendant du district himalayen de Simla ; le sous-résident de Delhi m'ayant présenté à lui comme un hôte futur de sa résidence, fort désireux de faire connaissance avec les merveilles de ses montagnes, je trouvai dans cet officier, né en Écosse, mais élevé à Paris et connaissant parfaitement la France, la cordialité et l'entrain d'un compatriote. Dès le premier abord il mit à ma disposition, pour visiter son gouvernement, toutes les ressources de son pouvoir presque discrétionnaire, et déclara qu'il entendait que je pénétrasse jusqu'aux extrêmes limites de l'Inde, sur la frontière du Thibet, avec autant de facilité que j'en aurais en Europe pour passer de Suisse en Italie.

Je ne pouvais qu'acquiescer avec empressement aux propositions du major M***, et si mes forces, épuisées par un voyage de huit mois et les parties de chasse des jours précédents, me l'eussent permis, je serais parti sur-le-champ avec lui pour Simla, qu'il était obligé de regagner à marches forcées, dans la prévision de l'arrivée prochaine en ce lieu du gouverneur général revenant du Pundjab. Ne pouvant m'emmener, il me promit de me servir de fourrier sur la route, et de m'assurer bon gîte et réception favorable à toutes les étapes qu'il allait traverser.

Le lendemain de son départ, fatigué du bruit, de la chaleur et de la poussière qui régnaient à Hurdwar, et ayant hâte de respirer l'air restaurant des montagnes, je pris congé de mon obligeant compagnon le sous-résident, et je m'acheminai doucement vers la vallée du Doun.

CHAPITRE V.

D'HURDWAR A LA GANGOTRI (SOURCE DU GANGE)

PAR LE REVERS SEPTENTRIONAL DE L'HIMALAYA.

La base de l'Himalaya. — Etablissements sanitaires. — Nahan et son rajah. — Simla, capitale d'une Suisse himalayenne. — Son résident, roi des rois des montagnes. — La mode et la gentry anglaises. — Un Néron de seize ans. — Les soldats gourkas. — Un époux mésallié. — Le brahmane errant et le docteur de l'Occident. — Les Akbars. — L'enfant exhumé. — La queue de la vache. — Les provinces de l'Indus. — Le vizir de Bissahir. — Le Kanawer. — Ses paysages. — Ses ponts primitifs. — Tchini. — La fête au village voisin ; danse de dieux. — La polyandrie. — Aspect général de l'Himalaya. — Les Alpes thibétaines. — Orographie mythique des Indo-Sanscrits. — Retour vers le sud. — Le collecteur évangéliste. — Le nombre quatre. — Sources des fleuves sacrés. — La Jumnotri. — La Gangotri. — La légende de Ganga ou la descente du Gange sur la terre.

Établissements sanitaires de l'Himalaya.

Parallèlement à la ligne du faîte de l'Himalaya, à vingt ou trente lieues vers le sud, court, depuis les bords de l'Indus jusqu'à ceux du Burrampoutra, une chaîne de hauteurs que sa formation de conglomérats et de galets indique clairement comme ayant servi de rivage à l'Océan dans les anciens âges de la terre. Entre ce contre-fort méridional et l'axe principal de l'Himalaya, s'étend une suite de vallées excavées en berceau, qui, en allant du couchant au levant, portent les noms de Koullou, de Sirmour, de Doun, de Gorkval, d'Almora, de Népaul et de Boutan.

A l'exception de la dernière, qui fait encore partie du Céleste Empire, toutes ces vallées ont subi le joug direct ou médiat de la Compagnie des Indes. Le Sirinaguř, le Sirmour, le Doun, où la Jumna et le Gange serpentent en mille replis avant d'entrer dans l'Hindoustan, forment la partie septentrionale de cette contrée antique, sainte entre toutes celles que décrit le livre de Manou et qu'il désigne sous le nom de Brahmawarta. C'est aujourd'hui une sorte de Suisse où les Anglais du Bengale et de Bombay viennent fuir pendant l'été les chaleurs homicides de la côte.

Il est du meilleur ton d'y posséder une villa pour y passer quelques mois, ou tout au moins le pouvoir faire, si on ne le fait pas. Tous les employés civils de la Compagnie qui ont un assistant à qui confier leur besogne, tous les militaires favorisés d'un certificat de maladie pour eux ou pour leurs femmes, y accourent de tous les points de l'est, de l'ouest et du sud. Il n'y manque pas non plus de femmes sans leurs maris. Les Anglais de l'Inde doivent à leur détestable régime une foule de maladies ou d'infirmités réelles, mais toutes les variétés de la gastrite et de l'hépatite leur font une guerre moins impitoyable que l'ennui. Ils le fuient partout ; sous toutes les formes il les poursuit. Ils courent aux montagnes, croyant le laisser dans la plaine ; ils ne font qu'en changer seulement. C'est là le sort des ennuyés sur toute la surface du globe, et c'est ce qui a donné naissance aux établissements européens du Doun, à Mossouri et à Landaor, dont on aperçoit de bien loin dans la vallée les maisons bâties sur la crête des montagnes, à l'ombre des mangotiers.

On est là au milieu de beaux paysages de montagnes, à 2000 ou 2300 mètres au-dessus de la mer. L'air y est raréfié, sec, frais et salubre. On y trouve des hôpitaux pour les soldats anglais, le club de l'*Himalaya* avec table d'hôte, journaux et billards pour les oisifs. Les maisons que les Anglais viennent occuper dans ces localités pendant la brûlante et pluvieuse saison sont petites, car les constructions reviennent à de hauts prix sur ces montagnes, où les ouvriers sont rares et les matériaux difficiles à transporter. De plus elles sont toutes perchées sur des rocs, dans les endroits les plus inaccessibles; la mode, toujours la mode, l'a voulu ainsi. Il en résulte que les chemins, ou plutôt les sentiers qui font communiquer ces demeures entre elles, circulent âpres, étroits, sinueux, le long de précipices béants, et font courir de vrais dangers aux cavaliers qui les pratiquent; le moindre écart de votre monture effrayée y rend inévitable votre disparition dans un gouffre. C'est ce qui arriva pendant mon séjour à Mossouri à un gentleman du nom de Macdonald, qui, se rendant à un dîner où nous devions nous rencontrer, roula avec son poney au fond d'une ravine immense. On ne retrouva son cadavre brisé qu'après vingt-quatre heures de recherches. Je dois ajouter que toute la société dont il faisait partie se consola immédiatement de sa perte, sur l'assurance magistralement formulée par le docteur de l'endroit que le pauvre gentleman, atteint d'une maladie incurable, avait échappé par cette catastrophe involontaire aux angoisses d'une longue décomposition, et le lendemain, cavaliers et ladys de galoper de plus belle sur ces routes fabuleuses pour quiconque n'a pas visité l'Himalaya; car pour ceux qui en reviennent elles sont encore la plaine.

Nahan et son rajah.

Nahan est la capitale du Sirmour, petit État des montagnes, que les conquêtes successives des Sikhes, des Gourkas et enfin des Anglais ont bien réduit depuis la fin du dernier siècle. Le rajah ne laisse pas cependant que de vivre royalement avec un million de revenu. Sa petite ville, une des plus jolies de l'Inde, est située sur la croupe d'une montagne verdoyante qui domine de tous côtés des vallées profondes, humides, chargées d'épaisses forêts.

C'est dans une de ces gorges que, me rendant de Landaor à Simla, je rencontrai le rajah venant à ma rencontre, à près d'une lieue de sa résidence. Je descendis vivement de cheval, en le voyant descendre de son éléphant pour s'avancer vers moi; il était précédé d'une double haie de serviteurs, portant les uns des masses d'argent, les autres des hallebardes et des bannières; d'autres éléphants et une troupe de cavaliers armés et vêtus pittoresquement se pressaient à l'entour. Il marchait entre son vizir et un vieux brahmane, le Vaçistha de sa petite cour[1]. Je crus voir la mise en scène d'une de ces réceptions si souvent décrites dans les poëmes sanscrits.

Adolescent de dix-huit ou dix-neuf ans, le prince avait des traits qui, sans être beaux, ne manquaient ni de régularité ni de distinction. Son costume simple et gracieux se composait d'un pantalon de mousseline fort blanche et d'une tunique à manches étroites de même étoffe; une grande écharpe en cachemire rouge était élégamment jetée sur ses épaules, et sa tête était couverte d'un coquet turban de mousseline amarante, surmonté, au milieu du front, d'un bouquet de pierreries. Il portait au côté un sabre du Khorasan à la poignée d'or massif et ciselé, et tenait à la main un arc de parade. Nous nous saluâmes à la manière orientale, en nous embrassant sur les deux épaules, après quoi, dérogeant le premier à l'étiquette, je pris la main du rajah et la lui serrai à l'européenne, tandis qu'il m'adressait quelques paroles de politesse. Il m'invita

1. Voir dans le Ramayana et dans les Puranas quel rôle important remplissait ce grand prêtre auprès des rois d'Ayodhya.

ensuite à monter sur son éléphant et y monta après moi, laissant à terre ses pantoufles et donnant son sabre à un officier. Son brahmane, son vizir et ses autres courtisans nous suivaient sur des montures semblables. Les serviteurs à pied ouvraient le cortége, que fermaient les cavaliers. Tout concourait à rendre cette scène pittoresque : l'éclat et la variété des costumes, les armes et la tenue des cavaliers, la beauté du site, celle du jour, et jusqu'aux clochettes suspendues au cou de notre éléphant, dont les échos amollis des montagnes répétaient le tintement argentin. Le chemin était âpre et difficile : les éléphants ne le gravissaient qu'avec peine et avec lenteur, et cependant je me plaisais tant à regarder autour de moi, que je trouvais qu'ils allaient trop vite.

Comme je témoignais au jeune prince autant d'étonnement que de gratitude pour une réception si flatteuse : « Vous m'avez été annoncé, me dit-il, par le major M*** comme son ami, comme un ami des Hindous; vous devez donc être le mien. » Il ajouta que son père, ayant connu Victor Jacquemont et le général Allard, lui avait appris à aimer les Français.

Il savait vaguement les événements dont l'Europe a été le théâtre depuis soixante ans et ne cessait de m'interroger sur la France, qu'il appelait la terre nourricière des soldats de l'Occident. Mes réponses paraissaient l'intéresser au plus haut point, et il répétait avec intelligence, aux courtisans les plus rapprochés, les traits qui le frappaient le plus dans mes récits.

Ses manières vives, ouvertes et modestes, et sa franchise de montagnard me plurent tellement que je me décidai à passer plusieurs jours dans sa capitale, pour jouir d'un plaisir inconnu aux Anglais : celui d'étudier les dispositions sociales d'un descendant authentique des antiques Aryas. Jamais les Anglais n'ont essayé de découvrir si ces dispositions existaient parmi les natifs de l'Inde, et, le cas échéant, de les cultiver. C'est ainsi qu'ils demeurent complétement étrangers au peuple qu'ils gouvernent.

En vain le précédent rajah de Nahan a fait bâtir un magnifique pavillon pour la commodité des voyageurs anglais qui chaque été traversent ses terres en allant chercher la santé dans les montagnes; c'est à peine si, malgré toutes ses prévenances, son fils obtient la faveur d'en arrêter un ou deux au passage, et encore ne peut-il échanger avec eux que des paroles banales de pure formalité. Je lui laissai prendre avec moi revanche complète de tant de mécomptes [1].

Peu de jours auparavant, il en avait essuyé un amer, et de la part d'une dame encore! Lady H***, infatigable touriste, qui revenait de Peechawer et du Cachemire, s'étant arrêtée quelques heures à Nahan, le galant jeune homme crut devoir lui offrir un superbe éléphant mâle ou *hâthie* portant caparaçon et howdah de prince. La grande dame accepta le présent. Malheureusement, les éléphants sont, comme d'autres créatures plus séduisantes, sujets à des caprices vertigineux. A peine celui de lady H*** avait-il fait deux milles, qu'il sortit de la route frayée pour s'enfoncer dans une forêt solitaire. Son mahaotte (conducteur) eut beau lui enfoncer dans la tête la pointe de l'aiguillon, seul instrument dont on se serve pour dompter ces animaux, l'éléphant obstiné n'en continua pas moins sa course aventureuse, qui devenait à chaque instant plus dangereuse et plus rapide. Lady H*** se tenait de toutes ses forces à sa selle, d'où elle serait tombée mille fois pour une sans cette précaution. Le mahaotte qui était assis à ses côtés et le postillon qui se tenait à califourchon sur le cou du hâthie gardaient le silence et paraissaient

____

1. Jacquemont, *Journal*, t. II.

aussi effrayés qu'elle. L'animal furieux descendit comme la foudre dans un ravin où tous les trois crurent qu'ils allaient périr; mais il en ressortit avec la même agilité, et en un instant il fut sur le bord opposé. Lady H*** traversait alors une vallée superbe où les sites pittoresques abondaient; mais elle eût fait bon marché des plus belles *sceneries* du monde. Elle approchait d'un bois où elle se voyait déjà déchirée en mille pièces par les branches tranchantes des arbres, accrochée par les cheveux comme Absalon, et expirant dans des douleurs horribles. Le mahaotte, ne découvrant aucun moyen de salut, se disposait à sauter à bas de l'éléphant et à abandonner là grande dame à son triste sort. Elle lui remontra l'indélicatesse de sa conduite; mais il lui répondit sèchement : « C'en est fait de Votre Seigneurie; pourquoi sacrifierais-je ma vie? » Et ce disant il se laissa tomber à terre.... Cependant la redoutable forêt n'était plus qu'à quelques pas, et la fureur du hâthie ne se ralentissait point. Lady H*** prit le parti de suivre l'exemple de son guide, entreprise pleine de dangereux hasards, mais qu'avec beaucoup d'adresse et de sang-froid elle parvint à mener à bonne fin. Quelques heures après elle était à Soubhatou, où du fond d'un bon lit, dans lequel elle s'obstina pendant trois semaines à se dire en proie à une fièvre ardente, elle rédigea froidement une plainte en forme contre le mahaotte, contre l'éléphant et contre le généreux rajah, les englobant tous trois, quadrupède, serviteur et maître, dans une même accusation de complot contre sa vie; complot dont évidemment le dernier était l'âme, le second le complice, et le premier, véritable incarnation de Satan, l'instrument choisi et dressé avec un art infernal.

Le fonctionnaire anglais qui reçut cette dénonciation, tout en l'appréciant à sa juste valeur, ne put se dispenser de condamner le pauvre mahaotte à un an de prison et à recevoir au préalable vingt-cinq coups de fouet; l'éléphant fut retrouvé quelques jours après dans un état de sauvagerie complète, et lady H*** le renvoya à son donateur avec une lettre d'injures.... Tout cela n'a pas donné au rajah de Nahan une bien haute idée de la douceur et de la bonté des grandes dames de l'Occident.

Le climat de Nahan est fort salubre; mais à certaines époques de l'année, aux renversements de moussons par exemple, les forêts des vallées d'alentour sont des sources d'effluves pestilentiels.

Comme la route qui me menait à Simla passait par quelques-uns de ces foyers de *malaria*, le rajah voulut absolument que je les traversasse sur son éléphant favori, dont l'allure de géant devait me faire franchir en moins d'un jour tous les passages dangereux, et me permettre d'opposer aux miasmes des fondrières les émanations parfumées d'un houka splendide, que le jeune prince me força d'accepter au moment de mon départ.

« Dans votre patrie, me dit-il, qui a pour le cœur et l'âme de plus vastes horizons que nous n'en avons ici pour nos yeux, ce houka vous rappellera l'orphelin du Syrmour, qui végète étouffé sur un trône vermoulu, entre les débris atrophiants des institutions mortes de sa patrie et le joug pesant de la domination étrangère. Le rôle de rajah est difficile à soutenir désormais dans l'Inde. L'accusation d'oppression est si facile à attirer sur lui! Les Anglais s'en sont fait une arme si terrible et si utile à leurs desseins! Ils ne la ménagent pas plus envers le prince qui veut ouvrir ses domaines à quelque féconde innovation qu'envers celui qui s'abrutit avec son peuple sur le cadavre du passé. Mon père, abreuvé de calomnies et de dégoût, est mort à la peine, avant sa quarantième année.... je sens que je mourrai jeune comme lui.... et, ajouta-t-il avec un sourire amer, si je suis sans héritier, mes États tomberont dans le domaine direct de la Compagnie! »

L'émotion des adieux faisait ainsi éclater la pensée intime qui rongeait incessamment ce rejeton d'une race déchue. Profondément touché à l'aspect d'une raison si hâtive et de tant de mélancolie unie à tant de jeunesse, je ne pus qu'embrasser cordialement le jeune rajah, en balbutiant les équivalents de nos mots *résignation* et *devoir*, et je précipitai ma marche sur la route de Simla.

Sans la disposition d'esprit que j'avais puisée dans cette scène, j'aurais joui délicieusement des beautés de la forêt de Mahassou, que je ne tardai pas à traverser. Elle est au nombre des plus belles de l'Himalaya. Les déodaras, les chênes, les noyers et les sapins y atteignent des proportions colossales. Morts et desséchés, leurs troncs gigantesques se tiennent encore longtemps debout, et des lianes, des convolvulus, des bignonias, enroulés alentour jusqu'à leur sommet, en font des colonnes de verdure diaprées de fleurs. Au-dessus de la limite des bois, les montagnes sont couvertes de pâturages dignes des Alpes, et sur les pentes inférieures à la forêt s'étend une zone non interrompue de riches cultures.

C'est à travers ces belles perspectives que j'atteignis Simla, où le major M***, commissaire de la circonscription territoriale du haut Satledje, et, à ce titre, chef suprême de toute la ligue des rois de cette région montagneuse, venait de transporter, pour tout l'été, son prétoire et tous les pouvoirs administratifs, militaires, financiers et judiciaires dont il était revêtu.

L'accueil qu'il me fit me prouva que l'hospitalité était de tradition dans sa position; car les lecteurs de Jacquemont doivent se rappeler combien notre compatriote eut à se louer d'un prédécesseur du major.

Simla. — Sa population. — Mœurs locales.

Simla, situé à quelques lieues du Satledje, un peu au nord du 31ᵉ degré de latitude et un peu à l'ouest du 75ᵉ méridien, est le Mont-d'Or, le Baden-Baden, le rendez-vous enfin des plus riches parmi les malades ou les dés-œuvrés de l'Inde. En 1819, l'officier commandant le district de Soubhatou imagina de déserter son chef-lieu, en proie aux chaleurs d'un été terrible, et de venir dresser ses tentes sous les ombrages des cèdres de Simla, qui n'étaient guère alors hantés que par des singes. Des amis vinrent le visiter dans cette solitude, dont le site et le climat leur parurent admirables. Des chalets pittoresques au dehors, confortables et luxueux à l'intérieur, s'élevèrent comme par enchantement sur les pentes des collines, sur les bords des torrents. Simla compte aujourd'hui une centaine d'habitations sembla-bles. Des routes superbes, ouvertes dans le roc et dans la forêt, leur servent d'avenues, et à cinq cents lieues de Calcutta, à deux mille mètres au-dessus du niveau de l'Océan, le luxe de la capitale de l'Inde s'est installé et la mode règne en tyran.

Il n'y a guère d'été où le gouverneur général de l'Inde, avec toute sa cour de hauts fonctionnaires, ne vienne y chercher la fraîcheur que lui refusent les plaines brû-lantes du Bengale et de Lahore ; alors Simla offre un coup d'œil unique dans le monde.

Ce rendez-vous du monde officiel d'un immense empire, à quatre cents lieues dans l'intérieur des terres, aux portes de l'Asie centrale, serait bien agréable, bien romanesque, si la froideur et le prosaïsme anglais ne le réduisaient à n'être que bizarre et original, par le contraste du lieu avec le genre de vie que l'on y mène.

On ne tient nul compte de l'immense distance qui sépare Simla de la capitale, et, pour galoper le matin et le soir sous les voûtes silencieuses des pins et des déodaras, les femmes n'en rabattent pas d'un ruban dans leur toilette. La même étiquette préside aux réunions, dont un dîner seul est l'objet; car de s'assembler pour un but de promenade, de visite en commun à quelqu'une des nombreuses merveilles dont la nature a doté ces contrées, l'idée n'en vient à personne.

Lors de mon passage, Simla renfermait plus de cent cinquante familles appartenant à l'aristocratie anglaise de l'Inde. Mais, à part les rares occasions où quelque solennité gastronomique, quelques graves libations de thé les amenaient à fraterniser, elles demeuraient isolées dans leur décorum, aux bords des précipices, sur les pics des rochers, où leurs demeures étaient disséminées.

Bien souvent, au lever du soleil, dans les tortueux sentiers des montagnes, sous les ombrages silencieux des cèdres et des rosages, il m'est arrivé de rencontrer d'élégantes ladys, aussi parées, à cette heure matinale, que leurs compatriotes le sont à Londres pour se rendre à un raout ou à l'Opéra. Une bande de serviteurs blancs, jaunes et noirs, les entouraient, conduisant par la main leur nombreuse progéniture, portant les jouets des *little girls* et des *little boys*, ou menant en laisse les petits chiens favoris. Le plus illustre des voyageurs, un Humboldt, un Jacquemont, venant à rencontrer une pareille société, n'en obtiendrait pas les honneurs d'un regard, à moins d'être en bottes vernies et en gants jaunes; ainsi le veulent les mœurs anglaises.

Le grand chapeau de paille, la blouse et les guêtres de coutil qui composaient invariablement mon costume de promenade me valaient donc de passer inconsidéré, si-

non inaperçu, parmi ces groupes aristocratiques. Petite
infortune contre laquelle je m'étais cuirassé à l'avance,
n'étant pas venu sur les gradins de l'Asie centrale pour y
continuer les manières de Hyde-Park ou du bois de Bou-
logne.

Du reste, les prévenances dont je ne cessais d'être
l'objet de la part du major M*** auraient fourni à mon
amour-propre des compensations plus que suffisantes. Il
était impossible d'être meilleur compagnon que ne l'était
pour moi ce roi des rois des régions montueuses du Brahmawarta. Il exigeait que je fusse de toutes ses chasses,
de tous ses banquets, et, ce qui était d'un bien plus
haut prix pour mes études de mœurs, il me réservait
un siége auprès du sien à chacun des durbars où il avait
à traiter de quelque incident curieux.

C'est ainsi que je vis comparaître devant lui le rajah
de Belaspour, jeune Néron de seize ou dix-sept ans, dont
la tyrannie venait de soulever la population de sa capitale.
Un jour, il s'était amusé, par désœuvrement, à faire
écraser par son éléphant un certain nombre de ses sujets
qui passaient inoffensifs devant lui; puis, son vizir ayant
trouvé le procédé un peu vif, il l'avait fait pendre et l'avait
remplacé par son tailleur, vil complice ou instrument de
ses monomanies furieuses. Une émeute s'en était suivie,
et le rajah s'était enfui jusqu'à Soubhatou, d'où on l'a-
vait amené à Simla. Le major le réprimanda fortement, le menaça pour l'avenir dans sa personne, et le
condamna pour le présent dans celle de son favori, qui
fut pendu. Je pensai qu'il eût mieux valu, dans l'intérêt des pauvres gens de Belaspour, détrôner tout bonnement leur monarque, dont l'idiotisme garantissait mal
leur sécurité. La tendance politique des vizirs de ces
petits États montagnards est de se ménager constamment
une minorité ou un prince imbécile à diriger. Ils obtien-

nent l'un et l'autre en empoisonnant le prince dès qu'il devient père d'un enfant mâle. Tuteurs de celui-ci, ils lui donnent de l'opium pour l'abrutir, et ce système leur a jusqu'ici passablement réussi : à l'exception du rajah de Sirmour, tous les chefs indigènes entre le Gange et le Sat-ledje sont ou des idiots ou des fous furieux. Pour en faire des pensionnaires du gouvernement anglais et s'emparer de l'administration de leurs provinces, qu'en coûterait-il?-un trait de plume du gouverneur général ou même de ses lieutenants.

Ces contrées, conquises par les Sikhes vers la fin du dernier siècle, leur furent enlevées en 1805 par les Gourkas, tribus du Népaul, qui eux-mêmes durent les céder en 1815, mais non sans une résistance opiniâtre et meurtrière, aux armes anglaises dirigées par sir David Ochterlony.

La discipline de ces montagnards était fort différente, comme on le pense bien, de celle des armées européennes, mais parfaitement adaptée à la nature du pays où ils faisaient la guerre. Leurs troupes se divisaient en compagnies de cent vingt hommes, formant chacune un petit corps indépendant. Armes et vêtements y étaient uniformes. Les premières se composaient d'un fusil à mèche et d'un koultri, sorte de coutelas fort court et fort pesant, qui s'est conservé dans les régiments gourkas au service anglais; ce koultri rappelle la serpe de bataille des anciens Égyptiens et des Abyssins modernes.

Vaincus par les Anglais, les Gourkas sont aujourd'hui leurs auxiliaires les plus fidèles. Il est vrai que le territoire de la Compagnie est devenu leur patrie, et qu'ils n'en ont plus d'autre. Ils sont peu disposés à visiter leur terre native, où le rajah pourrait les traiter comme des déserteurs.

Bien que leur solde soit inférieure à celle des autres

corps de l'armée indo-anglaise, leurs régiments se recrutent sans peine. On y admet les enfants de troupe nés des vieux soldats et des mères sirmouriennes, kanaorriennes, etc., etc.; le type maternel domine dans le physique de ces enfants, et le type paternel dans le moral. Cependant, il y a sans doute en eux quelques qualités sympathiques qui rachètent la violence de leur caractère; car les habitants des basses chaînes, soumis pendant dix ou douze ans à l'oppression de ces conquérants, ne semblent pas leur avoir gardé la moindre rancune. Vaincus et vainqueurs vivent ensemble et s'allient continuellement.

Les Gourkas paraissent avoir pour le beau sexe un penchant plus vif qu'aucun autre peuple de l'Inde. C'est, dans leurs garnisons, la source de nombreux désordres, qui, la jalousie aidant, vont fréquemment jusqu'à des scènes de meurtre. Aventureux, joueurs, buveurs, prodigues, insouciants du danger, ennemis du repos, ils ont évidemment toutes les qualités qui font un soldat. L'armée de ligne thésaurise : les corps gourkas sont toujours criblés de dettes[1].

Un jour, un de leurs soubhadars ou capitaines découvrit qu'une femme qu'il avait épousée l'avait abusé sur sa caste, et qu'elle était de la plus basse. Épouvantable souillure ! Pour se relever de cette infamie, le pauvre diable se soumit à toutes sortes de pénitences : on le rasa de la tête aux pieds; on l'oignit de ghi; on l'enterra, au risque de l'étouffer, dans de la bouse de vache; on lui fit boire de l'urine de cet animal sacré; il fut en pèlerinage à Jumnotri et à Gangotri. Il se croyait bien et dûment lavé de son péché involontaire, et ses camarades pensaient comme lui, quand un djogui survient à Soubhatou, et déclare avec autorité qu'en dépit de tou-

---

1. Jacquemont, *Journal*, t. II, p. 458.

tes ses purifications le soubhadar n'a pas reconquis sa caste. Il y a tout aussitôt partáge d'opinion à ce sujet dans le régiment; l'infortuné capitaine en appelle à son chef en plein durbar. Le cas était embarrassant. Ayant fait comparaître le djogui devant son tribunal, le major le somme d'abord de produire un texte authentique à l'appui de son assertion. Le théologien de citer alors, avec une incroyable loquacité, les coutumes et les antécédents, mais de loi écrite néant. Sur un signe du major, je me lève alors, le livre de Manou à la main, et, après quelques citations irrécusables, j'affirme que, suivant le souverain législateur, il y a remède à tous les péchés, sauf un seul : manger de la chair de bœuf. Adroite exception, qui flattait le préjugé le plus enraciné chez les Gourkas. Le brahmane errant, abasourdi de mon savoir inattendu, resta muet devant le texte sacré. Ordre lui fut immédiatement donné de vider le pays ; la femme fut mise en prison, et le soubhadar proclamé pur comme avant son fatal hyménée. Ce jugement fut mis à l'ordre du régiment, tout le monde l'approuva, et les *akbars* de la province élevèrent jusqu'au ciel, au milieu d'un nuage d'encens et d'une rosée d'atar, la justice du major M*** et la science du docteur de l'Occident, son ami.

« Les akbars sont l'histoire telle que l'écrivaient, en Europe, les historiographes du moyen âge. Près de tous les princes indiens de quelque rang, auxquels la Compagnie a laissé un vain titre ou qui ont conservé quelque pouvoir, elle entretient une espèce d'historiographe qui, dans une place d'humilité, a droit de présence à leurs durbars. C'est comme une sorte de sténographe de nos assemblées politiques. Il va au durbar avec son encre et son papier, et couche dessus tout ce qu'il voit et entend. Il y ajoute les nouvelles du dehors qu'il attrape comme il peut, et, quand il est au bout de son génie, il expédie son courrier à l'agent politique anglais le plus voisin. Chaque prince a le droit d'entretenir un semblable écrivain ou *mounschi* à la cour des princes ses alliés, pour être instruit de ce qui se passe à leurs durbars ; c'est un espionnage des plus innocents. On conçoit ce que doivent être, par exemple, les séances de la cour de Delhi, où l'empereur n'a pas l'ombre de pouvoir. Mais le descendant de Timour s'offenserait sans doute de la suppression du rédacteur qui apprend au résident et au gouverneur-général les pensions de 3 et 4 roupies (7 fr. 50 et 10 fr.) par mois qu'il a accordées ou supprimées, les moyens que son vizir lui propose pour éconduire les créanciers trop pressants, ou toute autre mesure de cette importance [1]. »

La dernière cause agitée dans le durbar de Simla m'offrit un double intérêt à cause de son caractère mi-anglais mi-hindou. La tombe d'un enfant de race britannique, décédé en bas âge à Simla et enterré dans le cimetière naissant de la localité, avait été bouleversée et le cadavre avait disparu. Grand scandale parmi la société anglaise de la station ! profonde indignation parmi les ladys des cottages ! Il n'en était pas une qui ne demandât la mort de l'impie qui avait osé violer la sépulture de l'héritier de je ne sais plus quel nom illustre *of the right honorable company*. Le major M***, cédant au torrent, fit grand bruit de la chose ; il tonna du haut de son tribunal, réclamant, avec prime et menaces, le coupable et le cadavre. Sa police n'en dormit pas de plusieurs jours ; mais comme, en dépit de ses yeux toujours ouverts, elle ne découvrait rien, l'habile officier imagina, pour en finir, un expédient digne de Zadig, et plein de couleur locale. Il déclara que, si l'enfant n'était pas retrouvé dans les vingt-quatre heures, il ferait pendre une vache dans le bazar.

1. Jacquemont, *Journal*, t. II, p. 170.

Cette signification eut tout l'effet qu'il en attendait. Toute la population indigène se mit en campagne comme une fourmilière, et le soir même on vint lui dire que le petit cadavre était retrouvé, que probablement il n'avait jamais été déterré, et que des chacals, en creusant sous le monument funèbre qu'ils avaient fait écrouler, avaient causé l'erreur et le mal. Si peu satisfaisante que fût l'explication, le major s'en contenta, puisque le point essentiel était gagné, et, pour éviter la récidive, il ordonna la construction d'un mur d'enceinte autour du cimetière.

Les Hindous des montagnes, assez peu pointilleux sur la distinction des castes et sur l'observation de maintes pratiques dévotes de leurs frères de la plaine, sont fort regardants sur le chapitre du bœuf. A Soubhatou, à Simla même, les Anglais s'abstiennent de tuer publiquement ces animaux, et cette réserve leur concilie puissamment l'esprit des montagnards. L'eau du Gange, sur laquelle on a coutume de faire jurer les témoins hindous dans les cours de justice de la plaine, devient insuffisante sur la lisière de l'Himalaya. Le major M*** fait prendre à ses témoins une vache par la queue quand il leur défère le serment.... Il est sans exemple qu'un seul ait osé se parjurer.

Ainsi mes heures et mes jours s'écoulaient inaperçus à Simla, lorsque la nouvelle de l'arrivée prochaine de lord Dalhousie, dont la suite royale d'hommes, de chevaux et d'éléphants, menaçait de changer en campement tumultueux les paisibles solitudes de cette localité, me fit reprendre, presque à regret, mon bâton de pèlerin.

Les provinces de l'Indus.

Arrêté sur les confins du Punjab, j'avais vivement déploré que le temps limité dont je pouvais disposer ne me permît pas de visiter cette riche contrée et les nouvelles frontières occidentales de l'empire indo-britannique. Un moment même je fus tenté d'abandonner, pour une excursion rapide dans ces contrées, l'exploration détaillée des régions montagneuses où naissent le Satledje et le Gange, exploration comprise dans mes prévisions de voyage, et qui devait me ramener dans les plaines centrales de l'Hindoustan, juste à l'époque où y finirait la saison des pluies. Les observations judicieuses du major M*** m'affermirent dans ma première résolution. Il connaissait mieux que personne les provinces de l'Indus, pour les avoir habitées et parcourues pendant vingt ans, soit comme *résident* en temps de paix, soit comme chef de corps en temps de guerre, et je ne puis mieux remplacer mon témoignage, ici défaillant, que par le résumé de ses opinions.

Le bassin du Sind, la région des sept fleuves [1], aujourd'hui possédée par le gouvernement de Calcutta, renferme sans doute encore, et surtout à la base de ces montagnes où séjournèrent et passèrent tour à tour tous les bans de la grande famille arienne, de curieux mystères pour l'ethnologue et peut-être pour l'historien; mais elle ne peut offrir au *simple touriste* le même intérêt qu'au temps de Burnes et de Jacquemont.

On sait quelle était alors la splendeur de ses cours indigènes : à Lahore, par exemple, une réception officielle, une audience d'apparat, valait à elle seule la remonte du Gange ou de l'Indus. Quel spectacle ! on arrivait sur un éléphant de parade, dont le caparaçon valait tous les écrins d'une *prima donna ;* on entrait dans des jardins bordés de colonnades de marbre, diaprés de gazons, de verdure, de fleurs et de bassins aux jets d'eau parfumés. Là, entouré d'une foule immense de guerriers et de grands

______

1. *Septa-Hindou* en sanscrit.

vassaux, rappelant par le luxe, la coupe, la forme et la matière de leurs costumes et de leurs armes, les barons de notre Europe féodale, le roi s'avançait à votre rencontre. Beau ou laid, sage ou pervers, il était toujours affable pour ses visiteurs occidentaux, et relevait son apparence, d'ordinaire assez commune, par l'éclat du plus beau diamant du monde, *le Kouinour*, qu'il portait sur son bras droit. Après vous avoir embrassé sur les deux épaules, il vous faisait asseoir à ses côtés sur une chaise fabriquée de ducats de Hollande fondus, et faisait placer sous vos pieds des tabourets d'argent. Une fois assis, et les salams reçus et rendus, vous vous aperceviez que, depuis votre entrée dans ce cercle féerique, vous n'aviez marché que sur des châles de cachemire, et que toutes les allées, les terrasses et les avenues, aussi loin que votre regard pouvait porter, étaient couvertes d'un revêtement identique ; non-seulement les lourds talons des soldats aux armures de fer, les pieds furieux des monomanes Akhalis et les petites sandales des bayadères rôdant mignardement à travers la foule comme de jeunes chats favoris, mais même des chevaux aux housses splendides et aux allures fougueuses foulaient ces tapis que toute beauté de l'Occident eût été fière d'étaler sur ses blanches épaules. Comme complément à cette scène des *Mille et une Nuits*, venait l'échange des *nuzzers* ou cadeaux : vous offriez au roi quelque arme, quelque étoffe, quelque livre de l'Europe, peut-être même un épais cheval de roulier bas-normand, échantillon monstrueux de l'espèce, et il répondait par des châles, des pierreries et de pesants sacs de roupies, renouvelés régulièrement chaque matin ou à chaque station que vous faisiez dans les États de Sa Majesté.

Pour être moins magnifique, moins fastueuse, l'hospitalité des amirs du Sinde n'était ni moins curieuse ni moins piquante, car elle rappelait les mœurs un peu primitives des Béloutchis, à peine entrés dans la phase de civilisation que représente la féodalité militaire.

Dès qu'un étranger apparaissait devant l'étroit pont-levis conduisant à la demeure fortifiée de l'un des amirs, cinquante serviteurs empressés venaient prendre la bride de sa monture, le guidaient devant le perron de la salle d'audience, lui tenaient l'étrier, l'aidaient à descendre, et autant de *bismillahs* éclataient au moment où son pied touchait le sol. Plusieurs personnages de rang l'attendaient à la porte : l'un d'eux le prenait par la main, un autre lui ôtait sa chaussure, qu'un troisième remplaçait par des pantoufles de cérémonie ; puis on l'introduisait dans une grande pièce carrée, n'ayant d'autre ameublement qu'une large ottomane munie de riches coussins de velours et de brocart et entourée d'un grand tapis de Perse. L'amir était couché sur ce divan, au milieu de ses chefs, de ses ministres, de serviteurs, de gens armés de toute classe, tous en grand costume, les plus élevés en rang se tenant le plus près de l'amir et jouissant du privilége exclusif d'occuper le tapis.

A l'entrée de l'étranger, tout le monde se levait, et le salam oriental, l'embrassade sur les deux épaules, s'échangeait d'abord avec l'amir, puis avec tous ses voisins, cérémonial que la corpulence de Leurs Altesses, et des Béloutchis en général, était loin de rendre toujours agréable. On donnait alors un siége au visiteur, comme marque d'honneur, et la conversation s'engageait, la suite de l'amir se montrant, pendant toute sa durée, attentive au moindre mot, au moindre geste du maître. Un pli de son vêtement venait-il à se déranger ? une douzaine de mains s'empressaient de le rajuster. Une expression lui faisait-elle faute au moment opportun ? vingt bouches officieuses s'ouvraient aussitôt pour la lui suggérer. A chaque pause

qui survenait dans la conversation, le chef ne manquait
jamais de s'enquérir de la santé de son hôte, en joignant les mains et prononçant le monosyllabe *housh!* Et,
si les yeux de l'étranger venaient à rencontrer par hasard ceux de quelqu'un des chefs présents, celui-ci se
croyait tenu, par la politesse orientale, d'exécuter immédiatement la même cérémonie. Si important que pût
être le sujet de la conférence, l'entretien finissait presque
toujours par tomber sur la chasse, et une invitation à
prendre part à ce royal passe-temps (la plus haute preuve
d'estime qu'un amir pût donner à un hôte) était adres-
sée à l'étranger.

Chaque amir avait son divan et son établissement
séparé, et le même cérémonial se renouvelait chez chacun d'eux. Dans les visites d'apparat, on échangeait des
présents ; dans les circonstances ordinaires, des comestibles, et surtout de grands plateaux de sucreries
étaient envoyés à l'étranger et à sa suite, et, pour peu
qu'il fût revêtu d'un caractère politique, il était défrayé
de toutes ses dépenses pendant toute la durée de son
séjour[1].

Mais tout cela ne vit plus que dans les relations des
voyageurs. Les derniers amirs s'éteignent aujourd'hui
derrière les sombres murailles du fort de Chunar, ou (ce
sont les mieux traités d'entre eux) dans quelque recoin
obscur du Bengale. L'arc triomphal de Lahore, écroulé sur
la tête du dernier roi du Pundjab, symbolise la destinée
qui attend les derniers princes indigènes de l'antique
Orient. Sous l'action de la conquête, un lent travail de
transformation s'opère dans le bassin de l'Indus; les anciennes capitales s'y dépeuplent au bénéfice des campagnes; les palais déserts y feront un jour place aux chau-

______

1. *Foreign-Quartely Review*, 1844.

mières du laboureur ; les centres de commerce et de manufactures s'y déplacent également[1] ; mais cette action n'est pas assez énergique, mais ce passage d'un ordre de choses à bout de séve à un autre encore en germe est si peu tranché encore, que le voyageur ne peut y entrevoir qu'un spectacle décoloré et sans vie.

Pour le contempler rapidement du haut d'un steamer en tout pareil à ceux du Rhin ou du Rhône ; pour s'épuiser en frais de représentation continuels, faire toilette tous les soirs, à l'arrivée à chaque station, et paraître en société européenne, et devant des dames encore, aussi gêné, chaussé et ganté qu'on l'exigerait dans la *Chaussée d'Antin*, ou dans *Picadilly*, avouez que ce n'est pas la peine de remonter l'Indus sur tout le parcours qu'Alexandre descendit en conquérant, voici tantôt 2200 ans. N'y recherchez pas les lieux témoins de ses exploits, les villes qu'il fonda, les citadelles qu'il renversa, le champ de victoire où il traita Porus en roi, et cette cité des Oxydraques qu'il emporta en chevalier de la Table ronde ; le cours des siècles ou les flots rongeurs des fleuves ont tout effacé. Pour n'avoir pas voulu se rendre à cette évidence, bien des académiciens d'Europe et d'Orient se sont fatigués en vain.

Quant à Cachemire, dont le nom sonne si haut dans la cosmogonie sanscrite, dans les légendes musulmanes, dans les magasins de nouveautés de l'Occident et dans les vers chatoyants de Thomas Moore, c'est bien toujours la coupe d'émeraude et de fleurs enchâssée dans la bordure de glaciers que vous savez ; mais l'oppression successive des Mogols, des Afghans et des Sikhes, a fini par faire de ce paradis des poëtes un repaire immonde

---

1. Ainsi Shikarpour, au débouché des routes du Pundjab et du Sinde, du Candahar et du Radjasthan, grandit aux dépens de Lahore et d'Amritsir.

de mendiants, de scrofuleux, de fakirs et de prostituées.
Aussi, lors du partage de l'empire de Runjet-Singh, les
Anglais, par prudence et par politique plutôt que par modération, n'ont pas voulu se charger de ce nid à vermine.
Ils l'ont cédé à un ancien feudataire du vieux Runjet, à
Goulab-Singh, homme habile, bien connu par les récits
de Jacquemont et qui n'est en religion ni sikhe, ni musulman, ni d'aucune secte brahmanique, mais simplement Rajpoute de ces montagnes du nord, d'où découlent
les cinq rivières du Pundjab et d'où les Djats prétendent
être sortis. De tous les lieutenants de Runjet, Goulab a
seul survécu à l'anarchie sanglante qui a motivé et jus-
tifié la conquête du Pundjab par l'Angleterre. Son nom
a du prestige; son influence est incontestable; son habileté l'est-elle également? C'est ce que prouvera l'avenir.
Mais il est à craindre que, pour rendre le goût du travail
et de la vie honnête au petit peuple qui lui est confié,
pour ramener dans les fabriques et à la charrue qui firent
pendant tant de siècles la richesse et la renommée du Cachemire cette population dégradée et pervertie, il ne faille
plus que les efforts, les lumières et la vie d'un homme.
Au reste, son intérêt même est lié à cette régénération. Il l'a commencée; après lui les Anglais l'achè-
veront.

Départ pour les montagnes du nord.

Me rendant à l'évidence des raisonnements de mon
hôte, je m'empressai d'accepter les offres de service que
ne cessait de me faire un des plus grands personnages
des montagnes voisines du Thibet, le vizir du double
royaume de Bissahir et de Kanawer. Venu en ambassade
à Simla, il se préparait à retourner dans sa patrie et me
pressait de l'y accompagner; car, disait-il, le roi son

maître serait très-flatté de recevoir dans ses États un Saheb Férengui[1].

Ce vizir était un vieillard de bonne mine, gai et malin. Assistant un jour à mon déjeuner, il fit la réflexion que le vin d'Europe avait une grande renommée. Le major lui dit que bien certainement il savait à quoi s'en tenir à cet égard, et lui offrit d'en répéter l'épreuve : le vieux drôle s'excusa, disant qu'il était Hindou. « Mais on fait du vin et du wiskey dans le Kanawer, m'écriai-je, et il faut bien que ce soient des Hindous qui les boivent, puisque les districts de vignobles n'ont pas d'autres habitants. » L'argument était pressant, et l'homme d'État, en affectant un peu de honte, confessa que les jeunes gens commettaient ce péché. Sommé de déclarer s'il n'y était jamais tombé, il dit en riant que, quand il était jeune, mais très-jeune, adolescent, *il buvait comme un poisson*, et que son fils à présent buvait de même. « Mais, ajouta-t-il avec une contrition affectée, c'est une grande honte[2]! »

Ce fut donc avec ce respectable diplomate qu'à la fin de juin, chargé des plus affectueuses recommandations de la part du major M***, je quittai Simla pour m'avancer vers le nord. Mon compagnon voyageait sur un petit brancard couvert d'un dôme en toile blanche, et je chevauchais à côté de ce mince équipage, type rudimentaire du palanquin, sur un *goomte* ou bidet des montagnes, bas de jambes et long d'échine. Ce fort laid, mais fort utile échantillon de l'espèce chevaline, devait me porter tant que la route le supporterait lui-même. Pour les endroits inaccessibles à son pied fidèle et sûr, je tenais en réserve un *junpun*, sorte de fauteuil léger attaché à deux bambous, qui tient lieu de jambes aux aristocrates

1. Seigneur français. — 2. Jacquemont, *Journal*, t. II, p. 176.

de l'Himalaya, mais qui oblige huit hommes à marcher pour éviter à un seul la peine de le faire.

Pendant toute la première journée, nous cheminâmes sur une bonne route, ouverte par les Anglais entre Simla et le Satledje. Elle circule sous les voûtes de l'immense forêt de Mahassou ; voûtes épaisses formées par l'entre-croisement de sapins et de déodaras gigantesques. Sous ces ombrages, le sol humide de la forêt était couvert d'un riche tapis de gazon et de fleurs. Les premières pluies solsticiales avaient donné l'essor à cette végétation herbacée, dont les tiges disparaissent en quelques semaines pour faire place à des plantes nouvelles, et, pendant tout le cours de l'année, les générations d'espèces diverses se succèdent ainsi et occupent le sol tour à tour. Cependant, la plupart de ces plantes étant vivaces, on conçoit difficilement que la terre, si féconde qu'elle soit, puisse nourrir à la fois un si grand nombre de racines.

Une rencontre que je fis dans ces solitudes ombreuses eût fourni à Valmiki ou à son successeur Homère une belle description. C'était un des rois du voisinage, allant, accompagné de tout son peuple et de plusieurs peuples d'alentour, marier son fils à la fille d'un autre roi des montagnes. La noce se composait d'environ deux mille personnes marchant avec leurs tentes, leurs vivres, leurs chaudrons et leurs écuelles. A quelque distance derrière cette foule plébéienne, un saint personnage, décoré du cordon brahmanique et comptant les grains de son chapelet, s'avançait, porté dans une petite litière, et, autour de ce Calchas hindou, la musique de son clergé sans doute déchirait l'air au moyen d'une terrible trompe imitée de celles dont Josué tira jadis un si bon parti contre les murs de Jéricho. *Les vaillants et les forts* venaient ensuite, un sabre à la main ou un fusil à mèche sur l'épaule. Nu-jambes, nu-cuisses, n'ayant pour *inex-*

pressible qu'un étroit langoûti, mais sévèrement boutonnés, du nombril au menton, dans des haillons jadis verts de gourkas et dans des guenilles écarlates de cipahis de la ligne, ils marchaient d'un pas belliqueux, divisés en deux pelotons dans l'intervalle desquels le héros du jour, l'héritier présomptif du trône, assez beau jeune homme, couvert d'oripeaux comme un roi de théâtre, était porté sur une litière.

Quelques vizirs de sa cour et des cours voisines l'accompagnaient, les uns à cheval, d'autres en litière. Le vieux roi fermait la marche sans beaucoup d'appareil. Il suivait la caravane pour le plaisir de la voir plutôt qu'il n'en faisait lui-même partie.

Ce *pasteur des peuples* règne sur la rive gauche du Satledje, entre ce fleuve et Simla. Si bien cultivés que soient ses États, ils sont trop petits pour nourrir la suite nombreuse qui l'accompagnait. Elle se composait en grande partie de sujets d'emprunt, dont il avait l'obligation à ses alliés. Les revenus de tout le Komarsen, c'est le nom de son royaume, ne dépassant pas 3000 roupies (moins de 8000 francs), il n'aurait pas trouvé dans son budget tout entier de quoi salarier pendant quinze jours un cortége si nombreux. Mais dans l'Himalaya les sujets marchent gratis à la noce de leurs princes, et ceux-ci se les prêtent dans l'occasion à charge de revanche. C'est un procédé de bon voisinage.

Comme les gourkas de mon escorte, avec leur outrecuidance de conquérants, avaient fait prendre à toute cette royale procession le bas côté de la route pour laisser le milieu à mon cheval, je crus devoir racheter la rudesse de ce procédé en accordant au vieux monarque, quand il défila devant moi, le plus gracieux sourire que je pus imaginer.

Ce pauvre sire a, comme les plus grands rois de l'Asie, le droit de vie et de mort sur ses sujets; le gouvernement de la Compagnie ne l'en a pas dépouillé; mais le moindre officier ou civilian anglais qui passe sur son territoire ne lui accorderait pas, non plus qu'à aucun de ses semblables, les honneurs d'un siége en sa présence. Cette faveur n'est due qu'aux rajahs importants, tels que ceux de Bissahir, de Nahan, etc. Quant aux simples *ranas*, lorsqu'un agent politique voyage dans leurs montagnes, il exige de tous, à titre d'hommage, des visites qu'il ne leur rend pas[1].

La connaissance que j'avais de ces détails et les reproches que plus d'une fois le major M*** m'avait adressés, de gâter ses vassaux par ma condescendance, me forcèrent de décliner l'invitation que le rana de Komarsen et ses alliés m'adressèrent de vouloir bien honorer leur fête de ma présence.

Après le défilé du cortége, mon compagnon de route, le vieux vizir, me fit observer fort judicieusement que, d'après l'ostentation déployée par ces pauvres hobereaux, je pouvais juger des prodigalités inouïes auxquelles se livrent les riches chefs de la plaine en semblables occasions. Il avait accompagné une fois un Djaghirdar Djat qui allait rendre sa visite matrimoniale (*bérat*) à sa fiancée, sœur du rajah de Balumgur, dans la Zillah de Dehli. Le cortége du jeune chef se composait de cent éléphants et d'environ quinze mille personnes, parmi lesquelles figurait son cousin, le fils du rajah de Pattialah. Le chef de Balumgur s'avança de son côté à la rencontre de ses hôtes avec soixante éléphants et plus de dix mille hommes. Cette seule visite coûta au fiancé et à ses alliés plus de 600 000 roupies (1 500 000 fr.). Depuis leurs limites jusqu'à celles de Balumgur, ils répandirent de la monnaie de cuivre tout le long de la route. A partir de ce point jusqu'à la porte du château, l'argent succéda au cuivre. Enfin, de cette porte

_____
1. Jacquemont, *Journal*, t. II, p. 180.

jusqu'à l'entrée du palais, ils semèrent sur leur passage de l'or et des bijoux de toute espèce. Le prince de Pattialah, enfant de dix ans à peine, avait à côté de lui, sur son éléphant, une énorme bourse contenant 600 mohurs d'or (30 000 fr.) mêlés à une variété infinie de boucles d'oreilles d'or, de perles et de pierres précieuses. Le marmot lançait à pleines mains toutes ces richesses au milieu de la foule pour honorer son parent et sa future cousine.

Si grandes qu'elles soient, les dépenses de la famille du fiancé n'égalent jamais celles de la famille de la jeune épouse, les parents de celle-ci étant obligés d'héberger et de traiter à leurs frais comme leurs propres hôtes tous ceux que le futur amène avec lui. En outre, dans l'occasion citée, le rajah de Balumgur voulut donner une roupie (2 fr. 50 c.) à quiconque, invité ou non, s'était rendu à ce bérat. Une innombrable multitude était accourue de toutes parts pour profiter d'une telle largesse ; le trésor tout entier du rajah s'y épuisa. Avant qu'on fût parvenu à le remplir de nouveau, trente mille personnes s'étaient présentées, réclamant la prime promise.

On prit le parti de les enfermer dans des parcs, comme des moutons ; de temps en temps, à un signal donné, on ouvrait la porte d'un parc et chaque individu sortant recevait sa roupie.

Le Satledje.

Au débouché de la forêt j'aperçus le Satledje, pour la première fois, à une lieue de distance environ. Issu des *lacs sacrés* ou de leur voisinage immédiat, ce fleuve coule de l'est à l'ouest pendant soixante-dix ou quatre-vingts lieues, au nord de la chaîne couverte de neiges éternelles, dont les flancs méridionaux donnent naissance au Gange et à ses affluents. Il se précipite ensuite du nord au sud de l'Himalaya par une énorme échancrure de ces montagnes, la seule qui rompe la continuité de leur ligne de sommets, qui partout ailleurs n'est déprimée que par des cols étroits, élevés de plus de 4000 mètres, tandis que le large défilé par où débouche le Satledje est creusé à moins de 1000 mètres au-dessus du niveau de la mer. Devant Rampour, chef-lieu du Bissahir, ce fleuve n'a guère que 50 mètres de largeur; mais sa grande profondeur et sa pente rapide, évaluée à 32 mètres par lieue, en font déjà un puissant cours d'eau, et l'on comprend très-bien qu'il ait pris rang jadis parmi les fleuves divinisés de la mythologie sanscrite, où il portait le nom de Satadrou.

Le chemin qui mène au Kanawer, tracé sur la rive gauche du ravin où gronde la rivière, monte et descend constamment le long des pentes très-rapides des montagnes qui s'abaissent sur ses bords. Un peu avant d'arriver à Rampour, il s'élève démesurément pour plonger ensuite vers cette ville, dont l'aspect n'en est que plus singulier. Elle repose comme au fond d'un nid gigantesque, entre une courbe du Satledje qui paraît sans issue et d'immenses pans de roches micacées, noires et argentées, du style le plus sévère. L'architecture des cent et quelques maisons qui composent cette petite capitale conserve peu de chose du caractère hindou. De curieuses ciselures en bois ornent leurs murs gris ou bruns; les toits, en ardoises, comme dans tout l'Himalaya, sont pointus et cintrés selon la mode chinoise. Un *déota*[1] bizarrement sculpté, un vieux mur de clôture noirci par le temps, une sombre construction massive sans fenêtres, couverte d'un toit pointu à larges bords et entourée de galeries à treillage, le tout se cachant sous un massif d'oléandres et de rho-

1. Chapelle.

dodendrons en fleur, attirèrent mon attention, et je dirigeais mes pas de leur côté, lorsque le vieux vizir, mon compagnon de route, survenant tout à coup, m'avertit que c'était là *la zénanah* ou demeure des femmes du rajah son maître, que nous ne devions voir que le lendemain, dans une vallée encore plus agreste, dont il a fait sa résidence d'été, et que, par conséquent, je devais mettre des bornes à ma curiosité. Il laissa, du reste, à ma disposition le *durbar* ou salle d'audience du rajah, où, en vue d'un imminent orage qui ne tarda pas à fondre sur Rampour, je m'installai pour la nuit.

Je m'endormis profondément au fracas de la pluie et du tonnerre répercuté par les échos des montagnes. Je ne me réveillai qu'à la fin de la nuit, et, dans l'obscurité du lieu, j'eus peine à me rappeler tout d'abord où j'étais; mais bientôt les sons du gong, de la trompe des brahmanes himalayens et le sourd grondement de la rivière m'en firent ressouvenir. Une lueur jaunâtre ne tarda pas à pénétrer sous la véranda du durbar, et le cri plaintif du paon annonça le crépuscule du matin. A cette heure, du haut de la terrasse où s'élève le *palais* de Rampour, je voyais des nuages blancs floconneux monter de toutes parts du fond des vallons, des ravines herbeuses et du sein des forêts; s'agglomérant et grimpant le long des pentes des montagnes, ils allaient ensuite se condenser en masses épaisses autour des cimes neigeuses qui bordent l'horizon.

Sourann, résidence du rajah de Bissahir, n'est pas à cinq lieues en droite ligne de Rampour; mais, grâce à l'état du chemin effondré par les pluies et à ses zigzags multipliés le long d'escarpements presque verticaux, auxquels souvent il n'adhère que par des échafaudages vermoulus, je dus diviser ce trajet en deux étapes.

J'avais pris à Simla un bon de quelques centaines de

roupies à toucher sur le trésor royal de Bissahir. Le major M*** m'avait en outre donné une lettre d'introduction pour le rajah. En approchant de Sourann, je lui dépêchai l'un et l'autre par mon tchouprassi, avec force salams, suivant l'usage hindou.

J'avais à peine eu le temps de faire dresser mes tentes et de changer contre mon habit noir européen mes vêtements de voyage trempés de pluie, que mon messager revint m'annoncer que le rajah le suivait, désireux de me faire une visite. Je fis jeter à terre une de mes deux tentes pour servir de tapis à celle qui devait me tenir lieu de salon, et j'envoyai au plus vite au palais chercher une chaise pour Sa Majesté.

Ce meuble indispensable et le roi arrivèrent en même temps. Debout à la porte de ma tente, j'attendis que le cortége fût à trois pas pour en sortir et marcher à la rencontre du rajah, que je pris par la main pour le faire entrer avec moi. C'était un jeune homme de vingt à vingt-deux ans, fort brun, petit, gras et mal fait, ayant le cou déformé par un goître, comme beaucoup de ses sujets. Il avait l'air d'un grand enfant fort peu spirituel, mais sa physionomie inexpressive était pourtant gaie et ouverte ; elle me prévint en sa faveur. Il était assez élégamment vêtu de mousseline blanche et d'un beau châle de cachemire cramoisi ; une calotte d'oripeau couvrait sa tête, et sa chaussure consistait en babouches également brillantes qu'il garda. J'ignore si l'étiquette lui permettait ou non cette liberté ; mais comme il me fit d'ailleurs toutes sortes de démonstrations de respect, ne me parlant qu'à mains jointes à la hauteur du front, et ne me répondant que par l'exclamation : *Seigneur !* je ne pris point sa négligence pour une outrecuidance concertée, et n'en tins nul compte[1].

---

1. Jacquemont, *Journal*, t. II.

De tous les chefs de l'Himalaya anglais, il est celui dont le territoire est le plus étendu, mais non le plus riche, car une bonne moitié de sa principauté est couverte de neiges éternelles. On évalue ses revenus à 150 000 fr. (60 000 roupies). Quand il en a défalqué le quart pour le tribut qu'il paye annuellement aux Anglais, j'ignore ce qu'il peut faire du reste, à moins que son premier vizir, mon vieux compagnon de voyage, ne lui épargne le soin de le dépenser, ou qu'il n'ait la fantaisie des esclaves cachemiriennes et qu'il ne les renouvelle fréquemment : goût fort à la mode parmi les puissants du monde oriental, mais fort dispendieux.

Le lendemain, au moment de partir, j'étais fort incertain si je lui rendrais sa visite. La curiosité et ma politesse française m'y engageaient vivement. Cependant je crus devoir demander à mon tchouprassi si les fonctionnaires anglais passant dans ce district recevaient la visite du rajah : « Assurément, » me répondit-il ; et s'ils lui en avaient jamais rendu une : « Assurément non ! » exclama mon maître des cérémonies, fort surpris de ma question : sur quoi, je le dépêchai à ma place pour remercier le prince et son vizir de leurs bons offices et les saluer de ma part [1].

Au delà de Sourann commence le Kanawer proprement dit, ou la partie du bassin du Satledje comprise entre le Thibet chinois et les domaines du rajah de Ladak : c'est le Vinland [2] de l'Inde. Pendant plusieurs jours, je parcourus une région de vallées mystérieuses, où, dans l'oubli du reste du monde, je cheminais sous d'épais berceaux de vignes, me reposant sur l'herbe fraîche et odoriférante, à l'ombre de chênes séculaires, au murmure des sources limpides et des cascades écumeuses.

Des yacks, ou vaches thibétaines à queues touffues, et

____

1. Jacquemont, t. II. — 2. *Vinland,* terre du vin.

des chèvres au poil soyeux, broutaient disséminées. Dans tous les villages, entourés de vergers superbes, où dominent l'abricotier et le noyer, de paisibles paysans m'accueillaient avec d'énormes paniers de raisins délicieux et d'amandes du pin néoza, qui ont la taille et la saveur de la pistache. Les demeures de ces bonnes gens, cachées à demi sous les pampres, rappellent parfaitement les chalets de la Suisse et du Tyrol par leur aire carrée, leurs murs de pierres et de poutres alternativement superposées, leurs étages nombreux et peu élevés, leur toit débordant de beaucoup les pignons, et enfin par le balcon fermé qui entoure souvent l'étage supérieur. Je ne connais aucun village en France qui ait aussi bonne apparence que quelques-uns de ces pauvres mais pittoresques hameaux kanaouriens.

Le cinquième jour après mon départ de Sourann, il me fallut traverser le Satledje au moyen d'un procédé qui n'a rien d'européen. Le fleuve se précipite en cet endroit entre deux murailles à pic de plusieurs centaines de mètres d'escarpement. Un djoula ou câble est tendu d'un de ces murs à l'autre. Une pièce de bois en forme d'anneau est passée autour de ce câble; les voyageurs y suspendent leur bagage et s'y attachent eux-mêmes : on les tire du bord opposé pour les y amener. Si le câble rompt, ils sont perdus sans ressource. Du reste, je fus entraîné si rapidement au travers de cet abîme, que j'eus à peine le temps de regarder le torrent furieux qui mugissait au-dessous de moi[1].

Le lendemain, j'atteignis Tchini, qui fut, jusqu'au moment où l'héritage de Runjet-Sing échut à la compagnie des Indes, la dernière station, l'*Ultima Thule*, ouverte dans la direction du nord-ouest aux visites estivales de ceux des touristes du sud qui trouvaient Landaor et

---

1. Jacquemont, t. II; — prince A. de Soltikof.

Simla déjà trop peuplés, trop civilisés pour leur spleen errant.

Situé sur la rive droite du Satledje qu'il domine de 600 mètres, et à 2600 mètres au-dessus du niveau de la mer, Tchini a déjà un commencement de physionomie chinoise; à voir, sur les pentes escarpées des montagnes voisines, des pâtres des deux sexes, couverts d'ornements barbares comme les schamans de la Sibérie, conduisant aux pâturages des troupeaux de chèvres thibétaines dont chacune est harnachée et chargée de quelque léger bagage, on se croirait déjà en pleine Mongolie.

Je m'installai à Tchini dans un pavillon, bâti l'année d'avant par un gentleman venu, je crois, de Madras, et qui, appelé immédiatement après à un emploi dans l'armée d'opérations contre les Birmans, avait philanthropiquement laissé la clef de sa propriété au seyana ou magistrat du lieu, avec ordre de la confier à tout Européen qui lui en ferait la demande. Je fus reçu dans cette demeure hospitalière par deux jeunes officiers de l'armée de Bombay, qui m'y avaient devancé de quelques jours. J'avais fait leur connaissance lors de mon arrivée dans l'Inde, et je fus charmé de les retrouver.

Comme on le pense bien, le mobilier de cette habitation était des plus modestes, mais le site était on ne peut mieux choisi. En face de mes fenêtres, la chaîne méridionale de l'Himalaya dessinait sur un ciel d'un azur intense ses cimes inaccessibles. Au-dessous de la zone de ses neiges, dont la transparence de l'atmosphère faisait admirablement ressortir la blancheur, contrastait le noir verdâtre des forêts de cèdres, tandis que des vapeurs laiteuses et bleuâtres, montant du sein de la ravine où le Satledje roulait à une profondeur immense, en indiquaient seules le cours inaperçu et venaient baigner les premiers plans de cette scène magique. Sa grandeur et sa beauté m'expliquèrent suffisamment la réputation dont.Tchini jouit à Delhi et jusqu'à Calcutta, et la prédilection de lord Dalhousie pour cette localité alpestre, où après mon départ il a fait construire un élégant pavillon, pour y passer chaque été une quinzaine de jours.

Fête villageoise. — Danse des Dieux.

Peu de temps après mon arrivée, mes colocataires m'invitèrent à aller avec eux à la fête d'un village voisin appelé Khoti; c'était une occasion favorable pour étudier la population indigène : je ne pouvais la laisser échapper.

A notre arrivée, nous trouvâmes la population en habits de fête, aux couleurs éclatantes, occupée à mener en procession, du temple principal à un *déota* ou reposoir permanent, comme il en existe un grand nombre dans ces montagnes, l'image du Dieu de la localité. C'était l'idole la plus monstrueuse que j'eusse encore vue; elle se composait d'une douzaine de têtes disposées en pyramide, décorées de longues barbes blanches en queues d'yack et coiffées en commun d'un énorme panache de même nature. Des oripeaux de soie entouraient en manière de robe la base de l'appareil, que deux hommes portaient sur un brancard.

L'orchestre de cette pompe religieuse consistait en cymbales et en tambours, auxquels se mêlait par intervalles cette terrible trompe hébraïque dont j'ai déjà parlé; instrument de deux mètres de longueur et qui semble destiné à apprendre à l'oreille humaine jusqu'où peut aller l'effroyable dans les sons.

Entouré de ses fidèles, précédé de sa musique, le Dieu fit plusieurs fois le tour du reposoir, tantôt s'arrêtant, tantôt dansant de son mieux par un mouvement d'oscillation que lui communiquaient ses porteurs et que

favorisait la flexibilité des brancards. Deux chasse-mou-
ches, encore en queues d'yack, l'époussetaient incessamment, et les brahmanes du temple veillaient à lui rendre
l'équilibre, chaque fois qu'il était menacé de le perdre
par suite de l'impétuosité de sa danse.

Une autre idole semblable arriva là-dessus d'un autre
village, avec sa musique et son cortége. Elle fit la révé-
rence au maître du lieu, et marcha avec lui tout autour
du reposoir, se balançant en vis-à-vis à chaque station,
à la grande joie des assistants; il vint ainsi jusqu'à trois
divinités étrangères, en sorte que leur danse se termina
par un quadrille.

A la danse des Dieux succéda celle de leurs adorateurs.
Placés sur un rang, chacun passa ses bras derrière son
voisin de droite et de gauche et prit la main de celui qui
venait après. Aux sons des tambours et des cymbales
marquant la mesure, cette chaîne entrelacée se mit en
mouvement d'un pas lent et mesuré. Peu à peu elle s'al-
longea par l'adjonction de nouveaux danseurs ou danseuses, et elle finit par se composer de toute la portion
ingambe de la population.

Elle décrivait une ronde sur la pelouse, autour des
idoles, placées au centre sous la chapelle, et, quelque nombreuse qu'elle fût, ni la précision, ni l'ensemble, ni même
la grâce ne manquaient à ses mouvements. Chacune des
femmes qui s'y étaient mêlées avait deux cavaliers : je
ne sais si c'étaient des étrangers, ou deux de leurs maris,
puisqu'ici elles en ont plusieurs; mais je remarquai que
tout en dansant elles babillaient et souriaient quelquefois avec leurs voisins. Je note ceci, parce que c'est la première observation de ce genre que l'Inde m'ait fournie.

Cependant le jour déclinait rapidement et nous avions
une lieue à faire pour regagner Tchini, au travers d'é-
paisses forêts de cèdres. Quelques roupies que nous re-

mîmes au chef du village furent immédiatement partagées entre la foule, sous forme de rafraîchissements, et, comme il y a des vignes en ce pays, l'animation que nous avions vue croître graduellement pendant toute la soirée devint extrême au moment de notre départ. Les Dieux en visite découchèrent sans doute, car leurs porteurs furent des premiers à requérir d'être portés eux-mêmes. Nous laissâmes Khoti en bacchanale complète.

L'homme dans ses mœurs, de même que la nature dans ses productions et le climat dans ses phénomènes, forme ici la transition des régions de l'Inde avec celles de l'Asie centrale. La notion de la caste subsiste encore, mais affaiblie et viciée. Ce mélange libre des sexes dans leurs amusements, dans leurs cérémonies religieuses, est absolument étranger aux mœurs de l'Hindoustan. Ces gens cependant se vantent de leur sang hindou, malgré le voisinage des Tartares, qui vivent à quelques journées de marche vers le nord-est. Si peu de ressemblance qu'ait leur culte avec celui de la plaine, ils l'opposent à celui des Lamas, qui domine dans tout le bassin supérieur du Satledje, à partir de quelques lieues en amont de Tchini.

Un des emprunts les plus singuliers que les Kanaouriens aient fait à leurs voisins du Thibet, c'est sans doute la polyandrie.

Quel que soit dans une famille le nombre des frères, ils n'ont jamais qu'une femme en commun; et c'est avec une confiance absolue dans la justesse des informations que j'ai recueillies, que je regarde le sentiment de la jalousie comme entièrement inconnu chez ce peuple étrange. Elle ne trouble jamais la paix de ces monstrueux ménages. A peine pouvais-je me faire comprendre quand je demandais si la préférence de la femme pour un de ses maris ne causait point quelquefois des querelles entre les frères. Voilà, certes, la plus ignoble des compensations pour la polygamie qui prévaut dans le reste de l'Orient[1].

Cet usage, dont l'origine remonte à l'une des phases les plus grossières de l'enfance des sociétés, puisqu'on l'a retrouvé chez les Esquimaux des presqu'îles de Melville et de Boothia, était en pleine vigueur parmi les clans ariens de la race *lunaire*, au témoignage formel du Mahâbharata. Il s'est encore maintenu parmi certaines tribus du Malabar et de Ceylan, où certes on ne saurait expliquer sa persistance par le motif que des voyageurs modernes ont voulu lui attribuer dans les montagnes du Thibet : prévenir un excès de population sur un sol trop pauvre.

Orographie de l'Himalaya.

Au delà de Tchini, la vallée du Satledje se resserre et, à l'exception des vallons latéraux qui débouchent sur elle, présente désormais une scène sauvage d'aridité. Le sol de toute la contrée monte si rapidement vers le Thibet et vers Ladak et parvient à un niveau moyen si élevé, que le fond des vallées excède la ligne où s'arrêtent les forêts sur les pentes méridionales de la grande chaîne de l'Inde. La végétation, réduite à quelques arbrisseaux rampants, épineux, rabougris, et à quelques herbes rares et desséchées, forme çà et là des taches noirâtres au bord des torrents ; les pentes des montagnes ne sont couvertes que de débris de leurs roches éboulées. L'horizon immense n'offre qu'une scène uniforme de stérilité et de mort, qui se termine de toutes parts à des cimes neigeuses.

« Le climat de ces régions est d'une constitution si étrange, la sécheresse de son atmosphère est telle, que la ligne des neiges éternelles, qui descend à moins de

---

1. Victor Jacquemont, *Journal*, t. II.

4000 mètres sur le versant hindou de l'Himalaya, remonte à près de 6000 mètres le long des chaînes thibétaines. Ce qu'il y a de grand dans ces montagnes, ce qu'il y a d'imposant, c'est moins leur hauteur apparente que l'espace qu'elles occupent. Voilà ce dont les Alpes ne peuvent donner aucune idée. Le diamètre de la bande occupée par leurs cimes est comparativement fort étroit; leurs vallées sont si ouvertes que les regards s'y promènent comme dans des plaines. Dans l'Himalaya, au contraire, c'est toujours à des sommets que la vue s'arrête, et, quand on s'élève davantage, on ne fait que découvrir des cimes nouvelles, plus éloignées. C'est un labyrinthe sans fin de pics noirs, d'abîmes béants, de neiges éternelles, entre-croisés de mille façons.

« Ici, ce sont des croupes isolées et droites que ne sillonne aucune ravine; on dirait des tronçons de prismes triangulaires posés sur une de leurs faces. Là, ces croupes, également isolées, sont arquées ou coudées. Ailleurs, ce sont des pyramides entassées les unes sur les autres, et qui projettent dans toutes les directions des arêtes qui se rencontrent avec d'autres arêtes descendues de massifs semblables; au lieu de leur jonction, quelquefois elles se relèvent, d'autres fois elles s'abaissent brusquement pour former un col étroit. Les eaux suivent les routes tortueuses et divergentes que le caprice de la direction des montagnes leur impose, et, avant que d'arriver des neiges de l'Himalaya à l'entrée des plaines de l'Hindoustan, il est peu de torrents qui n'aient coulé vers tous les points du compas [1].

« Je me suis assez avancé vers le nord pour laisser derrière moi à une assez grande distance la chaîne neigée de l'Himalaya indien, et cependant le pays s'élevait sans cesse au-devant. J'ai pu consulter des pèlerins qui reve-

1. Voir sur la carte les cours supérieurs du Sind, du Satledje, de l'Arun et du Tsampo.

naient du lac Mansarover, des marchands qui avaient voyagé jusqu'à trois mois de marche au nord et à l'est de Tchini. Leurs rapports concordent trop pour ne pas être exacts. Tous représentent les contrées qu'ils ont parcourues dans ces directions comme assez semblables à celles que je viens de décrire, c'est-à-dire hérissées de montagnes entassées sans ordre, ramifiées au hasard ou s'allongeant en chaînes entre-croisées. L'Himalaya, dont les neiges éternelles forment pour toutes les plaines du Gange un spectacle si plein de grandeur, n'est donc qu'une humble et modeste préface des Alpes thibétaines[1]. »

Arrêté sur les premiers gradins de cette énorme intumescence de l'écorce terrestre, en présence de ces gigantesques témoignages des antiques convulsions de notre planète, qui, bien plus que les Andes elles-mêmes, méritent d'être appelés les *incommensurables de la création*[2], je compris l'impuissance des géographes modernes à expliquer dans leurs traités l'inextricable réseau de ces montagnes, ou seulement à tracer sur les cartes les axes principaux de leurs soulèvements. Je dus reconnaître aussi la vanité de l'espoir secret qui m'avait surtout attiré en ces lieux : celui de reconnaître et de fixer, au moyen de la géographie du cycle épique de l'Inde, les sommités qui, parmi tant de cimes, avaient été les Olympes, les Vahallas, les séjours des dieux des Ariens, nos aînés.

Selon l'habitude commune à tous les peuples anciens, qui, aux jours des migrations, ont constamment importé dans leur nouvelle patrie les légendes et les noms des lieux où ils vivaient d'abord, les Hindous de la plaine placent aujourd'hui au hasard, sur la ligne de pics qui décore leur horizon lointain, les noms fameux de Mérou, de Kaïlaça, de Mandara, etc. Mais, pour quiconque a

1. Jacquemont, *Journal*, t. II, p. 130. — 2. Expression du minéralogiste Hauÿ.

étudié avec quelque attention les données géographiques contenues dans les livres sanscrits, notamment dans le troisième chant du Mahâbharata et dans le quatrième du Ramayana, il est évident que ces noms doivent être reportés vers le nord, bien au delà des limites actuelles de l'Inde.

Où chercher, entre autres, ce mont Méru du Bhismakanda[1], qui fournissait à la fois des eaux au Sind, à l'Oxus et aux mers glacées du septentrion ; ce souverain des montagnes, où, suivant Valmiki, « *chaque soir*, à l'heure du crépuscule, les fils d'Aditi, les divins Suras, font cortége au soleil et l'honorent quand il plonge derrière les cimes lumineuses dans l'espace indéterminé de la nuit? » Où le placer, sinon dans le colossal massif formé par l'entre-croisement des chaînes du Thibet avec l'axe du Bolòr, à cent cinquante lieues de la source du Gange, où croient le voir les Hindous d'aujourd'hui? Ils décorent aussi du nom de Kaïlaça le relèvement le plus considérable qu'offre la chaîne de l'Himalaya entre la Gangotri et le col de Bourando ; mais ce n'est pas là le Kaïlaça de leur mythologie, séparé qu'il était de l'Himalaya « par une plaine d'une immense étendue, sans reliefs, sans eaux, sans ombrages, dépourvue de toutes créatures et constamment brûlée par le souffle des vents. Il fallait cheminer sur cette lande horrible pendant bien des yodjanas avant d'entrevoir les blanches sommités du Kaïlaça[2].... »

Cette indication conduirait bien au nord du lac Manaça, « dont nul arbre n'ombrage les ondes immobiles, les plus élevées où les palmipèdes puissent trouver un asile. »

Quant au Trisringa, « qui servit d'autel au premier-né

<hr>

1. Mahâbharata, liv. III. — 2. Voir la Géographie de Valmiki, Ramayana, Kiskindhyakanda.

de la race humaine pour y allumer le premier feu sacré ; »
quant au Mandara, « qui, semblable à une masse de
brouillards entassés, se mire dans le cristal limpide d'un
lac honoré parfois de la présence du créateur suprême, »
les poëtes échelonnant ces monts au nord, toujours au
nord les uns des autres, leur recherche conduirait forcément au delà du Thibet même, dans la chaîne inexplo-
rée des Kouenluns.

Retour vers le Sud.

On voyage lentement dans ces montagnes ; j'étais depuis plus d'un mois dans le Kanawer, lorsque je m'aperçus
que la fuite du temps me faisait une loi de repasser au
plus vite au sud de l'Himalaya. Je me dirigeai vers cette
chaîne par la vallée de la Buspa, affluent méridional du
Satledje, ayant à ma gauche le groupe énorme que les
Kanaouriens ont décoré du nom de Kaïlas occidentaux, et
devant moi le col de Bouronne ou de Bourando, dont j'atteignis la crête après quelques jours de marche, sans aucun des symptômes fâcheux, sans aucune des grandes fatigues que quelques voyageurs anglais prétendent y avoir
éprouvés. Il est vrai qu'il n'est pas plus élevé que la cime
de notre mont Blanc et que je revenais de plus haut.

La descente vers le sud est beaucoup plus rapide que
l'autre, mais j'y cherchai pourtant en vain ces effroyables
abîmes, ces pentes verticales qu'un touriste russe dit y
avoir rencontrés et n'avoir pu franchir qu'au prix des
plus grands périls [1] ; à 2 ou 300 mètres au-dessous du
col, je ne trouvai qu'un vallon herbeux, fertile, qui
s'élargit peu à peu en prairies magnifiques, et qu'arrose
le Pabeur, affluent de la Jumna.

1. Prince A. de Soltikof, *Voyage dans l'Inde*, t. II, p. 105.

Le long du cours de ce torrent, le plus agréable peut-être que j'aie vu dans l'Himalaya, je me croisai avec plusieurs Anglais qui avaient choisi le Bourando pour but de leur *tour* de l'année.

L'un d'eux, qui était un collecteur, voyageait avec un train princier de domestiques et de porteurs; il n'avait pas moins d'une centaine de ces derniers. Parti de Delhi un mois auparavant, il avait dû forcer de marche pour venir en cet espace de temps. Plusieurs de ses porteurs étaient morts dans les premiers jours du voyage, à la suite des pluies qui l'avaient assailli. Il me cita plusieurs habitants de Mossouri et de Landaor, qui, dans de simples excursions d'un jour ou deux autour de leur demeure, en avaient perdu un plus grand nombre. Il parut par conséquent très-surpris que je ramenasse tout mon monde en bonne santé, après un voyage bien plus long que le sien. Du reste, méthodiste des plus zélés, s'il ne respectait ni le corps ni la vie de ses serviteurs, il paraissait très-soucieux de leur âme et les catéchisait par compensation à toutes les haltes du chemin. En buvant son grog et en fumant son houka depuis huit heures du soir jusqu'à minuit, il s'efforça de me convertir à son système, et déplora ma coupable indifférence, qui ménageait autant les préjugés religieux que la santé de mes gens.

Le lendemain, comme je suivais les détours sinueux du Pabeur, je m'entendis appeler du fond du torrent, où j'aperçus, non sans quelque surprise, un jeune officier qui m'avait connu à Simla. A cette question bien naturelle de ma part : « Que diable faites-vous là ? » il sortit de l'eau et vint à moi, à moitié nu, grelottant et tout violet de son bain à la glace, mais se plaignant horriblement de la chaleur dont il avait eu à souffrir depuis son départ de Simla. Son teint enluminé me donna à croire qu'il avait fait aussi trop bonne provision de calorique au dedans, par un libre usage de *brandy ;* ce serait merveille si, à ce régime, les Anglais de l'Inde ne périssaient pas avant l'heure[1].

Le nombre quatre. — Les sources de la Jumna.

Quittant le Pabeur à son confluent avec le Souppine, tributaire de sa rive gauche, je me dirigeai, à travers un massif montagneux peu fréquenté, en droite ligne vers la Jumna, dont je voulais visiter les sources.

La population de cette région sauvage se distingue par sa beauté typique, et les femmes y sont au nombre des plus séduisantes que j'aie rencontrées en Orient; mais je laisse à d'autres le soin de décider si la polyandrie qui existe là dans toute sa plénitude est un indice de haute appréciation ou de froid dédain pour leurs charmes. Ce que je puis dire, c'est que les habitants de ces montagnes attachent certainement quelque idée mystérieuse au chiffre quatre, et que, semblables en cela à plus d'un théosophe mystique de l'Occident, ils ont leur théorie particulière sur les rapports quaternaires et sur leur influence sur les êtres et sur les choses d'ici-bas. Quand je questionnais à ce sujet un de ces Himalayens, il me répondait invariablement : « Nous sommes quatre frères et nous avons une femme pour nous quatre. »

Dans un village où l'on me dit que j'étais le premier blanc qu'on eût vu, les femmes s'empressèrent autour de moi, m'apportant des cruches d'eau fraîche et des fruits. Ayant demandé à l'une d'elles, âgée de dix-huit ans à peine et fort jolie, combien elle avait de maris : « *Quatre seulement*, répondit-elle.

1. Jacquemont, *Journal*, t. II, p. 435.

— Et tous vivants ?

— Pourquoi pas ? »

A son tour elle me demanda le nom de mon pays, et comme je lui dis qu'il était à plusieurs mois de voyage du sien, un murmure général d'incrédulité s'éleva autour de moi. Mais ce fut bien autre chose lorsque, pressé de questions au sujet de ma femme, je fus obligé d'avouer humblement que je n'en avais pas : « Bah! bah! ce n'est pas vrai! c'est impossible! » s'écrièrent en chœur mon interlocutrice et ses compagnes. Et dans un pays où, passé l'âge de quatorze ou quinze ans, il n'existe aucun célibataire de l'un ou de l'autre sexe, ces doutes n'avaient rien que de très-naturel. En dépit de mes dires et de mes explications, je demeurai pour ces belles montagnardes atteint et convaincu de mensonge et d'un mensonge absurde, et j'eus bien de la peine à me maintenir dans leurs bonnes grâces[1].

A Cursali, où j'atteignis les bords de la Jumna, cette rivière n'est plus qu'un torrent que je pus traverser sur un tronc de marronnier, abattu d'une rive à l'autre. Le vallon où elle coule n'est plus qu'une large crevasse dont les flancs presque à pic sont surmontés de larges monceaux de neige, et dont le lit nourrit de loin en loin des bouquets de daphnés et de rhododendrons. Quelques grands rochers qui surplombent servent d'abri aux voyageurs que le mauvais temps surprend dans ces gorges sauvages. Là, par respect pour la sainteté du lieu dont nous approchions, tous mes gens laissèrent leurs souliers.

Averti par ce cérémonial de la proximité de la Jumnotri, je cherchais vers le sommet tortueux du vallon quelque immense glacier d'où sortît le fleuve en imposante cascade, quand je vis mes gens se prosterner tous à la

---

1. Skinner, *Excursions dans l'Inde et dans l'Himalaya*, 1828.

fois et ne se relever qu'en multipliant les salams à l'infini. Je m'avançai du côté vers lequel ils regardaient, et j'aperçus un léger nuage de vapeur suspendu le long d'un rocher d'où dégouttaient des eaux chaudes sur une longueur d'une quinzaine de mètres. Quelques-unes de ces petites sources bouillonnaient avec une sorte de régularité intermittente au milieu de cratères en miniature, formés de concrétions sédimenteuses. L'une d'elles jaillissait de la paroi même du rocher, comme d'un robinet artificiel, et fournissait un mince jet de 2 mètres de longueur. C'est là surtout l'objet de la grande vénération des Hindous, la Jumnotri proprement dite. Toute ma suite se déshabilla, et avec mille grimaces, auxquelles la chaleur presque brûlante de l'eau n'avait pas moins de part que la dévotion, elle s'échauda sous cette faible douche. Ceux qui savaient quelques prières de circonstance les récitèrent, et, après l'ablution, mon tchouprassi, suivi de ses acolytes gourkhas, le corps presque nu, courut plusieurs fois en rond sur la neige voisine, de la même manière qu'Alexandre le Grand courut, il y a 2200 ans, autour du tombeau d'Achille.

Deux Hindous venus ici en pèlerinage s'étaient joints à mon escorte. L'un d'eux était un jeune brahmane d'un extérieur agréable. Il me suivit dans tous mes détours et me parut beaucoup plus curieux que dévot. Je soupçonne d'ailleurs que, malgré l'extrême sainteté du lieu, il n'y vient chaque année qu'un bien petit nombre de pèlerins. Celui des visiteurs européens ne laisse pas que d'être considérable, à en juger par la quantité de plaques de plomb couvertes de leurs noms qu'un vieux brahmane, ermite de cette solitude, me montra suspendues à son cou.

Les plus anciens feuillets de cet étrange album des voyageurs portaient les noms bien connus de Frazer, de Hogdson, des frères Gérard, qui les premiers explorèrent scientifiquement ce recoin des montagnes. Sur un plus moderne, je vis le nom de Victor Jacquemont avec la date du 15 mai 1830. Je ne sais si la manière dont je le prononçai trahit l'intérêt que ce nom m'inspirait ; mais le vieux brahmane, le répétant avec la même intonation que moi, l'accompagna de cette qualification qui peint si énergiquement la mémoire que notre compatriote a laissée parmi les grands et les lettrés de l'Inde : *Aristoutelès el'-zeman*, « l'Aristote du siècle ! »

Parmi les autres noms de ce médaillier, je ne fus nullement surpris de trouver ceux d'un assez grand nombre de femmes ; je connaissais désormais suffisamment l'aristocratie hindo-anglaise pour savoir qu'aucune lionne de Madras, de Calcutta ou de Bombay, n'oserait aujourd'hui retourner en Angleterre sans y rapporter ses *impressions himalayennes*.

« Nous admirons souvent l'esprit d'entreprise des Anglais, alors que nous devrions seulement les féliciter de leur richesse, qui leur permet d'aplanir des obstacles que nous autres nous devons surmonter sans adoucissement. La femme d'un officier anglais, qui suit son mari au bout du monde, subit peut-être moins de dérangement aux habitudes de sa vie matérielle que la femme d'un riche Parisien dans les jours d'un déménagement[1]. »

La Gangotri ou la source du Gange.

De ce point, me dirigeant vers le Gange, je franchis les montagnes qui séparent les bassins naissants de ce fleuve et de la Jumna ; arrivé au point de partage des deux versants, je découvris une des plus magnifiques scènes qu'il soit donné à l'homme de contempler. Sous mes pieds, une

1. Jacquemont, *Journal*, t. II, p. 67, 82 et 90.

épaisse couche de neige permanente indiquait 3600 mètres environ de hauteur absolue; derrière moi se dressaient les sommets qui dominent la Jumnotri; à l'est, les pics géants qui marquent la source du fleuve sacré, du triple Gange, et qui sont consacrés à Rudra[1]; puis, un peu au sud de ceux-ci, le Kedar-Nath et le Badri-Nath, objets également de la superstition hindoue, étageaient dans l'azur du ciel leurs masses blanches et colossales, aussi élevées au-dessus du niveau où je me trouvais que les pics des Pyrénées ou l'Etna le sont au-dessus de la Méditerranée. Du côté du sud, la perspective, moins imposante mais plus variée, se déroulait de gradin en gradin, à travers des zones de neige et de forêts, jusqu'aux bords d'une rivière sinueuse; cette rivière promenait ses replis à travers des moissons jaunissantes, le long de coteaux diaprés de bois et de cultures, où, à l'ombre de vergers nombreux, se cachaient les habitations des hommes.

Pendant que mes regards planaient sur cet immense horizon, et que dans les ondes atmosphériques qui montaient jusqu'à moi du sein de la plaine, du fond des ravins écumeux, des pentes fleuries des coteaux ou des voûtes serrées des grands bois de déodaras, mon oreille avide cherchait à démêler quelques notes des harmonies de la création, je fus tout à coup arraché à mon extase par un bruit de pierrailles et de blocs roulant non loin de moi. C'étaient les indigènes de ma suite et les pèlerins qui s'étaient joints à elle, et qui tous, s'étant munis à l'avance de quelques grosses pierres, s'en servaient pour élever un *cairn* ou *margemath*, en témoignage de leur passage en ce lieu remarquable.

Cette vue me remit en mémoire plus d'un passage de la Bible ayant trait à ce mode rustique, mais non sans

1. Rudra, divinité de l'époque védique, confondue plus tard avec Çiva.

grandeur, d'écrire des procès-verbaux à la surface de la terre. D'autres parties de l'Inde devaient m'en offrir plus tard des spécimens aussi remarquables que ceux que les Celtes ont laissés dans notre Occident.

De là, une suite de terrasses naturelles me conduisit à la vallée, où, dans des vergers de bananiers, de figuiers et de framboisiers aux grosses baies blanches, je fus accueilli par des villageoises qui m'offrirent de l'eau fraîche du Gange. La vue du fleuve lui-même saisit d'admiration et de respect les Hindous, mes compagnons de route. Du moment où ils en atteignirent les bords, ils ne marchèrent plus que chargés de fleurs et murmurant des prières.

J'arrivai bientôt avec eux au confluent des deux branches les plus reculées du fleuve sacré, le Djahnavi-Ganga et le Bagirathi, qui tous deux se précipitent du sein de glaciers élevés dans des gouffres profonds, dont les noires parois à pic dépassent de beaucoup en sublimes horreurs les sites les plus sauvages des ravins du Satledje et de la Jumna [1].

Au-dessus de ce confluent, le lit du Bagirathi serpente et se resserre dans un canal étroit aux coudes multipliés. Dans un de ces replis est situé le village de Gangotri, à plus de 4000 mètres d'élévation absolue. C'est là que les pèlerins vont se baigner avec ferveur, et qu'ils jettent à la dérive du torrent, comme une offrande propitiatoire, des pelotes de sable, d'herbe et de fleurs; c'est là que des fanatiques, plongés dans l'eau glacée jusqu'au menton, conjurent la déesse Ganga de leur accorder le don de prophétie, et que des Djoguis, le corps nu et blanchi par la cendre, les reins ceints étroitement d'une corde, les cheveux entortillés comme des serpents et les

1. Frayer, *Voyage dans l'Himalaya.*

mains sur les hanches, marchent à pas cadencés en répétant éternellement et d'une voix sourde : « Ram! Ram! »
un de ces mille mots par lesquels les Hindous désignent
la Divinité.

Autour de Gangotri se trouvent plusieurs hangars
destinés à abriter les pèlerins, dont la plupart béniraient
le ciel s'ils pouvaient y terminer leur carrière, bien que
les brahmanes déclarent que nul homme n'est assez mé-
ritant pour exhaler son dernier soupir en un lieu aussi
sacré. Aussi les prêtres de la localité ont-ils grand soin
d'emporter bon gré mal gré ceux des fanatiques dont
les forces épuisées annoncent une fin prochaine, afin
qu'ils aillent mourir dans le voisinage.

Par précaution contre les fraîches nuits de ces hautes
régions, j'avais fait placer ma tente sous un de ces
hangars. Le soir venu, lorsque pèlerins, fakirs et dévots commencèrent à se livrer au repos, je sortis pour
contempler dans le recueillement et le silence l'effet
d'un magnifique clair de lune sur ce site grandiose, vraiment digne du caractère mystérieux dont le revêt la piété
des Hindous.

Du haut d'un pont rudimentaire, auquel deux roches
surplombant le fleuve servent de culées, ma vue se heurtait de toutes parts à d'immenses murailles entièrement
sombres, excepté du côté de l'orient, d'où le Gange semble sortir d'une vaste mer de glace, ceinte d'un rempart
de neiges éternelles que couronnent des pics de plus
de 6000 mètres d'élévation. Aux clartés roses et molles
de la lune, on eût dit un amphithéâtre gigantesque
d'albâtre et de nacre tout parsemé d'opale.

Un petit temple consacré à Ganga recouvre une source
où les dévots vont remplir des fioles de terre; le brahmane du lieu les scelle avec son anneau qui a pour légende : *Eau de Bagirathi, Gangotri.* Ce cachet de sainte

authenticité donne à la fiole et à son contenu une valeur inappréciable dans tout le périmètre de l'Inde.

Attiré vers ce temple par une lumière solitaire, j'y trouvai ce jeune Hindou qui depuis la Jumnotri s'était joint à ma caravane. Debout devant le petit autel du lieu, il y entretenait une flamme éternelle, comme celle de Vesta, en y versant du beurre clarifié, pendant qu'un vieux brahmane, desservant du sanctuaire, psalmodiait les louanges de Ganga, la patronne du saint fleuve, dans un dialecte des montagnes, qui est à l'hindoustani ce que celui-ci est au sanscrit. Les noms de Ganga, de Brahma, de Çiva, de Sagara et de Bagiratha, que je parvins à démêler dans cet affreux patois, me firent néanmoins reconnaître que sous ce travestissement se cachait le magnifique épisode contenu au chapitre XLV du livre Ier du Ramayana. Imaginez-vous le songe d'Athalie ou le *Lac* de Lamartine, interprété en patois bas-normand !

Il me sembla alors voir se dresser dans la nuit, sur la cime des monts, la grande ombre de Valmiki indigné, et je crus ouïr dans la voix du vent courant sur les glaciers les gémissements de tous les sanscritistes de l'Occident, me sommant, moi, leur élève indigne, de mettre un terme à cette profanation du génie des anciens jours, à cette parodie humiliante pour le fleuve nourricier de soixante millions d'hommes. Sans trop délibérer avec moi-même, je montai résolûment les degrés du temple, en prononçant à haute voix, en manière d'introduction, cette sentence tirée du Darma-Çastra :

« C'est par une piété recueillie qu'un ascète parvient à la béatitude ; mais tout homme dont le cœur est bon et vertueux et l'âme plongée dans la contemplation intérieure a droit au titre révéré d'ascète ! »

Puis tenant d'une main une fiole d'atar, dont de temps en temps j'aspergeais le feu sacré, et de l'autre le premier volume du Ramayana, qu'à tout événement j'avais apporté avec moi, je me mis à tourner lentement de droite à gauche autour de l'autel, en déclamant de mon mieux les magnifiques *slokas* que Valmiki a consacrés *à la descente du Gange sur la terre.*

Je dis les efforts surhumains des premiers rois de l'Inde pour obtenir ce bienfait des dieux ; Sagara et ses fils morts à la peine ; Brahma l'accordant enfin aux vertus de Bagiratha, et le puissant Çiva aidant au fleuve divin, purifiant, immaculé, à se répandre sur le monde.

« .... Le cortége splendide des Dévas était là tout entier, avide de contempler cette merveille, miraculeux spectacle dont le monde n'avait pas encore été témoin.

« Le ciel couvert de nuages, mais illuminé par les auréoles des Dévas fendant l'espace et par l'éclat de leurs ornements, paraissait comme inondé par les rayons de cent soleils.

« Ici le fleuve surexcité précipitait sa chute, là il se repliait en sinueux détours. Plus loin, s'étendant en une nappe immense, il ralentissait ses ondes, ou heurtait à grand bruit leurs masses accumulées.

« L'espace tout entier était sillonné, en guise d'éclairs, par des dauphins, des groupes de serpents, des poissons aux lueurs phosphoriques ; et l'éther, baigné d'innombrables jets d'écume blanchissante, ressemblait à un pâle ciel d'automne traversé par des troupes de cygnes.

« Ainsi se précipitaient sur la terre et se répandaient sur le sol les eaux tombées de la tête de Çiva, et cependant les génies des forêts et des montagnes, les êtres habitant les retraites mystérieuses de la terre, se pressaient sur le passage du fleuve impétueux, et, après s'être plongés dans ses flots purs et vénérés, ils se recueillaient, lavés de toute souillure, autour des pieds de Çiva.

« Tous ceux qu'une malédiction suprême avait rejetés

du ciel sur la terre, purifiés de nouveau par le contact régénérateur de ces eaux, remontèrent aux célestes séjours. Les Maharchis [1], les Siddhas [2], les divins Richis [3], murmuraient les prières sacrées, que chantaient à haute voix les Dévas et les Gandharvas [4]. Les chœurs des Apsarasas [5] menaient leurs danses légères; Ascètes et Munis se livraient à la joie; l'univers entier triomphait; la descente du Gange remplissait de bonheur les trois mondes.

« Le saint royal, le majestueux Bagiratha, assis sur un char divin, tenait la tête du cortége, et derrière lui courait le Gange; et les Dieux et les Richis, les fils de Danu, les puissants Rackchas, les génies du ciel et de la terre et ceux qui habitent les eaux, tous suivaient le fleuve ondoyant et couronné d'écume, qui bondissait comme en se jouant sur les pas de Bagiratha.

« Ayant atteint l'Océan, le roi, suivi du Gange, entra dans le sein de la terre par la voie qu'avaient excavée les fils de Sagara, et, ayant introduit le saint fleuve dans les régions infernales, il consola ses aïeux que la flamme avait dévorés.

« Au contact vivifiant de l'eau fraîche du Gange, les Sagarides, revêtant soudainement une forme éthérée, s'élancèrent triomphants dans les cieux.

« .... Témoin de ce spectacle, Brahma, entouré de son cortége de Dévas, parla ainsi à Bagiratha : « Les voilà « délivrés, grâce à toi, tes antiques ancêtres, les nom- « breux fils du magnanime Sagara, et ils conserveront « les trônes célestes qu'ils viennent de conquérir, aussi « longtemps que l'Océan occupera ses immuables pro- « fondeurs. Quant à ce fleuve, qu'il soit désormais con- « sidéré comme ton enfant. Connu des Dévas et des Ri-

1. Les archanges de la mythologie sanscrite. — 2. Les saints. — 3. Les patriarches. — 4. Les musiciens célestes. — 5. Les prototypes des muses, des grâces et des nymphes.

« chis sous le nom de Trivia, parce qu'il se répand par
« une triple voie sur les trois mondes, sa descente sur la
« terre lui vaudra l'appellation de Ganga parmi les hom-
« mes, et son troisième nom sera Bagirathi ; car, ô sage
« observateur de vœux, il est l'enfant de ton amour[1] ! »

En terminant cette longue tirade, j'achevai de vider
ma fiole d'atar sur le foyer sacré et je déposai le volume
tout ouvert sur le bord de l'autel, devant le brahmane
interdit. Si mon apparition subite et mes citations classiques avaient pu lui faire supposer d'abord que ma
figure européenne cachait quelque esprit malfaisant cherchant à troubler son office religieux, quelques mots du
jeune Hindou, témoin de cette scène, et le don du volume
que je lui offris comme un hommage à Ganga, le rappelèrent bientôt au sentiment de la réalité.

Après avoir longtemps feuilleté, contemplé, admiré, à
la lueur de son foyer, les pages, le papier et les caractères de ce présent inattendu, il le reposa sur l'autel en
disant :

« O divinités de mes pères ! comment s'étonner que
cette vieille terre obéisse aujourd'hui aux hommes de
l'Occident, puisqu'ils en conservent et en honorent les
traditions mieux que ne peuvent le faire ses enfants dégénérés ? »

1. Ramayana de Valmiki, *Adikanda*, chap. XLV ; édition de G.
Goresio.

CHAPITRE VI.

DE LA SOURCE DU GANGE A BÉNARÈS.

Drame final du Mahâbharata, légende des montagnes. — Population du Kemaoun. — Séduisante marchandise. — Quatre Alcides pour une Omphale. — Églogue. — Le pèlerin et ses récits. — La femme morte, décapitée et vivante. — Retour opportun d'un mari cru mort. — La ville alpestre d'Almora. — Le Teray, ancien rivage de l'Océan. — Population de ses lisières. — Tradition de Paraçou Rama le justicier. — Fin de la saison des pluies. — Chasse au tigre dans la forêt de Tandah. — Le Rohilcund et son chef-lieu. —Kanodje, souvenir de Viçvamitra. — Le royaume d'Aoude. — Luknow. — Ses monuments. — Son roi, frère cadet du roi René. — Tombeau et chanson d'Açaf-Uddoula. — L'antique Ayodhia. — Le Ram-Lila. — Le berceau du boudhisme. —Les crocodiles de la Gogra.

Drame final du Mahâbharata.

En m'éloignant de Gangotri, j'inclinai au sud-ouest, de manière à laisser à ma gauche le Kédar-Nath, montagne haute de près de 6800 mètres, et qui pourtant n'est qu'un pilier avancé du groupe colossal du Rudra-Himavat.

Auprès de son sommet, sanctifié par la tradition, se trouve un temple fréquenté des pèlerins. Suivant les Hindous, ces régions élevées ont été le théâtre du drame qui clôt leur grande épopée du Mahâbharata. Je ne crois pas m'écarter de mon sujet en donnant ici un résumé de cette légende peu connue et tout empreinte du génie sanscrit.

« La race belliqueuse des Yadous s'est éteinte dans une

guerre intestine; Krichna, son chef divin, après avoir été témoin du massacre de tous les siens, tombe sous les traits d'un obscur chasseur. La mer, détruisant ce que la guerre civile a épargné, recouvre de ses flots la cité de Drâvaka, que le héros avait fondée pour être la capitale de son peuple. Apportées à Hastinapoura (Delhi), ces nouvelles plongent dans le plus profond découragement les cinq frères de la maison de Pandu, qui doivent tout à Krichna. Ils prennent alors la résolution de quitter l'empire et de se retirer, comme les sages des temps primitifs, dans quelques solitudes des montagnes, voisines de celles où résident les dieux. Ils se dirigent donc vers l'Himalaya, avec *leur commune épouse* Draupadi; mais accablés de fatigue, de privations et de froid, les plus jeunes des frères et leur compagne succombent en chemin.

« L'aîné des Pandavas, le roi Youdishthéra, reste seul avec un chien qui l'a suivi depuis son palais. Il monte, ferme, inébranlable, de sommet en sommet. Enfin, devant lui le ciel des bienheureux s'entr'ouvre, et Brahma, debout sur le seuil, lui dit : « Sois le bienvenu ! un trône « impérissable t'attend ici. »

« Mais Youdishthéra n'ose accepter une destinée qu'il sait ne pouvoir être partagée par le seul ami, le seul compagnon qui lui soit resté fidèle; il contemple son pauvre chien, et le scrupule de l'abandonner aux portes de l'empyrée l'empêche d'y pénétrer, jusqu'à ce que l'animal s'évanouisse devant l'apparition d'un dieu qui n'a pas dédaigné de revêtir un déguisement impur pour éprouver le roi, et qui déclare, en reprenant sa lumineuse essence, que l'aîné des Pandavas est digne de siéger parmi les dieux et de racheter par l'efficacité de ses vertus les temps d'épreuves que ses frères et son épouse avaient commencé à subir dans le séjour des expiations. Tous les Pandavas entrent donc dans l'assemblée céleste à la suite de Youdishthéra, au milieu des acclamations des immortels, des chœurs dansants des Apsarasas, ceintes de fleurs toujours fraîches, et au bruit harmonieux des concerts des Gandharvas ! »

Le Kemaoun. —Industrie et commerce de sa population.

C'est en rêvant à ces poétiques croyances des vieux âges, que je passai du Sirinagur dans la province de Kemaoun, où vit une population agricole, riche en céréales et en troupeaux, et aussi en gracieux articles d'un trafic tout à fait *oriental*. Un sectateur de Mahomet pourrait, à peu de frais, recruter son harem dans cette contrée. Un vieillard à l'air vénérable, auquel je marchandais je ne sais plus quel fruit de son verger, me proposa la plus jeune de ses filles pour soixante roupies (150 francs), et parut très-mortifié en me voyant refuser le marché. Dans un autre village, un individu me prit mystérieusement à part, comme font du reste les montagnards de ce pays pour les plus infimes bagatelles, qu'ils tiennent cachées sous leurs manteaux, à la manière des contrebandiers : « J'ai, dit-il, quelque chose à vous vendre, qui vous conviendra, j'espère, car je suis pauvre ; vous l'aurez à bon compte : une charmante créature, pas plus grande que cela.... Et il avançait la main à environ quatre pieds du sol.... Je n'en demande que quatre-vingts roupies ; c'est pour rien ! Elle est ma fille et mon unique enfant.

— Comment! répliquai-je en l'interrompant ; vous voulez vendre votre enfant, votre enfant unique !

— Il faut bien que je vive, répondit-il avec un imperturbable sang-froid. C'est la plus jolie fille du village, et, comme je ne puis pas lui procurer de maris, malgré leur nombre, je suis forcé de la vendre. Et puis, c'est la coutume chez nous, où il y a plus de femmes que nous n'en avons besoin. »

Il disait vrai, puisque chacune d'elles (ainsi que nous l'avons vu plus haut) suffit à quatre maris.

Croyant pouvoir me décider par surprise ou entraînement, l'honnête père reparut un instant après tenant *sa marchandise* par la main. C'était véritablement une fort jolie fille, sachant rougir et baisser les yeux. Je m'excusai de mon mieux auprès d'elle, en lui souhaitant dans son propre village un *quadrille* conjugal de jeunes montagnards, et je m'éloignai d'elle, non sans avoir encore reproché vivement au père de vouloir échanger son sang contre de l'or. Quant à la jeune beauté, sans se troubler ou paraître déconcertée le moins du monde de son *non-placement*, elle sourit et alla non loin de là se mêler en sautillant à un groupe de ses compatriotes.

Quelques minutes après, mes gens voulurent acheter un mouton dans le village, mais on refusa de le leur vendre : « Le mouton, dirent les indigènes, nous donne de quoi nous vêtir.

— Et les femmes en usent la laine? observai-je.

— Cela est très-vrai, fut leur unique réponse. »

Ainsi le beau sexe est moins prisé ici que le bétail, bien qu'il coûte peut-être moins à nourrir.

Au reste, dans ce lieu comme dans toute la partie montagneuse du Kemaoun, je trouvai les hommes une quenouille à la main, avec un panier rempli de laine passé au bras. Tous filaient devant leurs portes, ou même en marchant et en portant des fardeaux, comme font les bergers des Pyrénées en gardant leurs troupeaux. Voilà donc, au pied de l'Himalaya, à des milliers de lieues de la Grèce et à des milliers d'années d'Hercule, des gens qui, sans se préoccuper le moins du monde de ce demi-dieu et de ses exploits, tournent comme lui le fuseau ; à cette différence près que quatre Himalayens se réunissent toujours auprès d'une Omphale, tandis qu'Alcide était tout seul aux genoux de la sienne.

Dans un pays où les hommes portent la quenouille, les travaux plus sérieux, les labeurs de la terre reviennent de droit aux femmes. Aussi éprouvai-je peu de surprise à voir le long de ma route les belles kémaouniennes moissonner le riz de printemps, semer ou sarcler celui d'automne. Les intermèdes de leurs travaux ne manquaient, du reste, ni de grâce ni surtout de coquetterie.

Dans une localité dont les belles cultures m'avaient particulièrement frappé, l'examen que j'avais fait de leurs procédés agricoles n'échappa point aux nymphes d'alentour.

Le soir, je les vis s'assembler autour de mon campement, les bras, le cou, la taille chargés de guirlandes de fleurs, suivant la mode antique perpétuée jusqu'à nos jours. S'enhardissant peu à peu à mesure que tombait le crépuscule, elles finirent par décrire devant ma tente une ronde lente et cadencée, accompagnée d'un chant dont les paroles au moins semblaient improvisées.

En voici la traduction en humble prose :

« L'homme blanc est allé aux montagnes de neige, et de leurs sommets il a vu le Gange couler vers les plaines fécondes.

« Ne travaillons pas davantage ; les tiges vertes du riz s'élèvent rapidement, espoir certain d'une riche moisson.

« Ce sont les hommes blancs qui attirent après eux l'abondance. Doux est leur sourire. Les femmes qu'ils aiment sont loin, bien loin du côté du soleil couchant.

« Que leur sourire ne s'adresse-t-il à nous ? Les travaux des champs ne nous fatigueraient plus.

« S'ils sont heureux, leurs serviteurs ne doivent-ils pas l'être aussi ?

« Leurs tentes sont déployées, leurs feux sont allumés; ils reposeront cette nuit dans la vallée.

« L'heure du travail est passée; empressons-nous auprès du blond voyageur, et que nos danses et nos chants l'engagent à demeurer parmi nous[1]. »

A ma place, un professeur d'hindoustani ou un poëte bucolique se fût sans doute laissé toucher par cette mise en scène pastorale, et eût succombé à la tentation de ramener en Europe, dans ses bagages, un échantillon du beau sexe himalayen. Mais moi, simple voyageur, n'appartenant à aucune espèce classée dans la science ou dans la poésie, je me contentai d'envoyer mon tchouprassi, homme grave, distribuer à ces muses naïves quelques mètres de rubans et des verroteries en manière de remercîments, et je m'endormis en murmurant cette autre mélodie dont, sur une autre terre d'exil, ma mère avait bercé le sommeil de ma première enfance :

> Si notre accueil le touche,
> Si par nous abrité
> Il s'endort sur la couche
> De l'hospitalité ;
> Que par nos voix légères
> Ce Français réveillé ,
> Sous le toit de ses pères
> Croie avoir sommeillé[2].

Récits d'un vieux pèlerin.

Dans la soirée du jour suivant, comme nous venions d'asseoir nos tentes pour la nuit et que j'achevais mon modeste repas, je vis un grand beau vieillard, bien

---

1. Ce chant se trouve compris dans les recueils que l'anglais Price et M. Garcin de Tassy ont publiés *des Chants populaires hindoustanis.* — 2. Béranger.

vert encore, une besace sur l'épaule, un bâton à la main, s'approcher de ma suite comme un voyageur qui arrive à son gîte, et prendre place tranquillement, mais avec politesse, auprès du feu de mes gens. Il dit en s'asseyant qu'il était un pèlerin, revenant du Kédar-Nath; qu'il avait visité les lieux saints du nord de l'Inde, à Lahore, en Cachemire, à Benarès, à Calcutta, à Djaggernauth, et que la guerre seule l'avait empêché d'aller jusque chez les Birmans. Il était natif d'Aoude, où il retournait prendre quelques jours de repos avant de continuer ses pèlerinages dans le Deccan, qu'il espérait bien parcourir avant sa mort. Lui ayant demandé la cause de ces longues excursions : « J'avais un bon fils, me répondit-il; il était havildar [1] au service de la Compagnie. Cet excellent jeune homme m'envoyait régulièrement tout le produit de sa solde, et de mon côté, j'allais le voir toutes les fois que je le pouvais. Il est mort, voilà bientôt deux ans, me laissant seize mohurs d'or[2]. Depuis ce temps il ne m'a plus été possible de tenir en place, et j'ai fait vœu de visiter en pèlerin tous les lieux saints de l'Inde, jusqu'à ce que j'eusse épuisé le legs de mon enfant. La mort viendra après, quand elle voudra; elle me trouvera préparé. »

Ce récit simple, sans emphase, me toucha profondément. J'invitai ce digne homme à partager le gîte et le repas de mes gens, Hindous ainsi que lui, et je lui demandai la permission de le défrayer de sa dépense, tant que nous suivrions la même route. Il me parut très-reconnaissant de cette charité inattendue, m'en remercia chaudement, en très-bons termes, et, comme il parlait très-purement l'hindoustani, il fut pour moi un compagnon de voyage fort agréa-

1. Adjudant sous-officier. — 2. Un peu moins de 800 fr.

ble, jusqu'à Almora, où nous nous séparâmes, non sans nous donner rendez-vous à Aoude, où je comptais bien m'arrêter.

Les faits recueillis dans ses longs récits peignaient d'après nature les mœurs hindoues ; c'est à ce titre que je crois devoir en enregistrer ici quelques-uns.

Ils contiennent des incidents qui, sous la plume d'un romancier d'Europe, seraient taxés d'invraisemblance, mais qui ne sont, dans l'Inde, que les conséquences logiques de la déplorable facilité avec laquelle toutes les passions, tous les caprices trouvent à acheter des complices et des faux témoins.

La femme décapitée et vivante.

Un riche marchand de la ville de Bareily, nommé Ibrahim, avait une jeune et jolie femme dont il était fort jaloux. Il n'en avait point d'enfant et tous ses biens, à sa mort, devaient passer à un certain Khan-Beg, son parent éloigné, fort mauvais sujet, réduit à la misère par la paresse et l'inconduite. Ce misérable, voulant s'assurer la possession d'une fortune qui d'un moment à l'autre pouvait lui échapper, parvint à gagner, par de magnifiques promesses, un domestique de confiance d'Ibrahim, et engagea ce Iago de bas étage à attiser par tous les moyens imaginables la jalousie déjà si vive du soupçonneux mari. Ibrahim commença par priver Chumbellie, ainsi s'appelait son épouse, de toutes les suivantes qui l'avaient servie jusqu'alors, ne lui laissant qu'une jeune esclave à demi idiote. Quoiqu'il eût traité jusquelà sa femme avec douceur, il arriva qu'un jour, la tête perdue par les rapports du perfide domestique, il s'oublia jusqu'à la frapper. Peu habituée à ce traitement, la pauvre femme jeta des cris affreux. Le lendemain, elle avait disparu, et le bruit s'étant répandu qu'elle avait été assassinée, la justice fit une descente chez Ibrahim. Emanny, le domestique infidèle, déposa qu'il avait été présent à la querelle, mais que son maître l'ayant immédiatement après chargé d'une commission fort longue, il ne pouvait savoir ce qui s'était passé dans l'intervalle.

Le jardin présentait un endroit où la terre paraissait fraîchement remuée; on y fouilla et on exhuma le corps d'une femme! A ce corps manquait la tête; mais un de ses bras portait encore un bracelet qu'Emanny déclara reconnaître comme ayant appartenu à sa maîtresse, pour qui, bien peu de jours auparavant, il l'avait fait raccommoder chez un bijoutier qu'il indiqua, et qui confirma son récit.

Ibrahim fut jeté en prison, bien qu'il ne cessât de protester de son innocence, affirmant que, peu d'instants après sa malheureuse querelle avec sa femme, il s'était senti saisi d'un assoupissement irrésistible, et qu'il s'était endormi pour ne plus se réveiller que fort tard dans la matinée du lendemain. Quant à la jeune esclave, elle déclara qu'elle avait été si effrayée en voyant son maître frapper sa maîtresse, qu'elle avait couru se cacher dans sa chambre, d'où elle n'avait pu sortir de toute la nuit, quelqu'un étant venu fermer sa porte en dehors; du reste elle parut convaincue que le corps exhumé était bien celui de la pauvre Chumbellie. La tête seule man-quait aux preuves. Toutes les recherches pour la retrouver furent vaines; mais comme d'un côté la jalousie d'Ibrahim était notoire, et que les cris de sa femme avaient été entendus de tout le voisinage; comme de l'autre il l'avait cachée avec trop de soin à tous les yeux, pour que ses amis, quels que fussent leur nombre et leur crédit, pussent venir témoigner contre l'identité du cadavre, il fut condamné à mort, et le jour de son supplice fut fixé.

Cependant l'orgueil de Khan-Beg croissait avec ses espérances ; déjà il se donnait les airs d'un homme opulent. On remarqua encore, et non sans indignation, qu'Emanny avait entièrement abandonné l'ancien maître dont il avait mangé le pain et le sel, pour s'attacher à son héritier présomptif.

Nul soupçon pourtant ne s'élevait encore contre ces deux hommes, lorsque, la veille même du jour où Ibrahim devait être exécuté, le magistrat anglais de la localité reçut l'avis que Chumbellie était encore en vie et n'était que séquestrée dans un tombeau par une troupe de fakirs, à huit lieues seulement du théâtre de son prétendu assassinat. Monter à cheval avec un nombre suffisant d'agents de police, galoper jusqu'au lieu désigné, entourer le tombeau, mettre la main sur les fakirs et rendre leur captive à la lumière fut pour l'Anglais l'affaire de quelques heures. La *ressuscitée*, placée sur-le-champ dans une *doulie*, fut ramenée à la ville en toute hâte. Elle y arriva de grand matin ; autour de l'échafaud déjà dressé, le peuple s'impatientait du retard qu'éprouvait le spectacle qu'on lui avait promis, lorsque, à son grand étonnement, un des tchouprassis du magistrat vint proclamer la tournure imprévue que prenait l'affaire.

Emanny et Khan-Beg furent arrêtés, et le premier n'hésita point à donner tous les détails de leur ténébreux complot. Sa fureur pour le jeu ayant facilité à Khan-Beg les moyens de le corrompre, ils avaient arrêté entre eux la perte d'Ibrahim. Ils s'étaient procuré le cadavre d'une jeune femme morte depuis peu de jours, mais à qui ils avaient coupé la tête pour qu'elle ne pût être reconnue. Un narcotique puissant avait été donné à Ibrahim, et quand Chumbellie, de son côté, se fut endormie à force de pleurer, ils l'avaient tirée de son lit, enveloppée d'une couverture de laine et remise aux fakirs du tombeau, gagnés à l'avance pour cette séquestration. Le crime était bien combiné; mais l'avarice de Khan-Beg lui en fit perdre le fruit. Il avait retranché quelques roupies sur le salaire des hommes employés au transport de Chumbellie, et ce fut de l'un d'eux que parvint au magistrat l'avis révélateur.

Khan-Beg et Emanny furent condamnés aux travaux forcés à perpétuité sur les routes de la Zillah, et c'est de leur bouche que le vieux pèlerin avait appris toute l'histoire. Il ne put me dire si cette leçon avait corrigé Ibrahim de sa jalousie.

Le Sutty opportunément interrompu.

Les longs voyages que les naturels de l'Inde ont coutume d'entreprendre, et qui les retiennent souvent pendant une longue suite d'années hors de chez eux, donnent lieu en maintes occasions au bruit de leur mort, et, dans un pays où naguère encore une veuve ne pouvait pas survivre avec honneur à son mari, on conçoit que ce bruit devait amener des scènes fort tragiques.

Près de la ville d'Ettawah, vivaient il y a peu d'années deux frères de haute caste, mais d'une fortune médiocre. Ils habitaient en commun une petite propriété, débris de grands biens patrimoniaux possédés jadis par leur famille.

Il y avait un an à peine que le plus jeune des deux frères était marié, quand il prit la résolution d'aller chercher fortune au loin. Buljet-Sing, c'était son nom, partit, en confiant sa jeune femme au soin de son aîné. D'abord il donna régulièrement de ses nouvelles; mais au bout de deux ans sa correspondance cessa entièrement et un silence absolu se fit sur sa destinée.

Trois autres années s'écoulèrent ainsi, au bout desquelles des cipahis, rentrant dans leurs foyers, déclarèrent qu'il était mort; qu'au passage d'une rivière, ils l'avaient vu périr. L'un d'eux rapportait même les dépouilles du défunt et les remit à sa famille. Depuis le départ de Buljet-Sing, les affaires de son aîné Hurruk-Sing avaient été loin de prospérer; aussi, dès qu'il fut certain de la mort de son frère, bien que l'entretien d'une femme sans enfant ne soit pas une lourde charge, il jugea à propos de se débarrasser de sa belle-sœur, et lui déclara qu'il était convenable qu'elle se hâtât d'accomplir le rit sacré du Sutty; à défaut du corps de son mari, elle avait son turban, avec lequel elle devait se brûler pour éviter les aventures fâcheuses, ou tout au moins les bruits calomnieux qui ne manquent jamais d'assaillir une jeune veuve.

Quoique Kouchilie, ainsi se nommait la femme, eût vécu dans la meilleure intelligence avec son mari et que sa mémoire lui fût chère, néanmoins cinq ans d'absence l'avaient fort résignée à sa perte, et elle n'éprouvait pas le plus léger désir de le suivre si vite en paradis. Mais elle était entre les mains de gens déterminés à accomplir à tout prix leurs desseins.

Aux premiers mots dits par Hurruk-Sing à ce sujet, la maison fut entourée de brahmanes, et rien ne fut omis pour encourager la victime et l'engager à supporter son sort avec fermeté. Elle ignorait qu'il y avait dans le voisinage des agents mahométans du gouvernement britannique, dont elle n'eût pas réclamé en vain la protection; mais l'eût-elle su, les caresses, les obsessions dont on l'accabla, l'opium dont on la nourrit exclusivement, lui auraient enlevé l'idée et les moyens de recourir à eux. Le bûcher fut dressé, et, vers le coucher du soleil du même jour, elle parut être en état convenable pour subir la fatale cérémonie. La plus vive émotion régnait, comme de raison, dans tout le village, qui depuis long-temps n'avait pas été le théâtre d'un pareil drame; les dévots étaient dans une joie extatique; les petites filles, en attendant le spectacle, jouaient entre elles au sutty; les brahmanes triomphaient et pouvaient dire tout bas, comme Messire Jean Chouart :

> *Belle veuve*, j'aurai de vous
> Tant en argent et tant en cire,
> Et tant en autre menus coûts.

Cependant, à mesure que l'heure du sacrifice approchait, la répugnance de la victime semblait augmenter. Mais hors d'état de se défendre, elle fut traînée plutôt que conduite au lieu du supplice. C'était, selon l'usage, au bord d'une rivière (la Jumna), et un bac se trouvait directement en face du bûcher. Celui-ci était en bois de choix, bien construit et amplement garni de matières combustibles; les effets du défunt, dont héritait Hurruk-Sing, étant d'une valeur assez considérable, on s'était décidé à donner à la cérémonie une certaine pompe.

Kouchilie, en silence, fit trois fois le tour du bûcher, abandonnant l'un après l'autre ses bijoux à ses parents, et les fleurs de ses guirlandes aux spectateurs qui se les disputaient; puis, saisie tout à coup par quatre brahmanes, elle fut placée de force sur le bûcher. Déjà les torches étaient allumées, déjà elles promenaient la flamme sur la première assise du foyer, quand tout à coup la victime, jetant un cri perçant, se dressa de toute sa hauteur, et, tendant les bras du côté de la rivière, dit d'une voix éclatante : « Mon mari! mon mari! il n'est pas mort! le voici! il vient me sauver. »

A l'instant même un cavalier richement monté et équipé sortait du bac et accourait à toute bride vers le village. Tout le monde bientôt reconnut en lui Buljet-Sing. Un instant après il était au pied du bûcher et recevait Kouchilie dans ses bras, fier et ravi de la preuve d'affection qu'elle venait de lui donner.

En peu de mots il expliqua son passé de plusieurs années. A demi noyé pendant une grande bataille chez les Mahrattes, puis fait prisonnier et emmené au delà des mers, des Européens lui avaient procuré un service lucratif; la fortune lui avait souri, mais jamais autant qu'en ce jour, où elle lui avait permis d'arriver à temps pour sauver sa femme du sort le plus affreux.

La soirée se termina par des réjouissances générales. Tout le monde était satisfait : les dévots, qui criaient au miracle; les brahmanes, qui furent régalés de présents et de festins; les marchands du village, qui vendirent leurs denrées pour la fête, les pauvres qui les reçurent, et même Hurruk-Sing, qui vit dans la nouvelle fortune de son cadet les moyens de rétablir la sienne. Je ne crois pourtant pas que personne éprouvât en cette circonstance plus de bonheur que la pauvre Kouchilie, qui, du reste, fut payée de ses terreurs et de ses souffrances par la réputation de courage, de vertu et de piété que sa tentative un peu forcée de Sutty lui acquit pour le reste de ses jours.

Parmi les récits de mon vieux pèlerin, il y en avait d'autres qui me prouvèrent surabondamment que, pour ce qui est de la foi aux sortiléges, aux sorciers, aux possessions démoniaques, l'Inde du xixe siècle en remontrerait à l'Europe du xiiie. Dans tout le royaume d'Aoude et dans le bas Doab, il n'y a pas un village ou une famille qui n'ait son sorcier ou sa sorcière : un père ne donnerait jamais sa fille en mariage à un jeune homme qui ne

compterait pas un être de ce genre parmi ses parents.
« Si ma fille a des enfants, se dirait ce père prévoyant,
que deviendront-ils sans la protection d'un sorcier capable de combattre les maléfices des familles mal inten-
tionnées du voisinage ? »

Almora et le Teray.

Almora, capitale moderne du Kemaoun, est bâtie sur
une chaîne de montagnes élevées de 18 à 1900 mètres
au-dessus du niveau de la mer. Les maisons, au nombre
de douze cents environ, largement espacées et entourées d'enclos, couvrent un vaste espace sur les deux
versants de la chaîne. Du côté du sud s'élève une forteresse fondée sur le roc et bâtie de rochers. Les habitants, pour la plupart d'origine étrangère, descendent
d'immigrants des basses terres.

Des sommités voisines d'Almora, on découvre vers le
nord les pics neigeux qui séparent l'Inde de la vallée
mystérieuse des lacs sacrés et que couronne le groupe
colossal du Djavahir. Du côté du sud, au contraire, le
regard se perd sur un océan de plaines, dont le spectateur
n'est séparé que par une longue bande noire et régulière
qu'on dirait avoir été tracée sur le sol par une main fantastique ; c'est le Teray, ou zone boisée qui longe le pied
des montagnes d'une extrémité à l'autre de l'Inde, depuis
le Satledje jusqu'au Brahmapoutra. Ce mot de Teray est
persan et signifie *brouillard, vapeur nuisible ;* le sol auquel il est appliqué appartient politiquement aux hautes
provinces qu'il longe ; géographiquement, il fait partie des
plaines de l'Inde. Sous le rapport géologique, c'est une
sorte de terrain neutre qui n'est composé ni des alluvions de la plaine ni des roches des montagnes, mais
qui offre généralement à l'étude une suite d'assises de

sable, de gravier et de cailloux roulés et arrondis par les eaux; le tout déposé en lits réguliers par la double action des courants des montagnes et des marées de l'Océan, aux jours où celui-ci baignait la base du grand massif asiatique et lavait de ses flots, rongeait de ses glaçons, les longues et sinueuses vallées de l'Himalaya [1].

Sous le rapport des productions végétales, on peut regarder le Teray comme la région des hautes futaies, des bois de construction, dont les troncs, flottés sur les affluents septentrionaux du Gange, vont alimenter le marché de Calcutta.

La partie du Teray qui s'étend au sud d'Almora porte le nom de forêt de Tandah. Au commencement et à la fin de la saison des pluies, les exhalaisons de la terre recouvrent d'une brume blanche ses épais halliers et en font un séjour de mort, que les animaux mêmes, sans exception, abandonnent vers la mi-avril pour n'y reparaître qu'en octobre. Les tigres et les éléphants gagnent la montagne; les singes, les antilopes et les cochons sauvages se jettent dans la plaine cultivée; et les êtres humains qui, tels que les courriers et les militaires, sont quelquefois obligés de traverser la forêt pendant la mauvaise saison, s'accordent à dire que rien, pas même le cri d'un oiseau, ne trouble l'affreux silence de cette immense solitude, abandonnée à la malaria.

Les Khasias. — Paraçou Rama.

Les habitants des deux lisières de cette zone ne sont pas d'origine hindoue, mais appartiennent à cette couche antique de population qui précéda, au sud des grandes

1. Hooker, *Himalayan journals*, 1849-50; t. I, p. 378 et suiv.

montagnes de l'Asie, l'apparition des Aryas. Dans le Kemaoun, sur les deux lisières du Teray, ils portent le nom de Khasias, qui semble avoir appartenu à une grande famille de peuples établis à la base de l'Himalaya; car on le trouve encore porté par des tribus à demi sauvages, et dans les montagnes qui séparent le Pundjab du Ladak, et dans celles qui, à quatre cents lieues de là, s'élèvent au sud du Brahmapoutra et à l'orient des monts Garrows.

Conformément aux grandes lois organiques qui impriment à l'être humain les modifications du milieu où il vit, les Khasias du nord-ouest se rapprochent, par leurs caractères physiques et moraux, des indigènes des hauts plateaux de Ladak et de Badakhan; ceux du sud-est, au contraire, des naturels de la Malaisie et des lointains archipels du Grand-Océan; dans la zillah d'Almora, ils semblent formés, d'âme et de corps, sur le même moule que les Hindous du Rohilcund, leurs voisins du sud.

Bien qu'ils se disent presque tous Rajpoutes, c'est-à-dire nobles et guerriers d'origine, ce sont des hommes paisibles, industrieux, fort adonnés à l'agriculture et au bûcheronnage, ayant toujours la pioche ou la hache à la main. Chaque année, ils descendent des montagnes dans la plaine dès que la mauvaise saison a fini son cours, et conduisent leurs troupeaux dans les pâturages du Teray, dont ils cultivent pour eux-mêmes, en blé et en orge, les parties les plus sèches et les plus productives. Dans la première quinzaine d'avril, ils moissonnent, et, le dernier épi coupé, ils retournent dans les hautes terres, où ils trouvent encore d'ordinaire à récolter quelques coins qu'ils ont ensemencés avant leur émigration dans la plaine. A la même époque, ils recueillent leur miel et d'autres produits des montagnes, et viennent à Almora faire emplette de quelques objets de luxe ou d'ornement que fabriquent pour eux les cités lointaines du Gange. Ces indigènes sont en général noirs et maigres, mais robustes, bien faits et d'une taille supérieure à celle qu'on remarque d'ordinaire parmi les montagnards. Leurs femmes pourraient passer pour jolies, si elles étaient moins brûlées par le soleil et moins déformées par les rudes travaux des champs. Leur costume se compose d'une simple jupe d'étoffe grossière attachée sur les hanches, et d'un grand manteau de laine noire qui leur couvre la tête et les épaules. Chez la plupart d'entre elles, la simplicité et même le délabrement de ces vêtements contrastent étrangement avec une profusion d'énormes bracelets d'argent portés aux poignets et aux chevilles, selon la coutume hindoue.

S'il faut en croire une tradition sanctionnée par l'autorité de Ram-Mohun-Roy, le plus savant brahmane de l'Inde moderne, c'est parmi ces peuplades des montagnes que, dix-neuf cents ou deux mille ans avant notre ère, le premier réformateur dont l'histoire fasse mention, Paraçou-Rama le Brighouide, indigné des crimes des Kchattryas, *qui pesaient sur la terre*, recruta les exécuteurs de sa justice vengeresse; c'est en coalisant les tribus indépendantes du Nord avec les opprimés du Sud qu'il écrasa les tyrans de l'Inde dans *vingt et une* rencontres, remplit *neuf* lacs de leur sang et éleva *trois* pyramides de leurs têtes. La légende populaire, qui n'a pas englouti le terrible justicier dans le Panthéon mythologique où dorment enfouis tant d'autres héros de l'Inde antique, ajoute que Paraçou-Rama, expiant dans la méditation et les austérités le sang versé par ses mains sacerdotales, vit encore dans les montagnes du septentrion, sur les confins des deux mondes, et qu'aux jours de la régénération de l'Inde, il reparaîtra pour faire fructifier les Védas développés et mis à la portée de tous les hommes[1].

Fin de la saison des pluies. — La vallée de la Mort.

Je prolongeai mon séjour à Almora sur l'invitation d'un *commissioner* ou surintendant en tournée, qui, devant se rendre du Kemaoun dans le Rohilcund, voulait traverser le Teray avec un grand attirail de chasse et faisait en ce moment même reconnaître par des éclaireurs l'état des chemins et de l'atmosphère *de la vallée de la Mort*, nom poétique, mais peu rassurant, que les poëtes des hautes terres donnent à la forêt de Tandah.

Le rapport des explorateurs fut satisfaisant; les créatures vivantes, hommes et bêtes, recommençaient à vaguer à travers les bois, dont les flaques d'eau et les effluves morbides se raréfiaient de plus en plus ; nous étions à la fin de septembre, et depuis quinze jours Almora avait vu fuir la dernière nuée de la saison : circonstances que Valmiki, de son temps, dépeignait de la manière suivante :

» Après avoir abreuvé de pluie la soif de la terre et fécondé les germes de toutes choses, Indra, destructeur des cités, est rentré dans le repos.

« Les nuages qui, avec d'immenses et profonds retentissements, se balançaient sur les forêts et sur les montagnes, se sont retirés, épuisés d'eau.

« Sombres comme les feuilles du sombre nymphæa, après avoir chargé de ténèbres les dix aires de l'horizon, ils se sont enfuis comme des éléphants furieux.

« Les vents impétueux, imprégnés d'humidité, qui roulaient des torrents de pluie au milieu des éclairs,

1. *Bhagavata Purana*, liv. IX, ch. xv, éd. E. Burnouf.

calmes désormais, ne portent plus au loin que les parfums des gardénias et des pentaptères,

« Des alsonias, des bauhinias, des daturas et des mimoses, qui couvrent tout en fleurs les pentes des montagnes.

« Avec les sourds murmures des nuées voyageuses, avec les éclats de la foudre et le fracas des torrents, se sont éloignés les mugissements des éléphants inquiets et les cris perçants du paon.

« Les lacs profonds, les bassins limpides, couronnés, comme une jeune femme, de bleus nymphæas et des fleurs blanches et roses du lotus, reflètent le pur azur du ciel dans leurs eaux cristallines peuplées d'oies et de cygnes, et retentissantes du cri de l'aigle marin [1]. »

C'est en traduisant en humble prose anglaise ce sanscrit lyrique pour *master Sm****, *commissioner* de cinq ou six zillahs entre le Gange et les montagnes, que je me hissai sur un des éléphants qui faisaient partie de ses équipages de voyage, et que, côte à côte avec celui qu'il montait lui-même, je m'éloignai de l'Himalaya, non sans saluer d'un dernier regard son magnifique horizon de pics neigeux plongeant dans l'azur.

Partis au point du jour, il était environ midi lorsque, parvenus aux deux tiers environ de la largeur de la forêt, nous débouchâmes sur un plateau couvert de cultures en assez bon état, et dont le périmètre, émaillé d'une trentaine de bouquets d'arbres ombrageant autant de hameaux, forme le Djaghir des descendants des anciens rajahs du Kemaoun.

Le possesseur actuel de ce vain titre et de ce fief, aux revenus annuels duquel la Compagnie ajoute une pension d'une vingtaine de mille francs, vint au-devant

---

1. Valmiki, *Aranyakanda*, ch. XXII.

de nous avec une suite aussi nombreuse et aussi brillante que l'eût pu désirer l'orgueil de ses ancêtres. C'était,
au reste , un beau jeune homme, à la tournure et aux
manières pleines de distinction.

Chasse au tigre.

Dans le cours de la conversation il nous parla d'un
tigre qui avait commis quelques dégâts dans les environs
et s'était retiré dans un djungle du voisinage, où il était
facile de le forcer, et nous demanda si nous voudrions ,
le commissioner et moi, prendre part à ce divertissement.
J'acceptai avec la précipitation d'un homme qui , foulant
le sol de l'Inde depuis un an , se trouvait un peu honteux de n'avoir encore vu de tigres vivants que dans les
ménageries , et M. Sm***, dont les yeux avaient brillé
au premier mot du rajah, voulut partir à l'instant même
pour le rendez-vous de chasse.
Nous y trouvâmes les rabatteurs du prince , gardant
le djungle, et une quantité prodigieuse d'amateurs ,
tant à pied qu'à cheval , venus des villages voisins pour
prendre leur part du plaisir commun, et exprimant dans
leurs physionomies le même sentiment de jouissance et
d'intérêt qui s'attache, en Angleterre, à une course de
chevaux. Le rajah montait un petit éléphant à peine plus
haut qu'un bœuf du Cotentin, et velu comme un daim.
Il était originaire du Teray même , où ces animaux ne
parviennent pas à la haute taille de l'espèce ordinaire.
Les deux éléphants du commissioner, montés par lui et
moi , étaient, au contraire, de la plus grande variété sortie des forêts de l'Araccan. Le prince était assis dans un
howdah peu élevé, avec deux ou trois mousquets chargés
auprès de lui. Le collecteur s'était aussi muni d'un attirail formidable d'armes à feu de tous calibres, dont il

pouvait faire usage par-dessus la tête de son mahaotte. Je m'étais contenté de prendre avec moi mon fusil de chasse ordinaire, fidèle compagnon de vingt ans, et une paire de pistolets de Châtellerault.

Nous cheminânes d'abord pendant près de deux milles au travers d'une plaine couverte de hautes herbes et de buissons, où nous faisions lever à chaque pas des cailles et des volatiles sauvages de toutes les espèces, ainsi que de belles antilopes qui s'échappaient à notre approche dans toutes les directions. Parmi elles je distinguai un grand et bel animal d'une espèce peu connue des naturalistes ; les Hindous l'appellent *mohr*. Sa taille est supérieure à celle de nos plus grands cerfs ; sa robe est brun foncé, et ses cornes déployées, mais non palmées, et qui atteignent parfois, d'une pointe à l'autre, un développement de deux mètres, rappellent les dimensions de celles qu'on ne trouve plus aujourd'hui chez nous qu'à l'état fossile, au fond de nos tourbières.

Nous ne tirâmes point ce doux et bel animal, de peur de compromettre la chasse plus importante qui nous avait rassemblés, et pendant assez longtemps je pus le voir bondissant à travers les hautes broussailles avec une légèreté sans égale.

Nous marchions en silence depuis vingt minutes, lorsque nos éléphants dressèrent leur trompe en poussant un cri aigu, et se mirent à frapper violemment la terre avec leurs pieds de devant ; puis, après un moment d'hésitation, ils reprirent leur marche d'un pas lent, mais intrépide, la trompe haute, les oreilles tendues, et leurs petits yeux intelligents fixés devant eux sur les profondeurs du djungle. « Nous approchons, me dit tout bas le surintendant ; et, si le tigre vient à se lever devant vous, tirez sur la place où vous verrez les herbes remuer ! » Il achevait à peine, que mon éléphant recommença à

piétiner de plus belle , et que mon mahaotte s'écria :
« Le voilà ! le voilà ! j'ai vu sa tête. » Au même instant
s'éleva d'entre les herbes un fort grognement , sorte de
mélange de la voix du chat et de celle du taureau , et
j'aperçus à deux pas devant moi les tiges du djungle
s'entrouvrant et ondulant, comme sous l'impulsion d'un
corps énorme. Je tirai au jugé, et l'ondulation des herbes
devenant plus manifeste , je redoublai sur une tache
jaunâtre et fugitive, qui passa comme un éclair à travers
la verdure. Un rauquement terrible me prouva que je ne
m'étais pas trompé : la fuite de l'animal devint visiblement plus rapide ; puis, au bout de quelques secondes,
nous ne vîmes plus rien. Arrivés à l'extrémité du djungle,
nous apprîmes des hommes armés qui en surveillaient
les abords que l'animal n'en était pas sorti.

« En ce cas, me dit le rajah, vous devez l'avoir touché ; car autrement il eût gagné la plaine, et de là la
forêt. Il nous faut donc continuer notre battue et le faire
forcer par nos éléphants ; mais s'il est blessé grièvement,
le combat sera rude. » Entendant cela, les curieux à pied
et à cheval qui nous suivaient se mirent à battre en retraite dans toutes les directions , et, suivis de nos seuls
rabatteurs armés de lances et de coultris, nous nous di-
rigeâmes vers le point où nous supposions que le tigre
avait dû se réfugier. Mais ce fut en vain, nous ne l'aperçûmes point. A deux reprises nous descendîmes et re-
montâmes le djungle sans remarquer d'autres indices de
sa présence que l'inquiétude manifeste de nos éléphants,
qui finit par gagner leurs conducteurs. « Oh! Sabeh!
me dit le mahaotte du mien, ce tigre a mangé de la
chair humaine, soyez en sûr ; c'est ce qui le rend si
rusé. »

La nuit approchait rapidement, à notre grand regret;
nous allions être forcés d'abandonner la partie, lorsqu'au

moment où nous atteignions pour la troisième fois la lisière supérieure du djungle, le petit éléphant du rajah fit tout à coup volte-face et vint, en dépit des efforts de son guide et au grand déplaisir de son maître, se ranger devant celui de M. Sm***.

Comme du haut de mon howdah je recherchais les causes de cette mesure de prudence, je me sentis tirer tout doucement en arrière par mon porte-ombrelle; ses traits d'ébène couverts d'une teinte blafarde, les yeux hagards et le bras étendu vers le sillage de tiges et d'herbes qui se refermait derrière nous, il me dit d'une voix étranglée: « Là, Saheb, là! le mangeur d'hommes. » Et, en effet, dans la trace même que l'éléphant du rajah venait de laisser dans le djungle, rampait comme un serpent, se glissait cauteleusement et sans bruit un grand corps jaune et noir, la gueule fumante, la langue tirée, les yeux ardents et fixés sur le jeune prince hindou, qu'il semblait avoir choisi pour victime, qu'il suivait à la piste depuis deux heures avec une persistance infernale, et qui, sans se douter du danger qu'il courait, revenait, par politesse pour ses hôtes européens, se replacer en ce moment même à portée du terrible carnassier.

Je vis le tigre se replier sur lui-même comme un ressort qui va partir, je n'eus que le temps d'ajuster et de presser la détente; ma balle atteignit le monstre dans son élan; il vint tomber, l'épaule brisée, à deux pas de mon éléphant, qui, ayant fait brusquement demi-tour au bruit de mon coup de fusil, se précipita comme une avalanche sur son ennemi blessé à mort. Après lui avoir brisé les reins d'un coup de pied furieux, il le transperça de ses défenses, et le lançant loin de lui avec la violence d'une catapulte, il l'envoya expirer à dix pas de là.

On peut juger de la force de l'éléphant par les dimensions de son ennemi, qui mesurait trois mètres du bout

du museau à la naissance de la queue, et pesait bien près
de 300 kilogrammes.

Il était nuit close quand nous arrivâmes à Balmoury,
château ou résidence du jeune rajah, qui, dans sa reconnaissance, nous fit une réception triomphale et voulut
nous traiter à l'européenne. Le lendemain, au moment
du départ, il me fit apporter en grande cérémonie par
son *gourou*, entouré de danseuses chargées de fleurs,
la peau du tigre, dont la chair avait été distribuée comme
médicament de haut prix à toute la population du *djaghir*. Une superstition générale dans l'Inde faisant considérer les griffes du tigre comme un talisman infaillible
contre le *mauvais œil*, les gens qui avaient écorché l'animal avaient eu soin de les enlever; mais le rajah les avait
fait remplacer par des pointes d'argent. Tel quel, ce tro-
phée de chasse eût fait un magnifique tapis de cabinet
d'étude; mais son poids et son volume, exorbitants pour
mes modestes bagages, m'ont forcé de le laisser derrière
moi. Dans la demeure hospitalière qui le possède aujour-
d'hui, il entretiendra du moins le souvenir de mon passage.

Le Rohilcund. — Kanodje. — Viçvamitra.

A la sortie de la forêt de Tandah, les plaines du Rohilcund se déroulent à perte de vue, sans mouvements
de terrain, sans ondulations du sol, mais agréablement
découpées par des cultures, des bois, de nombreux cours
d'eau qui tous vont directement grossir le Gange, et dont
les rives sont animées par la présence d'une immense
population. Les principales villes de cette province, Mora-
dabad et Bareily, passeraient partout pour de grandes
cités. La première est un des centres du commerce des
provinces du nord-ouest; la seconde, une des fortes stations militaires de l'Inde septentrionale.

Bareily, cependant, n'a rien qui puisse retenir dans son sein l'artiste ou l'antiquaire ; ceux de ses soixante mille habitants qui ne vivent pas de l'exploitation de la garnison britannique ont pour principale industrie la fabrication d'une poterie grossière qui se répand de là dans toute l'Inde.

M. Sm***, que je devais quitter en ce lieu, sa capitale en quelque sorte, se rappela fort à propos qu'il devait depuis longtemps une visite à son voisin, le résident de Luknow, et se décida à m'accompagner dans cette dernière ville. C'était une course d'une cinquantaine de lieues, que nous franchîmes gaiement et sans fatigue, grâce aux faciles moyens de locomotion dont dispose, en vertu de son traitement, un commissioner au service de l'honorable Compagnie.

Nous fîmes un détour d'un jour de marche pour visiter Kanodje, l'ancienne Kanyacubja, située sur la rive méridionale du Gange, à quinze lieues au sud de Bareily. Ce n'est aujourd'hui qu'un humble bourg composé d'une seule rue ; mais lorsque, du haut d'un tumulus où dorment, dit-on, deux saints musulmans, on vient à jeter les regards sur la plaine, on n'aperçoit, dans un rayon de plus de deux lieues, que des monticules de briques envahis par la végétation. Ce sont les restes des palais et des temples des anciens jours.

Kanyacubja, dans l'ère la plus reculée de l'histoire aryane, fut la capitale d'un puissant empire, contemporain de celui d'Ayodhia. Elle semble avoir été le siége de la puissance de ces Brigouides qui, après avoir été dans l'Inde les véritables promoteurs de la législation dite de Mona, paraissent avoir envoyé des éducateurs sur les routes de l'Occident, en Phrygie, dans la Thrace et jusque dans les Gaules. Suivant l'historien Ferishta, Kanodje conserva son indépendance jusqu'à l'époque de Mahmoud de Ghisni, qui s'en empara. Depuis, elle a partagé le sort commun à tout le bassin du Gange. Aujourd'hui, parmi les humbles villageois qui habitent ses cabanes, combien y en a-t-il qui se souviennent que leurs ancêtres ont eu pour chef le grand Viçvamitra, ce guerrier dont la volonté inflexible força les brahmanes à le recevoir dans leur caste, qui abolit parmi eux les sacrifices humains, et qui signa de son nom les plus belles hymnes du Rig-Véda! Je ne sais, mais je puis affirmer qu'aucun des échantillons du sexe féminin que je pus y entrevoir ne me rappela en rien l'Apsaras Ménaca : « Cette nymphe aux formes incomparables, aux grâces irrésistibles, qui semblait la beauté même, revêtue d'un corps humain, et qui, messagère des dieux dans l'austère ermitage de Viçvamitra, fit passer au vénérable ascète *dix ans comme un jour*[1] ! »

Pourtant, comme souvenir des temps primitifs scrupuleusement conservé à Kanodje, je dois mentionner la manière dont on nous fit passer et repasser le Gange, large déjà de 15 à 1800 mètres en cet endroit, et trop profond pour être franchi à gué. On étendit nos palanquins, surmontés de nos personnes, sur une douzaine de ces grandes jarres fabriquées à Bareily, et une troupe de nageurs poussa d'une rive à l'autre cette machine flottante. Si respectable que fût par son antiquité ce mode de navigation, j'avoue que je lui aurais préféré le moindre petit bac.

Le royaume d'Aoude.

Le fleuve sert ici de limites aux territoires respectifs de la Compagnie et du roi d'Aoude, et l'aspect des plaines de même nature et d'égale fécondité que séparent ses

---

1. *Ramayana*, chant I, chap. LXV; édition Gorésio.

saintes eaux est significatif. La rive anglaise, qui dépend de la juridiction d'Agra, est couverte de villages entourés de jardins riants. La rive musulmane offre plus de djungles que de terres cultivées, et les repaires de bêtes fauves y remplacent les habitations des hommes. Dans le royaume d'Aoude, comme dans tous les corps usés, la vie s'est retirée au centre, à Luknow, autour du palais de son fantôme de souverain; mais les extrémités sont déjà froides et réclament le scalpel et les ventouses de l'administration anglaise[1]. Nous fûmes joints, à mi-chemin du Gange à Luknow, par une troupe de cavaliers, dont le costume, en étoffe légère, rappelle par la coupe celui de nos hussards. C'était une escorte que le résident anglais nous dépêchait pour nous protéger, moins contre les voleurs et les thugs, qui pourtant ne sont pas rares en ce pays, que contre la *protection* d'un bon nombre de hobereaux armés et équipés en guerre, qui n'ont pas d'autre moyen d'existence que d'imposer leur *sauvegarde* aux paisibles voyageurs qui cheminent sur les routes royales de ce pays.

Enfin, aux portes mêmes de la capitale, une autre escorte d'honneur, magnifiquement vêtue, nous attendait depuis assez longtemps, avec l'ordre de nous conduire chez son maître, le colonel Low, un des officiers les plus *francisés* que j'aie rencontrés parmi les Anglais; car, outre qu'il connaît parfaitement notre patrie et nos usages, il parle admirablement notre langue, chose tout à fait inusitée dans l'Inde.

Dès que j'eus pris un peu de repos au sein de son hospitalité, la plus princière, certes, de cette grande ville qui nourrit un roi véritable et je ne sais combien de descendants de rois à tous les degrés, il m'offrit d'aller parcourir

---

1. *Heber's travess;* prince de Soltikof.

Luknow sur un éléphant, ajoutant qu'il en faisait toujours
apprêter un tous les matins au lever du jour, pour lui
ou pour ses hôtes. Là-dessus, se penchant à son balcon,
il poussa un cri bizarre : *hati-laou*, ce qui en hindoustani
veut dire : *donne l'éléphant*, et à l'instant même je vis
sortir d'un massif du jardin un géant quadrupède, le dos
surmonté d'un magnifique pavillon de vermeil, incrusté
de pierreries, fausses, à la vérité, mais jouant à s'y
méprendre le rôle des diamants, des rubis et des éme-
raudes, qui n'auraient pu faire un plus charmant effet
au soleil rose du matin. Je montai, à l'aide d'une échelle,
dans cette châsse splendide, dont deux cygnes en argent
massif formaient les bras et soutenaient le dais. Les scha-
braques largement étalées sur les flancs du colosse resplendissaient de pourpre et d'or. Le cornac, accroupi à
mes pieds, était drapé dans un châle de cachemire blanc,
qui eût ravi le sommeil et la raison à une Parisienne.
Derrière moi s'installa un autre serviteur non moins
richement vêtu; et lorsqu'un de ces coureurs à cheval,
dont une douzaine au moins stationnent toujours à la
porte de la résidence, tout prêts à accompagner les personnes de la maison, eut pris son rang à quelques pas
en avant de l'éléphant, celui-ci se mit en marche, d'un
pas grave et allongé.

Luknow. — Ses monuments. — Ses rois lettrés.

Luknow, fondée dans le siècle dernier, n'a ni les souvenirs d'Oujein et de Delhi, ni les monuments renommés
d'Amber et d'Agra; mais elle a ce que n'ont plus ces capitales mortes, une population proportionnée à son enceinte[1] et douée d'une apparence de vie et d'activité, dont

____

1. 300 000, ou, selon d'autres, 500 000 habitants.

il faut sans doute chercher la source dans les richesses de ses souverains, derniers et inoffensifs héritiers de toutes les pompes monarchiques de l'Inde musulmane, entées sur les souvenirs de l'Inde antique.

De beaux édifices mauresques, aux coupoles peintes, aux minarets élancés, bordent de toutes parts des rues larges et populeuses. Si leurs murs ne sont que de briques, le stuc blanc, vert ou rouge qui les recouvre, le marbre qui les revêt souvent à l'intérieur, n'offrent nulle trace de vétusté, nul indice de ruine prochaine. Partout, dans mes courses à travers cette vaste cité, je me croisais avec d'élégants cavaliers vêtus de drap d'or et de cachemires, montant de jolis chevaux et précédés de serviteurs courant devant eux, une pique d'argent ou un sabre à la main. Ici, de nobles musulmans, portés sur des palanquins découverts et dorés, fumaient un riche houka d'argent ciselé, au milieu d'une suite nombreuse montée sur des dromadaires aux caparaçons éclatants; là, nonchalamment étendus sur des éléphants, de petits maîtres luknois, dans des costumes brillants des plus vives couleurs, conversaient ensemble d'un howdah à l'autre, l'éventail ou le gourgouri à la main; et, contrastant avec leur fastueuse nonchalance, de sauvages Afghans, aux regards fauves, à la barbe inculte, passaient à côté d'eux, balancés sur le dos de chameaux gigantesques.

Le premier monument que l'on me fit visiter fut celui que le vieux roi actuel a choisi pour sa sépulture. C'est une vaste enceinte divisée en cinq ou six compartiments aux voûtes élevées, séparés par des colonnettes et des arcades mauresques. Le fondateur semble avoir voulu en exclure toute pensée funèbre. La pièce centrale, où, sous une charmante petite mosquée en argent doré, repose déjà la mère du roi, et où lui-même a marqué sa place future, a pour destination principale de servir de salle de fête aux habitants de Luknow. L'ornementation la plus riche la décore, des fleurs la parfument, des jets d'eau y murmurent, les oiseaux les plus rares et les plus brillants y voltigent dans des volières aux treillis d'or. Des centaines de lustres en verre taillé de toutes les couleurs étincellent aux voûtes ; des candélabres de vermeil brillent sur le pavé de marbre. Des groupes d'animaux, parmi lesquels deux tigres en cristal vert, grands comme nature, et un cheval en argent massif, ajoutent encore à la décoration de cette étrange sépulture, que des vitraux coloriés éclairent d'en haut d'un éclat magique. Les fontaines jouent, les oiseaux chantent, la brise et les rayons du ciel vont et viennent à travers les découpures du marbre et le feuillage des arbustes ; toute cette enceinte consacrée à la mort surabonde de vie.

Dans l'avenue principale, sur une sorte de portière qui ferme le portique, on a peint, de grandeur naturelle, tous les domestiques favoris du roi. Mon cicerone, respectable vieillard, était représenté là, son long bâton d'argent à la main, et le bonhomme souriait en me faisant remarquer son image, fort ressemblante du reste.

Le pourtour de ce *campo-santo* est formé, non comme celui de Pise, par un mur peint à fresque, mais par un bazar toujours peuplé d'une foule bruyante ; il contient en outre les écuries des quatre cent cinquante éléphants et des douze rhinocéros du roi, tous pris dans les forêts de son royaume, de même que des tigres énormes et des ours enfermés dans de grandes cages de fer, espacées sous des dômes ou des arcades bizarrement peints.

Enfin une grande pièce d'eau, entourée d'escaliers de pierre et de statues grotesques, complète cet incohérent assemblage. Sur ce bassin bizarrement découpé, circule un bateau à roues qui a la forme d'un poisson colossal. Tout cela n'a-t-il pas l'air d'un songe et ne ferait-il pas supposer que le roi de Luknow est de la famille de notre bon roi René, de fantasque et débonnaire mémoire?

Entre le roi d'Aix et celui de Luknow il y a pourtant cette différence notable, que l'un est aussi riche que l'autre était gueux. Bon an mal an, le royaume d'Aoude paye de trente-six à quarante millions à son souverain. J'ai entendu dire aux Anglais que, s'ils possédaient ce territoire, leurs collecteurs en retireraient bien trois fois autant, sans trop pressurer les contribuables. Lorsque l'honorable et toujours victorieuse Compagnie, retenue jusqu'à présent à cet égard par une sorte de pudeur que ses antécédents n'expliquent guère, se sera enfin décidée à mettre la main sur ce *cœur de l'Inde*, antique apanage des glorieux Ikchvakuides[1], elle n'aura rien de plus pressé sans doute que d'envoyer à la fonte et au joaillier toutes les onéreuses futilités du trésor royal de Luknow et surtout le trône des souverains actuels, estrade d'or incrustée de diamants, et qui n'a pas coûté moins de sept millions !

Je terminai ma visite au palais par le jardin, plantation de rosiers et de jasmins, d'orangers et de cyprès, toute parsemée de bains de marbre blanc et de pavillons féeriques. C'est là que le roi donne parfois des fêtes à son harem de Cachemiriennes. « Mais, m'observa piteusement l'intendant de ce jardin, ces occasions de plaisir et de joie sont déplorables pour moi. Ces filles de la Zénanah, une fois lâchées dans les parterres, dévastent tout, mettent tout au pillage. Elles écrasent les fleurs qu'elles n'arrachent pas, labourent les allées, salissent les pavillons. Après chacune de ces invasions, je suis obligé de tout faire remettre à neuf. »

Contiguë à ce jardin, s'élève la tombe d'Açaf Uddoula, un des derniers rois de Luknow. Elle se compose d'une

1. D'Ikchvaku, premier roi d'Ayodhia.

salle en marbre blanc, entourée de portiques sous lesquels sont des écoles de langue persane pour les jeunes Luknois. Le défunt, qui aimait fort les sciences, a voulu en être entouré même après sa mort. Il cultivait aussi la poésie et brille au premier rang dans la pléiade des poëtes hindoustanis. Je me plais à croire, bien que pourtant je n'aie pu m'en assurer, qu'il repose dans son paisible asile à côté de celle qui lui inspira la chanson suivante, encore aujourd'hui fort populaire dans tout le bassin du Gange, et qui ne déparerait pas un recueil occidental :

« Dans ses yeux ont brillé des larmes; étaient-elles dues à une pensée de pitié pour moi? était-ce des perles ou des gouttes de rosée? et ce qu'elle éprouva alors, l'éprouva-t-elle longtemps?

« Pourquoi voiler de compassion mensongère ton dédaigneux orgueil? Pour moi, ne vaut-il pas mieux expirer à tes pieds que de souffrir loin de toi? Crois-tu d'ailleurs que sans se briser le cœur souffre ainsi longtemps?

« Le ciel a voulu que chaque mois vît décroître et renaître la planète argentée qui brille dans la nuit. L'astre de ta beauté n'est pas moins éclatant; il croît encore, mais croîtra-t-il longtemps?

« La fraîcheur de la jeunesse et de la santé s'allient sur tes traits éblouissants et épanchent autour de toi une balsamique auréole. Telle est la rosée du matin sur un bouton de rose! mais fleur et rosée durent-elles longtemps?

« Tu souris loin de moi et loin de toi je pleure; et mon cœur, plein de ton nom, de ton souvenir, de ton image, ne peut se faire à l'idée que ton absence puisse durer longtemps.

« Adieu! de ton oubli paye un amour fidèle, mais que tes jours soient purs de douleurs et de remords. Ce vœu suprême accompagnera mon dernier souffle sur mes lèvres, que je vive ou ne vive pas longtemps [1] ! »

Encore les thugs.

Le royaume d'Aoude est, on le sait, une des parties de l'Inde qui a fourni le plus de thugs aux tribunaux anglais. Je ne fus pas étonné d'apprendre que la prison de Luknow renfermait un grand nombre de ces misérables. L'un d'entre eux, interrogé devant moi par le résident, lui dit avec un sourire de satisfaction qu'il se flattait d'avoir bien employé son temps de liberté. Il avait étranglé six cents personnes de ses propres mains. C'était un homme d'environ soixante ans, à l'air respectable, presque câlin ; fort propre, même élégant dans sa tenue, il était dans sa prison entouré de sa femme et de ses enfants qui le caressaient. Il y a peu d'années, il avait pour compagnon de captivité un de ses anciens maîtres en thuggisme, convaincu, d'après ses propres aveux, du meurtre de neuf cent quatre-vingt-dix-neuf personnes, et qui ne s'était arrêté à ce chiffre que par coquetterie de métier ! Cet artiste en tuerie poussa jusqu'à quatre-vingt-cinq ans son abominable existence ; il mourut dans les fers avec le calme et les espérances d'un juste, et son portrait, que je me suis procuré chez un peintre indigène, rappelle les plus beaux vieillards de la statuaire grecque.

Si on laisse la vie à beaucoup de ces effroyables monomanes, c'est que leur grand nombre lasserait le bourreau ; et puis on se sert d'eux pour découvrir leurs complices. Ils se font révélateurs sans trop de scrupules et à deux conditions : la première est qu'on leur permettra de partager leur prison perpétuelle avec leurs familles ; la

1. *Heber's travels*, Introduction.

seconde, que ceux des leurs que l'on voudra mettre à mort seront pendus et non décapités. La pendaison, d'après leur croyance, n'est pas sans quelque charme, tandis qu'il arrive quelque chose de très-fâcheux, dans l'autre monde, à celui qui s'y produit, comme certains saints de nos légendes, avec la tête ailleurs que sur le cou. Comme les galériens de notre Europe, ils ont une foule de petits talents manuels pour améliorer leur position. Leur industrie la plus lucrative, celle qu'ils cultivent avec prédilection, car c'est un souvenir des prouesses de leurs jours de liberté, consiste à représenter en bois, en ivoire ou même en plâtre colorié les scènes de massacres auxquelles ils ont pris part; exécutées avec une furie d'imagination qui tient lieu de règles et d'études, ces figurines sont fort recherchées des Anglais. J'en ai vu chez le résident qui formaient des groupes effrayants de vérité.

L'antique Ayodhia et le Ram-Lila.

Cependant nous touchions à la mi-octobre, époque où l'Inde entière célèbre le Ram–Lila, ou anniversaire des aventures et des exploits de Rama. Je m'étais promis depuis longtemps d'assister à ces fêtes aux lieux mêmes consacrés par la naissance et le règne du héros dont Valmiki a chanté la mémoire légendaire. L'infatigable complaisance de M. Sm***, qui voulut bien m'accompagner à Aoude, et du colonel Low, qui nous prêta ses chevaux et nous ménagea des relais sur le chemin, me permit de franchir en un jour et demi les trente lieues qui séparent Luknow de cette ancienne capitale et la vallée du Goumty de celle de la Gogra, la Sarayou de Valmiki.

Située sur la rive sud de cette dernière rivière, par 26° 48' de latitude nord et 80° de longitude orientale,

Aoude (Ayodhia en sanscrit) a des prétentions d'antiquité qui ne cèdent en rien à celles de Thèbes et de Memphis.

« Métropole de la terre des Koçalas, terre féconde entre toutes, en moissons, en troupeaux, en tout ce qui fait la richesse des hommes ; fondée au principe des choses par Manou, chef de la race humaine ; couvrant le long de la Sarayou une aire de trente-six yodjanas carrés[1] ; ornée de nombreux palais, de jardins, de bocages et de places consacrées aux solennités publiques ; étalant dans ses bazars les pierreries les plus fines, les métaux les plus précieux, les étoffes les plus somptueuses ; fière de ses remparts, de ses portiques, de ses arcs triomphaux décorés de bannières et de banderoles ; plus fière encore de son nom, qui veut dire *inexpugnable*, Ayodhia florissait sous l'œil des dieux et à l'abri des lances d'innombrables guerriers, ardents comme la flamme, ignorant comment on lâche pied dans les batailles, et gardant constamment son enceinte sacrée comme des lions gardent une caverne des montagnes[2]. »

A l'époque de Rama, que les calculs les plus restrictifs ne peuvent pas placer au-dessous du XVIIe siècle avant notre ère, Ayodhia comptait déjà une longue suite de rois. Trois mille ans plus tard, au temps d'Aboul-Fazil, « elle était encore une des plus vastes cités de l'Hindoustan et une des plus saintes de l'univers par la grandeur de ses souvenirs[3].

Aujourd'hui ce n'est plus qu'un lieu de pèlerinage, où, parmi des monceaux de ruines éboulées et envahies par les djungles, l'œil cherche en vain les palais des rois et les temples autrefois consacrés par les noms de Rama, de Sîta, de Lakchmana et de tant d'autres héros de la

---

1. Selon l'opinion la plus générale, un yodjana équivaut à une demi-lieue française. — 2. *Ramayana*, chant I, ch. I et II. — 3. Aboul-Fazil, *Akbar Nameh*.

grande épopée de Valmiki. Sacrifiée il y a un siècle et demi à Fyzabad, résidence brillante que les premiers chefs mahométans du pays élevèrent à deux lieues plus au nord, dans un coude de la Gogra, Aoude a vu sa population la déserter pour sa jeune rivale, puis plus tard pour Luknow; aujourd'hui elle n'offre que l'aspect d'une grande bourgade, et ce n'est plus qu'à l'époque du Ram-Lila que les échos de ses ruines, réveillés par les mille bruits d'une multitude immense, peuvent croire à la résurrection de l'antique Ayodhia.

Le Ram-Lila peut se comparer aux mystères de notre moyen âge; c'est la mise en scène d'une légende moitié religieuse moitié historique : le siége et la prise de Lanka, ancienne capitale de Ceylan; événement motivé comme la chute d'Ilion par un rapt de femme qui mit aux prises deux races hostiles, opposées de mœurs, de croyances et de civilisation. Ici l'époux outragé est Rama, prince d'Ayodhia, qu'un vœu religieux a poussé en chevalier errant dans les solitudes inconnues du Dakchnapaka (Deccan), où il pourfend les monstres et les mécréants. La femme enlevée est Sîta, sa jeune et douce compagne, qui n'a de commun avec la fille de Léda que son incomparable beauté, et le ravisseur est Ravana, roi de Ceylan, personnage mythique qui réunit plusieurs traits des Titans de la Grèce et du Satan des Araméens.

Au fond du Ram-Lila se cachent plus d'une question ethnologique, plus d'un problème d'histoire primitive; c'est enfin le Ramayana mis en action. Il se joue ordinairement en trois actes, et chaque acte dure une soirée.

Avertis dès notre arrivée que le premier commencerait le lendemain, nous nous rendîmes dans l'après-midi du jour suivant sur une vaste pelouse comparable pour l'étendue à notre champ de Mars parisien, et ménagée entre l'Aoude moderne, les monticules de ruines qui la séparent de Fyzabad et le cours de la Gogra. Sur le bord du fleuve, les pèlerins, venus de tous les points de l'Inde pour prendre un rôle actif dans la cérémonie, avaient élevé une vaste construction en bois, en bambou et en carton, représentant la forteresse de Lanka. Comme elle ne devait servir qu'au troisième acte, on l'avait dissimulée habilement par un rideau d'arbres transportés tout entiers de la forêt voisine, par des massifs de verdure et de fleurs. Sous ces ombrages une tente était dressée, dans laquelle Rama, son frère Lakchmana et son épouse Sîta étaient représentés par trois enfants d'une douzaine d'années, chargés de guirlandes et de couronnes, d'anneaux et de bracelets dont les pierreries brillaient sous les fleurs. Une grande foule revêtue de costumes mythologiques les entourait; quelques-uns des assistants les éventaient, chose dont les pauvres enfants paraissaient avoir grand besoin, tandis que d'autres sonnaient du cor, battaient du tambour, frappaient sur des gongs, criaient et faisaient un vacarme à rompre le tympan le mieux trempé : c'était le durbar ou assemblée des dieux venant honorer les Ikchvakuides. Ceux-ci, bien que tout tachetés de vermillon, de craie et d'antimoine, étaient très-beaux de figure et remplissaient leurs personnages à merveille. Chacun d'eux tenait dans la main gauche un arc doré, et un sabre dans la droite; l'or étincelait sur leurs vêtements et des tiares de même métal ceignaient leurs fronts. Sîta, enveloppée dans une mousseline blanche brochée d'or, faisait aussi sous son diadème et ses guirlandes une délicieuse petite figure; car ce sont ordinairement des enfants du plus haut rang que l'on forme à leur rôle par des répétitions multipliées, et les princes et rajahs du voisinage n'hésitent jamais à mettre leurs bijoux et leurs joyaux à la disposition de ces petits acteurs.

Au moment où, pour mieux les voir, je m'approchais d'eux à grand renfort de coudes, j'avisai dans leur cortége céleste mon vieux et respectable pèlerin d'Almora, qui, vêtu d'une barbe immense et d'un très-court jupon, remplissait là le rôle de je ne sais plus quel maharchi ou saint de première classe des jours primitifs. Dès qu'il m'eut reconnu, il s'empressa d'accourir pour me faire faire place, et aux nombreuses questions que je lui adressai il répondit sans hésiter et avec aussi peu de gravité que s'il se fût agi d'un spectacle de marionnettes. « Je vois bien, lui dis-je, Rama, Sita et Lakchmana; mais où est Hanoumat, leur brave allié?

— Hanoumat, me répondit-il, n'est pas encore entré en scène, mais voilà celui qui doit en remplir le rôle; » et ce disant, il me montrait un grand diable à figure rébarbative, sapeur dans un régiment de cipahis bengalais.

Cet homme, interpellé par M. Sm***, s'approcha de nous, et, moitié goguenard moitié sérieux, nous dit que le spectacle du lendemain serait beaucoup plus intéressant; que Sita serait enlevée par Ravana et les noirs démons de sa suite, et que Rama et son frère, livrés à un grand désespoir, iraient à leur poursuite dans les djungles du voisinage. « Alors, ajouta-t-il en riant, j'apparaîtrai sur les collines de la vieille ville, qui représentent les monts Djanasthana et Mahendra; je me joindrai avec mon armée aux deux frères et nous combattrons vaillamment. »

Le lendemain les choses se passèrent en effet comme Hanoumat nous l'avait annoncé : d'assez bonne heure, la jeune Sita, laissée seule au logis par son mari et par son beau-frère partis pour la chasse, fut enlevée par une bande de nègres affreux, aux cheveux crépus, aux membres discords, et dont le cannibalisme était indiqué par des mâchoires saillantes, garnies de dents de sanglier.

Au milieu d'eux apparaissait Ravana, géant contenu ou porté dans une machine de quinze pieds de haut, et auquel un mécanisme ingénieux permettait, suivant les conditions exigées par la légende, de changer de forme, c'est-à-dire de costume, à son gré. A la suite du rapt, la plaine devint le théâtre d'une petite guerre qui se prolongea fort avant dans la nuit au milieu d'explosions continuelles de pétards, des mugissements de ces terribles trompes brahmaniques dont j'ai parlé ailleurs, du tonnerre sourd du gong, et même, car on n'est pas tenu dans l'Inde à la couleur locale, de bonnes décharges de mousqueterie. Rama et son frère, portés dans un riche palanquin, marchent en tête des troupes confédérées contre Ceylan, et le divin Hanoumat gambade devant eux; il est nu, affublé d'une longue queue contournant trois ou quatre fois sa taille, d'un masque de singe, d'un bonnet de montagnard, et tient dans chaque main une grosse massue en carton peint. Sa suite est formée de plusieurs centaines de masques semblables à lui, cabriolant, hurlant, miaulant, glapissant comme les diables de Milton dans le Pandémonium. L'acte se termine alors que cette armée parvient à rejeter ses ennemis dans Lanka et qu'à travers la foule et les ombres qui couvrent la plaine, on voit passer, traînées sur d'énormes roues par des bandes de dévots, les colossales figures de nombreuses divinités qui, telles que les dieux d'Homère en pareille occasion, viennent joindre l'un ou l'autre parti, pour prendre part au combat.

Au troisième jour, le tumulte va croissant; la foule qui regarde égale en animation la foule des acteurs. Aussi loin que la vue peut s'étendre, ce ne sont que tentes, banderoles, hacquereys et voitures de toutes espèces, groupes aux mille couleurs, aux mille costumes, aux armes de toutes les époques. Tout ce monde s'agite, gesticule, rit, fume, chante et crie; c'est une mer mouvante de têtes d'hommes et d'animaux, à travers laquelle apparaissent çà et là, comme des écueils mobiles et élevés, les montures de quelques rajahs: des éléphants enlevant et détournant doucement avec leur trompe les piétons qu'ils devraient inévitablement écraser. Le soleil s'inclinait à l'horizon quand nous atteignîmes la place d'honneur qui avait été réservée aux Européens pour la vue du dernier épisode de ce long drame. Une fusillade très-vive était déjà engagée entre les assaillants et les défenseurs de Lanka, et se prolongea une couple d'heures encore en augmentant d'intensité.

Sur les tours de la citadelle, le monstrueux Ravana étale sa gigantesque masse, fabriquée de la même manière que les colossales divinités présentes dans les deux camps, mais spécialement munie à l'intérieur d'un mécanisme ingénieux et d'un système complet de feu d'artifice. La mythologie accorde à ce Titan une dizaine de têtes, dont chacune réunit tout ce que l'imagination de l'artiste a pu concevoir de plus horrible. Ces dix têtes donnant légitimement à Ravana le droit d'avoir vingt bras, il brandit, dans autant de mains, quelque arme plus ou moins redoutable ou fantastique. A ses pieds, Sîta, sa plaintive captive, est assise, gardée par deux Rakchas; et cette vue n'est pas faite, on le conçoit, pour refroidir l'ardeur des assaillants. Rama, son frère et les Vanaras, ses alliés, dirigent incessamment, et avec des chances diverses, des assauts furieux contre la ville, jusqu'au moment où les machines qui représentent les compagnons de Ravana, ses soldats, ses complices, ses chevaux, ses éléphants, sautent successivement en l'air, à la grande satisfaction du public. Puis arrive enfin la catastrophe impatiemment attendue qui doit couronner la fête : une pluie de feux d'artifice, les plus admirables du monde, s'échappe, s'épanche, bondit de tout le corps du géant; ses têtes, ses bras, ses armes, éclatent et retombent avec fracas dans toutes les directions, et, dans l'épais nuage de fumée qui enveloppe la cité vaincue, on ne distingue plus que les blanches figures des idoles, rendues plus livides et plus effrayantes encore par les ténèbres et les sombres lueurs qui les couronnent. C'est une de ces scènes qu'il est impossible de décrire, mais qui une fois gravées dans la mémoire ne s'en effacent jamais [1].

Le site, l'heure, le temps formaient d'ailleurs un admirable accord. Le soleil avait disparu. Dans la demi-teinte empourprée du soir, les vastes bornes de l'horizon s'effaçaient. Au-dessus du tumulte de la multitude, au-dessus des ombres qui se répandaient sur la terre, les idoles gigantesques, imposantes à cette heure où le jour incertain laisse à l'imagination émue le soin de limiter les formes des objets, paraissaient soulevées vers le ciel par la fumée qui montait autour d'elles en masses rougeâtres, pour aller ensuite se perdre à l'horizon sur les têtes élancées des palmiers qui bordent la Gogra.

Ces pompes de l'idolâtrie, ce peuple drapé plutôt que vêtu, avec une simplicité sévère et pittoresque, ces spectateurs montés sur des chars attelés de bœufs, ces palmiers, ces éléphants, formaient une scène étrange, admirable. C'était l'Asie telle qu'on aime à la rêver du fond de notre Europe.

Rien ne saurait mieux résumer le vrai caractère de ce grand spectacle, que le témoignage que lui a rendu un homme aussi célèbre par son scepticisme railleur que par sa froide raison :

« J'étais venu à cette fête du Ram-Lila, a dit Jacquemont, croyant n'assister qu'à la représentation scé-

---

1. Heber, Ed. de Warren, A. de Soltikoff, etc.

nique d'un mystère ; je m'éloignai avec le sentiment d'en
, avoir vu la célébration religieuse elle-même[1]. »

Le quatrième jour de la fête peut en être considéré
comme l'épilogue. Sîta délivrée, déclarée sainte et pure
par les dieux, est conduite en triomphe dans un superbe palanquin, où elle siége à côté de son mari. Une
procession pompeuse les ramène au palais royal d'Ayodhia... c'est-à-dire chez leurs parents respectifs, où ces
pauvres enfants doivent avoir grande hâte d'arriver et
de se dédommager par un repos prolongé de la fatigue,
du bruit, de la fumée et de la poussière qui forment
l'inévitable accompagnement de leur rôle.

S'il faut en croire une rumeur généralement répandue
chez les Musulmans et les Anglais, le terme de ces cérémonies était aussi autrefois celui de l'existence de ces
jeunes acteurs, que des sucreries habilement empoisonnées par les brahmanes envoyaient siéger parmi les
dieux qu'ils avaient représentés. Que cette accusation ne
soit qu'un de ces contes qu'on fait si souvent aux voyageurs ou qu'elle soit légitimée par des faits réels, aujour-
d'hui rien de semblable n'a lieu, ni même n'est possible. La surveillance des maîtres actuels de l'Inde est
telle, que, même sur les territoires de leurs vassaux,
toute fraude pieuse est impraticable, et que les Ramas et
les Sîtas de chaque année vieillissent désormais comme
les autres enfants au milieu de leurs contemporains.

Après tant de pages consacrées à la légende populaire, qu'il me soit permis de dire un mot du sens historique que la science moderne croit en avoir extrait.
Environ dix-sept cents ans avant Jésus-Christ, Rama,
prince de la race solaire régnante à Ayodhia, élevé
dans toute la ferveur du brahmanisme naissant, se

1. V. Jacquemont, *Journal*, t. Ier, p. 214.

fit dès sa plus tendre jeunesse le défenseur armé des anachorètes qui, missionnaires de ces temps éloignés, se répandaient dans les solitudes de l'Inde. Cette pieuse vocation le mit aux prises avec des sauvages anthropophages de race noire, qui, toujours en quête de proie et de pillage, poussaient leurs incursions meurtrières depuis les côtes fertiles de Ceylan, siége de leur puissance, jusqu'au centre de la péninsule. Exclu du trône par les artifices d'une belle-mère, abandonné des siens, Rama trouva des auxiliaires parmi les peuplades jaunes du Deccan, qu'une haine héréditaire séparait des noirs Kouchites du sud. Lorsqu'il eut, après de longs efforts et de longues traverses, conquis Ceylan et amené à la civilisation et à la foi non-seulement ses rudes alliés, mais ses barbares ennemis eux-mêmes, le cri unanime des Koçalas, le peuple de ses pères, le rappela dans Ayodhia, dont il fit, pour un temps, la métropole de l'Inde pacifiée. De là ces chants de triomphe et l'apothéose de Rama; de là cet enthousiasme (le seul national de toute l'Inde) perpétué à travers les siècles; de là aussi une des œuvres les plus belles, une des sources de poésie les plus fécondes que l'antiquité nous ait transmises : le Ramayana de Valmiki.

Un mot sur le boudhisme.

Parmi les Anglais attirés comme nous à Aoude par le Ram-Lila, se trouvait le commissioner de la province de Gurrackpour. Comme il voulait rentrer dans son gouvernement en remontant la rive gauche de la Gogra jusqu'aux lieux où cette rivière sort des montagnes, M. Sm*** se décida à suivre son collègue sur cette route, qui devait le ramener lui-même dans le district d'Almora. Dans mes pérégrinations, j'avais pris l'habitude des séparations et des adieux; ce ne fut cependant ni sans regrets, ni sans galoper avec lui quelques heures encore le long de la Gogra, que je me séparai d'un des meilleurs compagnons de voyage que j'aie rencontrés dans l'Inde.

C'est dans l'est de cette rivière que, longtemps avant notre ère, était établie la nation des Çakyas, sur laquelle régnaient les Gotamides, branche de la grande race solaire d'Ayodhia. C'est dans leur capitale, Kapilavastou, située sur un affluent de la Rapti, près des montagnes qui séparent le Népaul du district de Gurrakpour, que, vers la fin du VIIe siècle avant le Christ, naquit sur les marches du trône le réformateur qui tenta de substituer à l'ordre social brahmanique à bout de séve une loi nouvelle, plus humaine, plus pure, et qui, après une lutte de mille ans, expulsée du sol natal, est allée se greffer au nord et à l'orient de l'Himalaya sur les doctrines et les croyances de plus de 300 millions d'hommes.

La loi de Çakia-Muni, comme toutes les choses d'icibas, s'est bien modifiée avec le cours des siècles. Viciée au contact des brutalités chamites dans l'Indo-Chine, des puériles superstitions du Céleste-Empire et du chamanisme des nomades dans l'Asie centrale, elle n'a rien gardé de sa pureté première. Simple revendication dans l'origine de la dignité humaine au nom de la charité ; simple protestation contre l'idolâtrie au nom de la raison, elle pactise aujourd'hui avec toutes les iniquités sociales, avec toutes les absurdités de l'esprit humain. A l'un de ses pôles, les disciples d'Hégel, les burlesques Titans qui veulent hisser notre pauvre humanité à la place de Dieu, retrouveraient les maîtres de leur maître; au pôle opposé, les fétichistes les plus grossiers, les plus barbares, reconnaîtraient leurs pratiques et leurs inspirations.

Les crocodiles de la Gogra.

Féconde en crocodiles est une des épithètes dont Valmiki fait suivre le plus souvent le nom de la Gogra. J'avais mainte fois aperçu un grand nombre de ces animaux flottant sur les eaux rapides des fleuves, au milieu des trains de bois dont ils semblaient faire partie, ou dormant au soleil sur le sable des rives. Un petit hameau des bords de la Gogra me fournit l'occasion d'en étudier un de près et en détail. Il venait d'être tué et capturé par deux villageois. C'était une horrible bête d'environ quatre mètres de longueur et de la plus dangereuse espèce. Mais un détail d'un bien autre intérêt que ceux de son histoire naturelle s'attachait à lui. Le matin même, il avait dévoré un enfant qui jouait au bord de l'eau, où sa mère lavait ses ustensiles de ménage. Le père et la mère du pauvre petit vivaient précairement de l'exploitation des bois du voisinage; hormis l'humble toit qui les abritait et quelques objets mobiliers, mais dans la chétive mesure que connaissent seuls ceux qui ont vu de leurs yeux la rare garniture des chaumières indiennes, ils ne possédaient qu'une paire de bœufs de trait qui les aidaient dans leurs travaux de bûcheronnage. Le mari coupait les arbres dans la forêt et les charriait à sa hutte. Mais en ce moment même il était alité par une grave maladie, et son fils unique, l'espoir de ses vieux ans, venait de périr, englouti par un odieux reptile. L'abdomen distendu par sa proie humaine, le vorace animal était là, couché devant la pauvre mère, qui, se tordant les mains dans les convulsions du désespoir, ne pouvait détacher les yeux de dessus le maudit amphibie, frappé à mort, mais non encore abandonné de cette vie musculaire si lente à éteindre chez tous ceux de son espèce. Derrière elle se tenaient les deux athlètes vengeurs, appuyés sur de longs bambous ensanglantés, les mêmes qui leur avaient servi à dépêcher le monstre. J'ai rarement vu une scène aussi navrante que celle qu'offrait ce groupe muet.

Attristé par ce tableau et un peu aussi par la solitude où me laissait le départ de M. Sm***, je me hâtai de reprendre le chemin de Luknow, où m'attendait ma petite caravane. De là je revins dans l'ouest jusqu'à Allahabad, *la cité de Dieu*, grande ville, toujours sacrée, grâce à sa position au confluent du Gange et de la Jumna, mais aujourd'hui sans commerce, sans vie; il n'en reste d'intact que le fort, un des plus beaux, des plus considérables de l'Inde, et dont la Compagnie a fait une de ses prisons d'État. Cinq jours après j'étais à Bénarès.

CHAPITRE VII.

DE BÉNARÈS A CALCUTTA.

Aspect de Bénarès; sa population à quatre ou à deux pieds. — Fêtes et temples brahmaniques. — Coup d'œil rétrospectif sur le brahmanisme. — Une émeute sacrée. — Ménénius Agrippa et le docteur Pangloss à Bénarès. — Le fort de Chunar. — Navigation sur le Gange. — Villes, paysages et scènes de ses bords. — Sîta-Kound. — Naissance et mariage de Sîta. — Une famille de pèlerins. — Tribus aborigènes de l'Inde. — Ruines de Gour. — Rives de l'Hougly. — Chandernagor. — Arrivée à Calcutta.

Aspect de Bénarès.

Au premier abord, Bénarès apparaît à l'étranger aussi antique, aussi bizarre et aussi sombre qu'il peut l'avoir peinte dans son imagination. C'est un amas compacte de douze mille maisons à trois étages et en briques, de seize mille huttes de boue et de clayonnage, de petits temples coniques, le tout peuplé de brahmanes, de fakirs, de taureaux sacrés, etc. Les éléphants s'y baignent dans des étangs, des multitudes de pèlerins dans le Gange; les perroquets y volent, y piaillent comme dans un bois, et d'innombrables singes y courent sur les toits. Au moment même où je pénétrais dans la ville, j'aperçus, auprès d'un bassin carré, bordé d'escaliers en granit et ombragé de magnifiques figuiers de banians, un petit temple surchargé de sculptures et peint en rouge foncé. De ce temple, dédié à Hanoumat, je vis sortir un brahmane boiteux et un petit garçon, qui tous deux se mirent à hurler comme des chacals. A cet appel répondit une masse de cris identiques, et les terrasses du temple, les jours de son minaret, les voûtes des arbres, les arcades des galeries qui bordent le bassin sacré, semblèrent vomir des milliers de singes de toutes les tailles et de toutes les couleurs. Ils accoururent, se poussant, se culbutant, et beaucoup portant leur progéniture dans leurs bras ou sur leur dos. En un clin d'œil, ils bloquèrent hermétiquement, et comme par magie, la rue où j'étais; le brahmane leur jeta je ne sais quelle sorte de graine que je payai, et cette largesse suscita un combat si violent entre ces horribles bêtes que je crus devoir m'éloigner.

En échappant à ce guet-apens de quadrumanes, je manque d'être écrasé par un éléphant qui me barre le chemin. Sur les pas de mon tchouprassi, qui s'enfonce dans d'étroites ruelles, je vois des choses qui semblent plutôt appartenir aux visions d'un cerveau fiévreux qu'à la réalité : de petits temples· sculptés comme des jeux d'échecs, où se meuvent des brahmanes en jupons blancs et des fakirs uniquement vêtus d'un sale badigeon; de petits taureaux blancs, bossus, aux cornes dorées, portant guirlandes et couronnes de fleurs comme des rosières d'Opéra; des femmes demi-nues chargées d'anneaux aux bras, aux pieds, aux narines, et aspergeant d'eau et de beurre fondu de petites idoles dégoûtantes, ou des fétiches plus ou moins inconvenants; des cavaliers, l'arc et les flèches sur le dos, passant sur des chevaux teints de henné ou d'indigo, dans les sombres couloirs que laissent entre eux les hauts murs d'édifices, qui, à tous les degrés de ruine et de vétusté, affectent tous les angles d'inclinaison, et ne s'écartent soigneusement que de la perpendiculaire.

Tout cela mêlé, resserré, présente une masse indigeste, comme celle du chaos, suivant Ovide, au milieu de laquelle s'élève de loin en loin, comme une montagne mouvante, un dos d'éléphant bizarrement caparaçonné, qui perce lentement et avec fracas cette multitude d'êtres et de choses, emportant parfois dans sa marche le balcon d'une maison ou l'auvent en feuilles de cocotier d'une boutique....

C'est à travers ce tohu-bohu que je parvins à atteindre la résidence de sir Reader, le surintendant ou premier magistrat de Bénarès et de quatre ou cinq zillahs environnantes.

Comme tous ses collègues, il possède une magnifique habitation, élevée au milieu d'un parc à l'anglaise, et dans laquelle, grand amateur de chevaux et d'équipages, il exerce la plus noble hospitalité, et dépense largement les 150 000 fr. de traitement que lui fait la Compagnie.

Un juge, son voisin, qui n'a que la moitié de cette solde, a eu le bon esprit de venir en aide à l'exiguïté de sa fortune par une industrie non moins nouvelle qu'utile dans ce pays : une fabrication de glace. Pendant les mois de décembre et de janvier, il emploie des centaines de pauvres Hindous de tout sexe et de tout âge à placer sur une aire immense, disposée de manière à être battue du souffle froid du vent des montagnes, des milliers de soucoupes à fond plat remplies d'eau. Pendant la nuit, il s'y forme de minces lames de glace, qu'on rassemble soigneusement le matin avant le lever du soleil, pour en emplir avec de la paille des fosses profondes, où cette précieuse denrée se conserve pour les longs jours de l'interminable été. Cette fabrication a le triple mérite d'être utile à la bourse de son inventeur, de bien mériter des riches de Bénarès dont elle rafraîchit les boissons, et de faire vivre une multitude de malheureux privés de tout autre moyen de subsistance.

Fêtes et temples brahmaniques.

L'époque de mon passage à Bénarès coïncidait avec les plus grandes fêtes du calendrier brahmanique : c'étaient des processions et des représentations religieuses sans fin, où figuraient costumés, ou, pour mieux dire, peints en dieux, en déesses, en puissances du ciel et de l'enfer, d'innombrables individus, hommes ou femmes, à tous les degrés de l'existence. Tantôt c'était Krichna, porté sur une estrade, peint en bleu saphir de la tête aux pieds, chargé de bracelets, de colliers, d'une couronne étrange, de boucles d'oreilles gigantesques, et s'appuyant sur des laitières hindoues en jouant de la clarinette, tel enfin que le représentent, d'après les légendes, les peintres et les sculpteurs. Tantôt c'était Rama, adolescent tout rose, armé d'un bouclier et d'un grand sabre, avec lequel il simulait des combats contre d'invisibles ennemis, et assisté dans ses poses héroï-comiques par une foule de gens déguisés en singes à longues queues, à museaux pointus, et combattant aussi en cadence, tout en suivant la procession.

De toutes ces scènes mythologiques, celle qui me parut produire le plus d'effet fut la procession de Kali. La fatale déesse de l'amour et de la mort était représentée par une femme coloriée en indigo presque noir ; elle se tenait debout, les cheveux épars, sur une estrade, foulant aux pieds un homme blanc et rose que sa tête, adroitement cachée entre des linges ensanglantés, faisait paraître comme décapité. La bouche de la déesse, teinte par le henné et le bétel, semblait pleine de sang ; d'une main, elle tenait une tête parfaitement imitée en pâte ou en carton ; de l'autre, elle brandissait un sabre et l'abaissait à chaque instant sur le cadavre qu'elle foulait avec de furieux transports. C'était à faire frémir, et nul poëte n'aurait été tenté d'adresser à cette femme, une fois son rôle rempli, ces beaux vers dont notre Béranger saluait naguère une autre déesse :

> Est-ce bien vous, vous que je vis si belle,
> Quand tout un peuple entourant votre char
> Vous saluait du nom de l'immortelle,
> Dont votre main brandissait l'étendard ?

Grâce à la bienveillance et au crédit tout-puissant de M. Reader, j'obtins l'entrée du temple le plus renommé de la ville, du Bishichar-Kumardil, *le saint des saints*. C'est une construction de granit, basse, étroite, peinte en rouge, et encombrée d'images en pierre de taureaux brahmaniques et de symboles dégoûtants des cultes orgiaques. Reçu à la porte par un vieux brahmane gourmé, qui ne permit à aucun de mes gens de me suivre, je dus subir un long discours de ce personnage; mais le carillon des cloches et les clameurs incessantes des assistants, prêtres et pèlerins, couvrant sa voix basse et cassée, je ne pus tirer le moindre renseignement de toute sa phraséologie. Une belle cloche du Népaul était évidemment l'objet le plus remarquable de ce temple, où l'ouïe, la vue et l'odorat étaient à un égal degré désagréablement affectés. Je me hâtai d'en sortir, orné d'une guirlande de fleurs de magnolia, et les mains pleines de tiges de *calotropes* et de *nictantes* en boutons. Mon révérend cicerone me montra non loin de là un ghaut consacré par une particularité de l'histoire de Çiva. Lors de la grande querelle que suscita, entre les Asouras et les Dévas, la possession de l'Amrita ou eau d'immortalité, ce dieu, ayant ingurgité une large dose de ce précieux topique, regagnait triomphant l'Himalaya, son séjour habituel, lorsque, la potion agissant trop fortement sur ses divins viscères, il fut obligé.... d'en laisser tomber une partie dans ce réservoir. Les pèlerins y accourent en foule de tous les points de l'Inde pour y vider de petits bassins pleins de riz et de sucre, dont ils mangent une portion en marmottant leurs prières.

Bénarès, d'après les orientalistes, est l'Athènes de l'Inde; d'après la puérilité de ses légendes et le nombre incalculable des pèlerins qui la visitent, on pourrait plutôt la comparer à la Mecque.

L'antique Casi, qu'a remplacée la Bénarès actuelle, était censée n'occuper aucun point du globe terrestre, mais demeurer suspendue dans l'immensité. Quant à la ville moderne, elle est perchée sur une pointe du trident de Çiva, ce qui, on le conçoit, la rend sujette aux tremblements de terre. Originairement elle était bâtie en or; mais les péchés de ses habitants ont été punis par sa métamorphose en pierres d'abord, et finalement en briques et en roseaux. Quiconque y pénètre une fois en sa vie et rend hommage à la principale idole, un bloc de rocher représentant Çiva, est certain d'arriver au ciel.

Coup d'œil rétrospectif sur le brahmanisme.

Comment la pensée brahmanique, qui, dans l'âge héroïque de la famille arienne, a presque atteint (ses œuvres en font foi) aux sublimes hauteurs du monothéisme, est-elle retombée lourdement, et pour n'en plus sortir, dans les ténèbres d'une idolâtrie aussi grossière? C'est là un problème qui a cruellement fatigué nos orientalistes d'Europe. Les métaphysiciens de l'école allemande, entre autres, ont appliqué à sa solution la *Symbolique*, cette clef commode qui s'adapte à toutes les serrures. Si profondément incliné que je sois devant la science de ces messieurs, ce n'est pas à elle que je demanderai l'explication du fait qui nous occupe, mais simplement à l'inflexible logique qui dérive de l'enchaînement des choses humaines. Lors de leur entrée dans la vie active de l'Inde, les brahmanes, corporation très-peu nombreuse encore de prêtres et de missionnaires, eurent, sans nul doute, à ménager, ensemble et tour à tour, les tribus ariennes de la race solaire, dont l'épée les protégeait contre les noirs anthropophages des forêts qui couvraient alors le centre de l'Inde, et les tribus de la race lunaire, déjà constituées en groupes sociaux dans le sud-ouest de l'Hindoustan, et parmi lesquelles, à un jour indiqué par l'histoire, la caste sacerdotale dut chercher des alliés contre les chefs ariens eux-mêmes, devenus à leur tour oppresseurs et tyrans.

Le panthéon hindou est sorti de cette nécessité ; il se forma, comme la confédération ariano-sanscrite, de concessions et d'adjonctions. Viçnou, divinité solaire que les Kchattryas vénéraient comme le père de leur premier ancêtre [1] ; Çiva, que les pasteurs de l'Himalaya et les premiers traficants des côtes de Cambaye et du Goudjerat adoraient comme la personnification divine de toutes les énergies internes de la nature, vinrent prendre naturellement place à côté de Brahma, patron des prêtres législateurs. Plus tard, ceux-ci réglementèrent le rôle de chacune de ces divinités, et partagèrent entre elles les attributions des anciens dieux védiques, désormais entraînés aux quatre vents du globe par les courants des migrations, mais dont ils ne voulaient pas répudier les traditions : de là naquit la *trimourti*.

Plus tard encore, des légendes locales, que la politique brahmanique consacra, expliquèrent différents drames de l'histoire de l'humanité par l'intervention directe

---

1. Manou Vaivaçvata, c'est-à-dire fils de *Vivaçvat* ou du Soleil.

d'une des trois puissances divines. Ces apparitions furent nommées *avatars* ou incarnations. Comme on attribua à chaque avatar un nom particulier, il en résulta bientôt une douzaine de dieux nouveaux. Mais une fois sur cette pente, l'esprit humain ne pouvant s'arrêter, le nombre des dieux alla toujours croissant; chaque tribu, chaque caste ou subdivision de tribu et de caste, chaque province, chaque canton apporta son contingent d'immortels; les héros et les brigands, les bienfaiteurs de l'humanité et ses monstres, ses vertus et ses vices, ses gloires et ses difformités, les éléments, les fleuves, les forêts, les montagnes, tous les phénomènes, tous les fléaux du monde physique et du monde moral entrèrent pêle-mêle dans ce panthéon, qui n'a aujourd'hui guère moins de trois millions d'habitants, tous invoqués, selon les circonstances, par les brahmanes et par leurs disciples.

La lutte de mille ans que le brahmanisme eut à soutenir contre le boudhisme, loin d'aboutir à une réforme éclairée et progressive, ne fit qu'épaissir la nuit de ce chaos. Depuis douze siècles que la défaite et l'expulsion des sectateurs de Çakia-Muni ont rendu sans contrôle aux brahmanes la direction des consciences hindoues, quelles ont été leurs préoccupations? à quels devoirs ont-ils obéi? L'histoire peut constater qu'ils n'ont employé ces douze siècles, dont pas un jour ne s'est écoulé sans ajouter à la somme des misères de l'Inde, qu'à remanier, à falsifier leurs antiques traditions, leurs bases religieuses et morales, pour les ajuster aux dogmes nouveaux, nés de leur victoire même; victoire qu'ils n'ont due qu'à une alliance intime, à une fusion sacrilége avec les débris barbares et corrompus de tous les anciens cultes sauvages qu'ils avaient jadis écrasés ou dominés. Ces remaniements, qui n'ont respecté aucun livre, aucun monument antérieur, éclatent surtout dans les Puranas. Là ils vont jusqu'à une refonte complète. « Simples récits génésiaques, destinés dans le principe *aux hommes dont l'intelligence est bornée, aux femmes, aux membres dégradés des trois premières castes, qui n'ont aucun droit sur le Véda*[1], » les Puranas, sous le souffle des sectes viçnuvites et çivaïtes modernes, sont devenus ces lourds recueils d'encyclopédie religieuse et légendaire où, parmi un mélange confus de rêveries monstrueuses et de contes d'enfants, d'épaisses ténèbres et de subtilités métaphysiques, serpentent çà et là quelques éclairs de haute poésie et de chaude aspiration de l'âme. Véritables magmas de la raison humaine, dans lesquels, suivant une énergique expression de Burnouf, toute la société hindoue puise aujourd'hui sa vie intellectuelle. Aliment bien digne d'une population esclave, *chez qui le sentiment de sa force ne s'éveille que lorsque l'objet qui l'excite est de ceux qu'on ne peut atteindre*[2]; aliment qui, semblable à l'opium, cet autre produit délétère du sol de l'Inde, pervertit l'intelligence par l'engourdissement ou par les convulsions, et, lorsqu'il n'endort pas jusqu'à la mort, enfante les fureurs orgiaques du culte de Kâli, ou la soif de sang des thugs.

Une émeute sacrée. — Ménénius Agrippa et le docteur Pangloss à Bénarès.

Si nombreuse que soit la population de Bénarès, si stupidement fanatique que l'aient rendue ses prêtres et le temps, elle subit l'administration anglaise avec un calme et une mansuétude qui ne se sont démentis que deux fois en soixante-quinze ans. Dans la première de ces circon-

---

1. *Bhag. Pur.* liv. I, chap. IV, sl. 24. — 2. Burnouf, *Bhag. Pur.*, préface du tome I.

stances, la rencontre fortuite de deux processions, l'une brahmanique, l'autre musulmane, éveilla la rivalité toujours latente des cultes rivaux et de leurs sectateurs. Des injures on passa aux coups ; il y eut plus d'une tête cassée, plus d'un champion de Mahomet ou de Çiva jeté à l'eau, et, sans l'intervention des baïonnettes européennes, les derniers, étant les plus nombreux, auraient fait sans nul doute *transmigrer* tous leurs malencontreux adversaires.

La seconde émotion populaire fut la suite d'une mesure imprudente du gouvernement suprême, qui s'avisa un jour d'établir une taxe sur les maisons. Ceci froissait tous les préjugés locaux : « Nous reconnaissons, dirent les mandataires envoyés en cette occasion auprès des magistrats, nous reconnaissons aux Anglais les mêmes droits qu'aux Mogols leurs prédécesseurs. Ils peuvent imposer nos terres ainsi que les denrées qui vont au marché ou qu'on exporte. Mais nos maisons nous appartiennent en propre; ils n'ont rien à y voir ; et d'ailleurs, si l'on impose aujourd'hui nos habitations, qui nous garantit que l'année prochaine on n'en viendra pas à lever une taxe sur nos personnes et sur nos enfants? » Ces représentations, bien qu'appuyées par les magistrats de la zillah, ayant été repoussées par le conseil de Calcutta, toute la population de Bénarès prit la résolution de *s'asseoir dhurna*, jusqu'à ce qu'on eût fait droit à ses griefs. Cet expédient, dont l'usage remonte à la plus haute antiquité, car il en est question dans les plus vieux poëmes, consiste à s'asseoir dans un lieu public, fixe, immobile, sans changer de position, sans prendre de nourriture, exposé à toute l'inclémence de l'atmosphère, jusqu'à ce que la personne contre laquelle on a recours à ce moyen désespéré ait obtempéré à la demande qui lui est faite.

Les Hindous sont convaincus que l'homme qui meurt

victime d'un dhurna prolongé accumule des masses iné-
vitables d'anathèmes, de malédictions et de misères
sur la tête de ses ennemis. Aussi le dhurna est-il souvent pratiqué d'individu à individu, pour forcer un débi-
teur à payer sa dette ou un créancier à la remettre.
L'effet est d'autant plus grand que ceux à la porte desquels s'opère le maléfice se croient obligés, pour le conjurer, de cesser tout labeur et de s'astreindre au jeûne le
plus austère pendant toute sa durée.

Dans la circonstance dont il s'agit, cette mesure fut
adoptée avec un concert et une énergie qui passent toute
croyance. Les chefs des brahmanes firent avertir les gardiens des portes de Bénarès ; les principaux djaguirdars et les municipalités des communes voisines des
motifs qui les dirigeaient, invitant tous ceux de leur
croyance, tous les amis de leur pays à se joindre à eux
et à communiquer cette nouvelle à leurs voisins sous
peine d'anathème religieux. Cet avis se transmit de village en village avec non moins de rapidité que la croix de
feu n'avait couru sur les sommets de la vieille Gaule au
temps de Vercingétorix. Trois jours après la proclamation du dhurna et avant que les autorités en eussent la
moindre connaissance, on vit accourir à Bénarès plus de
300 000 hommes, qui tous abandonnant leurs maisons,
leurs fermes, leurs ateliers, leurs boutiques, vinrent
s'asseoir dans la plaine au bord du fleuve, dans l'immo-
bilité et le silence le plus absolu, rongés par le jeûne le
plus rigoureux, les figures pâlies, les cheveux en désordre et souillés de cendre, et une sombre détermination
empreinte sur tous leurs traits.

L'embarras des magistrats anglais devant cette formidable manifestation peut plus facilement s'imaginer que
se dépeindre. Ils n'étaient autorisés à faire aucune concession, et d'ailleurs pouvaient-ils céder à des sollicita-

tions présentées de cette manière? Toutes les traditions
de la politique s'y opposaient. D'un autre côté, si cette
foule fanatique persistait quelques jours seulement dans
sa détermination, la faim ou quelque contagion allait la
décimer. Une famine même pouvait être la suite du chô-
mage de tant de bras dans la saison des semailles, et,
horrible éventualité pour *la vieille dame* de Londres, son
budget des recettes en éprouverait un déficit.

Heureusement les agents de la Compagnie à Bénarès
déployèrent en cette conjoncture une prudence digne de
Fabius. Les chefs du complot s'attendaient bien à quelque
mesure violente de leur part; certains brahmanes même
l'espéraient. Il n'en fut rien. Rejetant bien loin la pensée
de dissiper ce rassemblement par la force, les magistrats
se contentèrent de glisser dans ces rangs quelques orateurs chargés de débiter en temps opportun des apolo-
gues de circonstance et des motions utiles; puis ils at-
tendirent l'événement, les yeux fixés sur un oracle *plus
sûr que celui de Calchas*, un bon baromètre de Londres,
dont l'index se précipitait au-dessous de *tempête*.

Dans la matinée du deuxième jour, la faim commençait à tirailler les estomacs de la foule et à ajouter son
aiguillon impérieux aux fatigues d'une position gênée et
d'une nuit sans sommeil, lorsqu'une pluie drue, froide et
pesante, une vraie pluie diluvienne, tomba tout à coup,
comme un calmant, sur ces fronts contractés, sur ces
épaules nues, et changea le champ du dhurna en un ma-
récage glacé. C'était pis qu'un bain complet. La résolution de la majorité des conjurés n'y tint pas. Un orateur,
profitant du moment, proposa alors de rompre l'assemblée et d'envoyer une députation de dix mille personnes
à Calcutta pour remettre une humble supplique au gouverneur général. Cette motion passa d'acclamation; puis,
comme on vint à se demander comment il serait pourvu

à l'entretien d'une telle ambassade pendant un si long voyage, un second Ménénius Agrippa, saint pundit, soufflé par les Anglais, émit l'idée d'imposer une taxe sur les maisons pour y subvenir. « Une taxe sur les maisons ! s'écria-t-on de toute part ; mais alors, il est bien plus simple, s'il en faut une, de la payer tranquillement au gouvernement, et à ce prix d'aller retrouver nos métiers, nos charrues et nos marmites à l'abri de nos figuiers. » Et la pluie continuant à aider aux sages pensées qu'elle avait fait naître, la multitude s'écoula dans toutes les directions, abandonnant sur lé champ sacré un millier ou deux d'âmes fortes et de chefs, qui persistèrent, pendant vingt-quatre ou trente-six heures encore, à lutter contre l'inclémence de l'air ou les angoisses de la faim. Bon nombre de pleurésies et de gastrites naquirent de cette héroïque équipée ; mais, comme la banlieue de Bénarès ne possède ni disciples de Broussais ni homœopathes ni allopathes d'aucune sorte, il est à espérer que ces maladies n'y eurent pas toutes les suites fâcheuses qu'infailliblement elles auraient eues en Europe. A quelques jours de là le gouvernement suprême de Calcutta eut le bon esprit d'abolir la taxe, source de tant d'émoi, et depuis lors, c'est-à-dire depuis près d'un demi-siècle, le docteur Pangloss pourrait proclamer dans toute la province de Bénarès, sans y soulever un seul contradicteur, que *tout est pour le mieux dans le meilleur des mondes.*

Et, en effet, de quoi se plaindraient les brahmanes, qui seuls de tous les natifs ont conservé une sorte de voix au chapitre de l'Inde ? Depuis mille ans et plus que la grande agglomération d'hommes dont ils n'ont pas su faire un peuple passe, repasse et se courbe en silence sous tous les jougs que lui apporte l'étranger, ont-ils jamais joui de plus paisibles loisirs ? Quand la direction

des consciences, la libre exposition de leur chétif savoir
leur ont-elles été moins disputées? Dans chaque chef-lieu
de présidence ainsi qu'à Bénarès, la Compagnie n'al-
loue-t-elle pas libéralement de 60 à 80 mille francs
par an, pour entretenir dans leurs colléges non-seulement des professeurs, mais encore des élèves? Bien loin
d'avoir à redouter, comme au temps d'Aurung-Zeb, que le
marteau d'un maître iconoclaste ne s'appesantisse sur leurs
idoles, n'ont-ils pas vu un gouverneur général, pair d'Angleterre, venir couronner de fleurs et oindre de parfums
l'immonde symbole de leur Çiva, et chaque année, durant les fêtes de Dourga et de Kâli, les canons britanniques ne tonnent-ils pas en l'honneur de ces déesses de la
lubricité, de la prostitution et de l'assassinat[1]? Si, d'autre
part, la susceptibilité de la loi anglaise, rangeant dans la
catégorie des meurtriers les fauteurs de suttys et de
sacrifices humains, a sevré leur flair sacerdotal du fumet
enivrant qu'exhalaient les corps des jeunes veuves brûlées toutes vives par leurs soins et de la chaude vapeur
du sang de l'homme coulant sous un couteau sacré, que
de dédommagements ne leur offrent pas l'admiration
naïve de l'Europe savante et la politique de l'administration anglaise! Celle-ci recrutant parmi eux ses affidés
les plus roués, les agents secrets qu'elle entretient près
les cours indigènes, les vizirs dont elle dote les princes
en tutelle; celle-là s'obstinant à les considérer comme les
successeurs des patriarches védiques ou, tout au moins,
des saints gourous de la période héroïque de l'Inde; s'épre-
nant d'amour pour les ténèbres creuses de leur métaphysique et traitant d'illustre et révérend maître le moindre
pundit qui peut ânonner dans l'idiome de ses ancêtres ce
qu'on traduit couramment à Bonn ou à Paris. Bien plus,

1. Éd. de Warren, t. III, p. 267.

si de leurs rangs, infectés par tous les genres de décrépitude, une intelligence d'élite vient à se dégager et à
vouloir s'élever vers le niveau des connaissances pratiques de l'Occident; si un Ram-Mohun-Roy, révolté des
horribles absurdités du culte brahmanique, tente de res-
taurer la vieille doctrine védique, défigurée dans le cours
des siècles par la superposition d'une foule de rites abominables, et cherche à ouvrir à ses compatriotes la voie
qui mène du paganisme au monothéisme, soyez sûr que,
du fond de toutes les églises qui se partagent les croyances
anglaises, un concert de voix réprobatives viendra se
joindre à celles des prêtres de Viçnou et de Çiva, anathé-
matisant le sage transfuge, et le poursuivra de cette accusation si accablante en Angleterre : « Affreux déiste[1]! »
Et de quoi donc, mon Dieu, se plaindraient les brahmanes?

Le fort de Chunar.

A cinq ou six lieues au sud-ouest de Bénarès, sur la
même rive du Gange, s'élève le fort de Chunar, ancienne citadelle des rajahs de la contrée, et qui n'est
plus aujourd'hui qu'une prison d'État où de nombreux
chefs sikhs, amirs ou pattans, expient leur résistance à
l'Angleterre. Cette forteresse occupe la crête et les flancs
d'un énorme rocher entouré, selon la méthode hindoue,
de plusieurs enceintes, dont la dernière plonge sa base
dans le lit même du fleuve. En arrière s'étend la ville
demi-hindoue demi-européenne de Chunar, et au delà
ondule vers le sud, à perte de vue, une contrée rocheuse
et boisée, asile des bêtes fauves. On est assez heureux
pour n'y voir que peu de tigres ; les ours y sont plus incommodes par leur nombre que par leur férocité, qui ne

1. Jacquemont, *Journal*, t. I, p. 183-188.

s'éveille guère que lorsqu'on les attaque ; mais rien n'égale l'audace et l'impudence des loups , dont les bandes non-seulement ravagent la campagne, assaillent les fermes et les bergeries isolées , mais viennent enlever des moutons, et parfois même des enfants, jusqu'aux portes de Bénarès.

Le motif qui m'amena à Chunar n'était pas le désir de visiter quelqu'une des grandeurs déchues qui s'éteignent dans l'ombre de ses murailles, mais l'envie de contempler de mes yeux un sanctuaire qu'elles renferment et dont on m'avait parlé à Bénarès comme du tabernacle même du brahmanisme. Le commandant du fort, sur ma prière, se fit apporter une clef et me conduisit vers une porte de fer rongée de rouille et pratiquée dans une muraille épaisse , de la plus antique construction. Il l'ouvrit, puis ôtant son chapeau , il me dit : « Nous voici dans le lieu le plus révéré de l'Inde entière ! » C'était une petite cour carrée, ombragée par un vieux pipeul , supportant à l'une de ses branches une petite sonnette en argent. Au pied de l'arbre gisait un énorme bloc de marbre noir ; et sur la muraille, en face , on voyait une fleur de lotus grossièrement sculptée , encadrée dans un triangle ; du reste, aucune image. Les cipahis , qui nous avaient suivis jusque-là , s'étaient prosternés la face contre terre, dans l'attitude de la plus profonde vénération. « C'est sur cette pierre, me dit alors le commandant anglais , que , suivant la croyance générale des Hindous , repose le Très-Haut , présent, quoique invisible, pendant neuf heures chaque jour , accordant les trois autres heures de la journée à sa ville sainte , à Bénarès. Cette espèce de Palladium fait regarder Chunar comme imprenable depuis six heures du matin jusqu'au coucher du soleil, et son voisinage détruisant toute influence mauvaise, c'était toujours dans le palais adjacent que les souverains de Bénarès, avant la conquête mogole, venaient célébrer leurs mariages et toutes leurs fêtes de famille. » Je ne vis pas sans émotion ces objets consacrés par une si antique et si profonde vénération, et un instant je me crus replongé dans l'atmosphère qui baigna le berceau des choses humaines au temps où les patriarches de la primitive Arie, les chantres des Védas et des Naçkas, ne cherchaient Dieu que dans la nature et ne lui dédiaient ni temples ni idoles.

Navigation sur le Gange. — Paysages, villes et scènes de ses bords.

La vue lointaine d'un steamer qui descendait le Gange à toute vapeur me rappela au sentiment des réalités modernes ; ce bateau, sur lequel j'avais résolu de continuer mon voyage vers le bas du fleuve, ne devant s'arrêter que quelques heures à Bénarès, je me hâtai de rentrer en ville, où mon hôte bienveillant avait déjà tout disposé pour mon départ.

La passion de tout Anglais pour un *chez-soi* solitaire est le plus grand obstacle que l'établissement des paquebots à vapeur ait rencontré sur le Gange. Encore aujourd'hui il n'y a guère que les commis voyageurs, les petits négociants en opium ou en indigo, de pauvres diables de philosophes sans préjugés, ou des cadets expédiés de Calcutta dans les stations du nord-ouest, qui consentent à en profiter. Les grands seigneurs voyagent dans leurs yachts particuliers, soit à aubes soit à hélice, et même beaucoup de gens du plus haut ton s'en tiennent à l'ancienne gondole à rames et à voiles, ou budgerow classique, suivi de sa flottille de magasins, de cuisines et d'écuries. Ces bâtiments de service s'abordent incessamment pour les besoins du maître, quatre fois le jour au moins pour ses repas, toujours servis avec le même luxe et la même recherche qu'à la ville. Des familles, liées avec toute la familiarité que permettent les usages anglais, combineront en commun un voyage de plaisir sur le fleuve ; mais, bien loin de naviguer réunies sur le même budgerow, elles se contenteront de naviguer de conserve, de se visiter le jour quelquefois et de s'inviter de loin en loin à dîner.

Heureusement pour les titres de *gentleman* et de *squire* dont me gratifiaient toutes les autorités anglaises qui se renvoyaient de l'une à l'autre mon humble personne avec force recommandations, le steamer où l'excellent sir Reader m'avait procuré une place était un bateau-poste, chargé spécialement de porter d'Agra à Calcutta les dépêches et les fonctionnaires en mission pressée, et dans lequel on pouvait se caser sans déroger.

Cette circonstance me permit, avec une grande économie de temps, d'argent et de fatigue, d'étudier dans son ensemble l'immense panorama que déroule aux yeux du voyageur le grand fleuve de l'Inde, depuis son cours moyen jusqu'aux plaines noyées de son delta.

Profond de quinze mètres devant les ghauts de Bénarès, même dans la saison sèche, le Gange offre déjà là le volume et l'aspect du Danube dans les plaines de la Hongrie. Comme le fleuve allemand, il n'est jamais limpide, ayant englouti dès Allahabad, dans les eaux fangeuses qu'il reçoit du Sirinagur et du Rohilcund, le cristal bleu d'azur de la Jumna. Si puissant que soit son cours à Bénarès, il ne donne pourtant pas l'idée de ce qu'il est quand, grossi des tributs de la Gogra, du Soane et du Gunduk, il se précipite, avec une vitesse de deux à trois lieues à l'heure, entre des rives espacées par un intervalle de six à huit mille mètres. Dès lors, et à cent cinquante lieues de son embouchure, on ne peut plus lui trouver de termes de comparaison parmi les fleuves de l'Europe.

On conçoit avec quelle puissance une si grande masse d'eau animée d'une telle vitesse doit dégrader les masses incohérentes d'alluvions qui forment ses bords. Aussi de longues files de bancs de sable mobiles indiquent, à droite et à gauche, les changements annuels du chenal principal, qui n'est jamais parallèle aux rives du fleuve. Sur ces rives, la présence d'une population nombreuse se révèle, à chaque tour de roues du steamer, par des flottilles de barques de toute espèce glissant sur les eaux ou échouées sur les sables, par des groupes de tamarins ou de pipeuls cachant sous leur épaisse ramure des villages entiers, tandis qu'à quelque distance s'élèvent les murailles d'un bazar ou les flèches d'une pagode, et que, de loin en loin, un blanc bungalow, entouré d'un jardin riant, d'un vert boulingrin et de confortables servitudes, indique la demeure d'un résident européen.

Parfois, des débris de palanquin ou de couchette, épars sur la grève, annoncent que quelque Hindou, à bout de jours ou de santé, est venu chercher dans les flots du Gange la route de l'éternité. Il n'est pas rare non plus de voir de jeunes filles descendre aux bords du fleuve, rêveuses et portant des fleurs dans une feuille de bananier. Elles posent doucement sur l'eau cette frêle nacelle et la regardent fuir avec le courant, attachant à son sort des craintes et des espérances. Si l'offrande augurale chavire en peu d'instants, elles s'éloignent avec des larmes dans les yeux ; si elle surnage jusqu'à perte de vue, elles reprennent le chemin du foyer maternel avec un sourire aux lèvres et dans le cœur.

Après Ghazepour, jolie ville de la rive gauche du Gange, que son industrie d'eau de rose et la tombe de lord Cornwallis, dessinée par Flaxman d'après le temple de la sibylle, recommandent aux voyageurs, on rencontre Buxar, ville fortifiée selon l'art moderne, destinée, en cas d'insurrection parmi les riverains du Gange, à relier et à protéger les grandes stations de Patna et de Bénarès. Dans l'état actuel des choses, on peut hardiment affirmer qu'avant d'être mis à l'épreuve et de justifier la prudence surabondante qui présida à leur fondation, les murs de Buxar verront leur paisible revêtement de gazon se changer en futaie.

Patna, ville aussi peuplée qu'Amsterdam ou Lyon, doit son importance non-seulement au commerce de l'opium, dont elle est la grande fabrique et le principal marché, mais aussi à sa position centrale qui commande la navigation du Gange, et à sa proximité du Népaul, puissance que les publicistes de Calcutta affectent de comparer, avec plus d'arrière-pensées que de justice, à une lame de poignard pointée sur le cœur de l'Inde. En vertu de cette métaphore, un corps assez nombreux d'Européens et plusieurs régiments de cipahis sont cantonnés près de là, à Dinapour, vaste station militaire, où tout a été calculé et prévu pour les facilités du service, le confort des chefs et des soldats, tout, sauf la salubrité. Dinapour verse chaque été un grand contingent aux établissements sanitaires de l'Himalaya.

Au delà de Patna, l'apparition des montagnes qui avoisinent la rive droite change le caractère du paysage. Il gagne en grâce sans rien perdre de sa grandeur. Qu'on s'imagine un vaste tapis de verdure, tout couvert de troupeaux, entrecoupé par des champs d'orge, de froment et de maïs; des villages populeux, bien construits, sous de magnifiques massifs d'arbres au feuillage lustré, aux formes étranges, et tout au fond du tableau la chaîne abrupte des monts Curruckpour, dernier gradin des monts Vindhyas. Cela rappelle les plus belles vues du Palatinat, mais avec des palmiers de plus, un fleuve quatre ou cinq fois plus grand que le Rhin, et une création animée d'une puissance et d'une variété inconnue aux climats européens. Tout autour de l'observateur, des multitudes de petits poissons, mus comme par un ressort secret, s'élancent entièrement hors de leur élément pour devenir dans un élément nouveau la proie des mouettes et des sternes du Gange qui les épient. Des bandes de tortues et de marsouins se roulent dans les flots bouleversés par leurs grossiers ébats, dont la brusquerie contraste avec la lenteur du lourd alligator, séchant au soleil de la rive son dos verdâtre et écailleux, pendant que son museau d'ichthyosaure hume l'air à la surface de l'eau. Mais c'est surtout au lever et à la chute du jour que le fleuve s'anime de mouvements, de bruits et d'apparitions ; le chien paria vient en hurlant dans les relais de la rive demander sa curée à quelque cadavre échoué dans le sable, tandis que non loin de lui, debout sur une patte et la tête enfoncée dans les épaules, l'argala, ce géant de l'ordre des échassiers, attend patiemment son tour ; un bel oiseau fuit rapidement à travers le crépuscule : c'est l'oie brahmanique, hôte de la solitude, à laquelle il a été condamné pour avoir troublé jadis le sommeil d'un dieu. Tous les autres palmipèdes, au contraire, s'abattent le soir sur la grève, ou s'envolent au matin en troupes innombrables. Ce bruit qui s'élève des lagunes et des bas fonds, ce clapotis des eaux marécageuses, sous les roseaux violemment ébranlés, ces étranges battements d'ailes, vous annoncent le voisinage des pélicans ; ils pêchent en eau trouble, et ne se livrent pas au sommeil avant de s'être lestés d'un copieux souper. Presque aux mêmes heures, d'autres êtres plus élevés sur l'échelle de la vie, des hommes, des femmes, des

enfants et des animaux serviteurs de l'homme, des
vaches nourricières, des bœufs de trait, des troupeaux
de chèvres, des chevaux, des chameaux quelquefois,
et çà et là des éléphants, apparaissent sur les bords
du fleuve, remontent ou descendent son cours, se
plongent avec ardeur dans ses eaux, puis s'en éloignent, les humbles quadrupèdes désaltérés et rafraî-
chis, les orgueilleux enfants de Manou purifiés et sanctifiés.

Monghyr, située sur la rive droite du Gange, est une
grande et prospère cité, à laquelle de nombreuses constructions blanches, à deux étages, espacées sous des
bouquets de verdure le long des premiers contre-forts des
montagnes, donnent un aspect tout européen.

Des fonderies de fer, des fabriques de taillanderie et
des manufactures d'armes blanches et de fusils font de
Monghyr le Birmingham ou le Saint-Étienne du Bengale. Ses dévots ouvriers, qui attribuent pieusement la
fondation de leur ville à Viçvakarma, l'architecte des
dieux, l'Héphaïstos hindou, ne se font nul scrupule
d'apposer sur leurs produits, tout imparfaits qu'ils sont,
l'estampille des meilleures maisons d'Angleterre. On les
accuse aussi, comme beaucoup d'autres forgerons, de
s'adonner un peu trop au vin (vin de palmier), dont ils
récoltent d'énormes quantités. L'espèce de palmier qui
le fournit n'existe-pas à l'état sauvage dans le Bengale :
on dit qu'on l'a vu tel dans le nord-ouest de l'Hindoustan ;
mais sa parenté avec la variété africaine reste encore
fort douteuse.

Sîta-Kound ou bains de Sîta.

Un accident arrivé à la machine de notre steamer nous
ayant forcés de relâcher plusieurs heures devant Mon-

ghyr, je profitai de ce temps d'arrêt pour aller visiter, à cinq ou six kilomètres de là, des sources thermales qui jaillissent au pied d'une chaîne abrupte de roches granitiques, et sont connues dans tout le pays sous le nom de *bains de Sîta*. La tradition veut que la belle Mithilienne, lorsqu'elle suivait son époux sur la route de l'exil, ait fait ses ablutions dans ces eaux, sanctifiées depuis cette époque et douées d'une inaltérable limpidité par le contact de son corps charmant.

Le bassin qui recueille le tribut de ces sources était jadis recouvert par un temple superbe, aujourd'hui disparu, et, parmi les pèlerins qui y affluent journellement, les plus zélés sont, sans nul doute, les ouvriers d'un spéculateur de Monghyr qui exporte dans tout le Bengale d'innombrables cruchons de cette eau plus ou moins mélangée de poudre de seltz ou de soda. Ainsi le positivisme moderne vient s'implanter à côté du mythe, en attendant le moment de le déraciner, et l'industrie jette ses rets avides et desséchants sur le sol même de la poésie et des rêves.

Pendant que j'allais d'une source à l'autre pour en étudier la température, qui ne varie que de 38° à 40° centigrades, je vis une jeune et jolie paysanne s'approcher du réservoir central, où l'eau est déjà beaucoup moins chaude. Elle avait drapé son long voile autour de son corps avec une extrême décence ; elle descendit les degrés de pierre du bassin à pas lents et d'un air recueilli ; puis, dès qu'elle eut de l'eau à la hauteur de la poitrine, elle plongea subitement, abandonnant à la surface du bassin la couronne de fleurs de jasmin qui ceignait ses cheveux noirs. Son immersion se prolongea assez longtemps pour me faire craindre pour sa vie. Mais elle reparut calme et sereine, et je la vis reprendre le chemin de sa demeure avec ses vêtements mouillés, sans paraître redouter que leur refroidissement sur son corps de statue antique ne nuisît à sa santé. Je ne serais pas étonné, au surplus, qu'un tel usage eût existé parmi les anciens Grecs ; car autrement, comment leurs sculpteurs auraient-ils eu l'idée de représenter un si grand nombre de femmes ou de déesses, toutes revêtues de draperies humides ?

Un moment après, ayant vu une jeune mère s'approcher du bassin avec non moins de componction que sa belle compatriote, et y plonger une petite fille d'un an ou deux qu'elle portait dans ses bras, je lui demandai, en jetant à mon tour quelques fleurs à la surface de l'eau, si elle attachait une idée religieuse à l'immersion qu'elle faisait subir à son enfant. « Saheb, me répondit-elle de cette voix douce et cadencée qu'ont la plupart des Hindoustanies, Sîta est la patronne de ces lieux. Nous croyons que les eaux où elle s'est baignée donnent la beauté et prolongent la jeunesse. J'y baigne ma fille pour qu'elle soit belle et longtemps jeune. » Qu'objecter à une si douce et si naïve croyance ?

Déjà le nom de Sîta est revenu bien souvent sous ma plume. Ceux qui connaissent l'histoire de ce modèle des épouses ne me le reprocheront pas. Ceux de mes lecteurs, et surtout celles de mes lectrices qui l'ignorent, malgré la belle version italienne qu'en a donnée mon savant ami Goresio, ne me sauront pas mauvais gré, je l'espère, de leur en faire connaître deux détails importants : la naissance de cette héroïne d'abord, et, ce qui est bien plus intéressant, son mariage.

Voici comment Sîta, il y a quelque trois mille cinq cents ans, raconta elle-même ces événements à une vénérable vieille, type primordial de nos fées bienfaisantes, qui lui donnait l'hospitalité dans les bois, ainsi qu'à Rama, son époux, alors que ce héros, déchu du trône, errait exilé dans les gorges sauvages des monts Vindhyas.

Naissance et mariage de Sîta.

« ...Il y a à Mithila un roi du nom de Djanaka; possédant la connaissance du juste, fidèle aux devoirs du kchattrya, ce héros régit dignement la terre. Ce monarque, qui est mon père, étant allé, un jour, avec ses pieuses épouses pour enceindre, avec la charrue, l'aire d'un sacrifice, fut témoin d'un merveilleux prodige. Il vit passer, flottante dans l'espace, l'Apsaras Ménaka, d'une beauté divine, illuminant de sa splendeur les régions aériennes. En la voyant belle comme Rati, la compagne de l'Amour, il sentit pénétrer dans son âme cette pensée, qui en amollit la fermeté : « Oh! s'il me nais-
« sait une fille semblable à cette nymphe, ma gloire s'en
« accroîtrait; ce me serait une grande faveur, privé de fils
« que je suis! » Alors une voix qui n'avait rien d'humain, la renommée le rapporte ainsi, proféra dans les airs ces sonores paroles : « Tu obtiendras une fille qui égalera
« celle-ci par son éclatante beauté. »

« Pendant que Djanaka déterminait, la charrue en main, l'enceinte du sacrifice, voilà que tout à coup je surgis du sillon, entr'ouvrant la terre, refuge de l'homme. Lorsque le roi Djanaka m'aperçut, le corps tout couvert de poussière, agitant vers lui mes petites mains soulevées, il resta frappé d'étonnement. Puis accourant à moi et me recueillant avec amour dans son sein, il s'écria : « Celle-ci est certainement ma fille; je le sens à ma tendresse pour elle.—Elle l'est effectivement! » répondit une voix occulte et incorporelle, qu'accompagnaient un concert d'instruments célestes et une pluie de fleurs;
« cette toute belle enfant, fille de ton désir et création de
« Ménaka, acquerra de la gloire dans les trois mondes, et,
« comme elle a surgi du sein de la glèbe en l'entr'ouvrant

« comme une plante, ta fille sera célèbre sous le nom de
« Sîta. » Alors fut tout joyeux le pieux roi de Mithila, mon
père, et il estima qu'en m'obtenant il acquérait un précieux trésor. Il me confia à ses plus nobles épouses,
comme leur propre enfant, et elles m'ont élevée avec une
tendresse vraiment maternelle et les soins les plus doux.

« Mais, lorsqu'il me vit parvenue à l'âge nubile, mon
père se laissa aller à de graves soucis, comme un homme
malheureux qui a perdu toutes ses richesses. « L'homme, »
pensait-il, « qui obtient en don un enfant semblable,
« produit de la terre labourée, est exposé aux insultes de
« ses proches hautains, serait-il, même ici-bas, sembla-
« ble à Indra. » Et entrevoyant dans un avenir prochain
les insultes qu'il redoutait, le roi demeurait plongé dans
un océan de pensées, où, comme un naufragé, battu des
flots, épuisé d'efforts, il ne pouvait gagner un port. Ce
souverain de la terre, sachant que je n'étais pas née du
sein d'une femme, ne trouvait, dans ces préoccupations,
aucun époux qui fût mon égal et digne de moi.

« Au milieu de ses anxiétés naquit alors en lui cette
idée : « J'ordonnerai, conformément à l'usage, une so-
« lennelle assemblée où Sîta choisira son époux. » Jadis,
pendant que mon père procédait à un sacrifice, le magnanime Çiva lui avait remis en dépôt un arc avec ses
deux inépuisables carquois ; arc si pesant, qu'en dépit
des plus grands efforts des hommes ordinaires n'auraient
pu songer à le soulever et encore moins à le tendre, et
que cent hommes choisis, vigoureux, robustes, jeunes
et adroits, étaient à peine suffisants pour le porter.
Parmi la multitude de ceux qui avaient tenté de le manier,
rois ou autres mortels experts dans les armes ou tirant
vanité d'eux-mêmes, personne n'avait jamais pu y parvenir.

« Mon père, ayant fait apporter cet arc à ses pieds et

ayant appelé tous ses ministres, prononça au milieu d'eux cette décision souveraine : « Celui qui, après avoir sou-« levé cet arc, le tendra d'une seule main, sera sur la « terre l'époux de Sîta ! » Cette épreuve étant arrêtée pour le choix solennel de mon époux, mon père envoya des messagers à tous les rois jouissant du renom de valeureux guerriers.

« Ces princes convoqués vinrent au temps marqué ; ils furent, comme dignes d'honneurs, noblement accueillis par Djanaka, et tous, introduits ensuite dans l'enceinte splendidement ornée destinée au solennel concours, furent conduits devant l'arc. A la vue de cette arme, immense comme la trompe d'un éléphant, tous aussi, se regardant l'un l'autre, manquèrent de résolution, et se sentant incapables de tendre cet arc précieux, trop pesant et trop lourd pour leurs bras, ils saluèrent le roi et se retirèrent. Cette solennité nuptiale ainsi avortée et les rois retournés chez eux, mon père estimait de plus en plus que jamais je ne trouverais mon égal pour époux. Quelque temps après pourtant, comme le magnanime Djanaka, mon père, préparait un sacrifice, survint, semblable à la pleine lune à son lever, cet illustre Raghuide, incomparable archer, les tempes ornées de boucles soyeuses. La renommée l'avait entretenu de la force et de la pesanteur de l'arc ; Rama était accompagné de son frère et du sage Viçvamitra, fils de Gadhi.

« Admis en présence du roi de Mithila, il le salua comme un ami bien connu de Daçaratha, son père. Lorsque le sage Rama, le premier, eut complimenté Djanaka et en eut reçu à son tour les félicitations et les vœux d'usage, dans le cours de la conversation, ainsi parla, en souriant, mon cher Raghuide au roi de Mithila entouré de ses ministres : « Je désirerais bien, ô mon seigneur ! « contempler cet arc, que cent hommes, dit-on, ont peine

« à soulever. Te plairait-il de me le laisser voir?... » Le roi, mon père, prenant alors Rama par la main, le conduisit devant l'arc divin et lui dit : « Le voilà!... » Le Raghuide regarde l'arc, le soulève au grand étonnement du roi et de ses ministres; ensuite, courbant avec une impétueuse facilité cette arme gigantesque, Rama la brise par le milieu, et en se brisant elle rend un son épouvantable, pareil au fracas de la foudre qui tombe. Assourdis par ce bruit, tombèrent à terre comme anéantis tous ceux qui étaient là, trois seules personnes exceptées, Rama, Lakchmana son frère, et le roi, mon père. Aucun des autres assistants ne put se maintenir ferme dans son cœur devant ce prodige. La force de Rama ainsi manifestée, mon père, ému de joie, lui prodigua, avec ses ministres, des éloges dignes de sa valeur. Ensuite, étant venue moi-même présenter une coupe d'eau pure à Rama, je lui fus offerte comme épouse par mon père, désireux de tenir son serment. Mais le Raghuide n'accepta pas sur-le-champ ma main qu'on lui tendait, voulant connaître auparavant les intentions de son père, le roi d'Ayodhia.

« Le vieux monarque Daçaratha, averti, se hâta d'accourir en grande pompe à Mithila, et mon père me donna au magnanime Rama comme première épouse, égale à lui.

« C'est ainsi qu'unie à Rama par le vœu de mon père et par mon choix solennel, je suis toute dévouée d'affection à mon époux, le premier d'entre les héros[1]!... »

De ce récit si profondément empreint des grâces de l'adolescence du monde, ne pourrait-on pas conclure que, dans les premiers temps de la société aryane, le rôle et les droits de la femme, bien différents de ce qu'ils

---

1. *Ramayana*, chant II (*Aranyakanda*), chap. IV.

sont devenus dans la dégénérescence de l'Orient, étaient presque identiques à ceux que l'histoire attribue aux vierges et aux épouses de nos héroïques ancêtres, les Gaulois.

Une famille de pèlerins.

Comme je faisais dresser ma tente dans le voisinage des sources pour en étudier la nature et la température, je m'entendis saluer de mon nom par un des pèlerins arrêtés en ce lieu, et je ne fus pas peu surpris de recönnaître en lui un jeune Hindou que j'avais eu à mon service depuis Pouna jusqu'à Indour et que j'avais laissé dans cette ville, où résidait sa famille. Interrogé par moi sur les motifs de sa présence à Sîta-Kound, il me raconta qu'une maladie de son frère cadet, petit garçon de cinq ou six ans, avait déterminé ses parents à entreprendre le pèlerinage de Djaggernath, pour obtenir des dieux la guérison de leur enfant, et qu'il les avait accompagnés avec sa femme à lui, mignonne petite créature de douze à treize ans, et son beau-frère, jeune homme de dix-huit ans.

Enchanté de prendre ainsi sur le fait une des plus impérieuses et des plus communes superstitions des Hindous, je me gardai bien de laisser tomber la conversation avec Djemador, c'était le nom de mon Indourien.

« Ainsi, lui dis-je, votre jeune frère était réellement malade lorsque vous quittâtes Indour ?

— Très-malade, Saheb ; un affaiblissement général le minait et ne lui permettait plus de rester debout.

— Mais il me semble maintenant bien rétabli. Comment s'est-il guéri ?

— Ah voici ! Mon père et ma mère ont fait vœu à Çiva, pour en obtenir la santé de l'enfant, de porter à l'incarnation de ce dieu qui siége à Bijjounath des bassins remplis de l'eau du Gange et de visiter le temple de Djaggernath.

— Et ces vœux accomplis, votre frère a cessé d'être malade?

— Il avait complétement recouvré les forces, la fraîcheur, l'appétit et la gaieté de son âge, avant notre départ de Djaggernath.

— Et qui portait les bassins?

— Ma mère, ma femme, mon beau-frère, moi et le petit malade nous en portions chacun deux.

— Mais cet enfant n'a pu certainement porter une paire d'objets si lourds tout le long du chemin ?

— Non! Saheb! nous lui avons fabriqué une paire de petits bassins. Un brahmane que nous avions pris à notre service en qualité de cuisinier les porta jusqu'à ce que nous fussions arrivés en vue du temple. Alors mon frère descendit de son cheval, prit lui-même les bassins et les porta au dieu. Nous étions encore aidés par un autre brahmane auquel nous n'avions presque rien à payer, car il avait reçu pour ce voyage une large rétribution de diverses familles d'Indour, qui, ayant fait des vœux semblables aux nôtres, l'avaient chargé de porter en leur nom une bouteille d'eau au dieu de Bijjounath.

— Mais avez-vous laissé toute votre eau au temple de Çiva et n'en avez-vous pas porté à Djaggernath ?

— On n'offre jamais d'eau à Djaggernath, Saheb, car le Dieu de ce temple est une incarnation de Viçnou?

— Eh bien! Viçnou ne boit-il donc jamais?

— Oh ! sans aucun doute il boit, mais il n'accepte pour offrande que des aliments et de l'argent.

— Et combien de milles avez-vous faits durant ce pèlerinage?

— Comme mon père possédait une assez grande provision d'eau du Gange, achetée d'année en année aux

Casi-Djoghis[1], nous n'avons pas été obligés d'aller en puiser nous-mêmes dans le fleuve, ce qui eût augmenté notre voyage de plus de 300 milles. Nous nous sommes dirigés directement sur Djaggernath par Nagpour, Sumbulpour et la vallée du Mahanuddy; 600 milles! De Djaggernath en ce lieu, en passant par Bijjounath et Parasnath, il n'y a guère moins de 350 milles. Nous en avons maintenant près de 600 autres à faire pour revenir chez nous par Bénarès, où nous reprendrons de l'eau du Gange.

— Et votre mère et votre femme font à pied ce long voyage?

— Oui, Saheb, il le faut bien ; elles marchent tant que leur santé le leur permet. Quand elles se sentent indisposées, elles montent tour à tour sur le cheval de mon jeune frère. »

Ainsi toute une famille respectable avait entrepris un pèlerinage de plus de 1500 milles géographiques (près de 700 lieues), aller et retour, en portant des bassins remplis d'eau sur leurs épaules, pour rendre la santé à un pauvre enfant malade. Le changement d'air et l'exercice guérirent cet enfant et furent sans aucun doute également favorables à la santé de ses parents ; mais quel médecin, si ce n'est un prêtre, pourrait persuader à ses malades de faire dans le même but un pareil voyage[2]?

Clans et tribus de l'Inde primitive.

A l'est de Monghyr, le Gange s'étale, se divise et découpe de ses mille bras un archipel fluviatile. La navigation suit le plus méridional de ces chenaux, qui conduit à

1. Industriels dont la profession est de vendre dans toute l'Inde de l'eau qu'ils vont puiser au Gange. — 2. Colonel Sleeman, *Promenades et souvenirs*.

Bhagulpour et à Colgond. On a supposé longtemps que la première de ces villes occupait le site de cette ancienne Palibolthra où Sandracottus (Tchandra-Goupta) reçut les ambassadeurs de Séleucus, et que le Chandrum, rivière qui s'y jette dans le Gange, était l'Évanoboas de Mégasthène. Mais les recherches et les fouilles des orientalistes de Calcutta ont prouvé récemment que ces noms historiques devaient être reportés à Patna et au Soane.

La contrée au sud de Bhaghulpour est pleine d'intérêt pour l'ethnologue et l'historien. Les montagnes du Rajmahal, qui s'étagent de gradins en gradins jusqu'au Parasnath, le plus haut sommet des Vindhias, sont peuplées de tribus représentant les plus anciennes races de l'Inde, établies dans le pays antérieurement à l'invasion du jeune Rama, qui étendit parmi eux les dogmes brahmaniques. Ils portent ici les noms de Colis et de Puharris. Ce sont des créatures de taille moyenne, bien découplées, énergiques, au teint noir, mais aux traits agréables. Bien que peu adonnés aux travaux manuels, ils savent pourtant tirer parti du minerai de fer, dont les nodules abondent à la surface du sol qu'ils habitent. Exempts de préjugés, ils ne se font aucun scrupule de manger la chair des animaux de toute provenance. Ils ne font même aucune difficulté de s'asseoir à la table des Européens, de goûter à leurs plats et de boire à leur coupe. J'ai pu les étudier dans les rangs de la garnison de Bhaghulpour, entièrement recrutée parmi eux, et je n'ai vu nulle part dans l'Inde des tournures plus martiales et des soldats plus disciplinés ; j'ai vu ensuite ces mêmes cipahis assis avec leurs enfants sur les bancs de l'école fondée pour eux par le gouvernement anglais, et le pédagogue le plus rigide eût été édifié du zèle et de l'empressement studieux qu'ils déployaient à lire, à écrire et à calculer. Ce sont des hommes de taille moyenne, on peut même dire petits, mais remarquablement bien faits; ils ont la poitrine large, les bras longs et les jambes effilées. Dans leur figure ronde, leurs yeux vifs, leur nez un peu épais, mais non camus ou aplati, j'ai en vain cherché le caractère chinois ou malais que quelques classificateurs ont cru pouvoir assigner à leurs traits; j'avoue qu'ils m'ont rappelé davantage les *Welchs* du pays de Galles [1], ou bien encore les Taïtiens et les Tongas de Cook et de d'Urville. L'expression habituelle de leur physionomie est la vivacité d'esprit et la bonne humeur. Plusieurs de leurs femmes m'ont paru fort jolies et douées d'une sorte de brusquerie joviale, âpre saveur des montagnes, que pourraient leur envier leurs voisines de la plaine.

En somme, intelligents, vifs, on pourrait même dire passionnés, détestant le mensonge par-dessus toute chose, affranchis de préjugés antisociaux, ils forment une population plus belle, plus morale, plus ouverte aux souffles de l'avenir que celle du Bengale. En justice, le témoignage d'un Puharri l'emporte sur celui d'une demi-douzaine d'Hindous; on trouverait à peine, dans leurs montagnes, un exemple d'un chef ayant, de mémoire d'homme, manqué à sa parole.

Si sur leurs personnes ils sont moins soigneux, moins propres peut-être que les Hindous, leurs chaumières sont bien mieux tenues que celles de la plaine, et leurs villages plus sainement construits. Les hommes travaillent peu et sont chasseurs avant tout; mais les femmes déploient autant d'activité que d'intelligence dans la culture des petits enclos qui entourent leurs demeures. Leur chasteté est proverbiale, et sans aucun doute cette vertu est la conséquence de l'esprit de raison qui préside à leurs

____

1. Docteur Hooker, *Himalayan journal*, t. I, ch. III.

unions conjugales. On ne voit pas parmi eux de ces mariages contraints et prématurés si communs parmi les Hindous ; les convenances d'âge et d'inclination sont consultées avant tout, et le mariage n'est guère que le corollaire d'une assez longue cour. Voici comment s'accomplissent leurs cérémonies nuptiales : le jeune époux convoque à une fête ses parents et ses amis ; à la fin du repas obligatoire, le père de la mariée adresse à son gendre une allocution qui tient lieu de celle que monsieur le maire et monsieur le curé adressent en pareilles occasions aux civilisés, et dans laquelle il exhorte son gendre à bien traiter la femme qu'il lui a confiée. Alors le jeune homme, s'avançant vers la nouvelle épouse, lui imprime sur le front une raie rouge avec du cinabre, puis il la prend par le petit doigt et l'emmène chez lui.

L'application régulière de la justice, ainsi que l'interprétation des coutumes héréditaires, sont réservées chez ces montagnards à une institution qui rappelle à la fois le *punchaet* des Ariens-sanscrits et les *aristoï* des anciens Grecs : c'est un jury de cinq vieillards établi dans chaque village. Comme les Grecs encore, ils gardent profondément enracinées dans leurs esprits les idées de noblesse et de pureté d'origine ; un chef puharri ne souffrirait pas avec plus de patience qu'un héros d'Homère un mot déplacé sur ses ancêtres. Cependant il n'existe dans le Rajmahâl aucune organisation politique qui rappelle celle des clans, rien qui se rapproche d'un système féodal quelconque. Si un homme ne se soucie plus d'obéir au chef de son village, il prend son arc et son bouclier et passe ailleurs. Tels, en un mot, ont été les Celtes dans l'Occident, avant l'arrivée des Kymris et des druides.

Suivant le chef anglais qui commande le régiment puharri de Bhaghulpour, ils reconnaissent un être suprême qu'ils appellent le *dieu d'en haut* (Boudo-Gozaï) et auquel ils adressent rigoureusement leurs prières matin et soir. Comme les Pélasges, comme les Polynésiens, auxquels je les ai déjà comparés, ils ont en outre un génie tutélaire pour chaque village ou vallée, un dieu domestique pour chaque foyer. Enfin, le nom de Pow, qu'ils donnent à la nuit, est le même qu'elle portait naguère dans la mythologie de Tahiti, et, il y a vingt ou trente siècles, dans celle des Égyptiens.

A toutes ces divinités secondaires et à quelques esprits malfaisants qu'ils redoutent, ils offrent des sacrifices propitiatoires d'animaux domestiques et, comme les Pélasges encore, remplacent dans certains cas les eaux lustrales ou purifiantes par le sang d'un pourceau.

Pas plus que les druides et que Moïse, ils n'admettent d'idoles ou d'images taillées d'aucune espèce; mais si, sous la voûte des bois, au sommet de leurs montagnes, ils découvrent quelque bloc de pierre, de forme et de couleur particulières, ils le consacrent par un cérémonial religieux, et voilà leur autel.

La haine qu'ils ont pour le mensonge leur fait entourer le serment d'une sorte de consécration que des historiens de l'antiquité ont signalée chez des peuples de leur époque. Sur les barbes d'une flèche fichée en terre, dans la position qu'elle eût prise en s'échappant d'un arc éloigné, on appuie le fer d'une seconde flèche, dont les barbes touchent le sol de manière à former avec la première un angle assez ouvert. La personne qui doit s'engager sous serment prononce la formule exigée, en tenant les sommités ainsi réunies des deux flèches entre l'index et le pouce. Dans les occasions les plus solennelles, on place du sel sur la lame d'un sabre; l'un des assistants approche cette lame des lèvres de celui qui doit jurer, et lui dicte le serment que l'autre répète en recevant le sel dans sa bouche.

Où devrait se trouver Calcutta.

A l'extrémité nord de leur territoire et au sommet du coude que le Gange décrit autour de leurs montagnes natives, s'élève la petite ville moderne de Colgond, à laquelle sa position semble promettre un grand avenir commercial. Nous nous y arrêtâmes pour y déposer un planteur anglais, propriétaire d'une habitation charmante, admirablement située sur une de ces élévations coniques qui caractérisent la géologie de cette partie de la rive méridionale du Gange. De la terrasse de cette villa on domine le cours du fleuve, ses canaux, ses îles, ses rochers, et l'on voit se dérouler une des plus grandioses décorations dont la nature ait entouré la demeure d'un humble mortel. Au sud, la ligne de l'horizon s'infléchit le long des terrasses boisées et des gorges ombreuses des monts Rajmahals, laissant entre elles et le premier plan un vaste espace diapré des mille teintes qui résultent du mélange et des oppositions des fraîches cultures de l'indigo, du pavot et du riz, avec les longs sillons de maïs et de sorgho au feuillage rubané, avec les longues avenues de palmiers conduisant aux rustiques hameaux cachés sous d'épais massifs de mangotiers et de tamarins, tandis que du côté du nord, directement à l'opposite, la rivière Cosi précipite dans le Gange l'énorme volume d'eau qu'elle a puisé à tous les glaciers de l'Himalaya compris entre le Gossaïn-Than, pilier central de la chaîne du Népaul, et le Kanchan-Junga du Sikkim, la plus haute cime mesurée du globe. Immédiatement avant et après la saison des pluies, on peut facilement, en remontant du regard le large et profond sillon d'argent écumeux qu'ouvre le cours de la Cosi dans la verdure intense des plaines du haut Bengale, apercevoir à soixante-dix, quatre-vingts et cent lieues de distance, les masses blanchâtres de ces pics géants et des chaînes neigeuses qui les unissent, se détachant sur le bleu foncé de l'horizon du nord.

A ce cadre colossal il faudrait pour centre la métropole de l'Inde; là devrait se trouver Calcutta. Plus tard, après un long séjour dans cette dernière cité, j'ai revu Colgond, et j'ai gardé ma première impression.

Dans le voisinage de Colgond, une autre bourgade, Pir-Pointy, sanctifiée autrefois par la sépulture d'un prophète musulman, est célèbre par la foire annuelle qui, à l'époque où les eaux grossies du Gange ouvrent de toutes parts des voies faciles de communication, réunit sur un même terrain d'échange des représentants de toutes les tribus à demi sauvages qui entourent le Bengale du nord-ouest au sud-est. Les Puharris y apportent les peaux des tigres, les dents des éléphants et les cornes des rhinocéros qu'ils ont abattus dans les repaires de leurs montagnes; les Garrows, le poison subtil dont toutes ces tribus enduisent le fer de leurs armes de chasse, et que ces anthropophages savent seuls confectionner. Les Méchis du Teray et les Lepkas du Sikkim viennent y troquer contre les produits du Sud, les premiers, les bois flottés de leurs forêts, les seconds, les queues et les tissus de la laine de leurs yacks. Toutes ces tribus, qu'on leur donne une origine mongole, comme on le suppose pour celles de l'Himalaya, une extraction thibétaine, comme pour les clans du Teray, ou qu'on les rattache aux Indo-Chinois, comme les sauvages de l'Assam et des monts Khasias, toutes m'ont apparu, quelles que soient les dissemblances dont le milieu ambiant et l'isolement aient marqué leurs traits et leurs idiomes, comme les derniers représentants d'un âge de l'humanité dont il ne reste plus aujourd'hui que des débris dispersés.

Rapports entre l'Orient primitif et l'ancien Occident.

Lors même que tous ces aborigènes de l'Inde ne possé-
deraient pas, ainsi qu'ils le font, au degré le plus intime,
les mêmes croyances, les mêmes rites, la foi aux sortiléges, le culte spécial de certains esprits élémentaires, le
même mépris pour les idoles et pour la doctrine de la mé-
tempsycose, les mêmes coutumes domestiques, la même
forme d'habitation et de vêtement, la même adresse à tirer
parti du bambou pour leurs ustensiles, la même tactique
en temps de guerre, et le même mode d'attaquer de nuit et
de semer de chausse-trapes les chemins exposés à la
venue de l'ennemi, je ne voudrais pour preuves de leur
antique parenté que leur organisation sociale, rappelant
celle des premiers Celtes et des premiers Hellènes qui s'é-
tablirent en Europe, et surtout le soin religieux avec lequel
ils consacrent par des monuments lapidaires la sépulture
de leurs chefs et la mémoire des événements saillants de
leur existence sociale. Ces monuments, en pierres brutes
et non taillées, comme les premiers autels de Jéhova, sont
tantôt isolés, comme les *maen-hayrs* bretons, tantôt disposés en cercle comme le *stone-henge* anglais, ou superposés l'un à l'autre comme les *dolmens*. Un lieutenant
de génie du Bengale, M. Yule, qui le premier attira
l'attention sur ces monuments, mentionne entre autres
le cercle de Nortuing dans les monts Khasias, composé
de plusieurs *dolmens* et d'une douzaine de pierres levées,
dont quelques-unes n'ont pas moins de trente-deux pieds
de haut, sur quinze de large et deux d'épaisseur. Il remarque que la disposition de ces monolithes, ainsi que
celle des autels ou tombeaux, généralement supportés par
trois blocs moins forts, rappelle identiquement celle de
tous les vestiges de la civilisation druidique conservés dans

notre Occident, ou découverts par Bell en Circassie et par Mangles et Irby dans leurs voyages en Syrie. Il ajoute que presque tous les villages des Khasias orientaux tirent leurs noms de vestiges semblables : ainsi *Mausmai* signifie la *pierre du serment*, parce que, à la suite de longs et sanglants démêlés, les clans de Churra et de Mausmai, ayant fait la paix, la jurèrent en ce lieu et dressèrent un monolithe en témoignage de cet événement, de la même manière que Jacob éleva une stèle entre son beau-père et lui, disant : « Regarde cette pierre; qu'elle soit dorénavant un témoin entre toi et moi [1]. »

Ainsi *Mamloo* est *la pierre du sel*, et se lie à l'antique usage de sanctionner une alliance, un traité solennel, par la communion du sel et de l'épée. Ainsi encore *Maunflong* est *la pierre verte*, etc. Si à tant de coïncidences avec les usages caractéristiques de la civilisation première de notre Europe, on vient à joindre l'identité étymologique des radicaux désignant ces monuments dans la langue de nos ancêtres et dans celles des aborigènes de l'Inde [2], n'est-on pas amené encore par cette voie à répéter avec le consciencieux Hodgson : « Que celui qui remonte aux éléments des destinées humaines pour étudier sérieusement le progrès des sociétés, au lieu d'envisager le passé d'après des théories préconçues ou des préjugés classiques, se donne pour tâche de regarder autour de lui et de comparer [3]. » Notre globe ne garde pas à sa surface moins de traces incontestables de l'histoire primitive de la race humaine, que ses couches intérieures n'en conservent des révolutions géologiques qui l'ont bouleversé et renouvelé tant de fois.

---

1. Genèse, chap. 31. — 2. *Maen, men, man* en celtique et en kimri; *maue, maun, mam* parmi les tribus de l'Inde. — 3. Hodgson, *On the Aborigines of India; Journal of the Asiatic society*, 1849.

Ruines de Gour. — Rives de l'Hougly.

A l'orient du massif formé par les monts Rajmahals, s'étendent au delà du Gange, qui s'incline là droit au sud, les plaines où fut l'antique capitale du Bengale, Gour, dont l'origine remontait, dit-on, aux Angas, le premier clan arien qui occupa le pays.

Ce fut une révolution bien étrange que celle qui changea l'opulente Gour en un vaste désert. Le Gange baignait ses murs et en faisait le centre du commerce et des richesses de l'Hindoustan. Tout à coup, le fleuve, à la suite d'une inondation dont la mémoire s'est conservée, abandonna son lit pour se jeter à deux ou trois lieues plus à l'ouest, dans celui qu'il occupe aujourd'hui. Il y a de cela deux siècles et demi environ; tout ce qui faisait la grandeur et l'opulence de Gour s'en éloigna dès lors par degrés; et le climat achevant ce qu'eût fait sous d'autres latitudes la fureur des guerres ou des éléments conjurés, la superbe cité s'est ensevelie sous les djungles et le gazon, et ses ruines, auxquelles Rennel donne une étendue de vingt-huit kilomètres en longueur et de dix en largeur, n'offrent plus qu'un informe amas de décombres, où les reptiles pullulent en paix, où le tigre et le rhinocéros ont leurs repaires.

Directement au sud de cet espace, s'ouvre l'entrée de l'Hougly, la branche la plus occidentale du Delta du grand fleuve et la plus révérée des Hindous, qui lui conservent spécialement l'appellation de Bhagirati. La première ville importante que l'on y rencontre est Mourshedabad, qui fut pendant un temps, après l'abandon de Gour, la capitale du Bengale. Couvrant encore pendant plusieurs milles les deux rives du fleuve d'une masse de constructions indigènes en briques plus ou moins cuites et en roseaux, et que ne découpe aucune voie praticable à un tombereau d'Europe, elle doit être encore fort peuplée, peut-être riche, ainsi qu'on le dit, mais serait à coup sûr un des plus tristes séjours qu'on pût imposer à un exilé de l'Occident. C'est aujourd'hui le chef-lieu d'un des districts ou départements de la présidence du Bengale.

De cette ville à celle d'Hougly, chef-lieu d'un département voisin, la rivière est très-resserrée : sa rive gauche paraît couverte de djungles; cependant les cocotiers, qui balancent au-dessus d'eux leurs folioles légères, indiquent des habitations nombreuses. Des feux se voient sur le rivage : ce sont des briques ou des Hindous que l'on fait cuire; il y a vingt-cinq ans, l'on aurait pu ajouter hardiment que l'on y brûlait des veuves vivantes. C'était ici la terre classique des *suttys*.

A quelques heures au-dessous d'Hougly, une ruine européenne s'élève du sein des djungles qui couvrent la rive droite; un bouquet de dattiers s'élance dans les airs auprès d'elle. Ce lieu est empreint d'un cachet particulier de grandeur et de désolation. Je l'ai visité : sur ces murs éboulés que les graminées des tropiques recouvrent d'un verdoyant linceul, où de jeunes pipeuls , dont quelque oiseau aura déposé la semence, enfoncent leurs racines vivaces, je me suis assis pour songer à la patrie absente; car ces ruines sont toutes françaises. Ce sont celles du palais que s'était bâti en ce lieu le gouverneur de Chandernagor, dont Robert Clive réclama l'appui quand il vint aux bouches du Gange pour faire la conquête de Calcutta. Les pluies tropicales hâtent, chaque année, l'effondrement d'un théâtre et de quelques autres dépendances, dont les derniers vestiges auront bientôt disparu. Quelques toits de chaume appuyés contre le plus robuste de ces débris abritent une famille de brahmanes, descendants de ceux qui cultivèrent les jardins mêmes de Dupleix. Des nobles allées de manguiers qui protégèrent de leur ombre cette tête puissante, il ne reste plus rien : la forêt a tout envahi.

Le territoire français de Chandernagor mesure moins d'une lieue le long de la rive du fleuve. Sa largeur n'excède pas une demi-lieue.

Ce petit espace compte environ quarante-trois mille habitants. Deux cents à peu près sont blancs, ou passent pour l'être; six cents sont des topas ou *gens à chapeaux;* six mille sont musulmans, et le reste est hindou. La partie blanche ou métisse de cette population se recrute facilement, trop facilement peut-être, par l'immigration de tous les sujets anglais qui, ruinés dans le Bengale par quelque spéculation hasardée ou malheureuse, ont besoin d'un asile inviolable contre un protêt portant prise de corps.

Les revenus de cette colonie consistent dans le rendement de quelques fermes cultivées en indigo, et varient de 150 à 200 000 francs. Quand le gouverneur, le procureur impérial, le lieutenant de police, le contrôleur, qui cumule avec la perception des impôts l'administration de la marine, quand un médecin, un curé, plusieurs plumitifs, un officier européen, trente-deux cipahis et une centaine de pions ou d'agents de police ont prélevé leurs appointements sur ce budget des recettes, il reste encore de quoi entretenir ou réparer passablement le peu de propriétés que le gouvernement possède, les ghauts, les chemins, etc. ; c'est un prodige [1].

Le calme dont jouit ce recoin oublié du monde n'est guère troublé que lorsqu'il prend fantaisie au gouverneur général de l'Inde anglaise, souverain absolu de 160 millions de créatures humaines, d'interrompre une

1. Jacquemont, *Journal*, t. I, p. 240.

de ses tournées sur le Gange pour faire une visite de politesse à son collègue le gouverneur de Chandernagor.

Après ce petit coin de terre qui rappelle la France, vient Sérampour, ancienne colonie danoise, que le gouverneur de Copenhague a eu le bon sens de céder aux Anglais contre quelques bank-notes. Les missionnaires anabaptistes y possèdent un superbe collége et un bel établissement d'imprimerie d'où s'éparpillent au loin, à tous les vents de l'Asie, des traductions de la Bible et des Évangiles. On y fabrique le papier, on y grave, on y fond les caractères; des pundits composent et corrigent; on y relie, on y dore sur tranche, au besoin, et le tout à juste prix. Il va sans dire que l'impression des livres profanes ou classiques n'est point prohibée, non plus que la vente de toutes les fournitures d'imprimerie que l'établissement peut fabriquer au delà de sa consommation. En dépit des mauvais propos de quelques dévots austères de Calcutta, qui s'indignent que l'on s'enrichisse au lieu de s'appauvrir en procurant du travail et du pain à des centaines de malheureux, les missionnaires de Sérampour méritent doublement de l'humanité et de la science.

La plate-forme de leur collége commande, sur l'une et l'autre rive du Gange, une vue assez étendue. Les arbres qui bordent les champs de riz et les djungles qui couvrent les terres incultes donnent au pays, surtout vers l'ouest, l'aspect d'une immense forêt, du sein de laquelle surgissent çà et là les coupoles de quelques pagodes.

L'une d'elles, et la plus considérable, élève, à moins d'un mille de Sérampour, autel contre autel vis-à-vis du temple des anabaptistes. Le dieu qui l'habite, extrêmement vénéré des Bengalais, en sort une fois tous les ans, sur un char analogue à celui de Djaggernath, pour rendre visite à quelques-uns de ses voisins. Cette fête rassemble toujours un concours immense de fanatiques, dont plusieurs, comme à Djaggernath, s'efforcent de chercher une sainte mort sous les roues du char de l'idole. Il y a quelques années qu'un gentleman, secré-taire particulier du gouverneur général, chevauchant par hasard de ce côté au moment de la cérémonie, aperçut un Hindou couché sur la route du dieu; les roues allaient l'atteindre. Lançant son cheval au galop, l'Anglais tomba sur le martyr à coups de cravache. Le malheureux se leva aussitôt et s'enfuit à toutes jambes dans les djungles en criant au meurtre !... Parfaitement préparé à une mort affreuse, il ne l'était pas à un coup de fouet ! De quelles nuances le courage n'est-il pas susceptible ? Voilà des gens timides et lâches par tempérament, qui, dans certaines occasions, contemplent la mort avec indifférence. Sans aucune exaltation morale, et pour une somme modique, ils souffrent avec une incroyable impassibilité des supplices atroces destinés à effacer les péchés d'autrui, et ils courberont la tête en tremblant devant la main d'un Européen levée sur eux. Quelle peur pourtant peut avoir d'un soufflet un homme qui, pour 100 ou 150 francs, se fait mettre à la torture ?

A partir de Sérampour, l'action de la marée descendante, venant à doubler la vitesse de notre steamer, précipite notre course vers le sud et fait filer avec rapidité derrière nous les longues tiges et les panaches ondoyants des palmiers, des cocotiers et des lataniers qui s'inclinent sur les eaux du fleuve. Peu à peu les djungles s'écartent à droite et à gauche; le vert foncé des rizières recule dans l'intérieur des terres : Calcutta apparaît à l'horizon.

L'aspect de cette capitale de l'Inde, quand on y arrive du nord, est loin de prévenir en sa faveur. Pendant une grande lieue, il est sale et laid; c'est celui de la ville indigène qui précède le quartier des Européens..De misérables habitations en briques, toutes dégradées, et beaucoup de huttes en paille ou en roseaux, mais toutes entassées les unes sur les autres ; quelques chétives pagodes, deux ou trois clochers et un seul monument européen, la nouvelle Monnaie, qui contraste étrangement, par son immensité et son élégance, avec les ruines poudreuses et brûlantes de la cité indienne : voilà tout ce qui frappe d'abord sur la rive gauche de l'Hougly. En avançant vers le sud, la scène change ; les ghauts hindous sont remplacés par un quai en briques, aux bords duquel sont amarrés des vaisseaux de tous les pays, depuis la jonque chinoise et le pros malais, jusqu'au cleaper américain. Une belle esplanade, défendue au midi par le fort William, joint ce quai au quartier européen, remarquable par ses belles constructions italiennes aux toits en terrasses, aux galeries fermées de jalousies et soutenues par de légères colonnes ; de grands espaces entourés de grilles de fer ou de balustrades en pierre, avec des pelouses de gazon, les entourent ; de grandes voies de communication les isolent : c'est comme une collection de riches villas où éclatent le confort, la splendeur et la recherche des maîtres de l'Inde.

Spence's Hotel, où, sur la recommandation du capitaine du steamer, j'allai m'installer, n'est ni le moins vaste ni le moins grandiose de ces palais ; tout y est confortable au plus haut point, et, si l'ameublement en est simple, il est d'une simplicité recherchée. La mode ici n'admet point d'ornements inutiles dans les appartements ; la fraîcheur est le but principal où l'on vise : un meuble qui ne serait pas d'une stricte nécessité intercepterait inutilement l'air, qu'on fait circuler artificiellement avec un soin si laborieux.

Mon arrivée ayant précédé de bien peu la chute du jour, lorsque je courus à mes fenêtres donnant sur l'esplanade, je vis disparaître le globe du soleil derrière les massifs et les terrains ondulés du *Botanic Garden*, sur la rive droite du fleuve. Au fur et à mesure que ses dernières lueurs s'éteignirent sur les blanches terrasses de la ville européenne ou sur les cimes des cocotiers et des mâts, l'esplanade se peupla de chevaux et de voitures. C'était l'heure de la promenade. Des voitures européennes, des calèches, des bogheis ou tilburys y vinrent à la file par centaines; des cochers hindous, habillés de blanc, menaient les attelages à deux chevaux; des cavaliers plus nombreux encore galopaient aux portières ou à l'écart, seuls ou deux à deux. Toute l'Angleterre de Calcutta était là, et j'aurais pu me croire bien loin du Gange, sans les argalas faisant le pied de grue sous mes fenêtres, ou arpentant à grands pas la pelouse de l'hôtel, et sans les hurlements des chacals, qui, se levant avec les ombres, viennent disputer chaque nuit aux watchmen la police des rues de Calcutta.

CHAPITRE VIII.

CALCUTTA ET LE BENGALE.

Calcutta selon un écrivain officiel et selon la vérité. — Le jardin botanique, son directeur vandale. — Barrackpour, le Trianon de l'Inde. — Le fleuve entre Barrackpour et la ville. — La vie et la mort. — Les sociétés indigène et anglaise. — Les quatre phases de la vie d'un brahmane. — L'institution du cordon sacré. — Le mariage. — Les Anglais dans l'Inde. — La jeune miss en quête d'un mari. — Brillantes exceptions. — Une journée au camp de Barrackpour. — Appointements des militaires anglais et des fonctionnaires civils. — Les covenanteds et les uncovenanteds. — Démoralisation et misère des Bengalais. — Multiplicité des crimes. — Les Dacoits ou les *chauffeurs* de l'Inde. — Statistique criminelle. — Lâcheté des administrés. — Corruption des administrateurs indigènes. — Indifférence et vanité des hautes classes. — Durbar de lord Dalhousie. — L'aide de camp Half-Cast. — Le rajah de Sikim ou le propriétaire malencontreux. — La saison des pluies au Bengale.

Calcutta selon un écrivain officiel et selon la vérité.

« Calcutta, aujourd'hui la plus vaste et la plus peuplée des villes de l'Inde, est agréablement située sur le bord du Bhagirati[1]. Ses édifices variés, d'un genre d'architecture jusqu'au temps présent inconnu aux Indes, surpassent en beauté ceux de la Chine et d'Ispahan. On dirait que ses rues aplanies, bordées de maisons en briques jointes avec un ciment solide, sont des allées du célèbre jardin d'Irem.... Dans le bazar, aussi symétrique qu'un album réglé, les échoppes sont sur deux lignes comme des ran-

1. Nom que les dévots hindous conservent à l'Hougli.

gées de perles. Ici vous apercevez un joaillier, là un quincaillier, ailleurs un orfévre. Les roupies et les pièces d'or sont en monceaux sur les comptoirs : on les prendrait de loin pour des bouquets de narcisses. Les étoffes les plus belles, brochées et lamées d'or et d'argent, éblouissent comme l'éclair les regards qu'elles attirent....

« Sur la rivière se croisent, se pressent d'innombrables navires de toutes les formes et de toutes les dimensions, attestant l'état florissant et prospère de la métropole moderne de l'Inde....

« Malheureusement l'air de cette ville est humide et salin ; les couleurs s'y altèrent promptement, le rouge surtout s'efface tout à fait ; les sorbets, les sirops, les électuaires s'y corrompent, et les substances les plus sèches s'y détériorent souvent. L'humidité est telle que le sol des maisons est toujours mouillé, que toutes les murailles sont salpêtrées jusqu'à deux ou trois coudées de hauteur, et qu'aucun rez-de-chaussée n'est habitable.

« On boit l'eau des étangs qu'alimente la pluie : on ne saurait se servir de celle des puits, elle est saumâtre ; ni de l'eau du fleuve, où la marée mêle sans cesse l'onde amère de l'Océan.

« Parmi les édifices dont se glorifie cette capitale, on distingue la magnifique église des Arméniens, plus belle, sans contredit, que toutes celles des Anglais et des Portugais. Ce monument, vaste et majestueux, fut bâti en 1724 de J. C., par le prévôt des marchands arméniens. On y remarque une horloge, vrai chef-d'œuvre d'art et de génie.

« Il y a à Calcutta beaucoup de mosquées, mais une seule est digne de mention : les *fidèles* la doivent à un riche et pieux tailleur, nommé Ramazina.

« A une petite distance de la ville, du côté du midi,

s'élève le fort William, bâti sous le gouvernement du colonel Clive, après la fameuse bataille de Plassey. Les armes et les munitions de tout genre y abondent; et, grâce à l'entretien vigilant dont il est l'objet, cet édifice, qui a pour l'Inde entière la puissance d'un talisman, paraît construit d'hier....

« A l'occident de ce fort majestueux, et au delà de la rivière, s'étend, sur le bord de l'eau, le *jardin botanique*, dont l'étendue est telle, qu'on n'a pu l'entourer d'un mur de clôture.

« L'imagination se perd au milieu de l'espace qu'il occupe, et l'aile de l'esprit ne saurait le franchir. L'accroissement progressif des végétaux qui embellissent ce jardin, le premier du monde, a suivi celui de la puissance anglaise dans l'Inde ; comme elle, il est à son apogée. [1] »

Cette description quasi officielle et qui, malgré l'emphase orientale de l'éloge, ne dissimule pas les *revers de médaille* dont Calcutta abonde, est encore aujourd'hui, après quarante-cinq ans, assez applicable à cette grande cité. Située sur un sol plat et marécageux, peu différent, il n'y a pas plus d'un siècle, des *sunderbunds* du voisinage, Calcutta offre peu de constructions parfaitement solides. Les crevasses qui lézardent les maisons les mieux bâties ne prouvent que trop le peu de cohésion du terrain. Il y a là pour l'avenir de cette métropole une menace réelle. Pour la frapper de la destinée de Gour, il ne faudrait qu'un de ces accidents qui ont signalé si souvent le cours capricieux du Gange : l'ouverture d'un bras nouveau, un changement d'équilibre dans le volume ou dans la répartition de ses eaux. Il suffirait en effet que l'Hougly, à l'époque des inondations, inclinât sa masse fluviale un peu à

1. *Statistique et Histoire de l'Inde*, par Mir-Cheer-Ali-Assos. Calcutta, 1808.

l'orient et la précipitât dans l'un des canaux d'irrigation qui font de Calcutta une sorte d'île, pour changer en une vaste mer ces places où s'élèvent aujourd'hui les églises et les palais des maîtres modernes de l'Inde.

Le jardin botanique.

Quant au jardin botanique, objet de l'admiration superlative de Mir-Cheer-Ali-Assos, il s'en faut de beaucoup que ses destinées se soient maintenues au niveau que leur attribuait cet écrivain.

Pendant trente ans d'une direction aussi laborieuse qu'éclairée, le docteur Wallich, son fondateur, y avait réuni la plus riche collection de plantes exotiques, recueillies, pour la plupart, de ses propres mains, au Népaul, sur les côtes du Pégu et dans la Malaisie. Il y avait joint une quantité prodigieuse de sujets rares tirés du Cap, du Brésil, de l'Australie, ou des archipels du grand Océan. Ce n'était pas seulement un assemblage curieux de choses intéressantes, c'était le coup d'œil le plus pittoresque, le plus magnifique que l'on pût désirer. Il y a vingt-cinq ans, Réginald Heber venait rêver sous ces ombrages au *Paradis perdu* de Milton [1]. Aujourd'hui, s'il vivait encore, le poétique évêque serait forcé de rabattre beaucoup de son admiration. Sans doute il verrait encore dans le *Botanic Garden* les belles lianes de l'Amérique du Sud suspendues, comme des guirlandes fleuries, aux rameaux des plantains gigantesques des îles de la Sonde et du rima de Tahiti ; il y pourrait encore contempler, à l'abri des palissades d'euphorbes et de cactus, le délicat muscadier, dont le feuillage de myrte mêle constamment à sa verdure lustrée l'éclat de ses fruits d'or et les teintes délicates de

____

1. *Heber's travels*, ch. IX.

ses fleurs tendres, comme celles du pêcher ; mais il re-
chercherait en vain l'ordre, la distribution et l'harmonie des lignes qui faisaient le charme principal de cet
établissement, et cette allée sans pareille de cycas des
Moluques, dont les troncs étranges, les hautes ramures
entre-croisées et les folioles légères rappelaient les piliers,
les voûtes, les nervures, l'ornementation et les ombres
mystérieuses d'un monument gothique.... Le successeur
du docteur Wallich n'a rien eu de plus pressé, le croirait-on ? que de faire arracher cette merveille d'arbori-
culture et de bouleverser les plans de son devancier ! Il
n'est pas resté longtemps à la tête du *Botanic Garden*,
mais il a pu lui appliquer ce que le prophète disait de
l'impie :

> Je n'ai fait que passer, il n'était déjà plus.

Au docteur Griffith, ainsi se nommait ce botaniste
vandale, a heureusement succédé un homme qui réunit
aux plus profondes connaissances le goût de l'artiste
paysagiste le plus parfait. Le sol, le climat et l'or de la
Compagnie aidant, quelques années suffiront à M. Fal-
coner pour remettre les choses sur l'ancien pied ; en Europe, un demi-siècle n'y suffirait pas. Notons ici, en
réponse à beaucoup de gens qui, même à Calcutta, ne
manquent pas de demander : « A quoi cela sert-il ? » que,
sous l'habile direction du docteur Wallich, les pépinières
du *Botanic Garden* déversaient annuellement sur toute la
surface du globe, à près de deux mille établissements
publics ou privés, plus de cinquante mille sujets, précieux
par leur rareté, leur beauté, leur application aux arts,
à l'industrie, à l'hygiène ou à l'économie domestique[1].

1. Docteur Hooker, *Himalayan journal*, t. I, p. 2.

Barrackpour, le Trianon de l'Inde.

Ma première course hors de Calcutta avait été pour ce lieu d'étude et de contemplation ; ma seconde me conduisit à Barrackpour, château de plaisance des gouverneurs généraux.

Le nom hybride de Barrackpour [1] indique son objet : c'est une station militaire constamment occupée par plusieurs régiments d'infanterie native. Quelques milliers de huttes de nattes, plus propres que celles des faubourgs de Calcutta et régulièrement alignées, abritent les cipahis. Leurs officiers européens habitent sur la lisière du camp, dans de nombreux bungalows d'un extérieur assez rustique, mais pourvus au dedans de tous les genres de confort transportés d'Angleterre dans l'Inde.

Un fossé sépare le camp de Barrackpour du parc magnifique au milieu duquel lord Wellesley commença à bâtir, il y a un demi-siècle, le palais de plaisance du gouverneur général. Agrandi par ses divers successeurs, il est devenu, pour une famille seule, une habitation magnifique. Son péristyle fait face à Sérampour, qui, sur la rive opposée de l'Hougly, a l'air d'une décoration d'Opéra élevée tout exprès pour former un point de vue charmant aux hôtes de Barrackpour.

« A force d'argent et de bras, le niveau parfait des plaines où coule le Gange a été assez tourmenté à Barrackpour pour animer son beau parc de quelques mouvements de terrain. On y a fait avec goût des montagnes et des vallées, afin d'être obligé d'y bâtir quelques ponts d'un effet agréable ; rien de tout cela n'est heurté ni

---

1. Ville des casernes. *Barrack*, caserne, en anglais ; *poura*, ville, en sanscrit.

mesquin, et tous les accidents du sol semblent dus à la seule nature. Sur un gazon toujours vert se dressent, tantôt en massifs serrés, tantôt en clairières, et çà et là en tiges isolées, des manguiers, des pipeuls, des lauriers d'Inde, des banians, des tamarins, des mimoses, des casuarinas, des cocotiers, des dattiers, des borassus et d'admirables gerbes de bambous. Le tour des massifs les plus imposants, ou le pied des plus grands arbres, est garni d'une bordure d'arbrisseaux à fleurs : lauriers-roses, apocynées superbes, ou jasmins aux larges pétales qui embaument au loin les parcours des sentiers. Ailleurs ce sont des roses de l'espèce qui s'est répandue si abondamment de ce pays en Europe ; des pêchers dont le fruit est amer, mais succulent et parfumé; puis des orangers, des citronniers, des grenadiers de la taille de nos futaies, mais qui ne servent là que d'ornement. Nos jardins d'Europe n'offrent pas cette richesse et cette variété de feuillage qui ne peut, au reste, être déployée avec avantage que sur un vaste terrain ; dans un cadre étroit elle ne produirait qu'une bigarrure mesquine, plus bizarre qu'agréable[1]. »

Si vaste que soit l'habitation du gouverneur général, elle contient plus de salons de réception que de logements véritables ; car, dans ce climat, il serait impossible de dormir dans des pièces qui ne seraient pas disposées de manière à recevoir la brise de mer ; et le nombre de ces pièces doit être assez borné, même dans un palais. Il s'ensuit que celui de Barrackpour est uniquement réservé à l'usage du gouverneur général et de sa famille. Ses aides de camp et les étrangers qu'il invite sont logés dans des *bungalows*, ou pavillons séparés, affectant le style rustique et disséminés sous les nobles ombrages

1. Jacquemont, *Journal*, t. I.

du parc. Sous leurs toits de chaume, derrière leurs murs de chalets, on trouve des appartements spacieux, commodes, meublés avec une extrême élégance. Tous contiennent des salles de bains, des cabinets de toilette; tous sont munis de livres, d'albums, de revues et de journaux, de tables à jeu ou de travail, et dans tous circulent des serviteurs empressés et silencieux, à la livrée du plus puissant des souverains-de l'Asie.

Une ménagerie, une volière élégante et richement peuplée, une serre somptueuse, donnent aux parties les plus retirées de cette belle résidence un air royal que confirment des sentinelles placées de distance en distance.

En somme, Barrackpour rappelle les deux Trianons de Versailles, mais sur une échelle au moins double, avec le ciel et la végétation des tropiques, des eaux vives et un grand fleuve pour perspective.

Je n'étais venu en ce lieu que pour y faire une visite obligatoire à son possesseur actuel; je fus tellement charmé de tout ce que j'y vis, que je ne pus ou ne sus pas décliner l'offre inapréciable de lord Dalhousie, qui ne céde en hospitalité à aucun des monarques orientaux, ses prédécesseurs : il exigea que j'établisse mon foyer nomade dans le chalet le plus retiré de Barrackpour, pour tout le temps que je passerais au Bengale.

Placé dans cette solitude, entre le palais du maître de l'Inde et le camp de ses soldats, touchant d'un côté à la rase campagne et de l'autre à l'Hougly; à égale distance de Chandernagor et de Calcutta, du collége des anabaptistes et du siége de la Société asiatique, des djungles des Sunderbunds, repaires des monstres, et des salons officiels où Européens et Asiatiques jouent côte à côte la comédie humaine; pouvant également mettre à profit une partie de chasse, une séance scientifique, un dîner, un bal anglais ou une fête hindoue, j'étais dans une admi-

rable situation pour tout voir, analyser, comparer et juger. Que de fois, au retour d'une réunion bruyante, au
sortir d'un salon britannique ou de l'hôtel de quelque riche
Babou, ai-je murmuré, sous les ombrages silencieux de
ma demeure, cette pensée de Jacquemont :

« Les êtres que le malheur a frappés assez fort pour les
empêcher de renaître jamais au bonheur ; ceux pour lesquels la vie n'est plus, dans le présent, qu'un état indifférent de la sensibilité, animé quelquefois des souvenirs
du passé, et dans l'avenir, qu'un horizon limité, sans
illusions, sans espérances, ces êtres-là sont les plus
justes appréciateurs des destinées de l'homme. Isolée en
quelque sorte du monde au milieu duquel ils vivent,
morte à la plupart de ses joies, leur âme, tranquille
désormais, plane sur le tableau de l'existence humaine,
et, avec l'œil exercé des passions jadis trop actives, elle
en découvre, elle en pénètre à fond tous les détails. Ne
doit-il pas être un juge éclairé du théâtre, l'acteur habile
retiré de la scène [1] ?»

Cinq lieues à peu près séparent Barrackpour de Calcutta. Je les ai bien souvent franchies le matin et le soir,
soit au galop de mon cheval, par la route de terre qui
n'est qu'une longue promenade à travers des jardins et
des vergers, soit sur le fleuve, dans une embarcation légère que je maintenais toujours le long de la rive, pour
observer les groupes pittoresques qui la couvraient au
lever et au coucher du soleil. Les ghauts de cette partie
du fleuve, construits nouvellement des deniers des riches
dévots de la ville indigène, sont d'un style grec assez élégant ; c'est un large escalier dont les marches descendent jusqu'au niveau des plus basses eaux. Au sommet
est une sorte de péristyle porté sur des colonnes légères

______

1. Jacquemont, *Journal*, t. I, p. 164.

et qui offre un abri contre la pluie et le soleil. Là, après
les ablutions, viennent s'asseoir des sociétés de brahmanes pour prier et se peindre suivant les rites de leurs
sectes. Là aussi se font apporter les malades et les vieillards, les uns pour se ranimer au souffle de la brise, à la
fraîcheur de l'eau, les autres pour mourir en vue du
fleuve sacré. Ce cas est commun et prévu, car il y a de
distance en distance, le long des ghauts, des espèces de
morgues, des places destinées à brûler les cadavres des
gens qui ont les moyens de payer un si grand honneur.
A peine roussis, car les entrepreneurs de ces pompes
funèbres ne leur donnent pas toujours du bois pour leur
argent, ils n'ont qu'un saut à faire pour être ensevelis
dans les flots bénis du Gange. Les corbeaux, les alliga-
tors et les poissons se chargent d'y compléter leurs funérailles. Un soir, autour d'un de ces bûchers flambants, je
vis un groupe de croque-morts hindous, tisonnant, rail-
lant et ricanant comme les fossoyeurs d'Hamlet; sur leurs
têtes des multitudes de vautours et d'autres oiseaux rapaces tournoyaient avec des cris aigus, tandis qu'à quelques pas un jeune homme plein de force et de grâce,
sortant du fleuve, étalait sa riche chevelure et laissait
sécher son corps de bronze aux rayons du soleil couchant,
et que tout un essaim de femmes jeunes, sveltes et souples, entraient dans l'eau, couronnées de fleurs et couvertes
de leurs fines draperies de mousseline rose, verte et lilas.
Dans la brise fluviale se mêlaient d'une part les effluves
parfumées du *Botanic Garden* et du parc de l'hôtel Peel,
le plus beau de Calcutta, de l'autre les émanations fétides
du bûcher. Aux cris stridents des oiseaux, aux ricanc-
ments hideux des hommes du sépulcre se mariaient les
rires et les chants des baigneuses.... Ainsi dans un même
cadre étroit contrastaient la vie et la mort.

La société indigène de Calcutta.

Si voisins que soient dans l'Inde, grâce aux nécessités de la vie usuelle, les indigènes et leurs maîtres européens, si rapprochés et si mêlés qu'ils puissent être par les obligations de la vie officielle et de la politique, il n'y a entre eux que des égards, il n'y a pas d'intimité. Dans les fêtes qu'ils se donnent, ils se coudoient sans se toucher; nul trait d'union ne peut exister entre eux. En effet, comment un brahmane ou tout autre Hindou revêtu du cordon, emblème de la double naissance, pourrait-il s'unir à des Européens par les liens de l'estime ou de l'amitié, lorsqu'il les voit se nourrir de la chair du bœuf et de la vache, lui qui serait moins révolté de les voir dévorer de la chair humaine; lorsqu'il les voit prendre des parias à leur service, lui qui se croit souillé et astreint à toutes sortes de purifications, si l'ombre d'un individu de cette espèce se projette seulement sur lui; lorsqu'il voit leurs femmes participer publiquement à leurs plaisirs, manger, boire, rire, jouer avec des hommes, et surtout danser avec eux, lui devant qui sa femme n'ose pas même s'asseoir; lui qui ne peut concevoir la danse que comme un exercice, une branche du métier de la courtisane? Enfin parmi les détails du costume européen, ne voit-il pas figurer des souliers, des bottes, des gants confectionnés avec des matières animales, lui qui ne comprend pas comment un galant homme peut manier, porter, appliquer sur sa peau, sans frémir d'horreur, ces impures dépouilles cadavériques?

Voici, à ce sujet, une anecdote qui, lors de mon passage, anima pendant quelques jours les conversations des salons anglais de Calcutta :

Un brahmane spirituel, instruit, esprit fort en son

genre, venait fréquemment chez un Anglais qui l'avait pris en affection et ne se gênait guère pour contester les principes des croyances brahmaniques. L'Hindou se prê-tait de bonne grâce à ces discussions philosophico-religieuses, et témoignait sur toutes choses la plus grande tolérance. Un jour qu'il arriva, sans s'en douter, à l'heure du repas de l'Anglais, celui-ci résolut de passer de la théorie à la pratique. « Mon cher, dit-il au brahmane en le prenant par le bras, il est temps de mettre tout votre *nonsense* de côté. Vous êtes trop sage pour y persister encore; d'ailleurs, avec moi, vous n'avez pas à craindre de vous compromettre en ôtant le masque. » Ce disant ils s'avançaient vers la salle à manger. « Allons, asseyez-vous là et mangez tout bonnement une tranche de bœuf avec moi. » Ces dernières paroles résonnaient encore aux oreilles du brahmane, qu'il se trouva en présence d'un roshif fumant. A cette vue, un tremblement convulsif saisit le pauvre diable; son œil devint hagard, sa langue se glaça, il tomba sans connaissance[1]. A dater de ce jour, on ne le revit plus dans la société européenne.

Les quatre phases de l'existence du brahmane.

L'existence sociale des brahmanes peut être divisée en quatre phases importantes. La première condition est celle de l'enfant auquel on fait l'investiture du triple cordon, et qui dès lors est appelé *brahmatchary*. La seconde est celle de l'homme dans l'état de mariage; alors, et surtout après qu'il est devenu père, on le nomme *grahasta*. La troisième est celle du brahmane qui, dégoûté du monde, se retire dans les forêts avec sa

---

1. Prince A. de Soltikoff, t. I.

femme ou son fils pour prendre le nom de *vana-prasta* (habitant des bois) ou de *djogui* (religieux errant). Enfin, la quatrième est la condition du *sanniassy*, qui prend le parti de vivre entièrement dans la solitude, sans femme, sans appui, et par conséquent d'une manière plus édifiante encore que le vana-prasta.

C'est généralement de cinq à neuf ans qu'on revêt les enfants du cordon sacré. Mars, avril, mai ou juin sont les mois les plus favorables pour procéder à cette cérémonie, qui porte le nom d'*ouppanayana* ou d'*introduction au savoir*, parce que, à dater de cette initiation, un brahmane acquiert le droit de se livrer à l'étude. Ce sacrement domestique entraîne des dépenses considérables; toutes les personnes présentes ont droit à des cadeaux de pièces de toile et de monnaies d'or et d'argent; une ample provision de riz, de farine, de légumes secs et verts, de fruits, d'huile de sésame, de ghi, de laitage, etc., etc., est indispensable pour le festin, ainsi que du sandal, du vermillon, du safran, et surtout des noix d'arèque et du bétel pour les intermèdes. Comme, en outre, on ne saurait se passer d'un immense assortiment de plats et de vases de terre de toute espèce et de toute forme, attendu que chacune des pièces de cette vaisselle ne peut servir qu'une fois et doit être cassée aussitôt, il faut que les parents peu fortunés aillent de maison en maison faire la quête et ramasser les fonds nécessaires à l'ouppanayana de leur fils. Cette quête, du reste, est bien facilitée par la croyance où sont les Hindous de toutes castes, qu'ils font une œuvre méritoire en y contribuant par leurs aumônes.

Plusieurs des rites usités dans cette circonstance étant les mêmes que ceux du mariage, dont nous parlons plus loin, nous nous bornerons à dire que le cérémonial de l'ouppanayana, qui ne dure pas moins de quatre jours et qui semble avoir le double caractère d'un baptême régénérateur et d'une initiation, se termine par la suspension d'un cordon au cou du petit récipiendaire. Cè cordon, qui est porté en bandoulière de l'épaule gauche à la hanche droite, se compose de trois petites ficelles tressées chacune avec neuf fils. Le coton dont il est formé doit avoir été cueilli sur la plante de la propre main d'un brahmane, cardé et filé par des personnes de cette caste, afin qu'il ne puisse pas contracter de souillure au contact de mains impures. Lorsque les brahmanes sont mariés, leur cordon a neuf ficelles au lieu de trois.

Le mariage chez les Hindous est considéré non-seulement comme un acte honorable, mais comme le but essentiel de la vie. Ils avaient jadis une loi, venue de Manou, dit-on, qui, semblable à celle d'Athènes, défendait de confier aucune fonction importante à un célibataire. N'avoir point de fils qui puisse perpétuer sa race et la série de ces rites funéraires qui affermissent les ancêtres sur les siéges divins que leurs vertus leur ont acquis dans le monde d'en haut, est pour un Hindou la pire des calamités. Mais, quelles que soient les perplexités d'un homme privé de fils, elles ne sont rien comparées aux ennuis de la femme sans mari. Aussi n'est-il rien que ne fassent les pères et mères pour se débarrasser de leurs filles. Ce sont eux naturellement qui se mettent en quête du futur, et celui-ci n'est, en général, connu de l'épouse qui lui est destinée que lorsque leur nœud commun est à peu près formé. Un époux riche, ou tout au moins qui a chance de le devenir, voilà surtout ce que l'on cherche du côté de la femme; du côté de l'homme, c'est la pureté de la caste et la santé. Mais, même après l'échange préliminaire des présents, on attend qu'un présage favorable permette d'aller plus loin. Heureux les fiancés, si un lézard bruit dans le gazon, si une vache beugle, si un doux oiseau fait entendre son chant pendant la négociation! Malheur à eux, si un chat, un chacal, un serpent, un oiseau criard apparaît aux ambassadeurs avant la réponse définitive!

Les cérémonies du mariage sont très-compliquées et varient suivant les castes, sans compter les singularités locales de chaque province. J'ai parlé des noces d'enfants célébrées à Bombay. Voici comment je vis à Calcutta les choses se passer dans les familles brahmaniques :

Avant le lever du soleil du premier jour (que l'on choisit ordinairement vers l'équinoxe de printemps, alors que Mars et Vénus sont en conjonction parmi les astres), un grand cortége d'amis et de parents vient prendre le fiancé et la fiancée et les mène au ghaut le plus renommé du Gange, pour leur faire subir une série d'ablutions solennelles, suivies de prières et de la pratique de l'*alrati*, qui se fait avec le feu, afin de détourner les effets *du mauvais œil*. Ramenés chez eux, on les fait asseoir sur une peau d'antilope, la face tournée vers l'Orient, sous une sorte de dais soutenu par douze piliers et décoré avec profusion de guirlandes de fleurs, de banderoles et de pierreries. Là, tout le jour durant, on les frotte de safran, on leur lave les pieds avec du miel, on leur lie et on leur délie des nœuds autour des poignets, on les oint d'huile et de parfums, on leur passe des pierres magiques sur les membres, tout en suppliant les dieux de venir douer les jeunes époux de quelques rayons de cette flamme céleste qui anima autrefois le premier couple humain. Au coucher du soleil, la cérémonie tourne au grotesque : le fiancé se lève tout à coup, se prétend saisi du besoin de quitter sa famille et d'aller à travers le monde chercher fortune ou visiter les lieux de pèlerinage. Il se lamente, fait de tristes adieux, et le voilà, le bâton du voyageur à la main, la besace sur le dos, qui feint de recommencer, pauvre, errant, misérable, les aventures de l'enfant prodigue,

quand soudain il rencontre une longue procession armée
de torches : ce sont ses amis qui l'invitent à retourner ;
un long débat s'engage entre eux ; enfin, sur l'offre qu'on
lui fait d'une femme jeune, belle et accomplie, le pèlerin
se laisse toucher et ramener en triomphe, au milieu
d'un charivari de trompettes et de cymbales, de cris as-
sourdissants et de décharges d'armes à feu.

Le second jour, devant toute l'assistance invitée, les
deux pères ou ceux qui en tiennent la place unissent so-
lennellement les mains de leurs enfants, puis leur versent avec componction sur le corps sept mesures d'eau,
sept mesures de blé et sept de lait, pendant que le brahmane officiant leur fait lecture des *mantras*[1] consacrés à la
discipline conjugale.... « L'époux est le dieu de la femme ;
quelque vieux, laid et méchant qu'il soit ou devienne, la
femme doit en faire l'idole de son cœur ; que tous ses désirs soient conformes aux siens ; s'il rit, qu'elle soit prête
à rire ; s'il pleure, qu'elle verse des larmes ; s'il veut causer, qu'elle parle ; s'il garde le silence, qu'elle se taise ! »

Si le code brahmanique est encore moins galant en cet
endroit que notre code civil, il ne faudrait pas en inférer
qu'il ne stipule pas les devoirs du mari.

Celui-ci est requis, comme chez nous, de donner à sa
femme aide et protection ; il lui doit *bon souper*, *bon gîte
et le reste*. Il y a, à cet égard, telle prescription des vieux
mantras qui semble comme un écho de cette pensée
charmante du Manava-Çastra : *Que le nom de la femme
soit composé de syllabes harmonieuses et douces à prononcer ; qu'il soit dans la maison comme un sourire,
comme une parole de bénédiction*[2] !

La lecture des devoirs et des droits des époux terminée, l'officiant passe sur l'épaule du fiancé un *zéna* ou

1. Mantra, *commentaire, commandement religieux.* — 2. *Lois de
Manou*, liv. III.

cordon brahmanique, composé de neuf tours au lieu de trois, et attache un *tahli* ou grand anneau, emblème de mariage, au cou de la jeune femme. C'est l'acte le plus solennel et le plus obligatoire de la cérémonie. Les rites du troisième jour, qui semblent être un vestige de ceux de l'Arie primitive, consistent à faire sept fois le tour d'un feu consacré. Ceux du quatrième se composent d'un banquet où les deux époux dînent ensemble en présence de tous les convives : c'est le signe de leur union intime, et l'épreuve la plus difficile pour la modestie de la nouvelle épouse; car manger en présence d'un homme, même d'un parent, est généralement regardé comme une preuve tout au moins de légèreté, et dire d'une femme qu'elle aime les repas de noce est une bien grave accusation. Enfin, le cinquième et dernier jour commence par une offrande de riz, brûlé en l'honneur des dieux et des mânes; seul sacrifice, à l'exception des *suttis*, auquel une femme puisse prendre part. Le cérémonial se prolonge par des oblations nouvelles et des changements bizarres de costume de la part des mariés; puis il se termine, comme il a commencé, par une procession qui promène à travers les rues, à la lueur des torches et avec accompagnement d'un effroyable orchestre, l'heureux couple porté dans un splendide palanquin. Il y a toujours dans ces fêtes un étalage extraordinaire de bijoux et de parures. On distribue aux pauvres et aux religieux d'abondantes aumônes, et on m'a cité des noces où ces largesses avaient atteint la somme de trois lacs de roupies (750 000 fr.).

La société britannique.

Il y a une quarantaine d'années, m'a-t-on dit, que la société anglaise, à Calcutta, ne formait qu'une grande famille dont tous les membres, liés par une bienveillance familière, se visitaient sans cesse et se réunissaient tous dans leurs plaisirs. Le *tiffin* actuel était alors le dîner, et ce qu'on appelle maintenant de ce nom était décidément un souper qui clôturait la journée. Chaque famille avait son jour de réception, où la maison était ouverte pour tous ceux qui s'y présentaient, depuis la chute du jour jusqu'à neuf heures. A l'annonce du souper, les invités seuls demeuraient, les autres battaient en retraite.

Mais les beaux airs de London sont venus tout gâter. On vit maintenant aussi près que l'on peut de la métropole; les femmes en suivent religieusement les modes, sans faire à la différence des climats la plus légère concession. Suivant l'usage de leur patrie, elles ne se montrent jamais qu'en toilette; et, comme cette exhibition commence à neuf heures du matin, et même deux ou trois heures plus tôt si elles vont à la promenade, force leur est, vers le milieu du jour, de s'enfermer chez elles et de se déshabiller pour respirer. Au jour tombant, elles doivent reprendre le supplice du corset, plus serré que jamais; car c'est en voitures découvertes qu'on va à la promenade, et il y faut faire assaut de toilette; d'ailleurs on ne rentre que pour s'asseoir à table, où il faut se *bien* tenir, et pour aller de là au théâtre, où il faut briller.

On se visite maintenant très-peu. Les hommes seuls, qui ont des affaires et qui ont besoin les uns des autres, vont se voir le matin avant le déjeuner : mais c'est entre ce repas et le tiffin que se font les visites cérémonieuses, jamais plus tard.

Il se fait une grande consommation de romans et de revues anglaises. Mais, comme celles-ci sont en général fort bonnes et habituellement sérieuses par la nature des ouvrages dont elles rendent compte, on ne les lit guère; on se contente de les payer et de les recevoir. N'est-ce pas à peu près ainsi que la haute société de Londres et de Paris prouve sa passion pour la musique italienne ? On loue bien cher une loge à l'Opéra, et l'on y fait acte de présence et d'ennui [1].

Si nombreuses qu'aient été les invitations dont j'ai été honoré à Calcutta pour dîners, soirées ou bals, je dois avouer qu'il fallut bien peu de temps pour les dépouiller de tout attrait pour moi. « Les Anglais n'ont point d'expansion en société : réservant toutes les qualités de leur cœur et de leur esprit pour leur *home*, leur intérieur, ils s'enveloppent dans le monde d'un masque de glace : souvent bons et aimables en petit comité, souvent encore brillants, touchants ou légers la plume à la main, ils ne savent point causer. Tel vous aura reçu en franc et gai compagnon, dans les solitudes où il règne sur les frontières extrêmes de l'empire indo-anglais, qui ne vous saluera que d'un sourire contraint et d'un geste empesé dans un salon de Calcutta. En échangeant quelques mots avec lui, vous découvrirez sous sa physionomie une arrière-pensée qu'il n'exprimera point : probablement c'est sa meilleure, sa plus profonde, sa plus spirituelle; il la garde pour son intime ami, pour sa femme, pour sa maîtresse, et presque toujours pour lui-même. Que de gens j'ai rencontrés le lendemain de quelque grande réunion, qui se plaignaient de l'ennui, de la froideur de la veille, sans songer qu'ils avaient contribué pour une bonne part à cet ennui, et qu'ils y contribueront encore à la première occasion par l'orgueilleuse servitude qui les enchaîne à la mode, par cette affectation de réserve dont ils ne veulent pas être les premiers à se dépouiller [2]! »

Quant aux femmes, c'est encore pis : non qu'elles manquent d'esprit ou d'éducation, elles sont même générale-

1. Jacquemont, *Journal*, t. I. — 2. Ed. de Warren, t I, chap. IX.

ment plus instruites que les nôtres, mais c'est toujours le bon ton qui les oblige à se grimer d'un masque odieux ou ridicule. Une dame anglaise n'oserait pas causer de choses sérieuses avec un homme de mérite; ce serait s'exposer à passer pour savante, *blue stocking*[1], ce qui est une grosse injure. Ne lui parlez donc ni de politique, ni d'art, ni de science, ni de littérature; vous l'offenseriez. Mais mettez-la sur le chapitre de la nourriture, du sevrage ou de la médicamentation des enfants; ou mieux encore, fournissez-lui le moyen de déchirer la réputation de ses voisines, et vous verrez cette froide statue s'animer et parler, parler sans terme ni mesure.

La position des jeunes filles est plus déplorable encore. Elles n'ont à choisir qu'entre deux rôles : ou l'affectation d'une innocence impossible à qui a toujours eu entre les mains dès l'enfance une Bible non châtiée, ou le laisser-aller le plus agaçant, le plus risqué. Les unes joueront à l'Agnès, paraîtront étonnées de tout et auront toujours sur les lèvres un éternel : « Oh! en vérité! » Les autres, visant à l'effet contraire, prodiguant les éclats de voix et de rire, se jetteront à la tête de tous les hommes et à travers toutes les conversations. Deux extrêmes qu'on se hâte avec raison de fuir au plus vite.

La destinée de la jeune Anglaise venant courir dans l'Inde les chances d'un établissement conjugal a été retracée depuis longtemps : c'est, à quelques variantes près, l'histoire de la bégueule du fabuliste. Ayant quitté, au sortir de pension, le foyer paternel, où peut-être elle aurait langui sans dot, sans grande beauté et sans prétendants, elle vient à Bombay, à Madras ou à Calcutta chasser aux maris, sans autre chaperon qu'une parente éloignée ou quelque amie de sa famille. Dans une société

_____

1. Bas bleu.

où un anathème général pèse sur le célibat et où le préjugé de la couleur règne en tyran, le gibier qu'elle cherche n'est pás difficile à trouver. A peine débarquée, elle n'a que l'embarras du choix entre une foule de partis qu'elle n'aurait pu même rêver dans sa patrie. Jeunes gens blonds et roses, veufs au cœur ridé comme le front, *civilian* et militaires, nobles et roturiers soupirent à ses pieds.

Tant d'adulation serait funeste à de plus fortes têtes que celle de la pauvre miss. La sienne n'y tient pas et tourne au plus complet vertige. Elle surfait tellement le prix de sa main, élève si haut ses prétentions, que, d'espérances en déceptions et de déceptions en refus, elle finit, comme celle de ses pareilles dont parle La Fontaine,

> Par se trouver enfin tout aise et tout heureuse
> De rencontrer un malotru,

c'est-à-dire quelque vieux nabab, desséché par le soleil et les excès de l'Inde, qu'elle abandonne au bout de trois mois pour s'enfuir avec un amant et plaider en séparation, ou bien quelque pauvre subalterne, malheureux dans son avancement, lieutenant depuis peut-être vingt ans, criblé de dettes, perdu de santé, et qui, n'ayant plus l'espoir de revoir son pays, veut du moins se donner quelques jours de bonheur, et croit y parvenir en prenant une femme. L'infortuné ne s'est donné qu'un fardeau de plus. La compagne dont la prudente sollicitude devait rendre le calme à son intérieur, dont le sourire devait rasséréner son horizon, ne fait qu'aggraver leur situation commune par son ignorance absolue en économie domestique, par ses préjugés de grande dame, son amour du luxe et ses poses de victime devant des malheurs qu'elle eût dû conjurer[1].

1. Éd. de Warren, t. II.

A Dieu ne plaise que je veuille ramener à ce type, un peu chargé peut-être, toutes les physionomies féminines que l'Angleterre envoie dans l'Inde ! Dans tous les centres européens que renferme cette contrée, que de types diamétralement opposés ne pourrait-on pas citer ! Tous nos contemporains qui ont visité Calcutta n'ont-ils pas rendu hommage à la beauté sans apprêts de lady A...., à la grâce simple et pure de miss B...., à la conversation spirituelle, sans affectation et sans fiel, de mistress C...., etc., etc. ? Jacquemont lui-même, ce sceptique railleur, n'a-t-il pas vanté en style épistolaire à ses amis de Paris : lady G.... comme un résumé de toutes les séductions de son sexe ; miss P.... comme une touchante jeune fille ; lady W.... comme une haute et souriante intelligence ? Cela lui a fait, il est vrai, une grosse affaire avec les collets montés de Calcutta, qui ne veulent, à ce qu'il paraît, ni de la louange ni du blâme de l'étranger. Au risque d'attirer sur mon humble volume le terrible anathème de *shocking*, qui n'a pas écorné un feuillet de Jacquemont, je me hasarderai à ajouter à cette liste de belles et bonnes le nom de mistress Y...., dont mon passage sur un sol qu'elle honore m'a mis à même de connaître la personne et le caractère, excentriques peut-être, mais adorables l'un et l'autre, de l'aveu unanime des sages et des fous.

Ceux-ci admirent en elle le meilleur jockey, le plus joli groom, le plus savant vétérinaire et le plus intrépide *sportsman* de l'Inde ; ceux-là aiment à citer la simplicité et la gaieté de son cœur, cristal limpide qu'aucune ombre mauvaise, aucun souffle impur n'a jamais terni. Les uns exaltent ses prouesses d'écuyère, sa passion pour les chevaux, à laquelle pourtant elle a sacrifié le bonheur d'être mère ! les autres proclament ses tendances généreuses vers tout ce qui est bon et grand. Tous la comparent à la Diana Vernon de Walter Scott, envient celui dont elle enchanté les heures et racontent comment naguère elle lui a sauvé la vie, au péril même de la sienne.

C'était dans une de ces forêts qui couvrent comme un linceul tant de cités de l'Inde antique. La belle amazone, dirigeant avec grâce un cheval fougueux que seule elle a pu dompter, y suivait, aux côtés de son mari, une chasse aux sangliers, exécutée l'épieu à la main, selon la méthode des anciens, par une troupe brillante de cavaliers anglais. Tout à coup, au milieu des péripéties de sa course ardente à travers djungles et ruines, elle voit M. Y.... qui se détache du groupe dont il fait partie et qui se jette, avec l'aveugle frénésie d'un naturaliste et d'un collectionneur, à la poursuite d'un singe d'espèce rare fuyant devant lui. La jeune femme, fort au courant des superstitions du pays, qui rendent très-dangereux pour un Européen le meurtre d'un quadrumane, se rappelle aussi qu'un grand nombre de bûcherons hindous, errant dans la forêt, peuvent épier, surprendre et punir le sacrilége chasseur. En proie à la plus vive anxiété, elle n'hésite pas un instant et se lance au galop de son cheval sur les traces de son mari. Bientôt, au détour d'un sentier, elle entend des cris et reconnaît sa voix. Franchissant le djungle comme un oiseau, elle vole en ligne droite vers le point d'où partent les sons, et tout à coup, de l'autre côté d'un ravin profond, elle découvre M. Y.... se débattant, terrassé, entre des assassins. Seule, sans armes, séparée de son mari par un précipice, rien ne l'arrête ; elle pousse son cheval sur la ravine béante, la lui fait franchir d'un bond, et tombe les yeux étincelants, la cravache à la main, au milieu des meurtriers. Dans leur terreur superstitieuse, ils croient que son cheval a des ailes ; ils la prennent pour une des déesses de leur mythologie, abandonnent leur victime et s'enfuient.

Son époux une fois sauvé, la faiblesse de la femme trahit l'héroïne. Elle regagna avec peine sa demeure et fut longtemps malade de son émotion. Un soir enfin je la revis dans le monde, à Calcutta : c'était à un bal. Quand elle entra dans la salle, par un mouvement spontané toutes les femmes se levèrent pour la voir, et tous les hommes s'inclinèrent devant elle. Cet hommage inattendu la saisit, et elle fondit en larmes : ce qu'elle avait fait lui paraissait tout naturel, elle n'y avait réfléchi ni avant ni après.... Je ne sais, mais je trouvai ses larmes plus admirables encore que son courage [1].

Les Anglais au camp. — Traitements militaires et civils.

Ayant reçu d'un officier du camp de Barrakpour une invitation à déjeuner, je partis de grand matin, à pied, le fusil sur l'épaule, et suivi d'un seul domestique : c'était une course d'une demi-heure. Je trouvai mon hôte au champ de manœuvre, botté, éperonné, vêtu de blanc, n'ayant d'autre insigne militaire qu'un sabre et une ceinture de soie; il regardait nonchalamment ses soldats tirer tout de travers ; un vieux sous-officier européen les instruisait seul. A la première apparition du soleil, qui venait de se lever, le signal du départ fut donné.

« Comme vous êtes venu à pied et que nous devons gagner pédestrement ma demeure (il y avait bien trois cents pas), je fais, me dit mon hôte, cesser l'exercice un peu plus tôt qu'à l'ordinaire. » Et par politesse pour moi il renvoya son cheval.

Nous arrivâmes en deux minutes devant un joli bungalow : c'était sa demeure; des canapés nous attendaient

1. Éd. de Warren, t. II.

sous la varangue. Un jeune camarade, lieutenant comme lui, qui partage avec lui cette habitation (en raison de la *dureté* des temps qui ne leur permet pas d'avoir chacun leur maison), rentra à cheval presque aussitôt que nous. Des *behras*, sortes de serviteurs spéciaux, accoururent alors pour débotter et déshabiller leurs maîtres, qui passèrent de larges pantalons et une robe de chambre de mousseline, pour mieux jouir du plaisir de prendre le café et de lire les journaux de Calcutta, qui vinrent bientôt. Deux chiens fort laids, mais que l'on me dit d'une race très-distinguée, entrèrent à leur tour, amenés par un domestique qui n'a dans la maison d'autre charge que celle de les soigner. Je demandai leur usage, s'ils étaient dressés à quelque chasse, ou entretenus seulement pour la sûreté ; et l'on me répondit qu'ils n'avaient pas d'utilité spéciale, mais que c'étaient de jolis animaux à voir le matin en revenant de la parade, et que d'ailleurs c'était l'usage d'avoir des chiens.

Ces visites que chaque matin ramène périodiquement se terminèrent par celle du *soubadar* ou capitaine natif de la compagnie, qui venait militairement rendre compte de toutes choses à son chef, le lieutenant européen.

Le soubadar parti, je croyais que nous allions déjeuner ; mais en robes de chambre, comme étaient mes hôtes, la chose se pouvait-elle ? Il fallut attendre que leurs gens les eussent déshabillés, baignés, frottés, essuyés, peignés et rhabillés de blanc pour la troisième fois depuis leur lever !

« La table était splendide et couverte d'argenterie ; l'eau et le beurre avaient été refroidis avec du salpêtre, ce qui nécessite l'entretien d'un *abdar*, serviteur assez dispendieux. Du poisson de diverses espèces, du riz au carry, des œufs, du pain blanc, du pain bis, des muffins, des rôties, du thé, du sherry, du champagne, tout l'appareil enfin d'un déjeuner anglais, couvraient la table, où dix personnes affamées eussent pu satisfaire leur appétit : il y avait donc superflu des deux tiers, et ce luxe outré ne profite qu'aux corbeaux et aux chacals, car jamais un domestique hindou ne touche à la desserte de ses maîtres.

« Quand nous eûmes fini, les *houkabadars* firent leur entrée, déployèrent chacun derrière leur maître le petit tapis accoutumé, y déposèrent religieusement le houka préparé et allumé et en présentèrent le tube.

« On causa de la misère des temps et de l'impossibilité de vivre avec le traitement du grade et la haute paye donnée par la compagnie. Mais qu'est-ce que vivre pour ces messieurs? C'est avoir un cheval de selle, un cabriolet, une maison pour soi seul, le moyen de boire chaque jour une bouteille de vin de France et une ou deux bouteilles de bière anglaise, enfin de n'ingurgiter d'autre eau que de l'eau de Seltz. Du reste, il va sans dire que, dans un climat si chaud, il faut changer de linge trois ou quatre fois par jour; et l'entretien et le blanchissage d'une si énorme quantité de vêtements est dispendieux.

« Mais si ces jeunes échappés du collége, qui n'ont jamais eu une chambre à eux, voulaient bien ici ne pas avoir une maison tout entière, s'ils étaient satisfaits d'un cheval tel quel, s'ils supprimaient leur houka qui les abrutit ou les condamne du moins à des habitudes de paresse invincibles, s'ils se contentaient de boire de l'eau refroidie dans des gargoulettes, et s'ils se limitaient à la moitié d'une bouteille de vin à leur dîner, au lieu de s'endetter, ils s'enrichiraient encore[1]. »

Un de nos contemporains, écrivain habile et judicieux, qui a longtemps vécu parmi eux et à l'ombre des mêmes

---

1. Jacquemont, *Journal*, t. I, p. 218.

drapeaux, n'a-t-il pas établi qu'un Européen sans famille pouvait vivre confortablement dans l'Inde avec une dépense de 3000 francs et mettre de côté tout ce qu'il recevait au delà de cette somme[1]? Or, les sous-lieutenants ou lieutenants à la solde de la Compagnie touchent annuellement. . . . . de 4 à   7 000 fr.

    Les capitaines. . . . . de 10 à 17 000

    Les majors. . . . . de 17 à 27 000

    Les lieutenants-colonels et colonels de 24 à 45 000

    Les brigadiers environ. 60 000

    Et les généraux. . . . . de 90 à 100 000

Il n'est pas question du général en chef, dont les indemnités seules, indépendamment de la solde, s'élèvent à près de 200 000 fr.

Si bien payés que soient les militaires au service de la Compagnie, un simple coup d'œil jeté sur le personnel contenu dans les voitures qui se croisent aux heures de la promenade sur l'esplanade de Calcutta révèle à l'observateur que les *civilian* sont encore bien mieux lotis. Ce sont des hommes en habit noir ou en veste blanche qui s'étalent dans les carrosses; le simple tilbury est l'attribut des habits rouges.

Le personnel du service civil de l'Inde se divise en deux classes, savoir : les fonctionnaires *covenanted*, c'est-à-dire engagés par serment envers la Compagnie, sortis de ses écoles, et les *uncovenanted* ou irréguliers. Un simple préfixe établit entre ces deux classes une différence énorme. La première, recrutée uniquement d'Anglais pur sang, jouit de prérogatives sociales et hiérarchiques inestimables et prélève annuellement au budget de l'Inde une part dont la moyenne pour chaque individu approche de 60 000 francs[2]. La seconde, beaucoup

____

1. Éd. de Warren, t. II, p. 215. — 2. *Calcutta review.* Voir le tableau C à l'appendice.

plus nombreuse, se compose de quelques natifs des Trois-Royaumes, pauvres plébéiens de sang ou de fortune d'un plus grand nombre de métis anglo-hindous, d'autres individus de sang mêlé et d'origines diverses, et enfin de quelques indigènes instruits, chrétiens ou non, mais élevés à l'européenne, parlant et écrivant l'anglais. La Compagnie, qui donne aux *uncovenanted* des appointements bien inférieurs à ceux de la première classe, qui ne contracte aucun engagement envers eux et les renvoie sans indemnité quand bon lui semble, sert au contraire au service *covenanted* de magnifiques pensions après vingt-cinq ans d'emploi, dont on peut passer trois ou quatre en congé avec solde entière.

On compte dans l'Inde environ huit cents emplois civils dont les titulaires ont été choisis parmi les parents et les amis des directeurs et qui n'ont qu'à vivre pour arriver aux plus hautes dignités; mais huit cents jeunes gens peuvent-ils suffire aux besoins du service? Huit cents *anges du ciel* n'y suffiraient pas[1]!

L'admission dans le service régulier est une des branches les plus importantes du patronage de la cour des directeurs, et, comme on ne pourrait abolir la Compagnie sans attribuer ce patronage à la couronne, la crainte de voir un ministère et un parti en possession du pouvoir disposer d'un pareil privilége est un des principaux motifs allégués à la tribune et dans la presse anglaise pour conserver le partage actuel du gouvernement de l'Inde entre le bureau du contrôle, qui représente la couronne, et la cour des directeurs, qui représente la Compagnie. Mais si ce système était aboli, si l'État s'emparait de toutes les attributions de la souveraineté sur l'Inde et y nommait à tous les emplois, les deux services se con-

1. Lord Ellenboroug, Discours à la chambre des lords (*Parlementary papers*), 1852.

fondraient nécessairement en un seul ; les traitements seraient remaniés, un peu au détriment du premier, beaucoup au profit du second, et leur nivellement gradué offrirait bientôt une diminution sur le chiffre total[1].

Ce luxe de traitements est la conséquence de cette idée enracinée chez tous les Anglais, qu'ils font en venant passer quelques années dans l'Inde un sacrifice énorme, dont ils ne sauraient être trop indemnisés.

« Le type de leurs mœurs est si fortement imprimé, que les circonstances les mieux faites pour l'effacer ne l'altèrent, ne le modifient en aucune façon. Nous tenons moins, nous autres Français, à nos habitudes, soit nationales, soit particulières ; nous nous soumettons de meilleure grâce aux exigences des circonstances qui nous en commandent et nous en conseillent le sacrifice. Changement de climat, changement de fortune, rien ne détermine un Anglais à se départir de ses habitudes : il vivra au bout du monde comme il vivait à Londres ; ruiné, il s'endettera plutôt que de se résigner à être pauvre et à vivre pauvrement. Le trait du caractère national anglais est sans doute exagéré dans l'Inde par les prétentions de fortune qu'y apporte, en général, le plus pauvre Européen. Rien de si commun à Calcutta qu'un appel à la charité publique, non pour avoir du pain, mais une voiture. Il est *plus comme il faut*, *plus gentleman* d'aller en voiture par souscription, que d'aller à pied sans avoir mendié ses souliers.

« Un officier occupait au service de la Compagnie un emploi très-lucratif, qui lui permettait de servir à sa mère, en Écosse, une pension de 6000 francs. Soit incapacité, soit désordre de conduite, il vint à perdre son

1. *Annuaire des Deux Mondes*, 1850.

emploi et fut réduit aux appointements de son grade,
environ 16 000 francs par an : et le voilà qui se prévaut
de ce malheur et d'autres embarras pécuniaires pour
demander secours à toute la communauté anglaise dans
l'Inde, afin de pouvoir continuer la pension qu'il faisait
à sa mère. Chacun sait que le père de ce solliciteur, avec
1200 francs au plus de revenu, a vécu et a élevé une
nombreuse famille; mais le fils semble croire qu'on ne
saurait, sans injure, offrir à la veuve de cet honnête artisan moins de 6000 francs par an, et il déclare que,
réduit lui-même à 16 000 francs d'appointements (le traitement d'activité d'un général français), il lui est devenu
impossible de prendre part à la souscription qu'il propose. Un tel homme serait flétri en France. A Calcutta,
on se contente de déverser le blâme sur son inconduite,
dont nul ne parlerait si elle ne lui avait pas fait perdre
l'emploi avantageux qu'il occupait auparavant.

« Il y a cependant un certain fonds de grandeur dans
cette idée extravagante qu'a un homme de son droit à
être riche! Et le mépris de la pauvreté, qui, dans les individus, est un sentiment si odieux et si bête, n'est pas
sans utilité dans une nation. Il contribue puissamment à
la grandeur anglaise[1]. »

Mais, d'un autre côté, il faut le dire, tant d'âpreté au
gain, une telle soif de l'or, sont d'un mauvais exemple
pour les indigènes. Nulle part il n'y a autant de misère,
de démoralisation parmi eux qu'autour de Calcutta, ce
centre de la richesse et du pouvoir de leurs maîtres.

Justice, crimes et dépravation au Bengale.

Ce proverbe : « Un voleur en fait naître cent, » n'est nulle
part plus vrai que dans l'Inde. Quand un voleur, Dacoit

1. Jacquemont, *Journal*, t. II, p. 264.

ou autre, a effrayé par d'épouvantables forfaits la population d'une province entière, une foule de misérables se hâtent de profiter de la terreur générale, pour commettre sous son nom des vols et des assassinats, presque sûrs alors de ne s'exposer à aucun danger personnel. Dans de telles circonstances, quelques magistrats ont cru devoir interdire à tous leurs administrés le port ou même la possession d'armes quelconques. Nulle mesure ne pouvait être plus agréable aux malfaiteurs, les honnêtes gens seuls obéissant d'habitude à de pareils ordres, et dès lors n'inspirant plus aucune crainte aux bandits, qui viennent les dévaliser et les égorger à leur aise.

Une autre cause perpétuelle d'alarmes est l'esprit d'exagération des Hindous. Ils ne peuvent raconter un fait sans le dénaturer et le grossir. Le magistrat du district de ...., exposé à recevoir fréquemment des plaintes au criminel, m'a affirmé que maintes fois il lui était arrivé d'entendre des plaignants déclarer avoir été assaillis et laissés pour morts par une centaine de brigands, et de trouver, après une enquête faite avec soin, qu'il ne s'agissait de rien de plus que d'une rixe entre deux ou trois hommes, en présence d'une vingtaine d'autres, comme il arrive souvent dans un carrefour ou sur un marché, mais sans qu'aucun des spectateurs eût pris une part quelconque à la querelle. Il en est bien souvent ainsi pour les plaintes de vol sur le fleuve ou dans les habitations; jamais on n'a été dévalisé par un ou deux voleurs; on a toujours été attaqué par une nuée de bandits : c'est un moyen d'éveiller l'attention et l'intérêt du magistrat.

Quoi qu'il en soit, suivant le même fonctionnaire anglais, on ne peut nier la multiplicité effrayante des crimes et des délits dans le Bengale, et l'existence de bandes de malfaiteurs, qui, sous le nom de Dacoits (c'est le nom

qu'ils se donnent), rappellent les *ribband-men* d'Irlande,
moins la politique. Souvent une dizaine de paysans, et davantage se réuniront à l'improviste pour assaillir à main
armée quelque maison du voisinage; mais ils ne se contentent pas toujours de la mettre au pillage : souvent ils
s'emparent du maître du logis, de sa femme, de ses enfants, et, semblables à ces chauffeurs qui, à la fin du
dernier siècle, épouvantèrent le nord de la France, ils
emploient la torture envers leurs prisonniers, pour leur
arracher une rançon ou l'aveu d'un trésor caché. Pendant
le jour, ces brigands exercent des professions paisibles;
on en a même connu jouissant d'une certaine aisance.
D'ordinaire, l'association est placée sous la protection
d'un zémindar, auquel elle donne une part dans toutes
les prises; il doit, en retour, employer son crédit pour
tirer ses associés des mains de la justice, établir des
preuves d'alibi, suborner des agents de police subalternes, acheter de faux témoins, ou bien épouvanter par
des menaces les témoins qu'on redoute. Il suit de là que
beaucoup de gens, jouissant parmi leurs voisins d'une
passable réputation de probité, sont gravement suspectés
par l'autorité de tremper dans le *dacoitisme*; mais, faute
de preuves matérielles suffisantes, l'autorité est réduite à
les surveiller au lieu de les punir.

Ayant demandé au narrateur ce que les brahmanes
pensaient de tout cela, il me répondit que leur influence,
encore assez puissante pour entraîner au mal, ne pouvait,
en aucun cas, être désormais un frein moral, et que plus
d'une fois la justice en avait surpris trempant dans les
plus criminelles machinations.

« Tenez, me dit-il en terminant, voici un extrait de
mon registre d'écrou pour le trimestre courant, tel que
je vais l'envoyer au juge de ma circonscription (*circuit
judge*). Vous pouvez y donner un coup d'œil.

Les prévenus y étaient classés par ordre de délits, et je lus :

1° Attaques avec guet-apens............30 accusés.
2° Vols avec effraction................16 —
3° Assassinat, dans les champs, d'un ouvrier par son camarade............... 1 —
4° Id. d'un officier de justice en exercice. 3 —
5° Id. commis à coups de bambou...... 1 —
6° Crime de faux et subornation de témoins 18 —
7° Vol de bateaux.................... 7 —
8° Piraterie avec tentative d'assassinat...10 —
9° Empoisonnement suivi de mort dans un cabaret........................ 2 —
10° Rapt d'un enfant pour le vendre...... 5 —
11° Vols à main armée, suivis de détention violente, séquestration et torture, crimes qualifiés de dacoitisme............32 —

Total..... 125.

En somme, cent vingt-cinq prévenus destinés aux mêmes assises, non compris un riche brahmane, accusé d'avoir fait enlever et amener chez lui, pieds et poings liés, un de ses voisins, objet de sa haine, et de lui avoir fait couper la tête devant un autel de Kali, en observant, au préalable, tous les rites prescrits pour les sacrifices de brebis ou de pourceaux !

Si l'on considère que le district dont je parle n'a pas une circonscription plus étendue qu'un de nos arrondissements de France, on sera épouvanté des présomptions que cette masse de crimes soulève contre la population du Delta du Gange. Il est encore deux choses dignes de remarque : la première, c'est le caractère de complicité que présentent presque tous ces attentats ; la seconde, c'est le mode uniforme de défense en usage parmi les accusés. Ils n'invoquent que l'alibi, car c'est le fait le plus facile à établir au moyen de faux témoignages ; la rencontre la plus rare qu'on puisse faire au Bengale est celle d'un indigène se faisant un scrupule du parjure.

Et cependant, à les voir doux et humbles, gais, industrieux, d'habitudes simples et de mœurs presque patriarcales, les croirait-on si démoralisés ? Entrez le soir dans les cabanes villageoises, vous verrez les deux sexes réunis autour de la lampe de travail : la conversation est animée, on raconte des histoires, des légendes des anciens jours ; les jeunes femmes filent et brodent, les hommes tissent de la toile ou de la mousseline ; d'autres préparent le repas ; les vieillards jouent avec les enfants à une espèce de jeu de dominos. Il n'y a pas, dans ces campagnes, de femmes qui ne sachent coudre, filer et broder. Au temps de la prospérité des fabriques de ce pays, la plupart des dessins qui donnent un si haut prix aux belles mousselines de l'Inde étaient l'ouvrage de leurs mains.... N'est-il pas horrible de penser que de cette chaumière si paisible, de cette famille si laborieuse, va sortir d'un instant à l'autre un affreux Dacoit rêvant pillage et sang, ou qu'elles-mêmes peuvent devenir, quelques heures plus tard, théâtres et victimes de tortures et de massacres ? Que de rapports déplorables, à cet égard, entre le Bengale, la terre la plus féconde de l'Inde, et la malheureuse Irlande, la terre la plus féconde de notre Occident[1] !

Les entretiens que, pendant mon séjour à Calcutta, j'ai eus à ce sujet avec le surintendant de la police du Bengale, n'ont fait que me confirmer dans cette manière de voir. Voici en substance l'opinion de ce haut fonctionnaire, dont relèvent directement plus de dix-huit mille agents indigènes de tout grade, et qui étend sa juridiction sur trente-sept millions d'hommes.

---

1. *Heber's travels;* Campbell, *Modern India.*

« Dans le Bengale proprement dit, la police et la population sont également molles et efféminées, et la première est malheureusement soupçonnée d'être plus active pour le mal que pour le bien. On peut bien avoir exagéré ses méfaits, mais on ne peut nier son incapacité et ses tendances vers la corruption. Dans la nomination de ses agents indigènes, les chances qu'a l'autorité de faire tomber son choix sur un sujet incapable sont décuplées par la nécessité d'écarter un exacteur ou un concussionnaire. Un thanadar bengalais, au lieu d'être un homme actif, aux manières militaires, parcourant les chemins de son district sur un ardent poney, est généralement un individu obèse, vêtu en petit-maître, qui redoute la marche et craint comme la mort l'équitation, se fait porter à épaules d'hommes dans un bon palanquin, et affecte les dehors d'un magistrat judiciaire plutôt que le caractère d'un chasseur de délits. Si quelque crime sérieux éclate, il se mettra à rédiger un compendieux rapport, et peut-être fera connaître son intention de poursuivre, le jour suivant, l'instruction de l'affaire. Quand enfin il se rend sur le théâtre de l'événement, et qu'ayant sommé tous et chacun de comparaître devant lui, il ouvre son prétoire, soyez sûr que c'est justement dans la maison de l'homme qu'il lui faudrait poursuivre, qu'il ira prendre son logement, ses conseils et ses témoins. Quelle justice peut attendre une malheureuse victime des Dacoits, qui trouve le fonctionnaire chargé de recevoir sa plainte assis au foyer même du principal coupable? Mais, après tout, le grand mobile des crimes qui déshonorent actuellement le Bengale est la lâcheté de la population, qui ne sait se défendre ni des brigands ni de la police. Y a-t-il au monde un gouvernement qui puisse protéger des gens qui ne veulent pas se protéger eux-mêmes? *That is the question.* Quoi qu'il en soit, il est certain qu'en ce moment (1854), dans un rayon d'une soixantaine de lieues autour de la métropole des Indes, les natifs sont sans cesse menacés de dilapidations secrètes ou de violences ouvertes, et qu'il n'y a pas d'habitation qui ne puisse être envahie de nuit par des bandes armées[1]. »

Les causes de ce déplorable état de choses ont été cherchées au Bengale, comme en Irlande, dans l'accroissement du nombre des cabarets, foyers contagieux de désordres et de mauvaises pensées, mais dont le gouvernement tolère la multiplication en vue des intérêts du fisc. On les a attribuées aussi à la misère profonde où le *perpetual settlement* de lord Cornwallis, scrupuleusement respecté par ses successeurs, a plongé les classes agricoles. L'administrateur et l'économiste peuvent se contenter de ces diagnostics et se mettre, d'après eux, à la recherche du remède; l'historien ne le peut pas. Pour lui ce ne sont là que des causes secondaires, des symptômes même d'un mal plus grand. La lèpre profonde qui ronge les populations de l'Inde et qui s'est successivement révélée, il y a quarante ans par l'apparition des Pinderries, hier par celle des Thugs, aujourd'hui, dans l'Orissa, par les sacrifices humains, et dans le Bengale par le Dacoïtisme, a son germe dans la décrépitude des institutions brahmaniques qui enchaînent chaque génération nouvelle sur le charnier putride des générations mortes; dans l'enfance du sens moral, prolongée chez les Hindous depuis trois mille ans; dans le servilisme enraciné dans les cœurs par le système des castes, et que les croyances religieuses ont toujours sanctionné au profit de n'importe quel joug; enfin et surtout dans l'absence complète au fond des consciences de la notion de patrie, qui seule peut régénérer les races épuisées.

____

1. Campbell, *Modern India*, p. 462.

Les mamamouchis hindous.

Devant tant de crimes et de misères, quelles sont, pensez-vous, les préoccupations et l'attitude de ceux des indigènes qui, par leur fortune, leur éducation, leur naissance, pourraient avoir quelque influence sur leurs compatriotes? Hélas! c'est l'attitude, ce sont les préoccupations du bourgeois de Molière se faisant recevoir *mamamouchi*. Ne leur parlez pas des devoirs et des droits de l'homme en société, ils ne vous comprendraient pas : les premiers se réduisent pour eux aux préjugés de la caste, aux prescriptions de la secte; les seconds aux momeries de l'étiquette, aux jouissances les plus creuses de la vanité. Le droit de porter des pantoufles devant quelque mince fonctionnaire, celui de pouvoir se promener en palanquin ou à cheval dans les rues le jour des mariages; l'honneur de se faire escorter, dans certaines circonstances, par des gens armés ou par des porteurs de bâtons d'argent; celui de faire sonner de la trompette devant soi, de marcher aux fêtes et aux cérémonies publiques entouré d'un exécrable orchestre, de le composer de tels et tels instruments plus charivariques l'un que l'autre; le droit de faire flotter autour de soi, à ces mêmes cérémonies, des bannières de telle ou telle couleur, ou représentant l'image de telle ou telle divinité : voilà les objets des rêves obstinés, des désirs ambitieux de tout riche babou, de tout grand propriétaire du Bengale. Voilà les priviléges pour lesquels ils s'entr'égorgeaient autrefois sous leurs princes nationaux, sous l'administration musulmane, et dont le maintien ou l'octroi leur font oublier aujourd'hui l'état de dégradation, de misère et de perversité de leur race.

Plus d'une fois, dans mes excursions à travers le

Delta, j'ai été reçu, invité par des propriétaires appartenant à des familles qui tenaient le premier rang dans
l'Inde après les maisons souveraines. Je n'ai pas rencontré un seul de ces hommes, jouissant de deux à cinq cent
mille arpents de bonne terre, qui ne fût en instance à
Calcutta pour obtenir quelqu'un des ridicules priviléges
que je viens d'énumérer, ou d'autres que j'oublie, encore
plus stupides; pas un seul qui ne jalousât et ne déchirât
ses voisins s'ils les avaient obtenus et qui ne s'autorisât
de la rencontre qu'il pouvait avoir faite de mon humble
personne dans les salons ou dans les bosquets de Barrackpour, pour solliciter l'appui de mon crédit supposé,
ne me parlant qu'avec supplications et mains jointes à
hauteur du front, et me jetant en plein visage les titres
les plus hyperboliques. « Un mot du *maharajah*[1] à Son
Excellence le secrétaire persan du lord gouverneur ar-
rangerait tout de suite leurs affaires; » ou bien « la
plus légère intervention de *Ma Majesté* auprès du susdit
personnage les mettrait au comble de leurs vœux. »
Et puis chez tous c'était le même refrain : « N'était-
ce pas une honte que des babous de Calcutta reçussent
les plus hautes distinctions, tandis qu'eux, véritables
descendants des Kchattryas Angas[2], dont l'épée ne s'é-
tait jamais rouillée à l'ombre d'un comptoir, étaient
ainsi négligés? »

Détromper ces malheureux quémandeurs sur ma position, nier mon prétendu crédit, eût été chose impossible;
ils ne m'auraient pas cru. Leur rire au nez eût été inutile, ils ne m'auraient pas compris. Il ne me restait qu'à
leur faire entendre que l'ouverture et l'entretien d'une
bonne voie de communication dans leur district, qu'une

---

1. Grand-Roi. — 2. Les Angas, tribu Aryane, étaient établis dans
le Bengale dès avant l'époque de Rama.

fondation en faveur de l'école chrétienne la plus voisine, étaient les meilleurs moyens d'attirer sur eux l'attention du gouverneur général et d'arriver au but de leurs désirs. Les hommes sont comme les chevaux vicieux : quand on ne peut les conduire au bien en développant leurs bonnes qualités, il faut les diriger par leurs infirmités mêmes. C'est ce que les Anglais font admirablement au Bengale.

Un durbar du gouverneur général.

A la fin du printemps hindou, et dès l'apparition des premiers *hot winds* [1], lord Dalhousie se rendit à Calcutta pour y tenir un *durbar* ou audience solennelle, qui devait précéder de bien peu son départ pour Simla. Certain de rencontrer à cette pompe officielle non-seulement la fleur des habitants indigènes ou anglais de la métropole, mais aussi une foule de vakils ou envoyés des princes de toutes les parties de l'Inde, je ne manquai pas de m'y rendre. Quand j'arrivai, l'audience était commencée; le gouverneur, suivi de ses aides de camp et de son secrétaire persan, avait déjà parcouru le côté où se trouvaient les plus hauts personnages et ceux qui devaient recevoir des khélats ou vêtements d'honneur. Je ne fus donc pas témoin de ce cérémonial, sans doute plus sérieux que celui dont j'avais été victime à Dehli; mais, afin de ne rien perdre de ce que j'avais encore à voir, j'allai me mêler de l'autre côté de la salle aux personnes auxquelles lord Dalhousie n'avait pas encore parlé. C'étaient presque tous des hommes distingués par leur rang, leur naissance ou leur fortune, quelques savants indigènes et des voyageurs des diverses contrées de l'Orient. Tous

____

1. *Hot wind*, vent chaud, le sirocco de l'Inde.

adressaient successivement au gouverneur, et quelques-uns en très-bon anglais, leurs félicitations, leurs demandes ou leurs plaintes.

Lorsque lord Dalhousie eut achevé le tour de la salle et se fut placé sur la première marche de son trône, toutes les personnes présentes s'approchèrent successivement de lui pour prendre congé. Les premiers qui s'avancèrent furent deux jeunes rajahs que le gouverneur venait d'investir des États qu'avaient régis leurs pères, en leur remettant un khélat de brocart et un turban; c'étaient tous les deux des enfants de douze ans, mais fort différents d'apparence. L'un, pâle et chétif, était un Rajpoute du Malva; l'autre, titulaire de la principauté de Kouch-Béhar, au nord du Bengale, avait la fraîcheur et la vivacité de son âge. Lord Dalhousie ajouta aux vêtements magnifiques qu'il leur avait déjà donnés une aigrette de diamants qu'il attacha lui-même à leur turban, un collier de perles qu'il leur agrafa autour du cou, un petit flacon d'*attar* en argent, et du bétel enveloppé dans une feuille de bananier. Vint ensuite le vakil ou envoyé du prince mahratte Scindiah, notre ancienne connaissance[1]. C'était un jeune homme de seize ou dix-sept ans, mais auquel un air très-satisfait, une allure vive et sémillante, donnaient une apparence de petit-maître. S'il n'était pas, auprès de la turbulente ranie de Gwalior, le titulaire de l'emploi de kashie, tout au moins pouvait-on le soupçonner d'aspirer à cette position sociale.

Le khélat et les autres présents qui lui furent offerts n'étaient que de très-peu inférieurs à ceux des deux petits rajahs. Les vakils d'Aoude, de Nagpour, de Tipperah, de Cachemire et de Népaul, s'approchèrent ensuite et reçurent des témoignages de considération analogues,

---

1. Voir au chapitre III de ce volume.

quoique moins magnifiques peut-être. Après eux vinrent des chefs de bandes ou de clans d'outre-Sind, des Persans, des Béloutchis, des Arabes, tous remarquables par leurs figures imposantes et leurs attitudes militaires. Tous aussi reçurent quelques présents. Les babous et citadins qui suivirent n'eurent qu'un peu d'attar versé sur leurs mouchoirs.

Ce fut, à tout prendre, un spectacle intéressant, bien que les vêtements, presque tous de mousseline blanche, offrissent une uniformité qui n'était pas suffisamment relevée par la splendeur de quelques khélats. Ceux-ci même étaient éclipsés par la pourpre, les broderies et les panaches des uniformes anglais. La personne qui me frappa le plus fut l'aide de camp hindou du gouverneur général, beau militaire dans toute la vigueur de l'âge, et dont la physionomie respirait à la fois la douceur et l'audace. Un riche costume de hussard, sur lequel brillaient les insignes de l'ordre du Bain, relevait encore l'élégance de sa taille et de sa démarche. Sorti le dernier du cercle, au lieu de présenter au gouverneur général un nuzzer d'argent comme les autres, il tira à demi la lame de son sabre, comme pour lui en faire hommage. Il y avait autant de noblesse que de naturel dans ce simple geste, le plus flatteur sans aucun doute de tous les salams dont lord Dalhousie fut l'objet dans cette circonstance.

Ce militaire était le lieutenant-colonel Z..., excellent officier, aussi considéré, en dépit de son teint de bronze, des Anglais que des Hindous eux-mêmes.

Son grade et sa décoration, choses inusitées dans l'armée indigène et même contraires aux règlements de la Compagnie, piquèrent vivement ma curiosité. Je cherchai l'occasion de me lier avec lui et je la trouvai facilement, son bungalow à Barrackpour étant voisin du mien. Soit simples rapports d'âge et de manière de voir, soit analogie de sentiments, je ne tardai pas à gagner sa confiance et son amitié.

Il appartient à la classe des *half-casts* ou *hommes de sang mélé*, issue de l'union des conquérants européens avec les femmes indigènes ; classe qui n'a point de place dans la société hindoue et qu'on ne peut comprendre dans la société européenne, d'après l'absurde préjugé qui l'en exclut, quelles que soient l'éducation et les qualités morales de l'individu. N'appartenant par aucun point complet ni à l'Europe ni à l'Asie, mais cependant parfaitement familiarisé avec nos usages, le lieutenant-colonel Z*** est un homme infiniment curieux à connaître. Ses mœurs, qui ne sont pas plus empreintes que ses traits du cachet particulier d'une race, d'une civilisation ou de préjugés distincts, sont douces, bienfaisantes, et lui ont acquis une bienveillance presque générale. Riche, il est généreux comme un natif. Il a bâti, ici une pagode, là une mosquée; plus d'une route solitaire lui doit la construction d'un bungalow pour les voyageurs ; plus d'un canton menacé de sécheresse et de famine, la réparation des digues de son réservoir ; il a dépensé près d'un lacs de roupies[1] en fondations d'écoles et de chapelles chrétiennes de toutes sectes. Jeune encore, mais vieux soldat, et soldat distingué, ayant beaucoup vu et beaucoup agi, sa conversation est pleine d'intérêt; mais il ne parle volontiers que des choses de son pays, soit que ce soient réellement les seules qu'il sache bien, soit plutôt qu'il se méfie de son jugement sur celles des autres pays.

Souvent choisi par lord Dalhousie pour remplir des missions de confiance, il venait de parcourir toute la ligne frontière du Sind, depuis les montagnes d'où dé-

____

1. 250 000 francs.

bouche ce fleuve, jusqu'à sa jonction avec l'Océan, et il allait se rendre pendant l'été dans les districts nouvellement distraits par la Compagnie des domaines du rajah de Sikkim, petite principauté indépendante des montagnes, enfoncée comme un coin entre le Népaul, le Boutan et le Thibet.

Le rajah de Sikkim ou le propriétaire malavisé.

Pendant l'automne de l'année précédente, ce rajah, auquel le gouvernement anglais desservait annuellement une rente de 7500 francs, en échange du droit concédé par lui à la Compagnie d'entretenir un résident à demeure et un hôpital pour les soldats bengalais dans un bourg sikkimois, ce rajah, dis-je, fatigua son creux cerveau de porte-couronne à la recherche d'un moyen adroit, sinon honnête, d'arracher à sa puissante locataire une augmentation de loyer. Il ne trouva pas de meilleur expédient que de mettre la main sur l'agent de la station sanitaire et sur le botaniste Hooker, qui, sans songer à mal, herborisait en ce moment sur les frontières du Thibet pour le compte du *Botanic Garden*. Il les logea tous deux sous les verrous, déclarant qu'il ne les relâcherait qu'après qu'on aurait fait droit à ses prétentions de propriétaire.

L'affront était d'autant plus grand, que le docteur Campbell (l'agent incarcéré) était chargé des relations politiques et commerciales du gouvernement de Calcutta avec le Sikkim. On assembla quelques troupes sur la frontière ; le général Charles Napier, alors commandant en chef de l'armée de la Compagnie, brandit son grand sabre, enfla sa grosse voix : il n'en fallait pas tant pour venir à bout du malencontreux délinquant, déjà épouvanté de son attentat, et anathématisé pour ce fait par le principal lama de sa principauté, ami des Anglais. Il relâcha ses prisonniers et s'enfuit dans d'inabordables rochers, abandonnant le plat pays, qui fut immédiatement saisi et confisqué par quelques *policemen*, envoyés à cet effet de Calcutta. Le résultat définitif de cette équipée a été, pour le rajah, la suppression de sa rente annuelle et la perte de sa station sanitaire de Dorjiling, sujet du litige, et des meilleurs districts environnants, qui ont été déclarés annexés à jamais au domaine britannique, à la grande satisfaction de leurs habitants, pauvres montagnards pressurés par leur ancien maître. A la place des redevances en nature de toutes sortes qu'ils étaient forcés de lui payer, ils n'auront plus qu'une faible taxe en argent à verser à la caisse de Dorjiling.

La saison des pluies à Calcutta. — Un orage au Bengale.

Le colonel Z***, qui allait inspecter la frontière, à peu près inconnue, que cette nouvelle acquisition faisait au Bengale, m'engagea à l'accompagner dans cette tournée. J'acceptai cette offre avec d'autant plus d'empressement, que l'approche de la saison des pluies ne me permettait pas de continuer, de plusieurs mois au moins, mon voyage vers le sud. Nous touchions au mois de mai, et le climat de Calcutta commençait à devenir intolérable. Sous les ombrages mêmes de Barrackpour, l'atmosphère paraissait en feu. Il était des nuits d'un calme si lourd, si profond, que pas une des feuilles du jasmin qui rampait en festons sur mes fenêtres ouvertes ne tremblait sur sa frêle tige, et que mon moustiquaire de gaze retombait autour de moi roide et immobile comme la draperie sculptée d'un tombeau. Ce calme suffoquant indiquait à la fois l'apogée des chaleurs et la prochaine apparition des pluies. Chaque soir le soleil descendait dans un lit d'épais nuages entrecoupés d'éclairs. Déjà avaient éclaté les premiers orages; déjà à de légères ondées avaient succédé des chutes d'eau continues de plusieurs heures; déjà tous les Européens qu'un devoir impérieux n'enchaînait pas dans les plaines du Bengale s'empressaient de les quitter pour des localités moins exposées à ces deux fléaux, la chaleur et l'humidité.

Sur aucun autre point de l'Inde le contenu des nuages ne se déverse sur le sol en lignes si serrées et si pesantes ; souvent ce sont de véritables masses se précipitant avec la fureur et l'impétuosité d'une cataracte.

Sous ces avalanches dissolvantes, les huttes des indigènes se détrempent et s'écroulent. Si ce déluge épargne les habitations somptueuses de leurs princes et de leurs maîtres européens, il les livre néanmoins à l'invasion de myriades d'insectes et de reptiles cherchant des asiles contre les éléments qui bouleversent leurs repaires. C'est pour les pauvres l'époque d'une immense misère ; pour les riches, d'un immense ennui ; c'est pour tous une source d'alarmes, un temps de contacts immondes ou dangereux.

Bien que nous eussions quitté Calcutta avant l'époque où commence d'ordinaire le déluge annuel des tropiques, nous ne franchîmes pas les cent trente lieues de plaines qui séparent cette capitale des montagnes du Sikkim sans avoir éprouvé les effets d'une de ces convulsions de l'atmosphère, dont nos climats ne peuvent donner l'idée. Auprès de Dinajepor, sur un de ces canaux naturels qui portent au grand Gange une partie des eaux de la Teesta, nous faillîmes périr dans une véritable tempête maritime. L'embarcation qui nous portait, battue par des lames énormes et soulevée avec elles par une violente colonne d'air ascendante, fut jetée hors du fleuve dans un djungle marécageux, où nous dûmes l'abandonner. Réfugiés dans un bungalow du voisinage, nous apprîmes avec stupeur que nous ne nous étions trouvés que sur l'extrême limite de la sphère d'action de l'ouragan. Le tableau qu'on nous fit le lendemain de la ligne où s'était appesantie sa rage était si étrange, que je ne pouvais y ajouter foi ; mais quand je vis ces rapports confirmés par quelques-uns de nos compagnons de voyage qui s'étaient rendus sur les lieux, je voulus aussi juger par moi-même des ravages causés par cet affreux typhon. La zone qu'il avait parcourue n'était plus qu'un chaos d'où s'exhalait une odeur de cadavres en putréfaction. Une personne qui avait été témoin de la catastrophe me raconta qu'au moment où avait commencé à souffler du sud-ouest un vent précurseur de l'orage, une masse nuageuse, noire comme le jais et semblable à une tour dont la base rasait le sol et dont le sommet se perdait dans les airs, s'était précipitée des montagnes du nord, tandis qu'une trombe toute semblable se formait dans la plaine et s'avançait dans une direction opposée. Au moment où elles se rencontrèrent, violemment poussées par des courants contraires, elles tournoyèrent un instant l'une sur l'autre, et la chaleur acquit tout à coup une intensité excessive ; puis les deux masses parurent se confondre : la lumière du jour fit place à l'obscurité la plus profonde, et soudain, au milieu des maisons écroulées, des bambous cassés, des arbres déracinés, hommes, femmes, enfants, bestiaux, emportés par le tourbillon dans toutes les directions, furent lancés, meurtris dans les débris, broyés contre des troncs gigantesques, littéralement embrochés sur des fragments de bambous, ou ensevelis sous les ruines de leurs habitations. Des deux côtés de la route suivie par l'ouragan, il était tombé des grêlons de la grosseur des briques ordinaires. Cette zone de ruines et de mort pouvait avoir

270 mètres de large, mais sa longueur est restée inconnue.

L'usage est ici de construire les maisons isolément,
en les entourant de plantations et de bambous ; de sorte
que le pays , comme les plaines de la Normandie, présente à l'œil du voyageur une succession de fermes
entourées d'arbres et séparées par des champs cultivés.
Là où l'ouragan avait passé, on ne voyait plus que des
masses informes d'arbres entassés les uns sur les autres,.
en partie recouverts de terre, et confondus avec les matériaux bouleversés des habitations. Les lits, les armoi-
res, les meubles de toutes sortes étaient broyés en mille
pièces ; et, quand on examinait ces débris épars, on
cherchait vainement à quel objet la plupart pouvaient
avoir appartenu.

Sous ces monceaux de décombres, des chacals et des
vautours cherchaient, pour les dévorer, des restes de cadavres humains ou d'animaux. Dans les moindres flaques
d'eau gisaient des chiens et des chèvres en putréfaction.
Les champs étaient couverts de squelettes d'hommes ou
d'animaux, et les branches dépouillées de quelques arbres
restés debout étaient chargées de vautours. D'autres
oiseaux de proie couvraient la plaine, tellement repus
qu'ils ne pouvaient s'envoler à notre approche ; d'autres enfin s'élevaient par centaines dans les airs en
tournoyant au-dessus de leur curée, et marquaient
ainsi dans le ciel redevenu serein la route suivie par la
tempête.

Un malheureux dont la raison semblait égarée , débris vivant et affamé de cet affreux désastre , la tête enveloppée de linges sanglants, le corps déchiré et meurtri,
se traîna jusqu'à moi, implorant notre pitié. Père,
mère, femme, enfants, l'ouragan lui avait tout enlevé ; il
cherchait en vain leurs restes, leurs traces, et ne recon-

naissait plus rien au milieu de cette scène affreuse de désolation.

Le lendemain, un tableau bien différent s'offrait à nos regards. Nous étions dans le district de Couch-Bérar; nous traversions ses hameaux tapis dans la verdure, et où les hautes toitures, s'élevant depuis le sol jusqu'au sommet des palmiers qui les entourent, les cultures de bananiers et de rimas, rappellent, non moins que les traits placides et les mœurs enfantines de leurs habitants, les petits Édens de la Polynésie au temps de Bank et de Forster. Partout la population était dans la joie; partout elle célébrait par des danses et des chants l'apparition de cette saison des pluies, qui venait de se manifester d'une manière si terrible à quelques lieues de distance seulement. Là-bas m'était apparue la mort sous ses aspects les plus repoussants, les plus épouvantables : ici la vie prodiguait ses épanouissements les plus doux. Aux émanations putrides de la veille succédaient les effluves bienfaisants d'une atmosphère imprégnée du frais arome des vergers et des guérets en pleine floraison ; et mon oreille, encore frémissante des rugissements de la trombe et des cris des vautours en quête de cadavres, put recueillir, sous les voûtes sonores de plus d'un massif à l'épais feuillage, ce chant de circonstance que des jeunes filles à la voix légère se renvoyaient en chœur, pendant que leurs mains agiles tressaient, pour la fête du soir, des guirlandes de mimoses et de jasmins :

Malar, ou chant des pluies.

« Le mois des pluies est venu, ô ma mère ! d'épais nuages courent dans le ciel, et de leurs flancs noirs descendent à flots sur la terre la pluie et la fécondité.

« La grenouille dans les prés, le paon dans les bois,

le kokila sur les rochers , élèvent ensemble leurs voix aux notes si diverses ; mais tous leurs cris sont des appels d'amour.

« En les entendant, les amants qu'un obstacle sépare prêtent avidement l'oreille et soupirent.

« Le mois des pluies est venu, ô ma mère ! d'épais nuages courent maintenant dans le ciel. »

Telles sont , sur la terre de l'Inde , les variations et les contrastes extrêmes des phénomènes physiques et du monde moral.

CHAPITRE IX.

DU BENGALE A CEYLAN.

Le Sikkim. — Retour vers le sud. — Le Ghondwana. — Les sacrifices humains. — Cruauté et naïveté des Ghonds. — Le temple de Djaggernaut et ses solennités brahmaniques. — La côte de Coromandel. — La ville, le gouvernement et l'administration de la présidence de Madras. — La colline de Meilapour consacrée à saint Thomas. — Condjévéram ; la cité des sept pagodes ; légende du grand Bali. — Sadras, Pondichéry. — Ceylan. — Ses noms et ses légendes antiques. — Souvenirs de Rama. — Ceylan dans les temps modernes. — Une bête sauvage sur le trône de Candy. — Sa déposition par l'Angleterre. — Gouvernement et divisions de l'île. — De Trincomaly à Candy. — La vierge-mère et ses trois fils. — Grands vestiges des temps anciens. — Description de Candy. — Jardin royal. — Départ pour la chasse aux éléphants. — Paysage de forêts vierges. — Récit d'un vieux chasseur. — L'Éden après la chute de l'homme. — Capture d'un troupeau d'éléphants. — Colombo et Ramisseram ; littérature cingalaisé.

Le Sikkim. — Retour vers le sud.

Le district de Sikkim, compris dans les plus belles parties de l'Himalaya, entre les plus hauts sommets mesurés du globe et les frontières du Thibet, a trouvé récemment dans le naturaliste Hooker un explorateur infatigable et un chaleureux panégyriste[1]. On trouve là, en effet, réunis dans un espace étroit, les phénomènes les plus grandioses et les oppositions les plus tranchées de la nature des montagnes et de celle des régions tropicales ; des glaciers auxquels ceux de nos Alpes ne peuvent

1. *Himalayan journal*, IIe vol., 1854.

se comparer, des torrents plus puissants que nos grands fleuves, se précipitant en cascades du haut d'inaccessibles falaises, à travers des bois de rhododendrons et de magnolias ; des lacs d'azur, baignant de verts pâturages, peuplés d'hémiones et de yacks sauvages, à une hauteur qui laisse au-dessous d'elle la cime de notre mont Blanc ; de sauvages ravins, comme Salvator Rosa lui-même n'en a jamais rêvé ; des vallons gracieux et fertiles qui appellent l'idylle ; des plateaux salubres, où les malades du Bengale viennent aspirer la santé et la vie, et au milieu de tout cela une population pastorale, celle des Lepkas, montagnards vigoureux, doux et honnêtes, comme étaient les Helvétiens avant d'être devenus *ciceroni* et aubergistes spéculateurs.

Mon séjour dans cette contrée se prolongea jusqu'au mois de septembre, c'est-à-dire jusqu'au moment où mon compagnon de voyage, le colonel Z***, me quitta pour rejoindre la cour de lord Dalhousie, mais non sans me donner rendez-vous pour le printemps suivant, à l'autre extrémité de l'Inde, dans les Nilgherries, où il possède un vaste domaine.

Dès le débouché des montagnes, mettant à profit les ramifications multipliées de la navigation intérieure du haut Bengale, je gagnai par la Teesta et le Mahanuddy le lit principal du Gange, qui me porta à Dacca, ville renommée qui fut entre le xviie et xviiie siècles le grand centre du commerce et des pouvoirs indigènes.

Je pus assister à une chasse au tigre, dans l'enceinte ruinée du palais de ses rois ; peu de jours avant mon passage, on y avait pris un éléphant sauvage. J'allai ensuite visiter Chittagong, l'Islamabad des musulmans, et, du haut des magnifiques collines qui dominent cette ville, jeter un regard sur l'Indo-Chine, qui commence sur leur versant oriental.

Peu après, un bateau-poste me déposa de l'autre côté
des bouches du Gange, sur le quai de Balasore.

Le Ghondwana. — Cruauté et naïveté des Ghonds.

Entre les sources de la Soane, tributaire du Gange, et
celles du Bain, affluent de la Godavary; entre les cours
supérieurs du Mahanudda, de la Nerbudda et de la
Tapty, s'étend un vaste quadrilatère, presque ignoré des
géographes, négligé des touristes, et peu connu des
maîtres mêmes de l'Inde. C'est le Ghondwana, ou la terre
des Ghonds; région montagneuse et boisée, dont l'aspect
général semble avoir peu changé depuis les temps antiques, où elle faisait partie de la grande forêt Dandaka,
qui a fourni à Valmiki tant de poétiques tableaux. Dans
les replis de ce plateau sauvage, vit une population agricole sur laquelle les siècles et les invasions semblent
n'avoir déposé que des germes de barbarie, et qui à la
simplicité de mœurs des Puharris allie les atrocités su-
perstitieuses des Hindous modernes et la monstrueuse
cruauté de cette époque mythologique où le Rakchas, en
quête de proie humaine, disputait aux tigres et aux pythons l'empire des forêts du Deccan.

Chez les Ghonds, les sacrifices humains, à diverses
reprises abandonnés, condamnés et propagés par les
brahmanes, sont encore en usage comme au temps de
Çunaçépa[1], et il en résulte dans toutes leurs vallées
une traite horrible, la traite d'enfants des deux sexes,
achetés à la misère ou enlevés de vive force à leurs
parents. En général, le mode d'achat est le plus prati-

______

1. Voir dans le Ramayana, liv. I, chap. LXIII, la légende de
Çunaçépa, vendu par ses parents pour être égorgé dans un sacrifice,
et sauvé par l'intervention du réformateur Viçvamitra, prêtre ou
prophète d'Indra. Date probable : 1800-1900 ans avant J. C.

qué; il y a toujours des parents pauvres ou surchargés de famille, qui, moyennant un prix modéré, se défont d'une partie de leur progéniture. L'enfance en bas âge ou l'adolescence sont d'un placement également certain; seulement, dans le dernier cas, l'acquéreur charge ses captifs de liens pour les conduire à son village. Il les garde ainsi garrottés, jusqu'à ce qu'ils prennent l'engagement de renoncer à toute tentative d'évasion. Nulles caresses ne lui coûtent pour obtenir ce résultat, et la promesse sous serment de ne pas les sacrifier n'est jamais épargnée. Quelquefois même elle est tenue; mais alors le maître marie son jeune esclave, se réservant de lui substituer sous le couteau sacré les enfants qui naîtront de lui. Au reste, il conserve toujours le droit imprescriptible de l'immoler plus tard, s'il le juge à propos. Les prétextes ne lui manquent jamais; car à chaque fléau public ou privé, à chaque maladie grave, à chaque bouleversement du foyer, comme à chaque fête de communauté ou de famille, il faut du sang, du sang humain!

C'est surtout à l'occasion des semailles que ces immolations revêtent leur plus hideux caractère. Huit jours avant le sacrifice, le malheureux qui doit en faire les frais est garrotté étroitement; on lui donne, du reste, à boire et à manger autant qu'il le désire. Dans l'intervalle, les habitants des villages voisins sont invités à venir prendre part à la grande solennité religieuse, au *Pourroucha-Medha!*

Tous les préparatifs terminés et les convives réunis, on amène au lieu désigné par l'usage le captif, que l'on a presque toujours soin de plonger dans un état d'ivresse. Après l'avoir attaché au poteau consacré, les assistants commencent autour de lui une ronde mystique et sauvage; puis, à un signal donné, tous ensemble, le couteau à la main, se jettent sur la victime, qui est dépecée toute vivante : le lambeau que chacun en détache, emporté en toute hâte sur le champ qu'on veut féconder, devant, d'après le rituel barbare, y être déposé encore chaud et saignant !

Le gouvernement de Calcutta, ayant eu connaissance et de cette atroce coutume et de l'existence de ces enfants entretenus par milliers pour une immolation certaine, se décida à intervenir chez les Ghonds.

Après des avertissements et des menaces restées sans effet, des troupes furent dirigées en 1847 contre les villages situés à l'entrée des montagnes ; elles les livrèrent aux flammes, et en ramenèrent cinq cents enfants destinés aux oblations sanglantes, et que l'on a répartis entre les écoles chrétiennes de la côte.

L'autorité ne s'en est pas tenue à ce premier acte de vigueur ; elle a créé autour du plateau du Ghondwana une chaîne de postes militaires, d'où chaque année, après la saison des pluies, des détachements rayonnent à plusieurs journées de marche et préviennent les horribles sacrifices. Mais la fièvre du pays, si mortelle aux étrangers, n'ayant pas permis aux troupes de la Compagnie de pénétrer bien avant dans les gorges de ce massif montagneux, il est à craindre que la hideuse superstition ne continue ses ravages là où elle n'a rien à craindre des Anglais.

Ces détails, révélés par les missionnaires modernes, me furent confirmés à Balasore par un capitaine anglais, qui a la mission de supprimer, autant que possible, les sacrifices humains dans les plaines du littoral, où cet horrible usage s'est infiltré, grâce à la déplorable faculté d'assimilation que la race hindoue a pour toutes les monstruosités.

Depuis deux ans que cet officier parcourt les environs, il a sauvé une soixantaine de personnes, et empêché indirectement, par son influence, la destruction d'une ou deux centaines d'autres. Un des sacrificateurs, dont il s'est emparé, et qui maintenant, bon gré mal gré, est forcé de lui servir à en découvrir d'autres, lui a fait à ce sujet d'effroyables révélations. Des misérables font métier de voler des enfants, et les vendent secrètement aux gens de leur secte, qui, le prix une fois payé, croient que le sang répandu ne retombe pas sur eux, mais sur le vendeur. Voici les propres paroles du brave capitaine : « L'usage est positivement de disséquer la victime toute vivante, de lui enlever un à un les muscles des membres, de la face et de l'abdomen, de manière que les viscères intacts et mis à nu exposent longtemps aux regards leurs épouvantables convulsions [1]. »

Telle est, avec le thuggisme, la dernière conséquence du culte de Kali.

Malgré leurs abominables et antiques préjugés, les Ghonds sont loin d'avoir un caractère féroce ; c'est un peuple encore neuf, n'ayant que peu de rapports avec les Hindous de la plaine, dont ils diffèrent par les mœurs aussi bien que par la langue. Ils ignorent le système des castes, ou tout au moins chez eux, ce système est-il moins tranché et plus tolérant que dans tout le reste de la Péninsule. Leur simplicité et leur franchise primitives sont telles qu'un jour, se croyant en force de se mesurer avec les troupes anglaises, ils crurent devoir les prévenir par un héraut d'armes et leur fixer l'époque et le lieu du combat. Ne se croyant pas obligés par le droit des gens à tant de délicatesse envers leurs faibles adversaires, les Anglais vinrent les attaquer le lendemain. On devine ce qui arriva aux pauvres Ghonds ; mais en revanche, pendant bien longtemps, ils se plaignirent de la mauvaise foi des Anglais : « Ils ont devancé le jour fixé pour le combat ; c'est une déloyauté ! »

1. Prince A. de Soltikoff.

Un autre intérêt que celui de l'humanité appelle les Européens dans le Ghondwana, dont les torrents, après la saison des pluies, roulent des diamants. Les anciennes mines de Golconde sont aujourd'hui épuisées ; on en soupçonne de bien plus riches dans les rochers où le Mahanuddy prend sa source, dans le plateau boisé qu'il arrose de ses méandres avant de s'incliner à l'orient vers la mer du Bengale. L'espoir de découvrir un jour la gangue mère de ces trésors n'a pas été sans influence sur la décision qui a fait passer par les régions les plus sauvages du district de Sumbulpour la grande route postale de Calcutta à Bombay.

Le temple et les pompes religieuses de Djaggernaut ou Djaganatta.

Comme le docteur de *la Chaumière Indienne*, je me rendis de Balasore à Djaggernaut en palanquin ; mais je dois avouer que je n'arrivai pas comme lui à la fameuse pagode *par l'avenue de bambous qui côtoie le Gange et les îles enchantées de son embouchure*[1] ; et ceci par les raisons bien simples : 1° que cette avenue n'existe pas plus aujourd'hui qu'aucune des huit autres que le bon docteur fait diverger vers autant de royaumes ; 2° que l'embouchure et l'île la plus voisine du Gange sont à plus de cinquante lieues de Djaggernaut ; 3° et qu'enfin mes yeux, eussent-ils pu atteindre jusqu'à elles, n'auraient pu contempler que la nature la plus désenchantante du monde dans les amas de vase et de sable que se disputent l'eau douce du Gange et les flots salés de l'Océan.

Il n'est aucun temple un peu notable dans l'Inde qui n'ait sa procession annuelle. Celui de Djaganatta a le privilége d'en posséder une par mois. Dans ces pompes

---

1. Bernardin de Saint-Pierre, *la Chaumière Indienne*.

religieuses, l'idole est promenée sur un grand char massif, porté par quatre grosses roues pleines, et non à jantes et à rais comme celles de nos voitures. Une grosse poutre tient lieu d'essieu et soutient un édifice haut quelquefois de 16 mètres. Sur les planches d'assemblage qui en forment la base, sont sculptées des figures d'hommes et de femmes dans les attitudes les plus obscènes. Divers étages de charpente à claire-voie s'élèvent sur cette espèce de soubassement et vont en diminuant de largeur, de manière à donner à toute la machine roulante une forme pyramidale.

Ces jours-là, le char est tapissé de toiles peintes, d'étoffes précieuses, de guirlandes de feuillage et de fleurs; l'idole, qui n'est autre qu'un tronc informe de bois à peine ébauché, dont l'intérieur est censé contenir les cendres de Krichna, est revêtue de ses plus riches ornements, parée de ses joyaux les plus précieux. Elle occupe sous une châsse élégante le sommet du char, dont un essaim de danseuses couvre les gradins. Les unes éventent l'idole avec des éventails de plumes de paon; les autres agitent en tous sens des banderoles et des houppes touffues fabriquées avec des queues d'yacks du Thibet. D'autres individus, montés sur le char pour en diriger les mouvements, animent par des vociférations réitérées la multitude qui le traîne, attelée à de grands câbles au nombre de plus de mille personnes. Tout cela s'avance au milieu d'un tumulte et d'une confusion inexprimables. La cohue qui fait cortége au dieu, hommes, femmes, enfants, s'agite, crie, chante, rit, pleure et déchaîne ses caprices et ses vices en un brutal pêle-mêle, d'où s'absentent surtout la raison, la décence et la pudeur. De même que dans les mystères stigmatisés par les moralistes de l'antiquité, il est commun, m'a-t-on dit, de voir des intrigues amoureuses, soumises ailleurs à une surveillance importune, chercher un honteux dénoûment dans cette bacchanale.

Et pendant que la procession avance lentement, que des hurlements effroyables et des sifflements aigus en marquent toutes les pauses ; que l'orchestre, le plus discordant que les hommes aient pu imaginer, déchire les airs et les oreilles ; que des courtisanes, toujours très-nombreuses à ces solennités, exécutent des danses passibles chez nous de la police correctionnelle, un grand nombre de dévots se traînent en rampant devant le char ; plusieurs se disputent sérieusement l'honneur de se faire écraser par lui, et d'autres pénitents, saintement accrochés, par un crampon de fer enfoncé sous les muscles des épaules, à un mât tournant sur pivot, décrivent dans les airs de sanglantes spirales....

Telle est l'esquisse des saintes pompes de Djaganatta, tel est le genre de piété qui anime les Hindous. Si infâmes qu'aient été les mystères des Grecs et des Romains, si révoltantes que fussent les extravagances de leur paganisme, ce n'étaient pourtant que des jeux d'enfants en regard des pratiques folles, ignobles, obscènes ou cruelles du culte brahmanique moderne. Mais les brahmanes en vivent, et les maîtres de l'Inde en profitent. Parmi les sources du revenu de la Compagnie figurent les taxes prélevées par ses agents aux portes des lieux de pèlerinage. La taxe perçue à Djaganatta, pendant l'année de mon passage, s'est élevée à plus de 800 000 francs, et le nombre des pèlerins à plus de 300 000. Descendus du nord pour aller jusqu'à Ramisseram, ou se dirigeant du sud de la Péninsule vers Bénarès, tous ont passé par Djaganatta pour y faire leurs dévotions ; c'est un terrain neutre que viçnouvites et civaïtes fréquentent avec un zèle égal, et où ils déposent leurs animosités mutuelles et la haine de sectaires qui les divisent partout ailleurs. Mais, sur le nombre que je viens de citer, combien ne sont pas parvenus au terme de leur route! combien n'ont pas revu leur foyer! La mortalité est toujours grande parmi ces agglomérations d'hommes fatigués et exaltés. Tous les chemins qui débouchent sur Djaggernaut sont toujours jonchés de cadavres; les chacals et les vautours semblent là se nourrir de chair humaine. Le collecteur anglais du district estime à plus de 5000 le nombre des pèlerins morts dans l'année, sur le court espace qui sépare sa résidence de Cuttack. « Combien je désirerais, me disait ce fonctionnaire, que chaque porteur d'actions de la Compagnie des Indes pût contempler comme moi ces fêtes de Djaggernaut, et voir à quelle source impure il puise parfois ses dividendes! Je voudrais que tous eussent pu être témoins de la scène navrante que j'ai eue dernièrement sous les yeux. J'ai rencontré dans la campagne une pauvre femme qui se mourait; son mari, pèlerin comme elle, était mort peu auparavant. Elle avait à ses côtés deux petits garçons qui jetaient autour d'eux des regards d'effroi sur les vautours et les chacals qui les épiaient. Je demandai à ces pauvres enfants où était leur demeure : ils me répondirent qu'ils demeuraient là où était leur mère!... »

La côte de Coromandel.

J'avais hâte de m'éloigner de ce théâtre de monstrueuses absurdités, de ce charnier d'âmes et de corps. Ce fut donc avec une sensation de soulagement et de bien-être que, les yeux tournés vers la mer, j'aperçus la fumée du steamer qui dessert les côtes de la Péninsule entre Calcutta et Madras.

Cinq jours plus tard, après avoir fait échelle à quelques centres manufacturiers ou commerçants du Coromandel, tels que Mazulipatam, Gamgam et Cicacole, je débarquais, ou, pour mieux dire, j'étais jeté à Madras.

Jeter est ici le mot propre, le verbe par excellence ; nul autre ne rendrait l'effet d'un débarquement sur toute cette côte de Coromandel, privée de baies et de ports, et battue d'un ressac incessant depuis la rade de Balasore jusqu'au détroit de Manaar. Toute embarcation européenne périrait en quelques secondes dans la triple ligne d'écume qui sépare du rivage les bâtiments mouillés au large. Ils ne peuvent communiquer avec la terre qu'au moyen des *schelingues* ou barques indigènes, embarcations primitives, simples coquilles de cuir et d'écorce, dans la formation desquelles il n'entre ni clous ni chevilles, et dont les parties n'adhèrent les unes aux autres que par une couture grossière de cette espèce de filasse qui entoure la noix du cocotier. Chaque schelingue est manœuvrée par quinze, dix-sept ou dix-neuf rameurs, dont un, tenant le gouvernail, fait tout à la fois fonction de pilote et de chef d'orchestre ; car l'équipage bat la mer de ses rames sur la mesure d'un lamentable chant, mélange de tous les patois de la côte et des notes les plus monotones et les plus discordantes de l'octave.

C'est au milieu de ce concert, digne de figurer aux funérailles du diable, que l'on vient heurter trois lignes parallèles d'écume, dont la première n'expire en mugissant sur la plage que pour être immédiatement remplacée en arrière par une quatrième, qui se rue du fond de la mer avec d'épouvantables murmures sur les traces de ses devancières. L'art du nautonnier consiste à présenter toujours perpendiculairement la proue ou la poupe de sa barque à la vague qui déferle sur elle. Malheur à l'esquif s'il vient à être frappé par le travers ! il n'en restera plus dans un instant que quelques fragments d'écorce et de cuir tournoyant sur l'abîme. Cependant, en ce cas extrême, il reste toujours un espoir au naufragé. Nulle schelingue ne navigue sans conserve. Voyez-vous à droite et à gauche de vous ces troncs d'arbres recourbés, réunis trois à trois et bondissant dans la houle sous des créatures humaines? Ces ébauches de radeaux sont des *katémarans*; ces hommes noirs accroupis sur eux sont des parias, de la tribu des Makouas ou pêcheurs; hardis plongeurs, toujours prêts à vous repêcher, si les requins toutefois n'ont pas pris les devants. Ce n'est qu'après avoir fait trois ou quatre fois une double bascule d'avant en arrière et d'arrière en avant sur le dos de la lame, après avoir passé par autant d'alternatives, d'angoisses et de terreur, que vous venez enfin vous échouer sur le sable, d'où vos rameurs vous enlèvent aussitôt dans leurs bras pour vous déposer sur le quai, palpitant encore, rendant grâces au ciel et jurant qu'on ne vous y prendra plus [1].

C'est cependant par de pareils procédés que depuis trois mille ans s'échangent et se transbordent, sur près de 300 lieues de côtes, les productions, les trésors et les hommes de l'Occident et de l'Orient.

Madras.

A part l'hôtel du gouverneur, la cathédrale de Saint-Georges et deux ou trois petites églises, les édifices publics de Madras n'offrent rien de fort remarquable; mais l'ensemble de cette ville, divisée en deux parties distinctes, la *blanche* et la *noire*, est d'une irrégularité singulièrement bizarre. C'est l'Europe et l'Asie séparées par une esplanade. D'un côté, les maisons à toits en terrasses, les petits jardins, les rues ombragées d'arbres et la forteresse des Anglais : voilà la ville blanche. De l'autre, un immense village de huttes de boue entassées

1. Éd. de Warren, t. I.

les unes sur les autres, dominées çà et là par des flèches
de mosquées ou de pagodes, entremêlées de gerbes de
cocotiers et de groupes de figuiers sacrés, versant de
leurs panaches mouvants ou de leurs ramures voûtées
l'ombre, la fraîcheur et le sommeil à une multitude bronzée qui grouille, fume, travaille, dort ou fait des ablutions en pleine rue : voilà la ville noire. Puis, au delà de
cette fourmilière, des avenues à perte de vue, conduisant,
sous de beaux ombrages, à de magnifiques villas dori-
ques, ioniques, corinthiennes, qu'une verte pelouse, dia-
prée de bosquets et de fleurs, met à l'abri du bruit et de
la poussière : voilà *the Gardens*, la campagne de Madras[1].

La société de ce chef-lieu de la seconde présidence de
l'Inde est, sur une échelle un peu moindre, identiquement pareille à celle de Calcutta. Il y a là, comme dans la
grande capitale de l'honorable Compagnie, tout l'état-major
administratif, judiciaire et financier d'un grand État, d'un
État comptant 145 000 milles carrés (375 550 kilomètres),
22 300 000 âmes et 87 millions de revenu foncier.

Il y a d'abord un gouverneur et ses trois conseillers ;
puis une haute cour (*sudder court*) de quatre membres,
puis trois secrétaires d'État ; tous, sans doute, moins bien
rétribués que leurs collègues de Calcutta, mais prélevant
encore au budget de la Compagnie, tant en traitements
directs qu'en indemnités pour frais d'établissement,
pour matériel et personnel de bureaux, la somme énorme
de *dix-huit cent et quelques mille francs*[1].

Si, en présence de ces magnifiques allocations, on considère que le gouvernement de Madras, malgré son
étendue, sa richesse et sa population, est, en réalité, le
moins important de l'Inde sous le rapport des relations
politiques, de la multiplicité des affaires et de la popu-

1. Éd. de Warren, t. I. — 2. Campbell, *Modern India*, chap. VI,
231 et suiv.

lation européenne, on ne s'étonnera pas de l'énergique persistance que mettent la plupart des hauts fonctionnaires à y demeurer assis sur leurs chaises curules, bien au delà des limites d'âge et de temps fixées pour la retraite par les règlements de la Compagnie. On m'en a cité parmi eux qui, comptant trente-huit et quarante années de services, pourraient depuis longtemps jouir en Angleterre, dans un repos absolu, d'une pension égale aux deux tiers de leurs traitements actuels; mais la Compagnie est si bonne princesse, qu'ils ne peuvent se résoudre à ne plus la servir. Non moins sourds aux avertissements de la vieillesse que le fut l'archevêque de Grenade aux charitables avis de Gilblas, son serviteur, chacun d'eux est prêt à s'écrier, à l'imitation de ce guerrier de notre histoire contemporaine, fourvoyé dans le dédale d'un débat parlementaire : « J'abandonnerai plutôt ma vie que mon traitement d'activité! »

Dans un faubourg même de Madras, nommé Meilapour, une basse colline rocailleuse, surmontée d'une chapelle, est désignée par la tradition comme le théâtre du martyre de saint Thomas. Il est historiquement prouvé que cet apôtre a prêché l'Évangile dans l'Inde et a reçu les honneurs du martyre en un lieu du nom de Milliapour ou Meilapour. Les chrétiens que les Portugais trouvèrent dans l'Inde au xvie siècle s'accordèrent tous à désigner l'endroit dont je parle comme celui que le compagnon du Christ a sanctifié de son sang, et à dire que les os du saint, qui originairement y avaient été déposés, avaient, par la suite, été emportés comme reliques en Syrie. Chrétiens et idolâtres semblent, du reste, avoir toujours eu pour ce lieu une vénération qu'ils lui gardent encore, et les uns et les autres y portent des offrandes à l'anniversaire présumé de la mort du martyr.

Comme cette légende ne renferme rien d'improbable,

je ne vois aucun motif de lui opposer un doute sceptique;
il serait même impossible d'en expliquer l'origine parmi
des peuples de religions si différentes, si elle ne reposait
pas sur un fait réel.

Condjévéram. — Légende de Bali.

A douze ou quinze lieues à l'ouest de Madras, sur la
route de la forteresse de Vellore, aujourd'hui prison d'É-
tat, et de l'ancien royaume de Maïsour, s'élève au sein
d'un bois sacré la ville religieuse de Condjévéram, la
Bénarès du Carnatic, peuplée de 50 000 habitants
qui passent leur vie à fournir de fleurs, d'encens, de
beurre fondu, de comestibles et de courtisanes, une infinité de pagodes desservies par plus de 10 000 brahmanes. Suivant quelques voyageurs, rien n'est plus grandiose que l'architecture des temples de Condjévéram;
rien de plus extravagant que leurs détails chargés d'animaux fantastiques, de galeries et de colonnades; rien de
confus et de varié comme leur population de singes, de
vaches, d'éléphants, de bayadères et de brahmanes de
tous âges, barbouillés, bêtes et gens, de jaune et de
blanc au front et sur la poitrine, les uns horizontalement,
servant Çiva, le destructeur, les autres perpendiculairement, servant spécialement Viçnou, le conservateur.
Tout cet ensemble, relevé par les richesses des temples
et la pompe des processions presque quotidiennes, est
worth seeing[1], m'assura-t-on à Madras, et revêtu d'un
intérêt profond.

Mais j'avais vu Bénarès, Aoude et Djaggernaut : la
première de ces localités m'avait offert la prose usuelle
du brahmanisme moderne; la seconde, sa poésie; la troisième, son dévergondage immonde. J'en avais désormais

1. Valant la peine d'être vu.

assez ; mon jugement était arrêté sur ses ministres et sur ses doctrines. Je savais que, dans le sud de la Péninsule, ceux-là dépassent en corruption et en hypocrisie, celles-ci en effets délétères, tout ce que m'avait offert le brahmanisme de l'Hindoustan proprement dit ; j'avais hâte de détourner mes yeux de ces sépulcres blanchis et de ces sources empoisonnées.

A une marche au sud de Madras, la côte rocheuse du continent, découpée, ébréchée, rongée par les flots, des pans de murailles, des tronçons de piliers tour à tour baignés ou délaissés par la mer, un vieux temple de Viçnou où chaque marée vient déposer son écume, indiquent clairement les envahissements de l'eau salée. Là s'élevait, dans les siècles primitifs, la ville aux sept pagodes ; là, suivant l'expression des Hindous, le ressac de l'Océan bouillonne et rugit sur la cité du grand Bali. L'imagination des brahmanes va même jusqu'à transformer en ruines les rochers qui hérissent les flots du large ; mais ils ne se trompent pas quant à la cité de Maha-Bali-pour, qui fut une des capitales de la dynastie lunaire des Pandavas. Ses vestiges couvrent les rochers de la plage sur une longue zone d'environ un demi-mille de largeur, et ces rochers, déjà majestueux et pittoresques par eux-mêmes, sont sculptés en temples, en portiques, en bas-reliefs, sur une échelle, il est vrai, moins grande que celle des monuments d'Éléphanta ou d'Ellora, mais encore empreinte d'élégance, de force et de variété. Différents des temples du nord et de l'ouest de l'Inde, qui sont presque tous dédiés à Çiva et à Kali, ceux-ci ont été consacrés à Viçnou, dont les attributs ornent la plupart des sculptures.

Malgré la relation supposée de ces ruines avec le grand Bali, je ne pus découvrir qu'un seul bas-relief se rapportant à son histoire ; le travail en est, du reste, d'un style merveilleux. Il représente le Titan siégeant sur son trône, dans tout l'éclat de sa puissance, et cependant révélant dans tous ses traits l'angoisse et la terreur. L'artiste a sans doute voulu représenter le moment où Viçnou, dépouillant le déguisement illusoire d'un brahmane nain, sous lequel il a demandé au *roi des Trois-Mondes* de lui céder trois pas de son royaume, revêt subitement cette apparence céleste et incommensurable que décrit ainsi le Bhagavata :

« ...Aussitôt cette forme de nain grandit d'une manière miraculeuse, car elle réunissait en elle-même les trois qualités de Hari, l'être infini, qui contient en son sein la terre, l'atmosphère, les points de l'horizon, le ciel, les espaces vides, les mers, les animaux, les hommes, les Dêvas et les Richis.

« En voyant l'ensemble de l'univers dans l'âme universelle, les Asuras tombèrent en défaillance....

« Paré d'une aigrette, de bracelets et de pendants d'oreilles en forme de poissons étincelants, portant des joyaux précieux, une ceinture et de riches vêtements, entouré d'une guirlande de fleurs des bois recherchées des abeilles, on voyait resplendir Bhagavat, le dieu aux grands pas.

« D'un pas il franchit la terre que possédait Bali, remplissant de son corps l'atmosphère et touchant de ses bras les points de l'horizon; du second pas il envahit le ciel; au troisième pas il ne lui resta plus un seul atome à occuper, et il dominait de haut la création[1]. »

Parmi ces rochers et sous leur ombre, de pauvres petites huttes de feuillée sont la demeure de quelques brahmanes qui subsistent des aumônes que leur font les voyageurs européens et les pèlerins viçnouvites, à qui ils

1. *Bhagavatta-Pourana;* traduction d'E. Burnouf, t. III, liv. VIII, p. 355.

montrent et expliquent les curiosités de l'endroit. Pendant que l'un d'eux, me servant de cicerone, me psalmodiait en assez bon hindoustani la légende locale de son dieu, deux jeunes musiciens, jouant l'un sur une flûte, l'autre sur une petite paire de cymbales, accompagnaient la mimique cadencée et les passes symboliques d'une fort jolie devadashie [1], qui semblait glisser plutôt que danser en avant du cortége, tant ses petits pieds nus effleuraient à peine ce dur sol mythologique. Et cette mise en scène de mœurs éteintes, d'une civilisation morte, de croyances sans objet, n'était pas ce qu'il y avait de moins pittoresque au sein de ces ruines.

Sadras et Pondichéry.

En les quittant je me dirigeai vers Sadras, site charmant de la côte, où les Hollandais avaient, dans le dernier siècle, une colonie florissante aujourd'hui ruinée, mais où un Français de Pondichéry a eu le bon esprit d'établir, à mi-chemin de sa ville natale et de Madras, une hôtellerie dans laquelle les voyageurs à *pied*, à *cheval* ou en *palanquin*, sont fort passablement logés et nourris à l'européenne. J'espère, ne serait-ce que pour le bon exemple, que cet honnête industriel aura fait ou fera fortune dans son petit établissement, le seul de ce genre que j'aie rencontré sur les routes de l'Inde.

J'eus à franchir, dans la matinée du jour suivant, le fleuve Paliar, alors gonflé par les pluies de l'intérieur, et j'y parvins à l'aide d'embarcations fort respectables sans doute par leur mode primitif de construction, mais dont je ne provoquerai pas l'importation sur nos cours d'eau d'Europe. Ce sont de simples corbeilles en osier revêtu

---

1. Nom donné aux bayadères sur la côte de Coromandel.

de cuir, que leur forme ronde condamne inévitablement à un mouvement rotatoire, fort amusant sans doute pour celui qui le contemple, comme le sage de Lucrèce, assis mollement sur la rive, mais fort peu rassurant pour le passager qui, livré aux évolutions d'une toupie, est bientôt incapable de distinguer le point d'où il s'éloigne de celui où il va aborder.

Le soir de ce même jour, une marche un peu forcée me fit atteindre Pondichéry.

Cette ville est unique entre toutes celles de l'Inde par l'heureuse union qu'elle a réalisée des deux caractères asiatique et européen ; c'est une ville de France enchâssée dans les couleurs magiques, dans la riche végétation de l'Orient. La culture soignée, la fraîcheur des allées d'arbres, l'élégance des ponts jetés sur de nombreux canaux, la beauté des chemins souvent ornés de statues, les délicieuses habitations semées dans la campagne font encore aujourd'hui un petit paradis de tout ce district. Nulle part le cocotier n'est si beau, le palmier éventail ne se penche avec plus de grâce ; nulle part les rizières ne sont plus fraîches, la population indigène plus douce, plus active, plus morale. Malheureusement la population blanche s'éteint chaque jour ; mais on retrouverait encore dans ses débris la bonhomie créole, la simplicité et la grâce française. « Je regrette toujours que tant de gens affligés d'une fortune médiocre et de goûts élégants, traînant douloureusement en France une vie de privations entre les besoins de notre triste climat et les besoins factices de notre civilisation, ne sachent pas quelle douce existence ils pourraient mener dans ce petit Eldorado, dans ces nids de verdure qui entourent Pondichéry[1]. »

Là vivent à l'ombre du drapeau français, plus paternel-

1. Éd. de Warren, l'*Inde anglaise*, t. I, chap. IV.

lement gouvernés et administrés qu'aucune autre aggrégation de leurs congénères, environ 200 000 Hindous. Cependant, si honorable que soit cette tutelle, elle est de peu de profit pour la France. Pondichéry, point inoffensif désormais, perdu dans l'immensité de l'Inde anglaise, est une colonie déshéritée d'avenir. Jacquemont affirme qu'après les traités de 1815 lord Castlereagh offrit en vain au duc de Richelieu, alors chef du cabinet français, de nous rendre l'île de Maurice en échange de Pondichéry. Si la chose est vraie, on ne saurait dire lequel fut le plus inepte, du ministre qui fit la proposition ou de celui qui la repoussa.

Ceylan. — Ses noms et ses légendes antiques.

Ayant trouvé à Pondichéry un navire en partance pour Trincomaly, j'en profitai pour aller visiter Ceylan. Je ne pouvais songer à m'éloigner de l'Inde sans avoir contemplé la splendeur pleine de grâce et de mystère de cette île magique, *la plus belle de toutes celles que baigne l'Océan*[1], la plus riche perle de la couronne britannique ; sans avoir salué ce sol antique, aussi célébré dans la poésie sanscrite que celui de la Troade a pu l'être dans la littérature gréco-romaine ; sans avoir donné au moins un regard aux débris cyclopéens qui dorment sous la mousse de ses solitudes, et aux représentants des plus anciennes variétés de notre race, vivant encore à l'ombre de ses bois.

Dès la plus haute antiquité, connue des Aryas-Sanscrits sous le nom de Lanka, cette île fut, il y a trente-cinq siècles au moins, le théâtre de la lutte suprême qui leur assura l'empire de l'Inde méridionale, et dispersa à

---

1. Ramayana, *Aranyakanda*, chap. LV.

la dérive des vents et des courants de l'Océan les peuples de race nègre qui y avaient fondé le centre d'une puissance barbare dont les destins balancèrent un instant ceux de la civilisation brahmanique.

Désignée par les Grecs et les Romains sous les noms divers de *Taprobane*, de Salika, de Sindo-Candæ, etc., par les Arabes sous celui de Sélen-Divè (l'île riche); appelée Singha-Ta (île des lions) par les Hindous de la décadence, elle est demeurée, dans les idiomes malabare, javanais et siamois, la *Lanka* de Valmiki, *l'île resplendissante*, sanctifiée par les épreuves et les exploits d'un héros déifié.

Toutes les légendes anciennes de Ceylan se rattachent à cette légende mère. Il n'y a pas de canton dans les plaines ou dans les montagnes de l'île qui ne garde quelques traces des pas de Rama, de Lakchmana, son généreux frère, ou de Sîta, sa belle compagne. Voyez-vous cette chaîne d'îles et de récifs qui, un peu au nord du neuvième parallèle, court de la pointe continentale d'Artingara au district insulaire de Mentotte? ce sont les restes du pont colossal que jeta sur l'Océan l'armée de Rama marchant à la conquête de Lanka. Ces murs cyclopéens, à la destination ignorée, ces blocs géants chargés de caractères inconnus, aujourd'hui rongés par la mousse des bois, sont les monuments de ses travaux et de ses victoires : sur le sommet granitique du pic central de l'île, il imprima son pied divin ; au cap Dundèra, extrémité méridionale de Ceylan, il ne s'arrêta que parce que *le monde finissait là*. Les monts Doombéra, qui ferment au nord-est le plateau de Candy, recèlent parmi leurs cimes rocheuses les ruines de l'orgueilleuse cité des Rakchas, qu'assiégea le conquérant; c'est dans les plaines de Mattalé, qui s'inclinent au nord de ces mêmes montagnes, que se livra la bataille décisive où, après sept jours et sept nuits d'une lutte acharnée, le ravisseur de Sîta, l'odieux tyran de Lanka, tomba sous les traits du prince d'Ayodhia, *comme le noir Ahi, le chef des démons, était tombé aux premiers jours de la création sous les foudres vengeresses d'Indra.*

A vingt lieues de là, vers le sud, les rochers d'Hakgalla, contre-forts orientaux du pic d'Adam, enceignent dans leur cadre sauvage une merveilleuse série de coteaux et de vallons où la tradition veut voir l'emplacement du palais de plaisance que Ravana avait donné pour prison à sa belle captive, et de ce jardin d'Asokas où le brave Hanoumat, envoyé à sa recherche, la découvrit et lui remit pour gage de sa mission et d'une prochaine délivrance l'anneau de Rama. Les légendes hindoues et cingalaises, d'accord sur ce point, veulent même que l'inépuisable fécondité de cette belle région soit due à l'incendie auquel le vaillant chef des Vanaras livra alors ses magiques plantations. Sur la pente extérieure de ces montagnes, une des plaines du district d'Uppur-Uva porte tout à la fois le nom de plaine du Pipeul et du palais détruit. Un figuier des Banians, aux proportions gigantesques, y croît en effet dans l'angle même d'une haute terrasse formée de trois gradins superposés de pierres énormes ; un courant des montagnes, conduit par la main de l'homme en ce lieu, entoure l'emplacement du *palais détruit*, aujourd'hui utilisé pour la culture du riz. La tradition veut que ce soient là les restes des constructions de Ravana, et que le figuier qui porte encore le nom d'*arbre du serment* ait crû à la place même où Sîta, après la défaite et la mort de son ravisseur, disculpa de tout soupçon, par un serment solennel, son honneur de captive et sa fidélité d'épouse [1].

---

1. Ramayana, liv. VI, chap. xciv; Pridham, *Ceylan and its dependances*, t. I, p. 23 et 24.

Ceylan dans les temps modernes. — Une bête fauve sur le trône de Candy.

Depuis plusieurs siècles l'ombre et le silence s'étaient faits sur Ceylan, lorsqu'en 1505 Lorenzo d'Almeida, fils du vice-roi de Goa, vint chercher à Pointe de Galle un abri contre la tempête. A dater de ce jour, cette île entra dans la sphère d'action des Européens : Portugais, Hollandais, Français et Anglais vinrent tour à tour fonder sur ses côtes des établissements commerciaux et des postes militaires, théâtres de leurs rivalités, et souvent de leurs sanglants conflits. Dès la fin du siècle dernier, le pavillon britannique flottait seul sur le littoral de Ceylan et n'avait plus à redouter d'attaque que de la part des indigènes de l'intérieur.

Deux branches du tronc humain, résultats hybrides des populations que les siècles antiques ont superposées dans Ceylan, se partageaient alors comme aujourd'hui le sol de cette île ; l'une, celle qui habite les rivages et les plaines, la branche cingalaise, s'était soumise sans combattre à tous les conquérants ; l'autre, la branche candienne, retranchée dans les montagnes de l'intérieur, avait repoussé au contraire, avec autant de persévérance que de succès, les nombreuses attaques des troupes européennes. Contre les repaires de leurs forêts, contre les défilés de leurs montagnes, fortifiés, défendus, comme les retraites sauvages des Belges au temps d'Ambiorix et de César, par des labyrinthes d'épines et d'inextricables lacis, s'étaient brisées la science militaire et la valeur chevaleresque des Portugais du xvie siècle, comme la froide énergie et les ruses des Hollandais du dix-septième. A l'agilité et à la cruauté du tigre, les Candiens joignent la souplesse et la perfidie du serpent ; ils rampent, se glissent, se tapissent comme ces animaux pour épier leur proie et l'atteindre d'un bond. Les habitants du pourtour de l'île, les Cingalais, ne sont peut-être ni plus honnêtes ni plus francs que les Candiens; mais autant leur lâcheté est douce, inerte et passive, autant celle des Candiens est féroce, agressive, implacable.

Un écrivain anglais, en quête de similitudes, a comparé Ceylan à une belle et bonne pêche, dont la partie cingalaise serait l'enveloppe charnue et la partie candienne l'amande centrale. Or, depuis une quinzaine d'années, les Anglais vivaient et jouissaient en maîtres de la pulpe savoureuse de l'île, sans avoir pu entamer son noyau, quelques désirs qu'ils en eussent, quand les actes du roi de Candy vinrent en aide à leurs desseins secrets. C'était une bête sauvage, comme l'Orient peut seul en nourrir et en développer sur le trône. En 1814, il s'avisa de faire arrêter sur ses terres dix marchands cingalais qui étaient de Colombo et se trouvaient par conséquent placés sous la protection de l'Angleterre. Conduits à Candy, ces infortunés y furent condamnés, de par le bon plaisir du roi, à périr dans les plus horribles supplices. Trois d'entre eux, plus robustement constitués que leurs compagnons, ayant survécu à la torture et épuisé la rage et la science des bourreaux, le monarque voulut bien les renvoyer à Colombo, mais comme un défi vivant à l'Angleterre, avec des colliers solidement attachés à leur cou et composés de leur nez, de leurs oreilles et d'autres dépouilles sanglantes de leurs corps mutilés.

Pendant que les représentants de la couronne britannique à Ceylan se demandaient si le moment n'était pas venu pour eux de jouer, au bénéfice de leur patrie, le rôle de la Providence, spectatrice trop longtemps impassible de pareils forfaits, et qu'ils écoutaient les propositions secrètes d'un adikar ou gouverneur candien

d'un district frontière, il arriva que le tyran, soupçonneux comme tous ses pareils, manda par-devant lui ce
fonctionnaire pour répondre, disait-il, à des accusations
portées contre lui. L'adikar se garda bien d'obéir ; mais,
selon les coutumes orientales, sa famille était restée à la
cour comme une garantie de sa conduite et de sa fidélité.
Ce fut sur ces otages innocents, sur le frère et la belle-
sœur de l'adikar, sur sa femme et sur ses quatre enfants,
qu'éclata la vengeance royale. Ayant d'abord livré au
bourreau le frère du contumace, le roi fit décapiter les
enfants sous les yeux de leur mère, la contraignit à
piler leurs têtes dans un mortier et à se nourrir de cet
effroyable amalgame d'os, de cervelle et de sang, sortis
de son propre sein !... puis il la fit noyer dans un étang
avec sa jeune belle-sœur. A la nouvelle de ces exécutions,
de ces affreux détails, que la plume hésite à retracer,
l'adikar leva l'étendard de la révolte, et peu après une
petite armée anglaise de 3000 hommes se mit en
marche pour l'appuyer. La lutte ne fut pas longue. D'a-
bord le roi de Candy refusa de croire à la téméraire entreprise des libérateurs de son peuple. Tout monstre a ses
courtisans ; celui-ci en avait, et beaucoup, dont les flatte-
ries l'avaient abruti. Ne comprenant pas qu'on osât l'attaquer, il ne prit aucune mesure de défense. Un de ses
sujets ayant été assez malavisé pour lui annoncer que
les ennemis avaient franchi la frontière, il lui fit aussitôt
trancher la tête pour lui apprendre à mentir. Le lendemain, un soldat s'étant permis de lui dire humblement
que l'armée n'était pas sûre et qu'il fallait songer à la
retraite, il le fit empaler vivant. Cependant ces procédés
d'omnipotence n'empêchèrent pas les alliés d'avancer,
d'entrer sans coup férir dans Candy, et Sri-Wikrème-
Rajah-Sinha, ainsi se nommait ce porte-couronne, de
tomber entre les mains des Anglais. Les vainqueurs, du

reste, témoignèrent à leur captif plus d'égards qu'il n'en méritait; après l'avoir sauvé du juste châtiment que lui préparaient les amis de ses victimes, ils le firent conduire sur le continent, dans la forteresse de Vellore, où il mourut paisiblement quelques années après, mais où son fils vit encore. Ainsi l'Angleterre remplaça dans Candy les pouvoirs indigènes.

Malgré quelques sectateurs quand même de la légitimité (car la légitimité de Sri-Wikrème-Rajah-Sinha a trouvé des défenseurs officieux dans la presse anglaise vers l'an de grâce 1815), la morale et l'humanité ne peuvent qu'applaudir à cette substitution, d'autant plus que Ceylan ne relève pas de la Compagnie des Indes, mais directement du gouvernement anglais.

Celui-ci est représenté dans Ceylan : 1° par un gouverneur, résidant à Colombo, jouissant de 175 000 francs de traitement annuel et assisté de deux conseils, l'un législatif et l'autre exécutif, dont les membres, à trois ou quatre exceptions près, sont à la nomination de la couronne.

2° Par un *government agent*, avec plusieurs adjoints, dans chacune des cinq grandes subdivisions modernes de l'île, subdivisions qui, d'après leur position géographique, ont pris le nom de provinces du Nord, du Centre, du Sud, de l'Est et de l'Ouest.

3° Par une force armée de 3500 à 4000 hommes, dont les deux tiers sont Européens et le reste Cafres et Malais.

Le seul fait que cette poignée de soldats suffit pour maintenir l'ordre, la paix et la suprématie du drapeau anglais au milieu d'une population d'un million et demi de créatures humaines, répandues sur une superficie presque égale à celle de l'Irlande, prouve surabondamment, d'une part, l'habileté des chefs qui l'emploient, et de l'autre,

qu'en dépit de quelques insurrections partielles, oubliées
depuis déjà douze ans, et de quelques dénégations de la
presse de Londres, la domination anglaise est un bienfait pour cette population divisée d'origine, de dialectes
et de croyances, et dont un quart au moins est déjà acquis
aux différentes sectes du christianisme. Je dois ajouter
que les dépenses faites par la métropole dans cette belle
colonie, ont presque toujours, depuis une vingtaine d'années, balancé le revenu qu'elle en retire et qui monte
à dix ou douze millions de francs.

De Trincomaly à Candy.

Trincomaly, situé sur la côte nord-est de l'île, par 8°
33' de latitude nord et 78° 54' de longitude est, est tout à
la fois le chef-lieu de la province orientale et le principal
établissement militaire et maritime de Ceylan. Son port,
unique dans l'Inde, ses fortifications, qui commandent
l'entrée d'une suite de baies sûres et profondes où toutes
les flottes du monde trouveraient un abri, en ont fait le
Gibraltar de l'Orient et la clef de la mer du Bengale. Le
paysage que domine sa citadelle, et qui réunit les aspects
les plus variés, les tons les plus riches de la terre, des
eaux, des rochers et des bois, est un admirable spécimen
de la nature cingalaise. Je le recommande aux artistes en
quête de pittoresque nouveau et las de se morfondre sur
les rocs pelés de la Romagne et de la Grèce. Malheureusement ce site magique est un des plus chauds et des
moins salubres de l'île. Mais qu'on se rassure ; il garde
en réserve, pour les touristes que ces dernières circonstances affligeraient d'hépatite, des eaux thermales qui
sont protégées par Ganésa, le dieu de la sagesse, et qui
doivent leur antique célébrité à la fille du chef des Asouras, à Kannya, qui, toujours immaculée et toujours vierge,

enfanta sur leurs bords trois fils à un saint ermite des temps primitifs. Il est vrai que cette progéniture n'était pas ordinaire : ce n'était pas moins que Ravana, le patron des ravisseurs des biens et des femmes d'autrui; Cumbakarna, le type premier des ogres goulus de nos contes de fées; et enfin Wibiçana, l'ancêtre de cette innombrable lignée d'hommes prudents et sages, qui en toutes tentatives n'honorent que le succès et en toutes querelles ne prennent qu'un parti, celui du plus fort.

Ayant appris à Trincomaly qu'une grande partie de chasse s'organisait à Candy contre les éléphants de l'intérieur, je me hâtai de partir pour cette dernière ville, où se rassemblait l'état-major des chasseurs et des curieux que ce grand acte de *sport* attire toujours de fort loin. Grâce aux Anglais, une route de 108 milles relie aujour-d'hui ces deux villes, route carrossable, à la macadam, sur laquelle ils ont établi des relais de poste, et (que la nature le leur pardonne!) une messagerie. Au monotone bercement de ce véhicule je préférai l'allure d'un cheval; mode de transport plus fatigant peut-être, mais qui permet au voyageur de ne perdre aucun détail des scènes pleines d'intérêt qu'il rencontre à chaque pas sur cette terre étrange.

En sortant de Trincomaly, la route court sur la grève, le long des djungles, mais, en avançant dans l'intérieur, pénètre de loin en loin à travers de riches et belles cultures, émaillées d'habitations humaines et égayées par des échappées de vue sur les criques profondes de la grande baie de Trincomaly ou sur l'immensité de l'Océan. Plus avant encore, les bois s'épaississent; il règne dans leurs solitudes une morne tranquillité qui n'est interrompue que par le bourdonnement des insectes et le cri des perroquets et des singes. De tous côtés s'élèvent en fûts serrés, en gerbes de colonnes,

des bambous, des cocotiers, des aréquiers, des palmaïras
au feuillage légèrement découpé, des talipots aux feuilles
immenses, dont un soldat peut faire sa tente et un villageois sa toiture; puis viennent des cannelliers à l'écorce
odorante, des caféiers et des plantes sarmenteuses, courant d'un tronc à l'autre et faisant de la forêt un immense labyrinthe aux voûtes mystérieuses, où la pensée
s'égare avec autant d'ardeur que d'appréhensions.

« Dans cette île ombreuse, un crépuscule voile l'air
chargé d'électricité. Les éclairs y sont fréquents et jettent un étrange éclat sur les montagnes et les précipices
chargés de végétation; le silence de ces lieux est souvent interrompu par le grondement du tonnerre lointain
à l'approche des orages de l'équinoxe, et par le lugubre
tam-tam des bonzes, qui résonne dans la forêt : car souvent, dans les endroits qui semblent inaccessibles, est
caché un temple mystérieux où se pratique le bouddhisme
antique dans toute son étrangeté primitive. » Expulsée
des bassins de l'Indus et du Gange ainsi que du Deccan,
la doctrine de Cakia-Mouni est encore à Ceylan la religion de la majorité. De loin en loin dans la forêt, un sentier tortueux et difficile, sous un épais feuillage où le
soleil ne pénètre jamais, vous conduit « à l'escalier d'un
temple rustique, où des prêtres obligeants et calmes, drapés de jaune, au teint cuivré, au visage austère, à la tête
rasée, vous introduisent dans une enceinte silencieuse, em-
baumée des fleurs les plus rares. Dans ce sanctuaire, à la
faible lueur d'une lampe d'huile de coco, vous voyez un
Boudha gigantesque, taillé dans le roc et peint de vives
couleurs, surtout d'orange et de jaune, couché ou debout, occupant toute la longueur ou toute la hauteur du
temple. Ces prêtres hospitaliers, animés d'une bonté cordiale et modeste, s'empressent de vous offrir des rafraîchissements simples, proprement préparés, et qui ne

consistent qu'en végétaux. Des enfants élevés dans ces temples ou monastères vous entourent d'attentions naïves. Les uns agitent des éventails devant vous et vous présentent de l'eau pour vous rafraîchir, tandis que d'autres allument un fagot de bois et font des cigarettes avec des feuilles vertes cueillies à l'instant dans leur jardin. D'autres encore vous offrent du bétel ou de la canne à sucre, ou quelque fruit monstre qu'on n'a jamais rêvé. Tout cela se passe dans le silence du respect et de la retenue : car ces prêtres de la forêt enseignent à leurs sauvages élèves la bonté et la modestie, et ils en font des hommes doux et tranquilles. »

Le trajet de Trincomaly à Candy est semé de vestiges d'une civilisation inconnue des générations actuelles de l'île. Parmi eux on remarque surtout les grands ouvrages d'irrigation et d'endiguement que les temps antiques ont en vain légués comme modèles aux temps présents. Les lacs ou réservoirs de Candelle et de Minery m'ont offert les échantillons les plus remarquables de ces travaux d'utilité publique. Ce sont de puissantes nappes d'eau, de deux à trois lieues de circonférence, bordées de cultures florissantes et de vertes prairies. Les digues qui retiennent leurs eaux ont deux et trois kilomètres de longueur, sept et huit mètres de hauteur, cinquante au moins d'épaisseur à leur base, et sont formées de lits de pierres régulières ne cubant guère moins d'un mètre chacune et disposées en retrait comme les assises d'une pyramide. Le temps et les éléments ont arrondi leurs angles et poli leur surface; des broussailles, de grands arbres même, ont enfoncé leurs racines dans les interstices et ajoutent à la grandeur simple de ces digues, qui semblent plutôt des phénomènes naturels que la réalisation d'une pensée humaine. Le trop-plein de chacun de ces lacs forme une belle rivière qui s'échappe d'une écluse gigantesque, ouverte entre des blocs de cinq mètres sur trois. En débouchant de cet estuaire, les eaux se brisent en blanche écume, avec un fracas assourdissant, contre des débris de rochers, sous l'épais ombrage de futaies séculaires. Suivant le major Forbes, les djungles des districts du nord cachent des débris du passé plus grandioses encore. La digue de Kalawa conservait quand il la visita, il y a peu d'années, deux lieues de longueur sur 27 mètres d'élévation. D'autres digues latérales, encore plus longues bien que moins élevées, complétaient cette étonnante construction, qui avait évidemment existé pendant bien des siècles, lorsqu'elle fut reconstruite et augmentée par le roi d'Asinkelleya, l'an 477 de notre ère. Un canal fut ouvert, à la même époque, sur un parcours de vingt-cinq lieues, pour amener les eaux de Kalawa à Anarajah-poura, ville dont les murailles cyclopéennes, rivales de celles de Babylone ou de Ninive, enfermaient dans leur enceinte plus de 100 milles carrés, et contenaient, entre les temples de leurs dieux et les habitations de leurs défenseurs, des lacs, des champs et des forêts[1].

Comment ont disparu la puissance qui commanda, les bras qui exécutèrent de telles œuvres? nul ne peut le dire.

Candy repose, par 7° 21′ nord et par 78° 22′ de longitude orientale, au sein d'une grande et fertile vallée, élevée de 500 mètres au-dessus de l'Océan, arrosée par le cours supérieur du Mahavella-Ganga, le principal fleuve de l'île, et entourée d'un amphithéâtre de sommets, ondulant avec leur revêtement de gazon et de forêts entre 1000 et 2000 mètres de hauteur absolue. Cette ville, que les indigènes appellent encore la *grande cité* (*maha nuvara*), ne se compose pourtant que de deux rues se coupant à angles droits, et ne contient guère que

1. Forbes, *Onze années à Ceylan.*

sept ou huit mille habitants. Mais les restes nombreux du palais de ses rois, où régna une des plus longues lignées princières que mentionne l'histoire ; mais son beau lac de trois kilomètres sur deux, miroir limpide, préparé de main d'homme pour ses édifices, ses jardins, ses villas ; mais ses seize temples, dont douze consacrés au seul Bouddha, légitiment encore sa célébrité comme ancienne capitale de l'île, comme métropole des bouddhistes du sud, et justifient la renommée de *scenery*, dont elle jouit parmi les Anglais.

Le jardin des rois existe encore à l'extrémité nord-est de la ville. Au centre d'un vallon revêtu du gazon le plus vert et le plus velouté, et qu'ombragent çà et là des massifs de rocous et de magnolias, s'élève le plus beau vestige des constructions royales ; c'est un pavillon de marbre blanc, entouré d'une colonnade régulière du meilleur style. Le monument tout entier est aussi remarquable par l'élégance de chacun de ses détails que par l'ensemble et les proportions de son architecture, la plus irréprochable, sans contredit, que l'on puisse trouver dans Ceylan. De ce point on domine toute la ville, et l'œil embrasse dans toutes les directions un horizon immense, comprenant la magnifique plaine de Domberra et son fleuve aux sinueux replis. Les plantations de ce parc sont admirablement entretenues, et sa vaste superficie, qui se déroule le long de la base des hautes chaînes qui ferment la vallée, présente à chaque pas de délicieux paysages de montagnes.

« Quelquefois, lorsque les ombres du soir descendent sur ce site magique, un tintamarre inusité frappe soudain vos oreilles, un bruit sinistre et discordant d'instruments barbares ébranle les échos des forêts, le son nasillard du hautbois thibétain produit en vous un sentiment pénible, un malaise étrange, et vous voyez à la

lueur rougeâtre des torches une procession d'éléphants
caparaçonnés et surmontés de baldaquins, qui portent
des reliques de Bouddha d'un temple à l'autre. La fumée
des torches répand une odeur funèbre. Bientôt vous vous
trouvez au milieu de cette marche nocturne et fantastique, vous vous sentez étourdi par le bruit du tambour
et des cloches qu'agitent les monstres gigantesques en
marchant près de vous. Vous êtes frappé de l'expression
triste et terne des visages cingalais, auxquels le reflet du
bitume allumé donne un air livide et fantasmagorique.
Mais tout à coup une clarté plus vive vous éblouit. Des
adikars ou chefs candiens, en costumes mythologiques
de couleur blanche, dont l'origine se perd dans les temps
fabuleux de cette île mystérieuse, s'avancent d'un pas
lent et mesuré et passent comme les ombres des rois dans
Macbeth. Puis toute la procession, s'enfonçant dans la
forêt, s'évanouit comme un songe et vous laisse dans une
rêverie vague, profonde, indéfinissable. Tandis que vous
vous demandez si c'est une vision qui vient de troubler
votre âme ou bien une réalité sublime et étrange à laquelle
vous venez d'assister, les sons qui s'étaient éloignés se
rapprochent. La marche fantastique revient vers le temple d'où elle était sortie, et dont l'éléphant principal
monte les degrés pour être dépouillé des ornements sacer-
dotaux. L'entrée est obstruée; on me fait passer sous lui
pour me montrer les mystères du temple. On m'en fait
voir les joyaux antiques, en me citant les noms étranges
des rajahs de l'Inde qui firent don de chacun de ces objets d'un travail curieux quoique grossier, et les masses
d'or dont est couverte la dent de Bouddha, dent sacrée
sur laquelle une garde anglaise veille jour et nuit, car
c'est le palladium de Ceylan : sa possession garantit celle
de l'île[1]. »

1. Prince A. de Soltikoff, t. I, p. 60 à 61.

Scènes et récits des bois.

A mon arrivée à Candy, la troupe de *sportsmen* que j'avais voulu rejoindre dans cette ville était déjà partie pour les plaines de Matalé, où devait se faire la chasse projetée. Heureusement un de ses membres, qui me connaissait personnellement, m'avait laissé un guide pour me conduire au lieu du rendez-vous. Ce guide était un vieux soldat, sorte de Natty-Bumpo, qui avait passé dans les pois de l'île la meilleure partie de sa vie. Son expérience me fut des plus utiles, et ses récits de chasseur émérite m'offrirent tout l'intérêt du genre.

De Candy à Matalé (le fort Dowal des Européens), on suit une route de cinq ou six lieues à travers les montagnes les plus vertes, les plus boisées du monde; à trois lieues au nord du fort, on arrive à Eyhelapola, site charmant où se termine brusquement de ce côté le noyau montagneux et central de l'île. C'est comme un promontoire de 400 mètres de haut, dominant à pic, non des grèves maritimes, mais un océan de forêts, où les fruits les plus délicieux, les épices les plus recherchées, la noix de coco, l'ananas, le mango, le jaquier, la cannelle, l'orange et le citron, le café et la cardamome, mûrissent sauvages dans le plus pittoresque pêle-mêle[1].

Lorsque j'atteignis le point culminant de cet escarpement remarquable, le soleil venait de se lever, et des couches de vapeurs, filles de la nuit, s'étendaient sur les concavités de cet horizon immense, qui n'a de limites du côté du nord que l'extrémité même de l'île. Quelques-uns de ces brouillards, sous l'action de la chaleur et de la lumière, avaient pris l'apparence exacte de lacs, dont

1. Pridham, t. II, p. 4, ch. 1; Forbes.

quelques-uns, calmes et immobiles, réfléchissaient l'image des objets environnants, et dont les autres, agités par une brise légère, semblaient heurter de leurs vagues roulantes la lisière des bois qui croissaient sur leurs bords fantastiques.

C'était un de ces aspects de la nature qui défient également la plume et le pinceau. « N'est-ce pas avec raison, m'écriai-je, en m'adressant à mon guide dans un transport d'admiration, que les croyances de plusieurs peuples de l'Orient ont placé ici le paradis terrestre ?

— Peut-être, monsieur, répondit en hochant la tête le vieux coureur de bois, peut-être. En tout cas, c'est le paradis après la chute de l'homme, le paradis dont il n'est plus le roi incontesté. Voilà bientôt trente ans que j'ai appris à connaître cet Éden de votre imagination, et je sais ce qu'il m'en a coûté. »

Curieux de savoir quel fruit amer de l'arbre de la science le vieux John (c'était le nom de mon guide) avait cueilli dans ces forêts, je m'empressai de l'interroger, et voici à peu près dans quels termes il me fit le récit de sa première liaison intime avec la nature cingalaise :

« Il y a de ça, comme je vous l'ai déjà dit, trente bonnes années ; j'arrivais d'Angleterre et j'étais en garnison à Kurunagalla, à une vingtaine de milles d'ici, dans la forêt, sur la route de Colombo.

« Un soir, le ciel était si pur, la brise si fraîche, que je ne pus résister au désir d'aller me promener seul sur la route de Trincomaly. Pendant que j'allais droit devant moi, devisant avec la nature et avec moi-même, j'aperçois un beau paon sur un arbre : l'envie me prend de me l'approprier, je lui jette une pierre ; il s'envole et je le poursuis. Hélas ! quand je renonçai à ma chasse inutile, je reconnus à mon grand effroi que je m'étais égaré. Je montai alors au haut d'un arbre pour reconnaître ma

position d'après celle du soleil. A peine descendu et
comme je prenais la direction supposée de mon cantonnement, je vis le chemin barré devant moi par un énorme
éléphant qui battait sa tête avec ses larges oreilles, tout
en agitant de droite à gauche comme un balancier de
pendule sa grande trompe inoccupée, signe trop certain
qu'il s'était établi là pour longtemps. Comme le djungle
était impraticable partout ailleurs que dans la passe
qu'occupait cet animal, je dus attendre qu'il voulût bien
se retirer pour me faire place.... et, pendant que j'atten-
dais, la nuit arriva, et avec elle tous les *épouvantements*
de la création s'étendirent sur la forêt : dans toutes les
ombres, je croyais démêler la forme monstrueuse de
quelque bête de proie; dans le concert discordant dont
tous les animaux sauvages saluent cette heure de rapine
et de maraude, je ne distinguais que le rauquement du
tigre; tout frôlement dans la feuillée me semblait dû à
l'approche de quelque éléphant qui allait m'écraser; le
bruit seul de mes pas sur le gazon me donnait le vertige; à chacun d'eux je croyais heurter la mort. Enfin,
épuisé de fatigue et de terreur, je pris le parti de monter
sur un arbre pour y passer la nuit; mais avant de m'installer à quarante pieds du sol, entre deux bonnes branches, j'eus soin de m'armer d'un énorme gourdin pour
me défendre, en cas d'attaque, contre les ours, qui sont,
dit-on, très-nombreux dans ces forêts. La nuit me parut
bien longue; car, aux clartés de la lune, voyant passer
sous ma forteresse aérienne plusieurs éléphants et des
bandes d'animaux sauvages qui m'étaient inconnus, je
n'osai céder au sommeil.

« L'aube, ayant enfin apparu à l'horizon, me permit de
m'orienter du haut de mon gîte. Je reconnus à deux ou
trois lieues environ les rochers de Kurunagalla. Selon
mes calculs, je devais les atteindre en quelques heures.

Mais, à peine descendu, je les perdis de vue dans l'épaisseur du djungle et je m'égarai de nouveau. Hors d'haleine, accablé de fatigue, d'émotion et souffrant déjà de la faim, je m'assis sur un tronc d'arbre mort pour réfléchir à ma situation. Qu'allais-je devenir ? comment sortir de cet inextricable labyrinthe ? La tête plongée dans mes mains, je m'abandonnais aux plus tristes pensées, lorsqu'un miaulement étrange, suivi d'un bruit peu rassurant d'os broyés, me fit jeter un coup d'œil à travers les larges feuilles d'un bananier sauvage qui me séparait d'une lagune ou étang assez profond ; sur l'autre rive, à une cinquantaine de mètres au plus de moi, un tigre déjeunait d'un énorme sanglier qu'il venait de capturer. Pendant que, par un mouvement bien naturel, je me rejette en arrière et m'appuie des deux mains sur mon tronc d'arbre pour m'éloigner sans bruit de ce dangereux voisinage, l'écorce vermoulue se soulève sous mes doigts et un hideux serpent dresse subitement, à quelques pouces de ma figure, sa tête triangulaire et son large cou, noir de venin ; c'était une *cobra capella*. Je me levai en sursaut et, sans plus songer au tigre, je m'éloignai en toute hâte de ce trop dangereux adversaire ; mais cette partie de la forêt était, à ce qu'il paraît, une résidence favorite des plus odieux reptiles ; car, dans ma fuite, j'en aperçus autour de moi de toutes les grandeurs et de toutes les nuances. Un d'entre eux, que j'avais pris pour une branche morte, ondula sous mes pieds, glissa entre mes jambes et alla à quelques pas de là s'enrouler comme un câble autour du tronc d'un palmier ; c'était un boa de sept mètres de long, dont j'avais dérangé le sommeil ou la digestion. Un peu plus loin, obligé de traverser une mare que des arbres abattus par le temps recouvraient en partie, je sentis, à mon grand émoi, un de ces arbres s'enfoncer et disparaître sous moi. Je perdis l'équilibre et tombai dans l'eau jusqu'à mi-corps. Heureusement j'étais près de la rive, qu'un élan désespéré me permit d'atteindre et de gravir.... Le tronc pourri et verdâtre sur lequel j'avais eu l'imprudence de poser le pied était le dos d'un monstrueux alligator.

« Échappé miraculeusement aux périls entassés dans ce mauvais passage, j'atteignis les bords d'une rivière, où je m'empressai d'étancher la soif qui me dévorait. Rafraîchi et désaltéré, je résolus de descendre ce cours d'eau, dans l'espoir qu'il me conduirait à quelque lieu habité. Depuis quelques instants je marchais assez tranquillement à l'ombre des grands arbres qui revêtent ses berges, quand un bruit d'une nature nouvelle me fit lever la tête. C'était une troupe de singes qui, bien lestés et repus de noix de coco, et portés à la raillerie comme tous les heureux du monde, ricanaient de ma misérable apparence et s'amusaient à faire pleuvoir sur moi des fragments de coques vides. Leur malice m'en inspira une autre; je leur jetai des pierres et, pour se venger, ils me lancèrent à leur tour tous les projectiles que leurs cocotiers purent leur fournir. Les noix les plus pleines, les plus fraîches y passèrent; j'en eus bientôt une ample provision. J'étais sûr de ne pas mourir de faim tant que cette ressource me resterait; mais, la forêt devenant de plus en plus sauvage, les rives du cours d'eau de plus en plus inaccessibles, je dus m'en écarter pour me frayer un chemin, et bientôt les ténèbres se firent de nouveau, et il me fallut choisir un grand arbre pour asile et pour lit. Mais la crainte d'en tomber pendant mon sommeil, mais l'horreur de ma situation et les hurlements des bêtes fauves ne me permirent pas de fermer l'œil pendant cette nuit, la deuxième de mon *égarement* et qui ne devait pas être la dernière.

« A peine l'aube eut-elle paru que je me hâtai de descendre de ma retraite. Transpercé de rosée, transi de froid, j'avais besoin de mouvement et de soleil. Je brisai en morceaux les noix de coco qui me restaient de la veille, et, après avoir mangé le contenu de deux de ces fruits, j'enlevai les amandes des autres et les serrai soigneusement dans ma redingote pour mes repas du soir et du lendemain. Un peu ranimé, je repris ma course à la recherche de la rivière dont je m'étais écarté. Un moment je crus entendre des voix d'hommes dans l'épaisseur du bois, à ma droite ; je courus aussitôt de ce côté : c'était une fausse joie.... je ne découvris qu'une clairière où, sous quelques grands arbres, broutaient trois éléphants, deux grands et un petit. Ce dernier m'aperçut au moment même où j'essayais de faire une retraite prudente. Ayant couru vers ses deux gigantesques compagnons comme pour prendre leur avis, il tourna court subitement et vint droit à moi, gambadant et folâtrant. J'avais autre chose à faire qu'à essayer de la bonne humeur de cet enfant terrible, et je détalais au plus vite, cherchant d'un œil avide quelque arbre à l'accès facile pour m'y réfugier, quand, venant à rencontrer une racine sur mon chemin, je la heurtai du pied et tombai lourdement à quatre ou cinq mètres du jeune pachyderme qui continuait à me poursuivre. En me voyant étendu devant lui, il recula d'abord de quelques pas ; puis s'étant rapproché, il me flaira, me toucha avec sa trompe, me tourna, me retourna doucement et me flaira encore, accompagnant cette étude de petits mugissements de plaisir ou d'étonnement. A chaque mouvement que je lui voyais faire, je tremblais qu'il ne me foulât aux pieds ou ne me lançât en l'air quand il serait las de jouer avec moi, comme un chat joue avec une souris.... Cependant, voyant que les deux gros éléphants ne manifestaient nul désir de prendre part aux divertissements de leur jeune enfant ou pupille et se contentaient de brouter impassiblement à quatre ou cinq cents pas de nous, je pris une résolution désespérée; je me levai vivement avec de grands gestes et de grands cris. Mon persécuteur inexpérimenté s'enfuit épouvanté, à ma grande joie; mais il n'eut pas plutôt rejoint ses deux vieux congénères, que tous trois, à ma grande frayeur, se précipitèrent d'un commun accord à ma poursuite, brisant ou ployant comme du jonc les jeunes arbres qui s'opposaient à leur passage. Comment fis-je pour leur échapper, je l'ignore, mais j'y parvins; la peur me prêta des ailes. Le soir de ce même jour, j'eus le bonheur de rencontrer des arbres chargés d'excellents *jambos* mûrs; je m'en régalai. Ce sont des espèces de pommes rouges et blanches dont la pulpe savoureuse renferme des amandes semblables à des châtaignes. Pendant que je me restaurais avec cette manne inespérée, une nouvelle nuit arriva.

« Plusieurs autres nuits et plusieurs journées pareilles aux premières se succédèrent encore sans que je parvinsse à retrouver ma route et sans que les bêtes fauves qui me rencontrèrent eussent la satisfaction de me dévorer. Cependant la fatigue, les émotions, les privations endurées depuis l'instant fatal où je m'étais perdu, allumèrent en mes veines une fièvre ardente. Un jour j'arrivai à la porte d'une hutte; hélas! elle était abandonnée et en ruine. Le lendemain je trouvai enfin un véritable sentier; un squelette humain gisait par son travers. Peut-être était-ce le cadavre de quelque infortuné, victime d'une imprudence toute semblable à la mienne. Pour remplacer mes vêtements laissés par fragments à toutes les ronces de la forêt, je dépouillai ce cadavre des habits usés qui le couvraient encore; mais mes forces épuisées ne me permirent pas d'aller plus loin. Le soir venu, j'essayai en vain de monter dans les rameaux d'un arbre;

me sentant mourir et résigné à mon sort, je me laissai tomber sur ses racines. C'est là qu'une troupe de Cingalais me trouva endormi ou évanoui, et me réveilla. Comme j'étais trop faible pour me soutenir sur mes jambes, ces bonnes gens me transportèrent à Kurunagalla, où je reçus tous les secours que réclamait mon état. Mes camarades, qui m'avaient appelé et cherché dans toutes les directions, me croyaient mort depuis plusieurs jours ; après mon retour ils crurent pendant longtemps que je deviendrais fou ; mais les soins qu'on me prodigua me rendirent la plénitude de la raison et de la vie [1]. »

Pendant le récit de John, nous descendions doucement, côte à côte, dans les basses terres, par le pas de la *Roche-Noire*, un de ces sauvages, sombres et romantiques défilés qui, vers les quatre points cardinaux, commandent l'entrée et la sortie du plateau de Candy. Au débouché de cette gorge, nous rencontrâmes dans la forêt un de ces hommes qu'on nomme dans l'Inde *jugglers* ou *charmeurs*, et qui passent leur vie à faire l'essai de la fascination humaine sur les animaux que la nature a doués des armes les plus terribles, la force irrésistible et le poison mortel. Rien ne m'a jamais plus étonné que l'adresse et l'audace de ce sauvage, qu'à la noirceur de ses traits et à ses cheveux crépus je reconnus pour un Bédyah ou descendant des anciens aborigènes de l'île, des Rakchas de Valmiki. Il jouait, au soleil, sur le sable, avec une hideuse naja, de près de quatre pieds de longueur ; il la maniait, l'irritait, la frappait même et l'apaisait soudainement, avec une assurance suprême et un empire absolu. Je crus d'abord qu'il avait su la mettre hors d'état de nuire ; il n'en était rien cependant, car sur ma demande il lui ouvrit tranquillement les

---

1. Colonel Campbell, *Chasses et Aventures à Ceylan.*

deux mâchoires et me montra ses dents venimeuses parfaitement intactes et leurs glandes gonflées de venin.
Je n'en pouvais croire mes yeux, et, à la vue de cet arsenal de mort, j'éprouvai, je l'avoue, une sensation
d'effroi dont je ne fus pas le maître. Je lui demandai
alors si le serpent me mordrait dans le cas où je le tou-
cherais. « Très-certainement, » répliqua-t-il ; et, craignant que je ne voulusse tenter l'épreuve, ce que je n'a-
vais garde de faire, il s'empressa de faire rentrer
l'horrible bête dans le sac qui lui servait de prison. Lui
ayant demandé encore s'il oserait manier ainsi tout serpent qu'il rencontrerait dans la forêt, il me répondit négativement, mais ajouta que deux jours au plus lui suffiraient pour apprivoiser le reptile le plus sauvage ; celui
qu'il portait n'était encore qu'à son quatorzième jour
d'éducation, et n'avait rien mangé depuis qu'il avait été
pris.

Avant de prendre congé du Bédyah, je voulus lui faire
accepter quelques pièces de monnaie, mais il les refusa.
« C'est le charmeur le plus habile de l'île de Ceylan,
me dit John comme nous nous éloignions ; le capitaine L..., qui commande la garnison de Matalé, en sait
quelque chose. Étant allé chasser l'éléphant, il y a peu de
temps, il rencontra un de ces animaux tout en entrant
dans le djungle. Surpris à l'improviste, il ajusta la bête
avec trop de précipitation et, au lieu de lui loger son lin-
got de fer dans la tête, il ne lui fit qu'une longue blessure
dans le cou. L'éléphant furieux se jeta aussitôt sur l'im-
prudent chasseur, qui, s'étant avancé presque à portée
de sa trompe, n'avait ni chance ni espoir d'échapper
à une mort affreuse.... Déjà il sentait courir sur ses
épaules le souffle furieux de son ennemi, quand un sauvage, celui-là même que nous venons de rencontrer,
se jeta entre lui et l'éléphant, que, d'un geste impérieux

et d'une phrase rapide, il arrêta tout court. Étendant ensuite les bras, il prononça d'autres paroles d'un ton très-
élevé. Quelle que fût leur signification, menaces ou conjuration, toujours est-il que devant elles l'éléphant pi-
rouetta sur lui-même et prit la fuite en poussant des
clameurs épouvantables et en brisant tous les arbres qui
s'opposaient à son passage. Dès que le capitaine L.... fut
un peu remis de sa frayeur et de son saisissement, il
chercha son libérateur; mais Tom le Bédyah, c'est le
nom que lui donnent les missionnaires, avait aussi disparu dans le djungle, et, quelque récompense qu'on lui
offrît dans la suite, il ne consentit jamais à venir recevoir les remercîments de celui qu'il avait sauvé. Oh!
monsieur, fit John en terminant, Tom n'a pas son pareil dans toute l'île. »

J'étais un peu de l'avis de John et je rêvais encore à
ce qu'il m'avait raconté et à ce que j'avais vu, lorsque le
jour suivant, après une course des plus pénibles à travers
un lacis tropical de forêts, où l'on n'avance qu'à l'aide
de la hache et du feu, nous atteignîmes enfin, au fond
d'une gorge profonde, le kraal ou traquenard, qu'on
avait de longue main préparé contre la liberté des éléphants, rois de ces solitudes.

Chasse aux éléphants.

C'était un enclos d'environ deux cents pas de diamètre,
ayant pour palissade un rang serré de gros troncs d'ébé-
niers enfoncés en terre et liés fortement les uns aux
autres. Là, vers le soir, à la lueur des torches et du haut
d'une aire de branchage bâtie au sommet d'arbres gigantesques, et sur laquelle j'étais perché avec une société
nombreuse, réunie pour ce moment de tous les points de
la côte, je vis, ou plutôt j'entendis un troupeau d'élé-

phants sauvages, cernés et traqués par un millier de Cingalais armés de torches et de lances, passer comme un ouragan sous nos pieds et se précipiter dans l'enceinte fatale. Au bruit du djungle broyé, aux craquements des tiges et des branches brisées répondirent les cris de triomphe des Cingalais et, bruit de mauvais augure pour les colosses captifs, les coups pressés des marteaux et le grincement des cordages assujettissant des poutres énormes en travers du défilé qui venait de leur livrer passage. Au même instant tout le kraal fut entouré de piques et de flambeaux; devant chaque interstice de la palissade une sentinelle fut placée, et des feux immenses furent allumés pour empêcher les éléphants furieux de briser l'enclos avec leurs fronts. Les hurlements, les détonations des armes européennes, les feux et les longues piques blanches, ne manquent jamais de faire reculer les pauvres prisonniers, chaque fois qu'en pareil cas ils se mettent en devoir d'exécuter une charge contre la barricade.

Une quarantaine d'éléphants avaient été pris en cette occasion; ils se tenaient en masse au centre du kraal, les yeux hagards et luisants d'un sombre éclat, à la clarté des torches de leurs persécuteurs. Il y en avait de vieux, de vrais colosses, et aussi de tout petits qui se pressaient sous leurs mères. Alors les Cingalais les plus déterminés entrèrent dans l'enclos sur quatre éléphants privés, pour tâcher de dérouter les sauvages par des menaces bruyantes, et, s'approchant du premier qui se trouva détaché de la bande, ils réussirent avec beaucoup d'adresse et de courage à lui mettre un lacet au pied et à le garrotter à un arbre trop gros pour qu'il pût le déraciner. Le malheureux se mit à faire des efforts grotesques et à trompeter de détresse, et la troupe des éléphants sauvages s'avança vers lui comme pour le délivrer. Mais les Cingalais, par leurs cris et leurs piques, et les quatre éléphants privés, avec leurs défenses, les repoussèrent. On emmena le captif garrotté, et maté à coup de trompes par les éléphants apprivoisés[1].

Il devait se passer du temps avant qu'on domptât les trente-neuf autres. J'aurais bien voulu en être témoin, car la vue de cette espèce de guerre est excitante et pleine d'intérêt. Mais j'avais déjà donné à Ceylan plus de temps que n'en comportaient mes plans et mes prévisions. Laissant donc la bande joyeuse des sportsmen sur le théâtre de ses exploits, je me rendis à Kurunagalla pour y prendre le lendemain la diligence de Trincomaly à Colombo, et atteindre cette dernière ville dans la même journée.

On me montra, à un relais, la tombe d'un Anglais, employé, de son vivant, comme *civilian* dans l'intérieur de l'île, et qui s'est rendu fameux par son ardeur et ses succès à la chasse de l'éléphant; non cette espèce de chasse dont je venais d'être témoin, et dans laquelle la ruse et le nombre finissent toujours par avoir raison du puissant pachyderme, mais cette poursuite sauvage et solitaire où l'homme, mettant sa vie pour enjeu, ne peut compter que sur son courage individuel et sur la bonté de ses armes. Dans l'espace de plusieurs années passées au fond des djungles, ce Nemrod britannique était parvenu à inscrire mille éléphants sur la liste de ses victimes, et il s'était fait une assez jolie fortune du produit de leurs défenses; mais le meurtre du mille et unième lui porta malheur. Dans une première rencontre, il ne fit que blesser l'animal, qui le chargea à coups de trompe, et il était perdu s'il n'eût roulé dans un ravin, où il se brisa plusieurs côtes. Il en fut quitte pour plusieurs mois de maladie; puis, à peine guéri, il guetta l'élé-

1. Prince A. de Soltikoff.

phant, et, cette fois, le tua; mais, comme il rentrait en ville, il fut frappé de la foudre à l'endroit même où je vis son tombeau. Un brahmane de Ramisseram m'assura, quelques jours après, que, sans nul doute, Indra, le dieu du tonnerre, avait cédé dans cette circonstance aux prières de son éléphant céleste, Airavaty, prenant fait et cause pour ses congénères d'ici-bas, massacrés méchamment et en pure perte par cet Anglais.

Colombo et Ramisseram. — Littérature cingalaise.

Colombo, siége du gouvernement de Ceylan, est une ville de 30 000 âmes au moins, mais dont tous les édifices sont perdus sous la puissante végétation des tropiques; toutes ses maisons ont des jardins ou possèdent au moins un bouquet d'arbres; mais ces arbres sont des cocotiers, des aréquiers, des talipots, et leur réunion forme une forêt immense qui va se mêler dans l'intérieur des terres aux plantations de cannelliers et de café, richesse de cette île privilégiée.

Au bout de quelques jours, un de mes compagnons de chasse, retournant sur la côte opposée du continent, où il est magistrat et collecteur, voulut bien me prendre à bord de son yacht, véritable oiseau de mer qui nous fit franchir en moins de vingt heures les soixante lieues qui séparent Colombo de l'île de Ramisseram, autre terre légendaire, qu'un étroit goulet, impraticable pour les navires, sépare à peine du continent; la tradition qui en fait la tête du fameux pont de Rama l'a dotée d'un temple qui attire de tous les points de l'Inde autant de pèlerins que ceux de Bénarès et de Djagganatta.

La lecture de quelques livres cingalais que j'emportais comme souvenirs de cette terre étrange abrégea encore pour moi cette courte traversée; car Ceylan, comme le

continent de l'Inde, a eu son cycle littéraire : elle a eu
ses poëtes, ses philosophes, et même, ce que n'a pas eu
l'Inde, ses historiens nationaux. Il me semble que les
passages suivants du *Prataya Çalaka*, ou livre de sen-
tences morales, ne dépareraient pas le recueil du même
genre qu'a consacré parmi nous le nom du roi Salomon :

« .... L'homme a cent années à vivre sur cette terre.
Le sommeil, l'enfance et la vieillesse en absorbent
soixante-quinze ; les vingt-cinq qui lui restent sont remplies de chagrins, de maladies et de passions rongeuses.
De quel bonheur jouit donc l'homme ici-bas, vague roulante d'un tempêtueux océan ?

« .... Une chouette est aveugle le jour, un corbeau est
aveugle la nuit ; mais un homme méchant, emporté et
envieux, est bien plus aveugle : il ne voit clair ni le jour
ni la nuit.

« .... Si un homme vous dit qu'il a vu des corbeaux
blancs, des pas de poissons sur le sable de la mer, des
fleurs sur un figuier, vous pouvez le croire ; mais ne croyez
jamais aux serments de la femme, ne vous fiez jamais à
son cœur.... »

CHAPITRE X.

LE SUD DU DECCAN.

Temple et brahmanes de Ramisseram. — Madura. — Les veuve d'un rajah et un philanthrope anglais. — Tritchinopoly. — Le Malayala. — Les chrétiens de saint Thomas. — Aspect de leurs districts, leurs églises. — L'inquisition empêchée. — Le pionnier écossais. — Les villes du Malabar. — Les dieux gardiens des champs et des vergers. — Encore les forêts des ghauts occidentaux et leurs sauvages habitants. — Le pays de Gourg. — Le Cavery, la capitale, les palais et les tombes des sultans du Maïssour. — Ce que le rajah, leur successeur, loge dans sa cour d'honneur. — Voyage dans les Nilgheiries. — Aspect, climat européen de ces montagnes. — Réception chez un half-cast. — Son histoire.

Temple et brahmanes de Ramisseram. — Madura.

Ayant mis pied à terre au village de Pomben, petit port de Ramisseram, j'y fus obligeamment accueilli par la famille de mon collecteur anglais, qui avait là son principal établissement. J'avais été son passager, je devins son hôte. Grâce à son infatigable complaisance, j'eus bientôt à ma disposition ses chevaux, ses palanquins, ses jeux de porteurs, et je pus organiser en quelques jours la caravane dont j'avais besoin pour continuer mon voyage dans l'intérieur de la Péninsule. Pendant ce temps je ne pus me dispenser de visiter les établissements religieux qui rendent Ramisseram si célèbre. Son vaste temple, vrai monastère de brahmanes, ses nombreuses et élégantes tchoultries, fondées par les fidèles Ramatas pour héberger les pèlerins, et, sous les voûtes de ses bois de palmiers, ses routes dallées de larges pierres et ses ghauts carrés aux eaux limpides et aux degrés de marbre.

Un soir, au soleil couchant, je vins m'asseoir sur la blanche terrasse du temple; les coupoles et les pagodes bizarres brillaient au-dessus de moi, ou à mon niveau, de l'éclat de l'or, tandis qu'à leur pied, à travers les jardins du temple, serpentait une longue procession. Peuple, musiciens, bayadères, brahmanes et éléphants s'avançaient, s'allongeaient en sinueux détours et disparaissaient entre de majestueuses colonnades formées de monstres mythologiques et éclairées des teintes jaunâtres du soir, comme d'un feu souterrain. Seule, une sombre tour de granit gris, haute et large, ne participait point à la gaie lumière répandue sur les monuments, les jardins et les fidèles, et cachait déjà sa masse dans les ombres de la nuit. Je m'y dirigeai, et, lorsque je gravis ces antiques escaliers poudreux, les chauves-souris se mirent à tournoyer dans cette morne enceinte et les hiboux s'effarouchèrent de ma présence. Quand je redescendis, d'abord sur le toit, et puis, par une échelle, dans l'intérieur du couvent, tout y était silence et ténèbres : seulement, de loin en loin, une de ces filles consacrées au temple et vouées à la débauche des brahmanes passait et se perdait dans quelque couloir, et je ne pouvais distinguer dans l'obscurité si elle était jeune encore ou bien déjà vieillie sous la crapuleuse tyrannie des prêtres de ce lieu[1].

Je rentrai dans l'intérieur par Madura, endroit charmant par lui-même et par ses environs. Sa principale pagode, superbe, toute blanche, s'élève au milieu d'un vaste étang entouré de verdure, où des paons se promè-

1. Prince A. de Soltikoff.

nent et voltigent ; elle est hors de la ville. Plusieurs autres, grandioses aussi et âgées, dit-on, de trois mille ans, ornent l'intérieur de la cité, qui compte environ 30.000 âmes, y compris un vieux rajah logé dans un vieux palais. Un de ses ancêtres, celui des anciens souverains de Madura auquel on attribue le plus de merveilles, et dont on fait voir aux étrangers la statue au long nez retroussé, aux grandes moustaches et aux reins grotesquement cambrés, portait le nom baroque de Trimalnaïak. Le temple le plus remarquable de l'intérieur de la ville renferme, dans des cages sans nombre, des perroquets de toutes tailles et de toutes couleurs, apportés en offrande de différentes contrées de l'Inde. Ils partagent le respect des fidèles avec les singes, qui vivent ici, comme dans la plupart des villes brahmaniques, en toute liberté, et couvrent de leurs tribus les toits et les cours. Ceux d'en bas font la guerre à ceux d'en haut quand ils se rencontrent, étant d'espèces, ou, selon le langage local, de *castes* différentes, et chacune défendant son quartier.

Dans une de mes promenades autour de la ville, je fis la rencontre d'un de ces animaux aussi apprivoisé que possible, bien que vivant en rase campagne. C'était le favori, peut-être le dieu ou, tout au moins, le fétiche de quelque hameau du voisinage. Il reposait dans un buisson, lorsque l'odeur d'un déjeuner qu'on venait d'étaler pour moi sous un grand arbre des Banians, le tira de son sommeil ou de son *dolce far niente;* il s'approcha gravement de ma table improvisée, comme pour me souhaiter la bienvenue sur ses propriétés. Il était de la taille d'un grand épagneul, énormément gras, couvert de longs poils soyeux d'un blanc argenté, légèrement terni par la poussière de son lit de repos. Une belle mouche d'un bleu céleste ornait sa poitrine, et ses mains étaient aussi richement colorées de henné que celles d'une petite-maî-

tresse hindoue. Sa queue, s'il en avait une, était entièrement dissimulée sous sa longue fourrure. Il ne marchait
pourtant qu'à quatre pattes.

Je crus devoir offrir à ce visiteur inattendu une rôtie
sucrée, et mon guide, en bon Hindou, s'empressa de dé-
plier devant lui une feuille de bananier pleine de riz.
L'honnête quadrumane accepta le tout en personnage
habitué à de pareilles offrandes.

Jamais je n'ai rencontré de fakir humain en aussi
brillante santé. Monter sur les arbres doit être une rude
besogne pour un ermite de cet embonpoint ; cependant je
pense que sa sûreté exige qu'il y grimpe chaque nuit : car
autrement il offrirait aux tigres et aux chacals une pâture
que ces animaux sont trop hétérodoxes pour respecter.

Les veuves d'un rajah et un philanthrope anglais. — Tritchinopoly.

Je fis, à Madura, la connaissance d'un Anglais qui se
trouvait à la cour voisine de Poudoucota, lorsque le rajah
vint à mourir et que, suivant l'usage, la femme et les
six concubines du défunt résolurent de se brûler avec
lui. Le digne enfant d'Albion se mit en quatre à cette
occasion et finit par dissuader la reine de son projet
d'incinération ; mais les six concubines s'entêtèrent dans
le leur, demandant à grands cris à être brûlées et disant
que, si la reine avait perdu toute pudeur, elles ne voulaient pas se déshonorer à son exemple. Alors, sans
rien dire, il les enferma dans leur appartement et garda
la clef dans sa poche, jusqu'à ce que toutes les cérémonies funèbres fussent terminées. A présent, ces pauvres
femmes vivent dans la misère et l'opprobre, et, quand cet
Anglais va à Poudoucota pour voir le rajah actuel et son
frère, auxquels il a conservé leur mère et qui l'appellent

leur oncle, les concubines, qui l'entendent de derrière leur cloison (car l'aristocratie hindoue cache les femmes aussi, comme les mahométans), l'accablent de reproches : « Puisque vous nous avez vouées à la honte et à la misère, donnez-nous au moins les moyens d'exister, » disent-elles. Car, les préjugés venant en aide à l'avarice, on leur donne peu à manger, et elles ont la tête rasée pour le reste de leurs jours. Ces princes hindous, si entichés d'étiquettes et de vaines pompes, sont mesquins et cupides, et capables, je le crains, de bien mal entretenir des êtres aussi méprisés que ces pauvres femmes[1].

Grande et belle ville, assise au sommet du delta du Cavery, Tritchinopoly, où j'arrivai de Madura en deux marches, est le quartier général des missionnaires chrétiens de toutes sectes, qui se répandent de là dans l'intérieur du Deccan. Dans sa principale église, dédiée à saint Jean, j'allai saluer la tombe d'un homme de bien, de Réginald Heber, évêque anglican de Calcutta, qui termina en ce lieu sa trop courte carrière, et qui, pendant les trois années que la Providence lui permit de vivre dans l'Inde, pratiqua, connut et aima les Hindous mieux et plus que ne l'ont fait la plupart de ses compatriotes[2].

Les Hindous lui en ont tenu compte; ils ont déploré sa fin prématurée, et son nom est demeuré parmi eux comme celui d'un ami. A Madras et à Bombay on ouvrit des souscriptions générales dans le but de perpétuer son souvenir par de pieuses fondations. Dans la première de ces villes, ce fut un superbe cénotaphe; dans la seconde, un collége qui porte son nom. Bien que l'offrande de chaque souscripteur eût été fixée au plus bas taux possible, pour rester à la portée de tous

1. Prince de Soltikoff, t. I, p. 115, 117. — 2. Il mourut en 1825.

les Hindous, elle produisit en quelques jours des sommes considérables. Riches, pauvres, citadins et villageois, le Banian et le simple cipahi s'empressèrent d'y contribuer; la veuve et l'orphelin apportèrent leur obole. De tous les indigènes qui avaient connu le digne évêque, il n'y eut personne qui ne voulût rendre hommage à la mémoire de celui qui avait dit d'eux : « Toute religion qui les ramènera dans les voies de la morale et de la civilisation me semble bonne. Oui, quand même il ne pourrait être question d'en faire immédiatement des chrétiens; quand, sur les ruines de leurs pagodes, je n'aurais à leur offrir que le déisme, je ne saurais exprimer de quel poids je me sentirais soulagé en songeant à l'état misérable d'où je les aurais fait sortir. »

Le Malayala. — Les chrétiens de saint Thomas.

Le sud de la péninsule indienne, entre le Cavery et le cap Comorin, fut, il y a deux mille ans, le centre de la puissance de ces rois Pandions (branche des Pandavas du nord), dont la renommée pénétra jusqu'aux bords du Nil et du Tibre au temps des Ptolémées et des Césars. C'est encore de nos jours une des portions les plus belles, les plus accidentées, les mieux arrosées et, partant, les plus riches de l'Inde. Un grand nombre de chefs indigènes y tiennent cours et durbars au bénéfice du voyageur européen, et ces obscurs vassaux, ces humbles pensionnaires de la Compagnie, sont toujours prêts, pour peu que leur visiteur se prête à cette innocente fantaisie, à faire parade de leurs noms mythologiques et à se draper dans la défroque des demi-dieux dont ils se disent descendus.

Tel est entre autres le cas particulier des rajahs de

Travancore, de Tanjore, de Palamcotta et de Madura. Je traversai à plusieurs reprises leurs domaines, non pour me donner le spectacle de leurs grandeurs déchues, ruines vivantes dont l'aspect, comme celui des momeries brahmaniques, n'avait plus rien que de fastidieux pour moi, mais pour contempler, dans les vallons qui découpent les pentes méridionales du plateau Deccani, les représentants les plus authentiques peut-être de la chrétienté primitive qui existent aujourd'hui : les descendants des gentils que l'apôtre saint Thomas convertit à sa foi peu d'années après que le grand Crucifié eut été enlevé à la terre.

L'aspect du Malayala, c'est le nom général de ces districts, présente une agréable variété de collines et de vallées que fertilisent de nombreux cours d'eau descendant des montagnes et procurant aux guérets une verdure perpétuelle. Les bois produisent du poivre, du cardamome, de la cannelle sauvage et de l'encens; le sol y est jonché de plantes aromatiques. Mais ce qui ajoute surtout à la beauté du paysage, ce sont, sur les hauts sommets, les noires forêts de tecks qui fournissent le plus beau bois de construction que l'on puisse trouver; ce sont surtout les clochers et les nefs antiques qui se dressent du sein de la verdure sur les croupes des collines, et le tintement des cloches éveillant les échos.

La première vue des églises chrétiennes dans cette région écartée de l'Inde, jointe à l'idée de leur durée paisible pendant une si longue suite de siècles, ne saurait manquer de faire naître de profondes émotions dans l'âme du voyageur européen. La forme des plus anciens de ces édifices rappelle celle de nos plus vieilles églises de l'Occident, de celles qui précédèrent l'art gothique.

Ils ont des toits obliques, des arcs de croisées pointus, et des éperons contre-boutant les murs. Les rayons du toit qui sont en vue ont des ornements; les lambris du chœur et de l'autel sont circulaires et ciselés. Dans les cathédrales, les châsses des évêques décédés sont placées aux deux côtés de l'autel. La plupart des églises sont bâties en pierres de taille rougeâtres et polies à la carrière; leur construction est solide, le mur de front des plus grands édifices ayant 2 mètres d'épaisseur. Les cloches des églises sont coulées dans les fonderies de Travancore. Il y en a d'une grande dimension, et quelques-unes d'entre elles portent des inscriptions syriaques et malayalines.

Dans les hameaux groupés autour de ces temples rustiques, les vertus chrétiennes sont exercées par les Hindous avec une rigueur et une pureté faites pour étonner ceux qui n'ont jamais connu le caractère des naturels que par ses côtés désavantageux. Tous les dimanches, le peuple, vêtu de ses plus beaux habits, se rend à l'église paroissiale, où la dévotion avec laquelle ils accompagnent les prières publiques a quelque chose de vraiment solennel. Ils psalmodient très-bien l'ancien plain-chant des cantiques sacrés, et la voix de l'assemblée peut être entendue de loin. Les prières étant finies, ils écoutent le sermon avec une attention édifiante, et ils n'ont point de peine à le comprendre, puisque tous, hommes et femmes, savent lire leur Bible; plusieurs d'entre eux écrivent le discours sur des ollas, afin qu'ils puissent le lire ensuite en famille[1]. Dès que le prédicateur a annoncé son texte, on entend de tous côtés le

---

1. C'est une chose connue que les naturels de Tanjore et de Travancore savent recueillir par écrit, sans perdre un seul mot, tout ce qui est dit posément. Ils regardent rarement sur leurs ollas pendant qu'ils écrivent, et ils savent écrire couramment dans les ténèbres *.

* Buchanan, voy. au *Misore*.

son du style de fer sur les feuilles de palmier. Les écoliers même ont leurs ollas à la main, et souvent, après le service divin, on peut les voir, en s'en retournant chez eux à travers les champs, occupés à en faire la lecture à leurs mères.

Les dernières communications de ces communautés chrétiennes avec leurs sœurs d'Europe remontent au concile de Nicée, dont les actes font foi de la présence de Johannes, évêque de l'Inde, en l'an 325.

Ainsi donc, depuis cette époque, l'Ancien et le Nouveau Testament trouvèrent un asile dans les montagnes de Malayala durant les siècles ténébreux de l'Europe, où l'ignorance et la superstition refusèrent en quelque sorte de les communiquer au reste du monde; ils y furent révérés et librement lus par plus de cent Églises, et ils furent transmis jusqu'au temps actuel par des circonstances qui en favorisaient si bien la conservation dans toute son intégrité, qu'ils méritent, à tous égards, d'être consultés pour la vérification des leçons du texte sacré.

Mais comme, depuis le concile de Nicée, l'Église occidentale a apporté plus d'une modification aux dogmes primitifs et à leur interprétation, les Portugais, très-fidèles catholiques comme on sait, à leur arrivée sur les côtes de l'Inde, loin de tendre la main aux chrétiens de ce pays comme à des frères en Jésus-Christ, s'empressèrent de les persécuter comme de vrais hérétiques et de brûler en auto-da-fé les versions malayalines des saintes Écritures, en attendant qu'ils pussent brûler leurs lecteurs; projet qu'heureusement les Hollandais ne leur laissèrent pas le temps de mener à bonne fin.

Le pionnier écossais.

En allant de ces districts chrétiens à la côte du Malabar, j'eus à traverser une zone de forêts de douze à quinze lieues de largeur, où, malgré les fâcheuses prédictions et les craintes de mes guides, les bêtes féroces ne se sont pas montrées ; je n'en ai vu d'autre trace que des tas immenses d'immondices d'éléphants. J'ai trouvé au milieu de cette solitude un Anglais, ou plutôt un Écossais, qui a bâti là une maison en bois où il demeure avec sa femme, ses enfants et plusieurs domestiques indiens, mâles et femelles. Il s'occupe à cultiver du café, de la cannelle, de la noix muscade, des clous de girofle, du cardamome, du poivre rouge, etc., trouvant que le terrain et l'ombre qui règne dans ces bois sont favorables à tous ces produits, qu'il envoie vendre en Europe et qui l'enrichissent. Il était sur son perron, se promenant autour d'une table dont la nappe était mise ; car il avait appris que je devais passer et il m'attendait. Il m'offrit des eaux gazeuses, un bain tiède, un bon déjeuner et du vin de l'Ermitage, que son premier propriétaire eût été bien surpris de retrouver là. Ce planteur remplissait tous ces devoirs d'hospitalité d'un air tout à fait morne, et son regard, comme toute sa personne, était complétement triste, splénétique et soucieux. Il se plaignait du voisinage des bêtes fauves, des éléphants qui dévastaient ses vergers. La veille, pendant la nuit, il avait été réveillé en sursaut par un violent fracas. Il s'était jeté à la fenêtre avec son fusil, et avait vu un éléphant qui s'amusait à vouloir démolir la maison. L'animal avait entortillé sa trompe autour d'une des colonnes de cette même varangue, du haut de laquelle cette famille isolée épie constamment les voyageurs pour leur offrir l'hospitalité ; et il la secouait de toute sa force pour la déraciner, comme il aurait fait d'un arbre. Il était sur le point d'y réussir, lorsque le propriétaire vint le déranger. Il fallut néanmoins plusieurs coups de fusil pour lui faire lâcher prise. Mon hôte ajouta qu'il ne pouvait jamais laisser ses enfants s'éloigner un peu de la maison, de peur des périls semés autour d'eux; aussi étaient-ils pâles, ternes et sans sourires comme leurs parents[1]. Au prix de ces appréhensions et de ces sacrifices de santé, ceux-ci amassent une fortune dont leurs héritiers, si Dieu les conserve, pourront aller jouir sur un meilleur théâtre. J'ai entendu, dans les villes de la côte, le blâme et l'accusation d'avarice s'élever contre ces pauvres gens, si hospitaliers pour tous ceux qui traversent leur désert; et moi, je prenais leur défense, et aujourd'hui, comme alors, je prétends que, pionniers et défricheurs, ils se dévouent à accomplir une loi de la Providence.

Les villes de la côte de Malabar.

La chaîne des ghauts qui déterminent la configuration de la péninsule s'abaisse et s'éloigne de la mer sous le parallèle de Cochin. Aussi le cours d'eau qui baigne cette ville découpe-t-il d'une multitude de bras une vaste plaine toute couverte de palmiers. De la salle commune du bungalow des voyageurs, qui est presque suspendu sur le fleuve, l'œil peut suivre tous les mouvements des embarcations qui animent ce port commerçant. De cette ville où Vasco de Gama a son tombeau, de Calicut où il fit son premier pas sur la terre de l'Inde, qu'il venait d'ouvrir à l'Europe, je me rendis à travers de vastes paysages étincelant d'eau, de verdure et de lumière, d'abord au petit poste français de Mahé[2], puis

1. Prince A. de Soltikoff. — 2. « Le particulier, même en Europe,

à Tillichéry, amas de huttes et de bazars rustiques habités, au milieu d'une nature charmante, par des hommes presque nus et des femmes belles et nues aussi jusqu'à la ceinture. De là, passant par Cananore, qui est, sur une plus grande échelle et avec une forte garnison anglaise, une localité du même genre, je repris la route de l'intérieur, pour gagner le Maïsour par le district montagneux de Gourg, conquis il y a dix-huit ou vingt ans par les Anglais et peu fréquenté des touristes.

Après les nombreux exemples que j'ai rapportés de l'empire de la superstition sur les Hindous, il est, je pense, superflu d'ajouter que le plus souvent cette aveugle déesse tient parmi eux la place de la vertu. Tel sectateur de Çiva ou de Viçnou, tenté de mettre la main sur la propriété d'autrui, s'arrête sur la pente du vol.... par préjugé. Sans doute il serait à désirer qu'un guide plus pur dirigeât la conscience de ces pauvres gens ; mais après tout, comme l'a dit je ne sais plus quel moraliste, il ne faut pas regarder à travers les bonnes actions. Sur tout le littoral du Malabar, les habitants veulent-ils mettre les récoltes de leur champ ou de leur verger à l'abri d'un coup de main, ils n'ont pas besoin de les entourer de murailles ou de haies aussi insuffisantes que coûteuses ; ils se bornent à les consacrer à quelqu'une des nombreuses divinités de la contrée. A cet effet, ils érigent dans leurs champs ensemencés, ou au milieu de leurs plantations, une longue perche dédiée à l'esprit protecteur dont ils ont fait choix, et qui,

qui posséderait un territoire de l'étendue de Mahé, ne serait pas regardé comme un grand propriétaire. Il ne faut pas une heure pour en faire le tour ; il est difficile d'aller à la promenade sans passer des possessions françaises sur celles des Anglais, plus difficile encore à un navire de venir jeter l'ancre dans les eaux françaises du port sans tomber dans celles de nos voisins. » (V. Fontanier, *Voyage dans l'Inde*, t. II, ch. VI.)

à dater de ce moment, devient leur garde champêtre responsable. Malheur à l'impie qui oserait toucher, sans la permission du propriétaire, à une banane, à un mango ainsi voués à un génie protecteur, il serait à l'instant frappé de mort, ou tout au moins d'une maladie grave : cela ne fait pas l'objet d'un doute dans tout le pays. Un Portugais de Mahé, noir comme charbon, bien qu'il portât le nom d'un noble compagnon de Gama et d'Albuquerque, me raconta qu'un jour il avait vu un indigène, qu'il ne connaissait nullement, s'approcher de lui, se jeter à ses pieds et implorer son pardon.

« Que voulez-vous que je vous pardonne ? lui demanda-t-il ; je ne crois pas vous avoir jamais vu.

— Oh ! Saheb ! repondit le suppliant, il y a trois ans j'ai volé un fruit sur un de vos arbres ; depuis cette époque j'éprouve d'horribles douleurs dans l'estomac ; l'*esprit* de l'arbre s'est emparé de moi pour me punir : vous seul pouvez lui persuader de me laisser en repos. »

Alors le Portugais, au courant des mœurs et coutumes locales, ramassa une poignée de bouse de vache, avec laquelle, au nom de l'esprit, il traça une marque sur le front du pécheur repentant, et lui pommada la chevelure. L'opération ne fut pas plutôt terminée, que la gastralgie de l'Hindou cessa comme par enchantement. Il se retira en comblant d'actions de grâces le débonnaire Portugais, et en jurant de ne jamais plus s'exposer à la juste vengeance des gardiens sacrés des emblaves et des vergers.

Encore les forêts et les sauvages des ghauts.

Tout le long de la côte de Malabar, je retrouvai au pied des montagnes la zone boisée que j'avais traversée à son extrémité méridionale ; elle s'étend jusqu'au sommet des ghauts et en revêt les deux versants. Même dans la meilleure saison, c'est une entreprise difficile, et qui n'est point sans danger, que d'y pénétrer, puis de gravir, sans autre route tracée que le lit des torrents, l'âpre chaîne de montagnes qui entoure, comme un rempart de mille à deux mille mètres de haut sur dix à douze lieues de large, la vallée de Gourg. Le défaut d'air, l'accumulation des détritus végétaux et la stagnation des eaux au sein d'étroits vallons, font de ces régions sombres et couvertes un foyer d'odeurs nauséabondes et de miasmes méphitiques.

Plusieurs tribus, encore à l'état sauvage, mènent pourtant une existence errante dans ce milieu pestilentiel, et se contentent d'y changer de demeure avec les saisons. Quand ils ont choisi un endroit pour leur séjour passager, ces pauvres gens l'entourent d'une espèce de haie, et chaque famille choisit dans l'enceinte un petit terrain que ses membres labourent à l'aide d'un morceau de bois pointu, durci au feu. De chétives industries, le charbonnage et la vannerie, leur fournissent quelques autres ressources ; mais, moins avancés que les nègres d'Afrique, ils ignorent l'usage de l'arc et des flèches. Ce sont les vrais Vanaras de Valmiki et les frères des Pouliahs du Concan.

A peine nés, leurs enfants sont habitués à la dure vie qu'ils doivent mener. Dès le lendemain de leurs couches, obligées de se mettre à la recherche de leur nourriture, les femmes, avant de s'éloigner de leurs nouveaunés, commencent par les allaiter ; elles creusent ensuite en terre un trou qu'elles garnissent de feuilles de teck, feuilles si rudes, si revêtues d'aspérités, qu'elles enlèvent l'épiderme et font couler le sang pour peu qu'on les manie sans précaution. Or, c'est sur cette couche que, jusqu'au retour de la mère, qui n'a lieu que le soir, est déposé le petit être humain qui vient de naître à la vie et à la douleur.

Dès le cinquième ou le sixième jour de sa naissance, on l'habitue à prendre des aliments solides, à se laisser laver tous les matins dans la rosée glacée qui baigne les plantes. Il est ainsi abandonné tous les jours, seul et nu, exposé au soleil, au vent et à la pluie, jusqu'à ce qu'il soit en état de marcher.

La religion de ces sauvages consiste dans le culte de certains fétiches. Leur principale occupation est d'extraire le jus du palmier, dont ils vendent une partie et boivent le reste. Hommes et femmes montent sur les arbres avec l'agilité des singes, qu'ils imitent encore par leur nudité ; les femmes seules portent à la ceinture un petit morceau d'étoffe. On raconte que Tippoo-Saheb, au retour d'une expédition militaire, rencontra une tribu de ces sauvages. En sa qualité de bon musulman, il fut choqué de leur état de nudité. Il fit appeler leurs chefs et leur demanda pourquoi ils ne se couvraient pas plus décemment ; ils alléguèrent leur pauvreté et surtout la coutume. Tippoo répliqua qu'il entendait qu'ils portassent à l'avenir des vêtements comme ses autres sujets, et leur promit de leur envoyer tous les ans la toile nécessaire ; en attendant, il leur fit distribuer toute celle dont il put disposer pour le moment. Ainsi pressés, les sauvages tombèrent dans une grande perplexité : on les vit s'assembler en petits groupes et délibérer. Des vêtements ! quel embarras ! c'était une violation de leurs lois, de leurs usages héréditaires ; l'émigration, la mort même, valaient mieux. Après avoir patiemment et longuement écouté leurs doléances, Tippoo, peu convaincu, allait se remettre en route, lorsqu'un des anciens de la tribu, se jetant au-devant de lui et déposant à ses pieds la pièce de toile qui lui était échue en partage : « Sultan, lui dit-il, tu vis comme tes pères, laisse-nous vivre comme ont vécu les nôtres. » Le sultan n'insista plus [1].

Le peuple de Gourg, qu'entourent les repaires de ces sauvages, est plus élevé dans l'échelle de la civilisation. Bon, simple, hospitalier, doué de qualités guerrières, il rappelle par ses mœurs, ses usages, ses croyances, ainsi que par son nom, les Gourkas de l'Himalaya; ces tribus séparées par tant d'espace sont des rameaux congénères du même tronc. Le dernier des rajahs de Gourg, détrôné pour une velléité belliqueuse à l'encontre de la Compagnie, a été interné à Bénarès, et un agent anglais règne aujourd'hui dans Mercara, sa capitale, qui domine de toute part un océan de forêts vierges. Il avait fallu les efforts désespérés de vingt porteurs pour m'amener en ce lieu; il n'en fallut pas moins pour me faire franchir la partie orientale du labyrinthe qui lui sert de ceinture, et me faire déboucher dans le bassin du Cavéry.

Le Cavéry.

Ce fleuve, qui a ses sources principales dans les vallons mêmes qui entourent Mercara, passe par le Maïsour, le Coïmbetor, le Karnatic, et se verse à la mer par un vaste delta. C'est le plus sacré des cours d'eau du Deccan. Il est pour le sud de l'Inde ce que le Gange est pour le nord, ce que la Nerbudda est pour les peuples du Malwa. Tous les ans ses riverains célèbrent en grande pompe et dévotion le mariage d'un de leurs dieux avec la déesse qui habite ses eaux. Mes porteurs le saluèrent de nombreux et bruyants salams. Son

1. Barchou de Penhoën, *Histoire de la fondation de l'empire anglais dans l'Inde*, t. III, ch. XI.

cours, suivi pendant deux journées, me conduisit à Séringapatnam.

Le voyageur qui pénètre aujourd'hui dans cette capitale d'Haïder-Aly et de Tippoo, est accueilli par un silence de mort dans son enceinte dévastée. « La ville actuelle est si déserte, que sa population, réfugiée à son centre autour d'un méchant bazar, ne dépasse pas huit cents habitants. Tous ses autres quartiers, qui pouvaient faire une cité de quarante mille âmes, sont entièrement saccagés et bouleversés[1]. » La plupart de ses palais, de ses villas royales, sont encore debout, mais abandonnés. Le paysage qu'ils commandent est encore magnifique, mais leurs jardins délaissés retournent à l'état de djungle. Malheur au voyageur qui se reposerait sous leurs ombrages, qui demanderait un asile pour la nuit à leurs dômes de marbre! la malaria s'y est installée. C'est un de ces caprices de la nature que nous avons déjà plusieurs fois observés ailleurs ; c'est comme un esprit vengeur veillant sur les tombeaux d'Haïder et de Tippoo ; leurs vainqueurs ont dû fuir devant lui. Après avoir été saluer la brèche, agrandie par le temps, où tomba en soldat le dernier sultan de Séringapatnam, je m'éloignai à mon tour pour aller passer la nuit à deux ou trois lieues de là, à Maïsour, la capitale actuelle du royaume de ce nom, où, sous la tutelle d'un résident, vit d'une pension de la Compagnie un fantôme de rajah.

Je n'ai pas cherché à le voir, mais je suis allé dans son palais rendre visite à un grand tigre noir, ornement de sa ménagerie. Du reste, dans cette partie du Deccan, les tigres de cette couleur sont loin d'être une rareté. Comme je me retirais, j'aperçus dans la cour d'honneur du palais un immense troupeau de vaches

1. Montholon-Semonville, *Revue des Deux-Mondes*, 1840.

ruminant autour d'une grande girafe empaillée. Toutes ces vaches étaient sacrées, avaient les cornes recouvertes d'argent, et des chaînes de même métal au cou.

On tient ainsi toujours une partie de ces animaux sur le perron du palais, où on met à leur disposition une grande quantité de fourrage, ce qui ne contribue guère à la propreté de l'entrée royale. J'y ai vu une femme qui, profitant d'un moment propice, se lavait les mains à la source jaillissante qui sortait de dessous la queue d'une de ces bêtes sacrées, les frottant avec des marques visibles de satisfaction et d'amour-propre. N'est-ce pas le cas de dire : « Où diable la vanité va-t-elle se loger ? »

Je trouvai à Maïsour des porteurs nouveaux et un guide envoyés à ma rencontre par le colonel Z***, qui, ainsi que je l'ai dit, m'avait donné rendez-vous dans les montagnes du Coïmbetor. Dès le lendemain je pris, en conséquence, la direction du sud.

Les Nilgheiries.

Cette route me conduisit, après quelques jours de marche, au pied des premières chaînes des Nilgheiries[1]. Je commençai à gravir leur pente à la tombée de la nuit. Je laissais derrière moi l'atmosphère lourde et brûlante de la zone torride. Quel ne fut pas mon étonnement de m'éveiller au point du jour caressé par une brise fraîche et parfumée, aux chants de l'alouette décrivant ses spirales au-dessus des guérets en fleurs et tout brillants de rosée ! Sautant immédiatement à bas de mon palanquin, je me mis à marcher à pied sous le soleil, ce que je n'avais pas fait depuis que j'avais quitté l'Hima-

____

1. *Nilaguiri*, sanscrit, montagnes bleues.

laya. Le thermomètre atteignait à peine 18° centigrades, et mes porteurs avaient froid.

La route se déroulait à perte de vue au sein d'un paysage dont le caractère me reportait bien loin de l'Inde, mais qui réunissait tout ce qu'a de charmes l'aspect des montagnes, des prés, des rochers, des bois et des torrents. Devant moi s'élevait le Dodabet, la plus haute cime des Nilgheiries, développant sous un ciel d'azur les vertes pelouses de ses terrasses échelonnées les unes au-dessus des autres jusqu'à 2600 mètres d'élévation absolue, et percées çà et là par des masses grises de granit, comme les sommités des Vosges. De tous côtés, de profondes vallées s'ouvraient entre les collines ; des bois garnissaient leurs flancs, et dans les concavités de toutes, sans exception, bondissaient, bruissaient les ondes limpides d'une source ou d'un torrent. L'églantier, le chèvrefeuille et le jasmin, entrelacés aux rameaux des bois, remplaçaient les lianes de la plaine, et, sous de gigantesques berceaux de cannelliers et de rhododendrons aux grands bouquets écarlates, les fraises, les violettes et l'anémone emplissaient l'air d'aromes européens. Seulement, de loin en loin, aux chants du merle et de l'alouette se mêlaient les clameurs des singes gambadant sur les rochers, et le cri aigu du paon traçant dans la verdure de longs sillons d'or et d'azur.

L'existence d'une contrée pareille entre des plaines brûlantes et si près de l'équateur trouva longtemps des incrédules parmi les Anglais de la côte, et ce n'est guère qu'en 1819 qu'ils y poussèrent quelques reconnaissances. Depuis, un grand nombre d'entre eux y ont fondé des établissements, de frais asiles, où chaque été, pendant quelques mois, ils viennent retremper leur organisme délabré par les chaleurs de la plaine.

Quelques-uns même ont poussé la recherche des choses de leur patrie jusqu'à choisir pour leurs demeures les sites les plus exceptionnellement humides et brumeux de ces hautes régions. Ainsi, un des derniers gouverneurs de Madras s'est fait construire, dans l'endroit le plus sauvage d'une gorge froide et sombre, *un modeste cottage*, dont l'ameublement, les glaces à l'épreuve de la balle, destinées à garnir les fenêtres, les cheminées en marbre du meilleur goût, les étoffes anglaises, lui ont coûté près de *deux cent mille francs*. Un Français trouvera peut-être un peu chère cette fantaisie de grand seigneur; mais un fils d'Albion saurait-il payer d'un prix trop élevé *l'obligation* d'avoir une chambre à feu à 10° de l'équateur, et la jouissance de se saturer de froids brouillards comme à Londres même, en vue de la nature brûlante des tropiques?

A l'exception de quelques petites tribus de pâtres nommés *Todas*, qui gardent *à cheptel*, dans les pâturages de ces montagnes, les troupeaux de buffles des cultivateurs du pays plat, les habitants sédentaires de ces hauteurs ne se composent que de fermiers ou de jardiniers transplantés d'Europe ou du Cap de Bonne-Espérance.

Occupés de travaux analogues à ceux que la vie des champs impose en Europe et sous un climat peu différent, ils sont aussi forts, aussi vigoureux que sur la terre de leur berceau. Leurs enfants ont des figures rosées et joufflues comme on n'en voit pas dans l'Inde. L'air qu'ils respirent est si pur, si salubre, que, pendant les jours les plus chauds de l'année, il ne leur fait pas éprouver le moindre malaise, et le sol profond et riche leur donne avec abondance et en qualités supérieures toutes les céréales, tous les fruits, tous les végétaux utiles des régions tempérées de l'Occident.

C'est aux deux tiers à peu près de la hauteur moyenne de ces montagnes, au sommet d'une vallée ouverte à l'est, sur le lointain bassin du Cavéry, et envoyant à ce fleuve le tribut de ses mille sources, que s'élève la villa du colonel Z***; habitation du style italien le plus correct, mais le plus simple, ayant toutes ses servitudes, ses bâtiments de service et d'exploitation cachés, à portée du maître, sous le feuillage des massifs avancés de son parc.

Le propriétaire de ce beau lieu m'y attendait depuis plusieurs semaines. Du haut de sa véranda, il m'aperçut débouchant dans l'avenue tournante qui suit les contours d'une vaste et onduleuse pelouse; il vint à moi, aussi vite que le lui permettait l'allure d'un enfant de quatre ou cinq ans qu'il tenait par la main : « Soyez le bienvenu, » me dit-il en me joignant; et l'enfant, beau petit Amour hindou, aux yeux noirs et limpides et aux soyeuses boucles d'ébène, se soulevant sur la pointe de ses pieds et s'efforçant d'atteindre jusqu'à ma main qui pressait celle du colonel, répéta d'une voix mignarde, mais avec un accent assez pur, ces paroles françaises, qui avaient dû lui coûter de bien longues leçons : « Soyez le bienvenu dans notre demeure, ami de mon père! » De toutes les réceptions flatteuses, officielles ou intimes dont j'avais été favorisé dans l'Inde, aucune, je l'avoue, ne m'avait touché aussi profondément que celle-là.

En ce moment, le soleil, s'inclinant derrière les montagnes de l'ouest, projetait déjà leurs longues ombres sur les bâtiments, les verts massifs du parc et les premiers plans de la vallée; mais il diaprait encore de mille nuances vives les ondulations lointaines de la plaine et les cimes bleues de la chaîne qui borde à l'orient le bassin du Cavéry. Des traînées de chaudes vapeurs, s'élevant de toutes les concavités, de toutes les dépres-

teur avaient changé d'expression. De calme et douce qu'elle était d'habitude, sa voix était devenue creuse et saccadée; il y avait une amertume profonde dans son regard, du sarcasme dans son sourire; il était facile de lire sur tous ses traits l'empreinte brûlante d'une de ces pensées rongeuses, que les cœurs les plus forts renferment en eux comme un ennemi intime, qu'ils peuvent bien envelopper dans leurs replis, engourdir quelquefois, mais étouffer, jamais.

« Eh bien! reprit-il en passant lentement sa main sur son front contracté, la foule se trompe! il ne peut y avoir de bonheur pour un être sans nom, sans famille et sans patrie.

« Ne me dites pas, ajouta-t-il précipitamment comme pour prévenir une objection de ma part, qu'à défaut de nom héréditaire je m'en suis fait un connu et respecté. Allez, je sais ce qu'il vaut : mon père a laissé sur les bancs de la pairie anglaise un héritier légitime, qui rougit quand il l'entend prononcer! Peut-être servira-t-il un jour à mon fils, si la pauvre petite créature vit et grandit, et si, las de l'existence de djaghirdar, il veut s'ouvrir une carrière sur les échelons inférieurs de l'administration ou de la justice indo-britannique.

« Quant à la patrie, l'Inde n'en est une pour personne, ni pour les étrangers qui l'exploitent, ni pour les troupeaux d'indigènes qui naissent, vivent et meurent sur son sol, parqués dans l'isolement de leurs préjugés de castes, ni surtout pour les demi-sang, pour les *bâtards*, comme disent Anglais et Hindous en parlant de cent mille de mes pareils.

« Les maîtres de l'Inde ont bien senti, il est vrai, que cette classe, en croissant en nombre et en lumières, pourrait devenir dangereuse, et ils ont été assez politiques pour la caser autant que possible, pour ouvrir à son activité un débouché social, dans lequel, si son amour-propre n'est pas satisfait, s'il lui faut subir toujours les contre-coups humiliants de la distinction de la peau, elle peut au moins atteindre à un certain niveau d'aisance et de confort; on lui a réservé presque tous les emplois sub-alternes dans le commissariat de la guerre et de la marine, dans les départements de l'intérieur et de la justice, dans les bureaux de l'enregistrement et de l'excise, etc. Beaucoup d'*half-cast* même bornent leur ambition et leurs facultés au cercle étroit d'une officine de pharmacien dans les garnisons ou à la suite des armées. Mais le plus grand nombre, soit défaut d'éducation, soit vice du sang mélangé qui bout dans leurs veines, n'héritant de l'Hindou que la sensualité et de l'Anglais que l'intempérance, se précipitent de gaieté de cœur vers une fin prématurée et ne laissent pas de descendants. Ceci explique comment nous ne sommes encore que des milliers, quand nous devrions être des millions.

« En dehors de ces catégories, il y a encore les jeunes gens de sang mêlé, que leurs parents envoient en Angleterre pour les faire élever avec soin et à grands frais. Malgré leur fortune, souvent considérable, je ne connais pas d'êtres plus à plaindre dans ce monde. Ce sont les parias de la société britannique. Toutes les carrières, tous les établissements, toutes les familles se ferment devant eux. Doués d'instruction, de sentiments, de lumières, ayant bu à toutes les sources des idées, avec les manières les plus élégantes et les plus polies, ils se trouvent gênés, humiliés, devant des hommes qui leur sont bien inférieurs par le cœur et l'intelligence, mais qui n'ont point sur leur écusson la terrible barre de bâtardise. Dans le cours de vos pérégrinations, vous n'êtes pas sans en avoir rencontré plusieurs, et vous les aurez reconnus, j'en suis sûr, bien moins à la nuance de leur peau qu'à leur timidité sauvage et morose, ou à leur résignation mélancolique qui navre le cœur [1].

— Oui, dis-je à mon tour, j'ai été assez heureux pour connaître quelques-uns des hommes dont vous parlez, pour vivre dans leur intimité ; et, même vis-à-vis des descendants pur sang des hautains compagnons de Guillaume le Conquérant, je serai toujours fier de l'amitié qu'ils m'ont témoignée, du souvenir qu'ils voudront bien me conserver.

— Merci, reprit le colonel en pressant chaleureusement la main que je lui tendais ; merci, mon hôte ! Votre parole, permettez-moi cette expression locale, est de celles qui charment les serpents ; mais, hélas ! elle est isolée ; l'Inde n'a point d'écho pour elle.

— L'Inde en aura un jour, soyez-en sûr. Lorsque les germes de sa résurrection, germes que toute terre déchue porte dans son sein, commenceront à fermenter sous la double action du temps et des idées, soyez certain que c'est vers les *half-cast*, vers les déshérités, qu'elle tendra ses bras de mère. Les Anglais qui remplissent sur son sol la même mission d'ordre, d'unité et de nivellement social que les Romains accomplirent autrefois en Occident, n'y jettent aucune racine. Ils préparent pour une transformation les vieilles races de cette contrée ; mais c'est à vous, au sang mêlé de l'Europe et de l'Asie, que ces races, au moment suprême de leur régénération, demanderont des éclaireurs et des guides. L'avenir de l'Inde est à vous. »

Un rayon d'orgueil illumina à ces mots les yeux et le front du colonel, mais il n'eut que la durée d'un éclair.

« Cette opinion, reprit-il après un court silence, est, je ne l'ignore pas, professée depuis longtemps par la plupart de vos compatriotes qui se sont occupés des choses de l'Inde. Il m'est doux de vous la voir partager ; mais,

____

1. Éd. de Warren, t. III.

191

ee

hélas! l'aube des jours auxquels elle fait allusion est pour bien longtemps encore plongée au-dessous de notre horizon. Que de générations d'half-cast l'appelleront de leurs vœux et l'épieront en vain! Avant l'heure de son lever, le granit du tombeau que je me suis préparé dans ces montagnes sera peut-être exfolié par le temps.... Et cependant.... dignités, rang, fortune, tout ce que l'homme envie et se croit le droit de jalouser dans autrui, jouissances de l'amour-propre et de l'ambition, et même jouissances plus hautes, émanant du devoir accompli, je donnerais tout pour que le spectacle de cette heure suprême fût réservé à mon enfant!... Car pour moi je n'y ai pas pensé.... »

Ici le narrateur laissa tomber son front dans ses deux mains et termina d'une voix étouffée : « Si solennelle que fût cette rémunération du ciel, elle ne compenserait pas le bonheur dont il m'a sevré. »

Il se leva précipitamment, prit mon bras sous le sien et m'entraîna le long d'un ruisseau qui murmurait sur un lit de cailloux à travers les massifs et la pelouse du parc. Son cours, remonté pendant quelques minutes, nous conduisit dans une gorge ombreuse, flanquée de pans de rochers au pied desquels croissaient d'énormes chênes verts et des bouquets de rhododendrons grands comme les plus hautes cépées de nos bois d'Europe. Une paroi à pic, de granit, sans aspérités, sans fissures, où le ciseau de l'homme avait évidemment aidé à la nature, fermait l'extrémité supérieure de ce vallon. A la base de cet infranchissable rempart, le granit avait été fouillé, évidé, sculpté de manière à représenter la façade, l'attique et les colonnes d'un petit temple ionique, auquel on montait par une dizaine de marches également taillées dans la masse du rocher. En arrière de ce pronaos, sous une voûte élancée, simulant, par ses étonnantes sculptures, les tiges,

les nervures entre-croisées et le léger feuillage d'un bois
de palmiers, j'aperçus un sarcophage, aussi de granit,
dont la surface, polie et lustrée comme le plus beau marbre, ne portait qu'un nom de femme : *Urmila*, écrit en
caractères sanscrits et relevés d'or.

« La mère de votre fils ? » demandai-je au colonel.

Il répondit affirmativement d'un signe de tête ; puis me
ramenant sur les degrés du temple, il s'y assit, m'invita
de la main à prendre place à ses côtés, et, les yeux plongés dans l'espace, par delà les jardins, les prés, les bois
et les monts qui se déroulaient devant nous, il reprit
d'une voix ferme, comme un homme habitué à lutter avec
son cœur et à le maîtriser :

« Maintenant que je vous ai révélé de mon passé plus
que je n'avais jamais désiré avant ce jour d'en laisser
deviner à personne, je puis achever de vous le faire connaître en entier. Plaignez-moi, mon hôte : avant de vous
rencontrer, j'ignorais qu'il y a du soulagement à confier
ses peines à un ami ; et.... plaignez-moi encore, l'aurais-je
su, je n'aurais pas trouvé un confident sur toute la terre
de l'Inde. Le récit qui me reste à vous faire est tout simple d'ailleurs ; il ne contient rien de cet intérêt dramatique si prisé, m'a-t-on dit, des écrivains et des lecteurs
de votre Occident ; mais peut-être y découvrirez-vous
quelques traits encore inaperçus par vous de ce grand
tableau de l'Inde, que vous êtes venu étudier de si loin.

« Il y a une dizaine d'années, mon régiment était can-
tonné dans les plaines du Doab ; nous étions au cœur de
l'été ; une chaleur aride desséchait l'atmosphère et pul-
vérisait la terre. Les pluies avaient presque entièrement
manqué, et avec elles les récoltes. La famine désolait
cette province si fertile autrefois, si fertile aujourd'hui, depuis la récente et tardive réouverture des anciens canaux
d'irrigation ; puis, à la suite de la famine, avaient éclaté

l'épizootie et le choléra, comme pour débarrasser le sol des êtres qu'il ne pouvait plus nourrir. Un matin, avant le lever du soleil, comme j'étais à réfléchir tristement, devant mon bungalow, à l'incurie de l'administration anglaise, qui, depuis tant d'années de toute-puissance, n'avait encore rien fait pour prévenir ou pour atténuer le retour de ces fléaux venant à termes périodiques tarir dans le sein de la terre les sources de la fécondité et dans les populations celles du bien-être et de la vie, j'aperçus devant moi, au détour d'une allée, deux créatures humaines, deux femmes agenouillées. L'une, entièrement cachée sous d'amples voiles, demeurait immobile comme la statue du deuil; l'autre, pauvre vieille décrépite, aux traits amaigris, aux membres décharnés, aux yeux hagards, m'apparut comme le spectre du désespoir et de la faim.

« Cette apparition était une poignante réalité.

« Oh! pitié, Saheb! » s'écria-t-elle en se traînant jusqu'à moi pour saisir et baiser le bord de mon vêtement, « pitié pour ma fille et pour moi! »

« Puis dans un récit mêlé de gémissements et de sanglots, entrecoupé par la honte et par la douleur, elle m'avoua le but de sa démarche.

« Son mari, humble potier du voisinage, gagnait à peine dans les meilleurs temps de quoi entretenir sa femme, sa fille et son vieux père; surpris à l'improviste par la famine, il était à bout de ressources et de forces. Il tâchait bien encore de travailler, mais il ne mangeait plus!

« Il n'a rien pris depuis six jours, » murmurait sa malheureuse compagne. « Hier j'ai donné à ma fille « notre dernière poignée de riz; hier aussi, au lever de « l'aube, mon beau-père n'a pas rejoint comme de cou-« tume son fils au travail : le pauvre vieillard était mort....

« mort de faim ! mon mari va le suivre.... Sauvez le!
« sauvez ma fille ! Tenez, prenez-la pour votre esclave ;
« achetez-la moi.... avec cent roupies nous pourrons vi-
« vre jusqu'à la prochaine récolte.... avec cent roupies
« vous arracherez à la mort ce qui reste de notre famille,
« et ma fille vous récompensera. »

« J'étais muet de stupeur et de douloureuse émotion ;
la lamentable femme me crut hésitant. Elle arracha le
voile qui enveloppait sa fille, toujours agenouillée, et, la
relevant avec une exaltation fébrile, où l'orgueil de la
mère et le sentiment de la dignité brahmanique le disputaient à la honte de la situation : « Oh voyez! n'est-elle
« pas belle, ma fille? quel sultan n'envierait un tel trésor? »

« Elle disait vrai, la pauvre mère ; elle aussi pouvait
être fière de son enfant. C'était un type éblouissant de
la beauté hindoue ; enfant encore par l'âge, femme déjà
par l'épanouissement de la vie et la perfection des formes.
En la contemplant, on comprenait que sa mère voulût
conserver à tout prix cette admirable création de la nature et de Dieu.

« Mais je savais que le père, honnête artisan, sauvé
de la faim, serait mort de sa honte. Entre cette pauvre
famille et moi passa le souvenir de ma mère, morte, elle
aussi, dans les larmes et les mépris. Je donnai l'argent
demandé et je laissai l'enfant retourner avec sa mère.

« Dire que l'image éblouissante de cette petite Apsara
ne troubla pas d'un regret plus d'une de mes rêveries
de soldat, ne serait ni vrai ni vraisemblable. Mais j'avais
fait mon devoir, et ce regret était sans amertume.

« Peu de mois après, je fus appelé avec le corps auquel
j'appartenais à faire partie de l'armée active, et bientôt,
de la scène que je viens de vous retracer, il ne me resta
plus que le souvenir d'une bonne action.

« C'était le temps même où les caprices de la ranie de

Gwalior mettaient aux prises pour la dernière fois es Mahrattes et la Compagnie des Indes. Les forces britanniques, dirigées par lord Ellenborough, triomphèrent, vous le savez, de leurs adversaires, mais non sans une lutte chèrement disputée. A la seconde et décisive rencontre, bon nombre d'officiers anglais, payant, comme toujours, de leur personne, restèrent sur le terrain, morts ou dangereusement atteints. La destinée me comprit parmi ces derniers. Tombé évanoui sur ce champ de bataille, je ne repris connaissance qu'à Agra, où j'avais été transporté avec un convoi de blessés. Lorsque je pus me rendre compte de ma situation, je m'aperçus que l'hospice où je me trouvais n'était ni celui des officiers européens ni celui des cipahis ; des figures de femmes, aux vêtements étranges pour notre climat, allaient, venaient autour du lit des malades, s'inclinaient à leurs chevets avec des soins de mères et des paroles d'anges.... J'étais dans l'hôpital nouvellement fondé dans l'ancienne ville d'Akbar par les religieuses françaises de Saint-Vincent de Paul, ces filles du Christ qui consacrent leur existence à être auprès des pauvres et des infirmes les intermédiaires de la Providence. Comment avais-je été recueilli là ? Je le devais, me dit-on, à l'intercession pressante, accompagnée de cris et de larmes, d'une jeune Hindoue entrée depuis peu comme catéchumène au service de l'établissement chrétien, et qui m'avait reconnu, lors de mon transfert à Agra, parmi les blessés et les mourants qui encombraient les abords de l'hôpital militaire.

« Que vous dirai-je ? cette jeune Hindoue, c'était la fille du pauvre potier du Doab, c'était Urmila, dont le choléra avait enlevé le père et la mère peu après que je les eus sauvés de la famine, et qui avait été arrachée à l'épidémie, au désespoir et aux dangers de l'abandon, par les soins, la charité et les leçons des bonnes religieuses.

« Dans toute la communauté il n'y avait qu'une voix pour me faire, du caractère, de l'intelligence, de la douce piété de la belle petite brahmine, c'est ainsi qu'on la désignait, un éloge qui trouvait un écho fidèle dans mon cœur et dans mes souvenirs. Aussi, dès que ma guérison fut accomplie, je m'empressai d'offrir le partage de ma destinée et de ma fortune à celle à qui, de l'aveu de tous, je devais la conservation de mes jours. Les saintes protectrices de l'orpheline applaudirent à mes vues ; le chapelain de leur établissement bénit l'union d'une brahmine christianisée et d'un half-cast ; Urmila fut ma compagne à la face de Dieu et des hommes. N'exigez pas que je m'appesantisse sur les jours qui suivirent ; cette pensée de Dante :

Il n'y a pas de plus grande douleur que de se souvenir des jours heureux aux heures de l'infortune,

n'appartient pas au génie particulier d'un homme ou d'une littérature ; c'est un de ces cris qui sortent des entrailles mêmes de l'humanité.

« Trois années s'écoulèrent pendant lesquelles, à l'armée, à la ville, dans mes djaghirs, Urmila ne me quitta pas un jour. Sous la tente, je voyais en elle mon génie protecteur ; dans les centres européanisés, ma conseillère prudente, la sage directrice de mes relations avec le monde indo-britannique ; dans mes domaines, ma souveraine. Ainsi nous cheminions dans la vie, du même pas et la main dans la main, jouissant en commun des dons que le ciel nous avait départis et remplaçant par notre affection ceux que la société nous déniait, lorsque le gouverneur général me chargea d'aller, avec un détachement, réprimer une attaque que les Khasias orientaux venaient de diriger contre la province de Silhet. Je refoulai sans peine ces sauvages dans leurs montagnes.

Mais là ils se défendirent en désespérés. L'attaque de Mamloo, leur principal village, me coûta cher surtout. Situé sur le sommet d'un mont qu'entoure une épaisse forêt, il est défendu de trois côtés par un rocher à pic : la seule voie qui y conduit est creusée en manière de tunnel dans le calcaire de la montagne; on conçoit que, pour peu qu'il soit défendu, ce passage soit de difficile accès. Un sanglant conflit eut lieu en cet endroit entre ma troupe et les Khasias. Il se termina par la défaite de ces malheureux, qui, poussés par nos baïonnettes dans les précipices, y périrent presque tous. Mais ils ne succombèrent pas sans vengeance; un d'eux, prêt à s'élancer dans l'abîme, avec une clameur de défi, reconnaissant en moi le chef de ses ennemis, me décocha une de ces flèches empoisonnées que préparent les anthropophages des monts Garrows. Que ne m'a-t-elle atteint!... Mais Urmila, qui s'était glissée à mes côtés, avait entendu le cri, avait vu le geste du sauvage; avec la rapidité de l'éclair elle bondit au-devant du trait fatal qui volait à mon adresse, le détourna d'une main et roula à mes pieds frappée elle-même à l'épaule, mais souriante et disant : « Merci, mon Dieu; il est sauvé ! »

« Celui qui a survécu au coup de foudre qui l'a frappé peut seul savoir ce que j'éprouvai en ce moment. Saisir Urmila dans mes bras, arracher la flèche et sucer la blessure jusqu'à ce que le poison corrodât ma bouche et ma gorge et que le sang jaillît à flots sous mes lèvres, ce fut pour moi un mouvement instantané; et quand le chirurgien de notre troupe, accouru auprès de nous, eut enfin examiné, lavé, pansé la plaie et déclaré la blessée hors de danger, moi aussi je remerciai Dieu, croyant avoir sauvé à mon tour celle qui venait de préserver mes jours une seconde fois.

« Vaines illusions d'un cœur cherchant à s'abuser! Le

poison des Garrows a la subtilité du virus de la rage ; on le croit extirpé, neutralisé : il sommeille seulement, pour éclater plus tard à l'improviste en affreux ravages. La forte constitution, la jeunesse, le dévouement exalté d'Urmila retardèrent, mais ne purent prévenir une crise fatale ; à peine de retour à Calcutta, des accidents graves se succédèrent dans sa santé ; je voulus en vain, avec les hommes de l'art, les attribuer à l'état de grossesse où elle se trouvait déjà avant sa blessure. Bientôt à bout de science et d'efforts, les médecins ordonnèrent à la malade l'air pur de ces montagnes. Je l'y amenai ; j'y acquis ce domaine d'un grand seigneur anglais qui retournait en Europe ; pendant plusieurs mois j'y ai disputé à la mort ma belle et douce compagne, j'ai assisté à la décomposition lente et graduée de ce chef-d'œuvre terrestre de Dieu, lumineux faisceau d'intelligence, de beauté et de dévouement, et j'ai expié dans les angoisses de son agonie les années de bonheur sans nuages qu'elle m'avait données. Elle s'est éteinte dans mes bras quelques heures après avoir donné le jour à ce fils qu'elle souhaitait comme le complément de notre commune félicité. Mon hôte ! voilà sa tombe.... je n'ai pas craint d'y venir pleurer devant vous, mais je n'y conduirais ni un Anglais ni un indigène. *Bah !* dirait l'un, *ce n'était qu'une Indienne. —* *Bah !* dirait l'autre, *elle avait perdu sa caste !* »

Ici la voix du colonel s'éteignit dans un sanglot et il porta rapidement sa main bronzée à ses yeux ; je cherchais dans mon cœur quelques paroles, insuffisantes sans doute, quand j'aperçus à travers une touffe de rhododendrons la mignonne figure et les yeux brillants de son fils, qui semblait nous épier avec étonnement. Je courus chercher l'enfant et le rapportai dans les bras de son père, qui l'inonda de baisers et de larmes ; ceci valait les meilleures phrases de condoléance.

Je passai dans les Nilgheiries la plus grande partie de l'été de 1853, partageant les travaux, les courses, les chasses de mon hôte, m'efforçant d'opposer aux souvenirs de sa vie privée le spectacle des événements qui agitent l'humanité moderne, discutant avec lui l'avenir et l'éducation de son fils, pour qui je pris l'engagement de lui envoyer d'Europe un gouverneur français, et, jusqu'au moment où nous nous séparâmes sur le quai de Bombay pour regagner, lui le Sinde et le Pundjab, moi Suez et la France, devisant ensemble et sans nous lasser de cet intarissable sujet d'études et de rêveries, de cette Inde qu'il aime comme un fils aime sa mère tombée dans l'infortune, et dont il juge froidement, sans prévention, les misères, les travers, les faiblesses et les maîtres.

Les pages suivantes, conclusion de ce livre, sont le résumé de ces longs entretiens et de nos opinions communes.

CONCLUSION.

Parallèle entre le gouvernement d'Akbar le Grand et celui de la Compagnie des Indes.—Dangers qui menacent l'empire anglo-hindou. — Impuissance de la Compagnie à les conjurer. — Remèdes. —*Vox populi, vox Dei.*

A deux cent cinquante ans en arrière des jours actuels, l'Inde, après une période illimitée d'anarchie et six siècles d'invasions, de meurtres et de pillage, se reposait pacifiée et prospère sous le gouvernement d'Akbar, une des plus belles intelligences qui ait honoré la race humaine, la plus belle incontestablement qui soit issue de l'islamisme.

Né dans les camps, nourri dans l'exil, au milieu des dramatiques péripéties de l'existence de son père[1], Akbar, héritier à quinze ans du sceptre de Timur, déploya de bonne heure la bravoure d'un paladin, le coup d'œil d'un grand capitaine, la générosité qui plaît tant dans les victorieux, toutes les vertus enfin d'un conquérant. Mais ses principaux titres à l'admiration de quiconque se préoccupe des destinées des nations, sont contenus dans la longue série de ses actes administratifs, de ses plans d'organisation intérieure, qui tous, jugés séparément ou dans leur ensemble, émanent d'un même désir, tendent au même but : le bien des peuples de l'Inde, l'apaisement des haines et l'oubli des griefs nés de leur division en catégories de vainqueurs et de

1. Houmayoun, fils de Babeur.

vaincus, l'extinction de leurs préjugés hostiles, l'identification de leurs intérêts et la fusion de leurs croyances. Dès que le penchant aux émotions des batailles et la recherche des jouissances guerrières se furent atténués dans l'âme d'Akbar par l'habitude du triomphe et peut-être par l'horreur du sang versé, il se sentit entraîner à l'étude des populations dont les destins lui étaient confiés, et tout d'abord il dut reconnaître la grandeur du rôle que la race hindoue avait rempli et remplissait encore en Orient. La supériorité de cet élément social sur tous ceux que l'émigration ou la conquête lui avaient agrégés ne pouvait échapper à la sagacité d'Akbar. Élevé dans la religion musulmane, affermi sur son trône par l'énergie de ses frères d'armes et de croyances, on le vit pourtant rechercher l'alliance des grandes familles hindoues, appeler rajahs et brahmanes dans ses conseils, et confier à un corps de rajpouts la garde intérieure de son palais[1]. Si les murs sanglants de Tchittore et les champs de batailles du Malwa lui avaient révélé le courage et la fidélité des rajpouts, il savait apprécier, d'autre part, la merveilleuse aptitude des autres classes de la grande famille brahmanique pour tous les détails de l'administration et de la fiscalité, pour tous les procédés de l'agriculture et de l'industrie. Il se plaisait à discourir de la science et de la philosophie antique avec les pundits, si déchus qu'ils fussent de l'érudition de leurs ancêtres, et, tandis qu'il chargeait des musulmans sanctifiés par le pèlerinage de la Mecque de traduire en persan les livres sacrés du brahmanisme, il plaçait des nobles hindous à la tête de ses armées musulmanes ou de sa grande réforme administrative.

Ainsi, faisant de l'unité gouvernementale, de la fu-

1. Ayen-Akbary, vol. I, p. 47.

sion de ses peuples, le but suprême de son règne, et
de la tolérance son principal moyen, ce grand homme
sut trouver des auxiliaires et des éléments d'organisation et de force dans cette diversité de races, d'habitudes et de croyances, qui, avant lui et depuis, n'ont constitué que désordres et que ruines. Akbar voulut plus.
Au faîte de la toute-puissance, étendant son sceptre
du plateau de Candahar à la vallée du Brahmapoutre,
des montagnes de Cachemir aux rives du Godavary;
comptant au moins 120 millions de sujets et disposant
de plus de 600 millions de revenu; aveuglément obéi par
15 soubahdars ou lieutenants, qui, semblables aux satrapes des Achéménides, comptaient des rois parmi leurs
vassaux, Akbar voulut donner à l'union politique qu'il
était parvenu à établir parmi ses peuples immigrés et
indigènes une sanction sacrée, un ciment religieux. Il
rêva de fondre en une vaste synthèse les éléments fon-
damentaux de tous les cultes professés dans son immense empire. Les traditions communes que tous recèlent n'avaient pu lui échapper; il se demanda pourquoi,
sortis de la même source, ils ne confondraient pas dans
un même faisceau leurs aspirations vers Dieu. Tout entier à cette pensée, on vit alors ce chef du plus puissant
empire issu de l'Islam se tourner vers l'Occident pour
chercher des inspirations et la lumière. Il ne crut même
pas déroger en faisant à ce sujet des avances au souverain de ces Portugais, qui, apparus depuis quatre-vingts
ans dans les mers de l'Inde, n'avaient été considérés encore par les cours de Delhi ou d'Agra que comme une
variété nouvelle de ces pirates qui, de toute antiquité, ont
désolé les côtes du Malabar. Malheureusement le souverain *de fait* du Portugal était alors Philippe II. Mais
Akbar, eût-il obtenu le concours d'un correspondant
européen plus éclairé que le *Démon du Midi*, devait

échouer en essayant une transaction qu'il n'est donné qu'au temps et à Dieu de réaliser.

L'histoire ne doit pas moins lui tenir compte de cette noble tentative. Dans la série des siècles et sur les trônes du monde, elle a pu rarement signaler un génie devançant son époque d'aussi haut et d'aussi loin que celui d'Akbar, et plus rarement encore elle a eu à recueillir sur une tombe royale l'expression d'un regret aussi sincère, aussi profond que celui dont les populations du Rajahstan, vaincues, domptées par Akbar, ont honoré sa mémoire.

Un siècle après sa mort, une députation de rajpouts parlait ainsi de lui à Aurung-Zeb, son descendant :

« Votre royal ancêtre, Akbar, dont le trône est maintenant au ciel, a conduit les affaires de cet empire pendant plus de cinquante ans avec fermeté, bienveillance et justice. Veillant sur le repos et le bonheur de toutes les classes de ses sujets, qu'ils fussent sectateurs de Jésus ou de Moïse, de Manou ou de Mohammed, il les fit tous jouir au même degré de sa protection et de sa faveur, et de là est venu que ces peuples, émus de gratitude pour cette protection paternelle, lui ont décerné le titre de *tuteur de l'humanité*[1] !... »

Tous ceux qui avaient prononcé ou entendu ces belles paroles n'avaient pas encore suivi Akbar dans la tombe, qu'il ne restait déjà plus rien de l'œuvre de ce grand homme. Ses institutions, ses capitales, ses descendants étaient livrés aux insultes de hordes armées accourues de tous les points de l'horizon, et le souffle de l'anarchie promenait de nouveau, sur la surface entière de l'Inde, le pillage, le meurtre et l'incendie.

Ce coup d'œil rétrospectif sur la plus belle période de

1. *Djaggat Gourou;* de Jancigny, *Revue des Deux-Mondes,* décembre 1853.

la domination des Timourides nous a semblé indispensable pour la juste appréciation des questions suivantes, qui forment fatalement le résumé de toute étude consciencieuse sur l'Inde moderne :

1° L'empire anglais est-il mieux enraciné dans l'Inde que n'était celui des petits-fils de Timur?

2° L'administration de la Compagnie peut-elle avouer pour ses actes les glorieux mobiles qui inspiraient ceux d'Akbar?

3° A-t-elle bien mérité dans le passé des populations hindoues?

4° Est-elle un bienfait pour la génération actuelle de ses sujets?

5° L'avenir de l'empire anglo-britannique est-il menacé de dangers réels et prochains?

6° Ces dangers, reconnus, peuvent-ils être conjurés?

Fidèle à la règle que je me suis imposée de ne jamais voiler le mal plus que le bien, de ne jamais marchander la louange à celui-ci plus que le blâme à celui-là, je n'hésite pas à répondre négativement sur les trois premières questions, affirmativement sur les trois autres.

Non! les Anglais, qui, après quatre-vingts ans de suprématie, n'ont rien colonisé, rien fondé dans l'Inde, qui, en dehors de leur armée et de leurs comptoirs, n'y ont pas fixé un seul Européen; qui n'y laisseraient d'autres traces de leur passage, s'ils en étaient expulsés demain, que des villas aussi périssables que somptueuses, un chemin de fer de plaisance et les fils d'un télégraphe électrique, ne peuvent se vanter d'avoir dans le sol des racines aussi profondes qu'en avait cette domination mogole, qui, la veille de la tempête qui l'emporta, comptait cent cinquante ans de pouvoir fort, régulier, homogène, et plusieurs générations de grands souverains, avait couvert l'Inde de cités florissantes, de travaux d'utilité publique, d'établissements de bienfaisance, et s'appuyait sur *quinze millions* de coreligionnaires.

Non! la politique d'une association fondée pour l'exploitation des richesses, des sueurs et de l'indépendance d'un peuple formant au moins la sixième partie du genre humain, la politique qui a réalisé l'union intime de l'arbitraire du proconsul et de l'avidité du traficant, n'a rien à démêler avec la grande politique d'Akbar; l'Hindou, qui a béni l'une, a stigmatisé l'autre en ces termes : « Elle s'est emparé du pays par la fraude, l'honorable et victorieuse Compagnie! »

Non encore! en échange des avantages incalculables qu'elle a retirés de ce sol, qu'Aurung-Zeb appelait avec orgueil *le Paradis des régions terrestres*, la Compagnie, jusqu'à ces derniers temps, n'y avait répandu aucune idée féconde, aucun des germes de la civilisation occidentale. Insoucieuse du bien-être, de la moralité, de la vie de ses innombrables sujets, insensible à tout ce qui n'était pas matière d'exportation ou d'importation, monopoles, traitements, profits et dividendes, la Compagnie avait pressuré l'Inde à tel point que ces cris de détresse des mendiants du Bengale : *Oh pitié! je meurs de faim! — Voyez, le ventre du misérable est vide! — L'homme blanc mange et boit tout le jour, l'homme noir dévore sa faim avec sa honte!* ne semblaient, il n'y a pas bien longtemps encore, à des observateurs consciencieux, que l'écho fidèle du râle d'agonie de la population hindoue tout entière [1].

Je me hâte d'ajouter que ce déplorable état de choses s'est amélioré de nos jours. La responsabilité de la Compagnie croissant avec le développement de son empire,

---

1. Impressions d'un voyageur, *Revue des Deux-Mondes*, 1840; Éd. de Warren, *l'Inde anglaise en* 1843.

la monstrueuse association, effrayée de l'un, a fini par sentir le poids de l'autre. Depuis longtemps déjà ses agents politiques, hommes de cœur et d'intelligence pour la plupart, semblent avoir compris que l'immoralité des débuts de leur froide patronne leur impose d'immenses devoirs envers l'Inde; que ce n'est pas uniquement pour être exploitée à ferme, pour être la proie de l'agioteur et du trafiquant, que cette terre nourricière de cent soixante millions de créatures humaines leur a été confiée par la Providence; qu'ils ont enfin à remplir à son égard une mission de rénovation.

C'est sur l'existence reconnue de cette opinion réparatrice, réagissant enfin du fond des consciences individuelles jusque dans les conseils de la couronne et dans le parlement, que l'on peut s'étayer, plus encore que sur l'état de paix, de calme apparent et d'ordre relatif qui règne dans l'Inde anglaise, pour répéter aujourd'hui cette assertion de Jacquemont, peut-être prématurée de son temps :

Oui! la domination de l'Angleterre est désormais un bienfait pour l'Inde.

Mais pour que ce bienfait soit durable, qu'il puisse donner tous ses fruits, il ne faut pas que l'Angleterre laisse se développer et grandir d'une façon irremédiable les deux périls imminents qui menacent son empire oriental :

Une invasion russe;

Le maintien aveugle des priviléges de la Compagnie.

On a longtemps et vainement débattu la possibilité de l'apparition d'une armée russe sur les bords de l'Indus. Depuis que le lac d'Aral est devenu un lac russe, et que le gouvernement de Saint-Pétersbourg tend ouvertement à se créer au delà des déserts des Kirghiz, sur les bords de l'Oxus, à Khiva même, à mi-chemin d'Astrakan à

Peïchawer, une place d'armes et de dépôt, cette possibilité ne peut être l'objet d'un doute pour aucun militaire; et quiconque, militaire ou non, connaît la composition *à la Xerxès* des armées indo-britanniques, les embarras qui les encombrent, les non-valeurs qui les surchargent, ne pourra s'empêcher de craindre pour elles, en dépit de leur intrépidité incontestable et de leur juste renommée, une défaite suprême dans une rencontre, au cœur de l'Asie, avec les sauvages soldats du Nord, rompus aux privations, aux fatigues, et joignant à la tactique européenne la rapidité des mouvements des nomades leurs ancêtres. Tout au moins peut-on affirmer qu'une fois la guerre portée à l'orient des défilés du Caboul et du cours de l'Indus, les défenseurs de l'Inde n'arriveront jamais qu'après les envahisseurs sur les points qu'ils devraient leur disputer.

C'est donc ailleurs que dans les plaines du Pundjab ou de Delhi, c'est sur les bords du Niémen et de la Néva que l'Angleterre est appelée à conjurer dès aujourd'hui le plus grand des dangers qui pèsent sur l'avenir de l'Inde.

Le second, qui, pour être moins menaçant en apparence, n'en est pas moins réel, et réduirait, tout aussi bien qu'une dépossession violente, l'empire anglais à n'être dans l'Inde que ce qu'y fut l'empire mogol, un simple intermède à la chute profonde où s'abîment sur cette vieille terre les générations des hommes, peut être écarté plus facilement que le premier.

Il suffit pour cela au gouvernement anglais de ne pas reculer devant les nécessités de l'époque, et de ne pas s'épuiser à maintenir plus longtemps dans les mêmes balances des engagements périmés par les faits et le temps, et l'honneur de l'Angleterre, quelques centaines d'intérêts privés, et les intérêts de l'humanité. Il lui faut à tout prix mettre un terme à *la charte* et à l'existence de la Compagnie, concentrer entre ses mains le pouvoir administratif qui règle les destinées des habitants de l'Inde, et assimiler à ses autres sujets cette innombrable population. L'action directe du gouvernement anglais et l'unité dans le pouvoir peuvent seules créer des lois, corriger les mœurs, éveiller l'industrie, encourager le travail et l'intelligence, civiliser en un mot ce qui, dans l'Inde, est encore barbare ou grossier, et mettre un terme à la torpeur et à la léthargie de cette pauvre et magnifique contrée.

La Compagnie reconnaît si bien son impuissance à poursuivre ce résultat, qu'elle la proclame depuis vingt ans par les mille voix dont elle dispose dans la presse et dans le parlement. Il lui reste si peu d'énergie vitale, qu'elle ploie et se désespère sous le fardeau d'une dette qui n'ajouterait qu'un chiffre insignifiant à la dette nationale de la mère patrie[1].

Dans son état actuel, l'impôt territorial de l'Inde fournit annuellement une somme nette de 15 000 000 livres sterling (375 000 000 francs). Malheureusement, par suite d'une faute que nous avons signalée à plusieurs reprises, cette branche essentielle du revenu public se trouve privée de toute chance sérieuse d'accroissement dans les provinces les plus riches : dans le Bengale, le Béhar et l'Orissa, où le *perpetual settlement* a ruiné les propriétaires du sol et les fermiers de l'impôt.

Le produit de l'excise et des douanes, estimé en moyenne à 1 800 000 liv. st. (45 000 000 francs), devrait

---

1. La dette de l'Inde, qui en 1793 montait à peine à 7 mill. st., s'est élevée successivement, en 1813 — à 27 —
en 1833 — à 35 —
en 1850 — à 47 —
ou près de 1180 millions de francs. Depuis lors elle paraît décroître.

s'accroître avec le produit des consommations; mais, comme il n'a pas fait depuis 1834 un progrès appréciable en dehors des chiffres nouveaux dus aux accroissements de territoire, on peut supposer qu'il fournit en ce moment le maximum du produit dont il est susceptible, ou que peut-être il n'est pas régi de la manière la plus profitable aux intérêts publics [1].

Il est impossible également de tirer de l'impôt du sel une recette plus forte que la moyenne des dernières années, soit : 2 700 000 liv. st., ou 67 500 000 francs; car, malgré l'opinion souvent émise dans les assemblées politiques, que cet impôt est peu onéreux pour le peuple, certains faits semblent indiquer qu'il ne saurait être accru sans inconvénient. Ainsi, tandis que la consommation annuelle de cet article n'atteint pas 7 livres par tête au Bengale, où il est cher, elle s'élève à 25 ou 30 livres parmi les classes aisées de Bombày, où le prix est fort inférieur. Cette différence est assez significative.

Dans l'état actuel de l'Inde, on ne peut donc compter sur une augmentation du budget des recettes.

La Compagnie avoue que la situation embarrassée des finances de l'Inde est la conséquence inévitable d'une application partielle des principes de l'administration européenne à une société entièrement différente de celles parmi lesquelles la justesse de ces mêmes principes a reçu la sanction de l'expérience.

Elle prétend aussi que cette application des idées de l'Europe, qu'on la considère comme un progrès nécessaire dans la transformation générale de la société hindoue ou qu'on la regarde comme une mesure imprudente et prématurée, s'est accomplie conformément aux

---

1. Voir le tableau B, à l'Appendice.

convictions générales de l'Angleterre, sans qu'aucune idée puisée dans l'Inde lui ait été associée, et indépendamment de toute adhésion ultérieure de la population indigène.

Mais ce qu'elle ne dit pas, c'est que la pauvreté des populations de l'Inde, dans les districts où elle est le plus apparente, s'applique seulement au numéraire, et nullement aux moyens de production et aux premières nécessités de la vie; c'est que l'abondance des moyens de subsistance et la plus profonde misère coexisteront aussi longtemps que l'Inde n'aura pas été arrachée à son état d'inertie, aussi longtemps que ses immenses ressources industrielles, presque entièrement improductives jusqu'ici, n'auront pas été mises à profit, de manière à satisfaire à la fois aux obligations du gouvernement local, aux besoins d'une administration éclairée et prévoyante, et enfin aux progrès nécessaires de la population.

Il y a là une réforme matérielle que nous appelons de tous nos vœux, mais qui ne peut être entreprise que par un gouvernement énergique, unitaire et désintéressé. Parallèlement à celle-ci, il en est une autre, d'un ordre plus élevé, dont les résultats seraient encore plus féconds et dont tous les éléments existent.

Ce n'est pas en vain que les Hindous peuvent regarder les Anglais, non comme leurs conquérants, ainsi qu'ils considéraient les Mogols, mais comme les vainqueurs de conquérants antérieurs, également étrangers de race et de religion et plus intolérants, par cela même plus oppressifs.

Ce n'est pas en vain que la hiérarchie brahmanique se décompose; que les prêtres de Viçnou et de Çiva se déconsidèrent, aux yeux de leurs coreligionnaires, par le vice et par la misère; que la caste des kchattryas n'existe plus que dans la mémoire des hommes; que l'aristocratie guerrière des rajpouts se dégrade et s'appauvrit, et que les derniers représentants des maisons princières de l'Inde s'éteignent un à un dans l'abrutissement. Ce n'est pas en vain surtout que, derrière ces ruines qui s'affaissent, croît et grandit chaque jour, en nombre et en éducation, la classe des *half-cast*, et se maintient vivace l'institution démocratique de la commune hindoue.

Précipiter la décomposition de tout ce qui tombe, aider au développement de tout ce qui s'élève ou demeure plein de vie, voilà le secret à poursuivre, la formule à appliquer. Lorsque, dans l'Inde nivelée et éclairée, entre l'administration anglaise et le *punchaet*, le municipe des classes laborieuses, il ne restera debout que des intelligences individuelles, le jour sera bien près de luire où la race hindoue, qui a eu son âge d'or, sa décadence et sa chute, aura, elle aussi, sa résurrection !

A l'œuvre donc, ministres, orateurs, hommes d'État, hommes de guerre de la vieille Angleterre! Sans retard, sans relâche, sans compromis et sans faiblesse, à l'œuvre et contre la Russie et contre la Compagnie. A l'œuvre ! l'heure est pressante et solennelle. A la tutelle bienfaisante, civilisatrice de l'Inde, ainsi qu'à sa conservation, sont fatalement attachés l'honneur, les intérêts, la grandeur nationale de votre patrie. Vous ne pouvez faire que l'exploitation d'une si vaste partie du globe et d'une portion si notable du genre humain n'ait étroitement enchaîné les destinées et l'avenir des *trois Royaumes unis et libres* à l'avenir et aux destinées de l'Inde esclave; vous ne pouvez empêcher qu'ils ne souffrent de ses douleurs, ne languissent de son agonie et ne meurent peut-être de sa perte. Les lois de la solidarité humaine le veulent ainsi. Rappelez-vous que Carthage, autrefois, n'eut pas longtemps à compter parmi les nations, à dater de l'instant où, par ses hésitations et ses défaillances mercantiles, par l'égoïsme et les intrigues de ses orateurs trafiquants, par les doctrines opiacées de ses congrès de la paix, bien plus encore que par l'impéritie de ses généraux, elle se laissa arracher l'empire de l'Espagne, cette Inde de l'Europe antique.

Lorsque la Providence convie des individus ou des peuples à l'accomplissement d'un grand devoir social, elle n'accorde qu'un moment bien court à leur libre arbitre pour répondre à son appel. Si elle les trouve sourds à la voix austère du dévouement, aveugles aux sublimes lueurs du sacrifice, uniquement accessibles aux sollicitations de l'égoïsme, elle ne tarde pas à se détourner d'eux et à transmettre à d'autres et leur place au soleil et le rôle qu'elle les a vainement sollicités de remplir.

Encore un mot sur cette régénération de l'Inde, à laquelle se lient tant d'autres questions. En y travaillant avec l'inflexible persistance qui distingue leur sang anglo-saxon, les maîtres de cette contrée auraient pour auxiliaires aveugles ou éclairés la masse imposante des habitants des campagnes, les interprètes de la philosophie rationnelle et ceux de la superstition.

Il n'a pas échappé à la population rurale que, dans toute l'Inde, l'anarchie et la guerre ont constamment diminué à mesure que l'influence anglaise s'est accrue. Dans les provinces de l'ouest et du nord, le paysan montre avec joie et reconnaissance au voyageur d'immenses étendues de terrain couvertes, aussi loin que la vue peut s'étendre, de riches moissons et de nombreux villages, et qui, il y a quelques années à peine, n'étaient que des déserts improductifs, sans cesse ravagés par les Sikhes et les Mahrattes. « Maintenant, dit-il souvent, nous récoltons toujours les champs que nous ensemençons ; nos pères ne le pouvaient pas. »

« Quand nous dépendons, par les conditions de notre existence, de toutes les choses et de tous les êtres de la nature, n'est-ce pas une chimère, disait Ram-Mohun-Roy à Jacquemont, que cet amour furieux de l'indépendance nationale ? Dans la société, l'individu n'est-il pas sans cesse contraint par sa faiblesse d'avoir recours à l'assistance de son voisin, surtout si ce voisin est plus fort que lui ?... Pourquoi donc une nation aurait-elle l'orgueil absurde de ne pas vouloir dépendre d'une autre ? La conquête est bien rarement un mal, quand le peuple conquérant est plus civilisé que le peuple conquis, parce qu'elle apporte à celui-ci les biens de la civilisation. Il faut à l'Inde bien des années de domination anglaise pour qu'elle puisse ne pas perdre beaucoup en ressaisissant son indépendance politique [1]. »

Il y a quelques années, un concile de brahmanes se tint à Bénarès pour délibérer sur les conséquences de la domination des Anglais et de leur système administratif, qui exclut des hauts emplois tous les indigènes. Les prêtres présents arrêtèrent d'envoyer trois d'entre eux consulter sur ce point les trois principaux oracles de Çiva. Le même jour et la même heure ayant été assignés aux trois brahmanes pour recevoir la réponse du Dieu, chacun d'eux, quand il vint la chercher, trouva dans le sanctuaire Çiva en personne, mais avec des traits et des vêtements européens : teint blanc, favoris de rigueur, habit noir, chaussure vernie, gants glacés, tenue irréprochable enfin. « Le gouvernement anglais, dit le Dieu, n'est, en réalité qu'une incarnation multipliée de moi-même. Je suis descendu sous cette forme au milieu de

____

1. Jacquemont, *Journal*, t. I, p. 187.

vous, pour vous empêcher de vous égorger comme vous l'avez fait pendant tant de siècles ! Si ces incarnations vous semblent dépourvues du caractère religieux, c'est que j'ai voulu vous donner des médiateurs impartiaux et tout à fait indifférents aux sectes et aux croyances qui divisent maintenant les peuples de l'Inde. Jamais vous n'avez été plus justement gouvernés, vous devez le reconnaître ; continuez donc d'obéir à vos souverains actuels, sans chercher à lire dans l'avenir ou à découvrir la volonté des Dieux ! »

FIN.

APPENDICE. — TABLEAU A.

DIVISIONS ADMINISTRATIVES DE L'INDE ANGLAISE.

NOMS des GOUVERNEMENTS OU PRÉSIDENCES.	ARÉA, en milles carrés.	POPULATION.	NOMBRE de districts ou zillahs.	REVENU foncier en liv. sterl.	OBSERVATIONS.
Territoires placés sous l'ac-tion directe du gouverne-ment suprême de Calcutta.	100 550	10 143 600	30	1 805 213	Le Pundjab, les districts du Cis-Satledje, de Saugor, de la Ner-budda, et une partie du Bun-delcund.
Gouvernement du Bengale..	225 102	41 094 350	50	3 506 070	En comprenant le sel, l'opium et d'autres sources encore, le re-venu net du Bengale s'élève à 8 500 000 l. st.
Agra, ou N. O. provinces..	85 570	23 800 550	35	4 122 566	
Gouvernement de Madras..	144 890	22 304 700	24	3 479 437	
Id. de Bombay.	120 065	10 485 000	17	2 290 969	Y compris le Scinde.
Total général....	676 177	107 825 200	153	15 204 255	

TABLEAU B.

REVENUS ET CHARGES DE CHAQUE PRÉSIDENCE OU TERRITOIRE DE L'INDE ANGLAISE (ANNÉE 1849-50).

	REVENU BRUT.	REVENU NET.	CHARGES portant SUR LE REVENU NET.	OBSERVATIONS.
Bengale.............	10 907 802	8 724 726	8 333 504 = 95,50 %	En ajoutant aux charges ci-contre les intérêts de la dette et des actions de la Compagnie, le budget de l'Inde anglaise s'est élevé dans la même année à 99,75 %, du revenu :
Agra	5 452 700	4 535 400	1 070 500 = 19,75 »	
Madras.............	5 005 900	3 779 229	3 294 323 = 87 »	
Bombay...........	3 851 176	2 337 942	2 635 042 = 113 »	
Scinde et Pundjab	2 540 275	2 308 875	1 118 242 = 48 »	
TOTAL GÉNÉRAL...	27 757 853	24 686 172	16 457 581 = 76 %	Recette.......... 24 686 172 l. s. Dépenses........ 24 621 326 Surplus.... 64 846 l.s., ou 1 624 450 francs seulement.

Nota. L'Anglais Campbell estime le revenu des États indigènes et des petites principautés englobées, mais non encore fondues dans les domaines de la Compagnie, à une somme de 22 500 000 l. st. (562 000 000 fr. '. « Nous ne possédons en réalité, dit cet écrivain, qu'un peu plus de la moitié des revenus actuels de l'Inde, tandis que si, dans l'intérêt même du pays, nous disposions de la totalité, nous pourrions réaliser d'immenses bénéfices, tout en taxant l'Inde plus légèrement qu'aucune autre contrée du globe. »

(Campbell, *Modern India*, p. 411.)

TABLEAU C.

QUELQUES APPOINTEMENTS DU SERVICE CIVIL DANS L'INDE.

Gouverneur général..................................		625 000 fr., non compris les frais de bureaux et d'établissement, et, quand il se trouve à la tête d'une armée, une allocation de 200 000 fr.
Gouverneur de Madras ou de Bombay.............		312 500
Lieutenant-gouverneur d'Agra....................		210 000
Membre du Conseil suprême......................		250 000
Président de la haute-cour......................		250 000
Juge...		150 000
Membre du Conseil à Madras ou à Bombay.........		155 000
Juge à Agra et juge suppléant à Calcutta...........		105 000
Commissioner........................ de 80 000 à		90 000
Magistrat et Collecteur............. de 60 000 à		70 000
Juge à Madras ou à Bombay.......................		70 000
Adjoint-magistrat ou Collecteur...... de 22 000 à		47 000
Assistant (degré infime de la hiérarchie)...........		12 000

Nota. Le personnel civil est réparti de la manière suivante :

Sous les ordres directs du gouvernement suprême......................	55
Au Bengale et à Agra...	429
A Madras...	189
A Bombay...	135
TOTAL des *Civilians covenanted*.............	808

INDICATION DES PRINCIPALES AUTORITÉS CONSULTÉES PAR L'AUTEUR.

GORRESIO. *Ramayana de Valmiki*, texte et traduction italienne, 8 vol. in-4°.

E. BURNOUF. *Bhagavata-Purana*, 4 vol. in-fol.; *Commentaire sur le Yaçna*, 1 vol. in-4°; *Introduction à l'histoire du boudhisme*, 1 vol. in-4°; Mémoires divers dans le *Journal des Savants; l'Inde française*, 2 vol. in-fol.

LANGLOIS. *Rig-Véda*, 4 vol. in-8; *Mémoires de l'Académie des inscriptions*, t. XVI.

BOPP. *Mahabharatta*, quatre épisodes, traduction latine.

WILSON. *Viçnou-Purana*, traduction anglaise, 1 vol. in-4°; *Théâtre des Hindous*, traduction anglaise.

FÉRISHTA. *Histoire des Timourides de l'Inde*, édition anglaise, 3 vol. in-4°.

BABEUR. *Mémoires* traduits en anglais par Erskine.

MILL. *History of India*, 8 vol. in-8°.

Sir ELPHINSTONE. *History of India*, 2 vol. in-8°.

PARKER. *East India Company*.

TOD. *Rajahstan's annals*, 2 vol. in-8°.

MALCOLM. *Central India*, 2 vol. in-8°.

BUCKINGHAM. *Tableau pittoresque de l'Inde*, in-8°.

BIORNSTERNA. *Tableau de l'empire britannique dans l'Inde*, in-8°.

HAMILTON. *Statistique de l'Inde*, 2 vol. in-4°.

Victor JACQUEMONT. *Journal d'un voyage dans l'Inde*, 5 vol. in-fol.; *Correspondance*, 2 vol. in-8°.

ED. DE WARREN. *L'Inde anglaise en 1843*, 3 vol. in-8°.

CAMPBELL. *Modern India*, 1853, 1 vol. in-8°.

Victor FONTANIER. *Voyages dans l'Inde et le golfe Persique*, 3 vol. in-8°; *Voyage dans l'archipel indien*, 1 vol. in-8°.

Prince A. DE SOLTIKOFF. *Voyages dans l'Inde de 1841 à 1845*, 2 vol. in-8°.

KRICK. *Voyage au Thibet*, 1855, 1 vol. in-18.
HEBER's *Travels*, 2 vol. in-4°.
BURNES' *Travels*, 3 vol. in-4°.
SKINNER's *Travels*, 1 vol. in-4°.
Colonel SLEEMAN. *Promenades et Souvenirs*.
HOOKER. *Himalayan journey*, 1854, 2 vol. in-8°.
FORBES. *Onze années à Ceylan*, 2 vol. in-8°.
SELKIRK. *Recollections of Ceylon*, 1 vol. in-8°.
PRIDHAM. *Ceylon and its dependances*, 2 vol. in-8°.
Colonel CAMPBEL' *Adventures and fieldsports*.
SOLVINS. *Les Hindous*.
L'abbé DUBOIS. *Mœurs et coutumes de l'Inde*.
SAINT-PRIEST. *Histoire de la perte de l'Inde sous Louis XV*.
Henri MARTIN. *Histoire de France*, t. XVII, XVIII et XIX.
Revues et journaux de Paris, de Londres, de Calcutta et de
    Bombay, etc., etc.
Annales de la Propagation de la foi.

TABLE DES MATIÈRES.

CHAPITRE IV.

D'AGRA A HURDWAR.

CHAPITRE V.

D'HURDWAR A LA GANGOTRI (SOURCE DU GANGE)

Par le revers septentrional de l'Himalaya.

CHAPITRE VI.

DE LA SOURCE DU GANGE A BÉNARÈS.

CHAPITRE VII.

DE BÉNARÈS A CALCUTTA.

CHAPITRE VIII.

CALCUTTA ET LE BENGALE.

CHAPITRE IX.

DU BENGALE A CEYLAN.

CHAPITRE X.

LE SUD DU DECAN.

FIN DE LA TABLE.

Ch. Lahure, imprimeur du Sénat et de la Cour de Cassation (ancienne maison Crapelet), rue de Vaugirard, 9.

33
60
167 6000

Imprimerie de Ch. Lahure (ancienne maison Crapelet)
rue de Vaugirard, 9, près de l'Odéon.

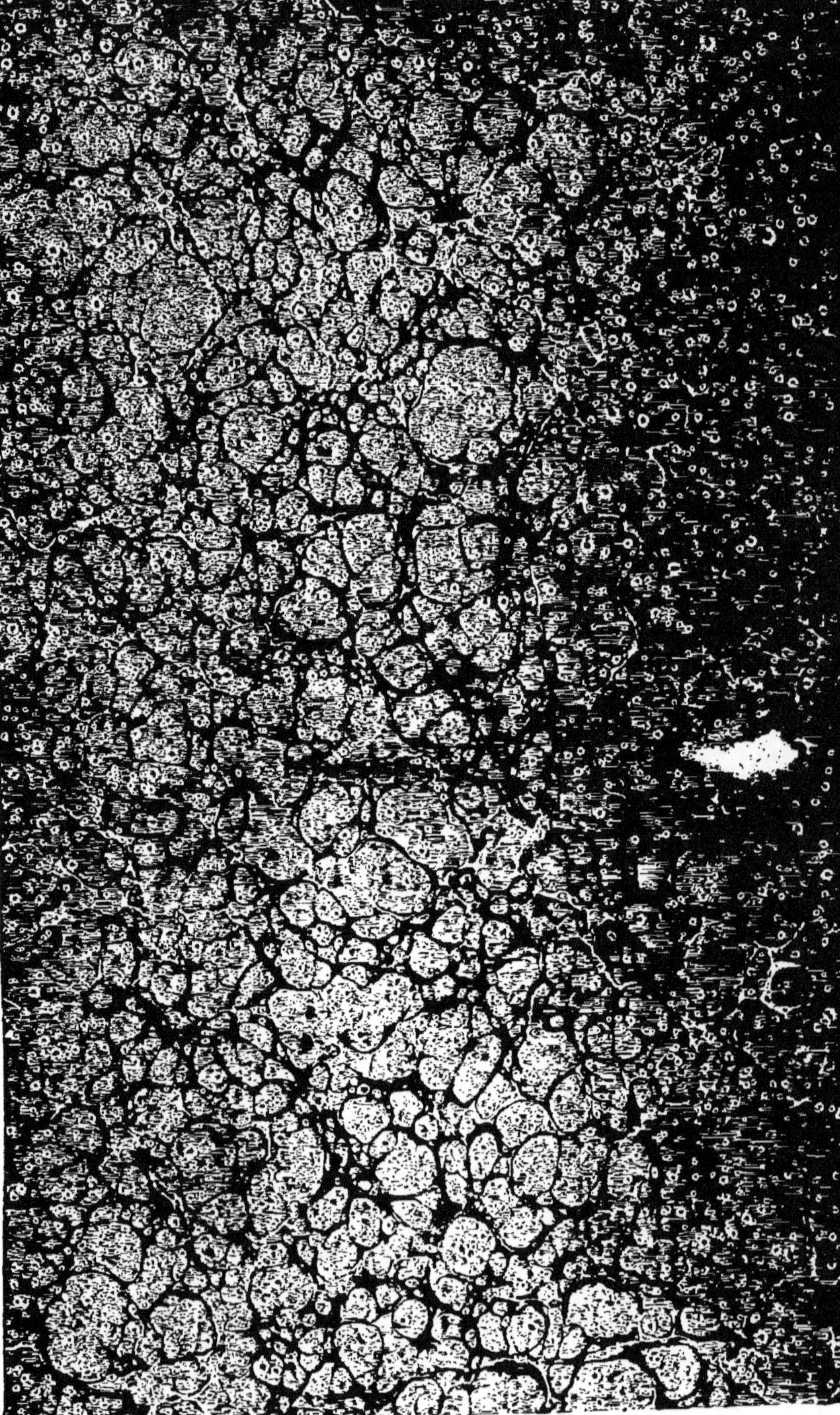

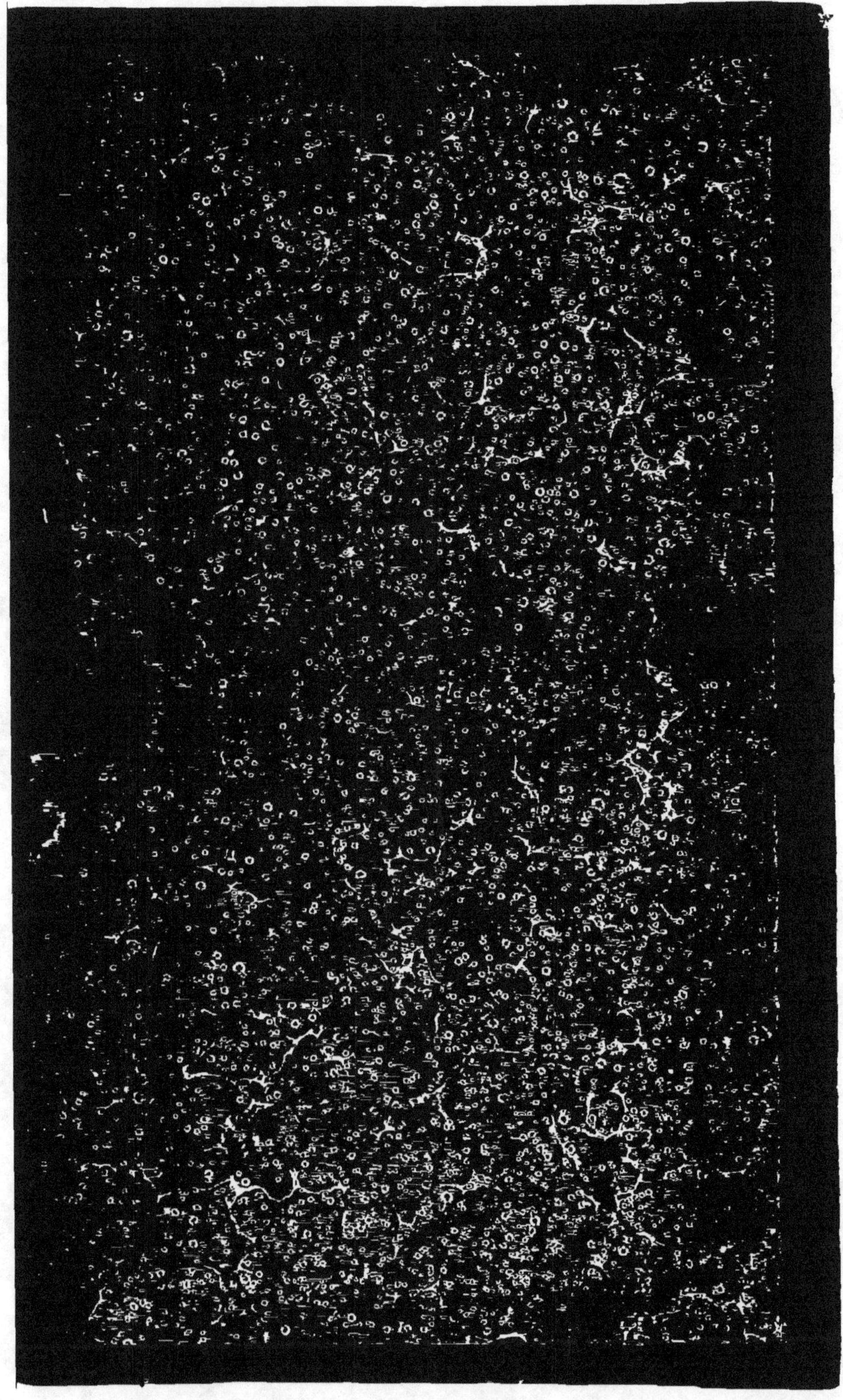